高职高专教育"十二五"规划建设教材

园林计算机辅助设计之 AutoCAD

韩亚利　主编

中国农业大学出版社
·北京·

内容简介

本书以就业为导向、以能力为本位、以技能为核心，打破了传统教材先理论讲解、后实践操作的编写形式，将软件内容与园林景观制图标准、园林景观构成要素的绘制、园林景观施工图套图的绘制融为一体，与岗位实际工作融为一体，内容编排循序渐进，由简单到复杂、由局部到整体，重点训练学生的专业绘图实战技能，使学生在学习中既学习了软件，学习了专业知识，也熟悉了岗位实际工作，结束本教材的学习，就可以满足相关职业岗位的就业要求。本书随书附赠教学电子教案及学生参考资料，请订书单位向出版单位索取。

图书在版编目(CIP)数据

园林计算机辅助设计之 AutoCAD/韩亚利主编. —北京：中国农业大学出版社，2012.12 (2022.7 重印)

ISBN 978-7-5655-0632-1

Ⅰ.①园… Ⅱ.①韩… Ⅲ.①园林设计-计算机辅助设计-AutoCAD 软件 Ⅳ.①TU986.2-39

中国版本图书馆 CIP 数据核字(2012)第 285315 号

书　　名　园林计算机辅助设计之 AutoCAD
作　　者　韩亚利　主编

策划编辑	张　玉	责任编辑	李丽君　姚慧敏
封面设计	郑　川	责任校对	陈　莹　王晓凤
出版发行	中国农业大学出版社		
社　　址	北京市海淀区圆明园西路 2 号	邮政编码	100193
电　　话	发行部 010-62818525,8625	读者服务部	010-62732336
	编辑部 010-62732617,2618	出　版　部	010-62733440
网　　址	http://www.cau.edu.cn/caup	e-mail	cbsszs @ cau.edu.cn
经　　销	新华书店		
印　　刷	北京鑫丰华彩印有限公司		
版　　次	2013 年 2 月第 1 版　2022 年 7 月第 6 次印刷		
规　　格	787×1 092　16 开本　18.5 印张　452 千字		
定　　价	46.00 元		

图书如有质量问题本社发行部负责调换

编写人员

主　　编　韩亚利　河北政法职业学院

副 主 编　胡文胜　黄冈职业技术学院
　　　　　武　新　辽宁农业职业技术学院

参　　编　单　奇　新疆农业职业技术学院
　　　　　孙明阳　辽宁农业职业技术学院
　　　　　杨会英　河北政法职业学院
　　　　　陈大雷　潍坊职业学院
　　　　　孙冬青　大兴安岭职业学院
　　　　　张泳涛　湖北生物科技职业学院

行业编者

马孟良　石家庄园林规划设计研究所高级工程师兼河北政法职业学院实习指导教师

涂赤红　鄂州市园林绿化管理局工程师兼黄冈职业技术学院实习指导教师

张晓辉　河北宇泽萌园林绿化工程有限公司工程师兼河北政法职业学院实习指导教师

沈黎明　内蒙古赤峰市元宝山区住房和城乡建设局工程师兼辽宁农业职业技术学院实习指导教师

前　言

园林景观设计，就是在一定的地域范围内，运用园林景观艺术和工程技术手段，通过改造地形、种植植物、营造建筑和布置园路等途径创造美的自然环境和生活、游憩境域的过程。通过景观设计，使环境具有美学欣赏价值、日常使用的功能，并能保证生态可持续性发展。

园林景观设计工作者的任务，是将自己的设计思想表达给景观营造者。快捷、方便的设计表达工具是计算机辅助设计软件 AutoCAD、3DSmax、PhotoShop，三个软件中，AutoCAD 主要用来绘制施工图，其他两个软件用来绘制效果图，但要依赖于 AutoCAD 绘制的施工图，且 AutoCAD 本身也可以绘制效果图，所以，熟练使用 AutoCAD 绘制园林景观图样，已经成为园林景观工作者必需技能之一。

本教材面向广大园林工作者，以高职高专学生为主要使用对象。按照以就业为导向、以培养符合职业岗位需求的具有综合职业能力的高技能应用型人才为具体要求，做到对接职业标准和岗位要求，突出行业特点。教材以企业岗位实际工作内容为教学项目，依据完成项目的过程及所需知识点，同时考虑高职学生的实际及知识的逻辑关系——由简单到复杂、由单一到综合，通篇以“项目—任务—技能拓展”为骨架组织教学内容，打破了传统教材先理论讲解、后实践操作的编写形式，将软件内容与园林景观专业、与岗位实际工作融为一体，以突出学生能力目标为主，使知识理论和实践融为一体，具有教、学、做一体化特色，是一本高质量的实践指导教材。

本书由中国农业大学出版社组织编写并审定，编者主要为高职高专园林景观专业的骨干教师，具有多年教授计算机辅助设计及企业实践的经验，部分编者是来自于行业企业的专家，具有最一线的工作经验。由河北政法职业学院韩亚利任主编，黄冈职业技术学院胡文胜及辽宁农业职业技术学院武新任副主编，参编人员有新疆农业职业技术学院单奇、河北政法职业学院杨会英、辽宁农业职业技术学院孙明阳、潍坊职业学院陈大雷等，企业行业编者有石家庄园林规划设计研究所高级工程师马孟良、石家庄河北宇泽萌园林绿化工程有限公司工程师张晓辉、鄂州市园林绿化管理局工程师涂赤红、内蒙古赤峰市元宝山区住房和城乡建设局工程师沈黎明。由于编者水平有限，加之时间仓促，书中难免会有疏漏和不足之处，恳请专家和读者不吝赐教。

作者

2013 年 1 月

目　　录

项目1 定制园林图纸

任务1 CAD工作界面认识

学习领域

1. 学会软件安装。
2. 熟悉CAD工作界面。

工作领域

1. 了解版本发展、运行环境、安装、启动。
2. 熟悉用户界面。

行动领域

1. 安装软件,掌握软件安装方法。
2. 启动/关闭工具栏。

★任务知识讲解

1. AutoCAD 制图软件概述

园林设计图纸主要有手工绘图和计算机辅助制图(CAD)两种表现方法。随着计算机硬件技术飞速发展和计算机辅助绘图软件功能不断完善,计算机绘图成为设计人员的主要绘图手段,而手工绘图则更多地使用在设计初期,或者是在对客户讲解设计意图的时候。与手工绘图相比,利用AutoCAD绘制园林图纸具有以下优势:

1.1 绘图速度快、效率高

AutoCAD具有强大的复制功能,可以瞬间复制同样的园林要素,因此使用CAD绘制园林图纸让我们有更多的时间来思考、验证、修改和深入我们的设计,并启发我们进行更多的尝试,这对于设计的最终目的——创新来说,是必不可少的一个重要设计手段,在使用这种先进的辅助设计手段的过程中,让学习和研究的效率得到大幅度提高。

1.2 便于设计资料的组织、存储及调用

AutoCAD绘制的图纸文件可以存储在计算机硬盘、U盘、光盘等介质中,节省存储的空间和费用，还可以复制多个副本保存，加强资料的安全性。在设计过程中，通过 AutoCAD 可快速准确地调用以前的设计资料，提高设计效率。

1.3 便于设计方案的交流、修改

网络技术的发展使各地的设计师、施工技术人员可以在不同的地方通过网络传输 AutoCAD 文件，而不必跑来跑去，方便对设计进行交流、修改，大大提高了设计的合理性。

1.4 图纸美观、精确度高

手工制图由于受工具限制，误差较大，而计算机则可最大限度的提高绘图的精确程度，图纸看起来也会更清晰、更美观。

2. AutoCAD 2008 软件的安装与启动

2.1 系统要求

安装 AutoCAD 2008 之前，用户应先了解系统要求，以便合理地配置计算机。为了保证 AutoCAD 2008 顺利运行，计算机应该满足以下配置。

操作系统：Windows XP Professional，Windows Vista，IE6.0SP1 以上。安装 AutoCAD 时，会自动检测 Windows 操作系统是 32 位版本还是 64 位版本，然后安装适当的 AutoCAD 版本。不能在 32 位版本的 Windows 上安装 64 位版本的 AutoCAD。

浏览器：Microsoft Internet Explorer 6.0 Service Pack 1(或更高版本)。

处理器：Pentium III 或 Pentium IV(建议使用 Pentium IV)800 Mhz。

内存：512 MB 以上。

图形卡：1 024×768 VGA 真彩色(最低要求)，Open GL® 兼容三维视频卡(可选)，需要支持 Windows 的显示适配器。必须安装支持硬件加速的 DirectX 9.0c 或更高版本的图形卡。

硬盘：至少需要安装 750 MB。

定点设备：鼠标、轨迹球或其他设备。

安装介质：CD-ROM(任何速度，仅用于安装)。

2.2 安装过程

2.2.1 安装

找到 CAD 程序安装文件夹，双击文件下的图标，初始化设置完成后会弹出 AutoCAD 2008 安装向导对话框(图 1-1-1)。单击“安装产品”选项，按照系统提示，选择相应的项，并点击“下一步”直至“完成”。

2.2.2 解密

AutoCAD 2008 安装完成之后，要解密之后才能使用。双击桌面上的图标

，在 CAD 程序安装文件夹下单击

图标，在弹出的对话框中(图 1-1-2)“Request Code”后输入序列号，单击“Calculate”，在“Auth Code”栏中将产生 AutoCAD 2008 的解密密码，“Ctrl＋C”、“Ctrl＋V”组合键将产生的解密密码复制在 AutoCAD 2008 注册信息栏中，按提示操作即可完成解密操作。

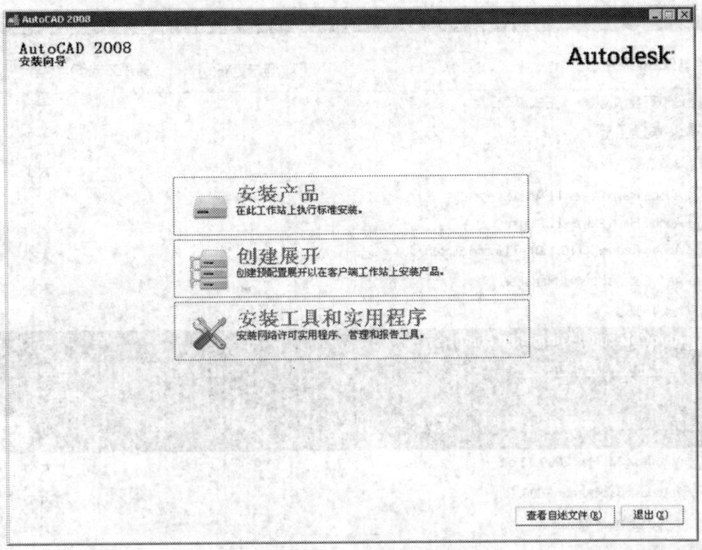

图 1-1-1　AutoCAD 2008 安装向导对话框

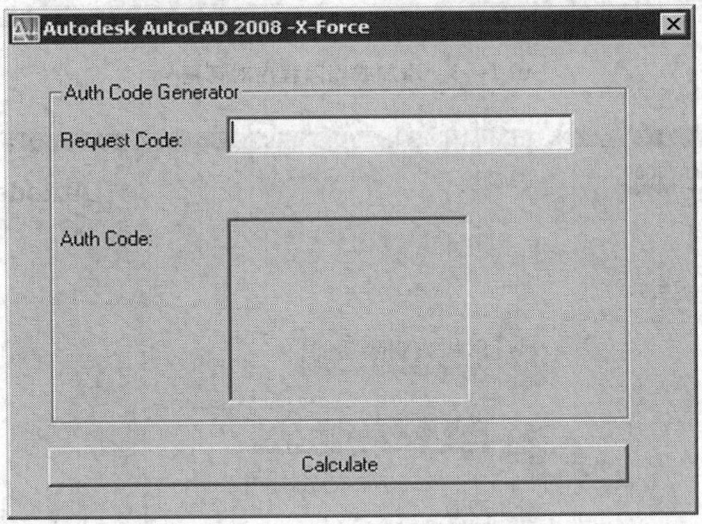

图 1-1-2　AutoCAD 2008 解密对话框

2.3　软件重新安装、修复及卸载

AutoCAD2008 软件受到破坏，需要进行重新安装、修复或卸载，可按以下步骤进行操作。单击“我的计算机”，在桌面的左侧找到并单击“添加/删除程序”在弹出的对话框(图 1-1-3)中选择“Autocad 2008-Simplified Chinese”，点击其下的“更改/删除”选项，在弹出的对话框(图 1-1-4)中选择需要的项，按提示操作即可。

2.4　AutoCAD 2008 的启动与退出

2.4.1　*启动*

AutoCAD 2008 安装成功后，就可以启动程序绘制图纸了。启动 AutoCAD 2008 的方式主要有两种：

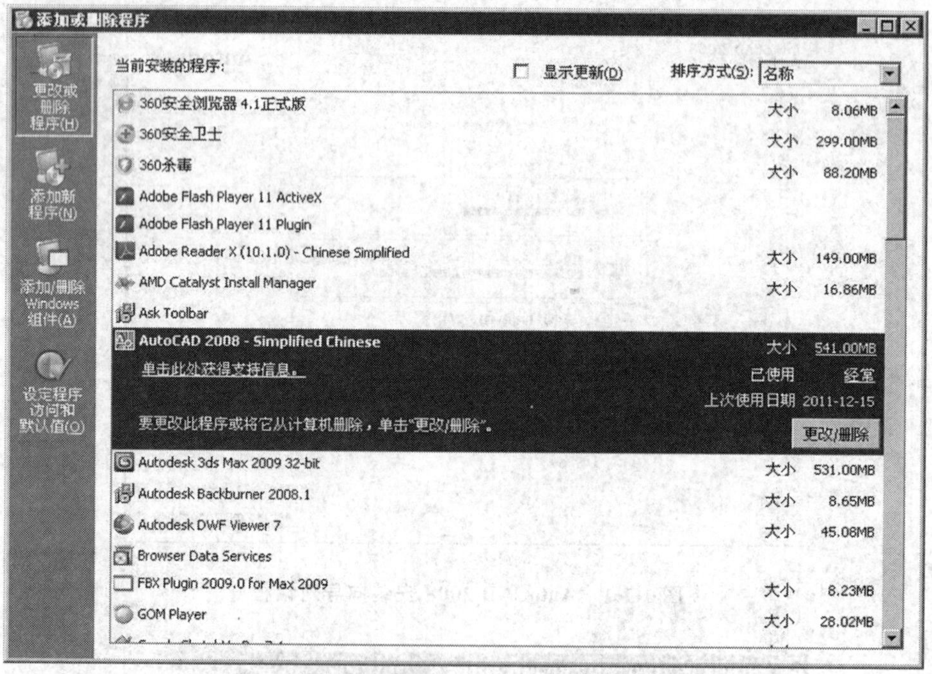

图 1-1-3　添加或删除程序对话框

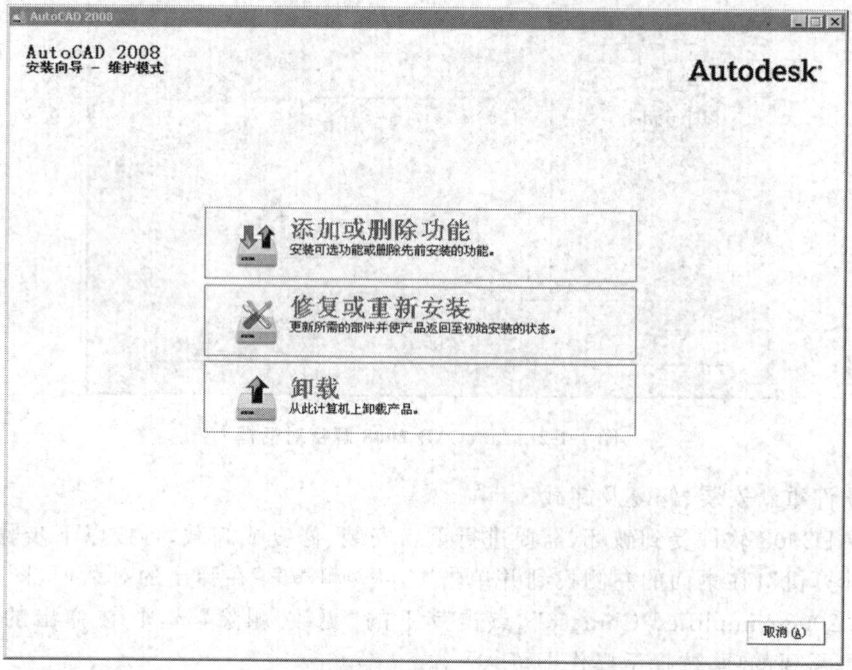

图 1-1-4　AutoCAD 2008 安装向导一维护模式对话框

(1)双击桌面图标：AutoCAD 2008 安装完成以后，系统自动在 Windows 桌面上产生 AutoCAD 2008 的快捷图标。双击桌面上的快捷图标，即可启动 AutoCAD 2008。

（2）“开始”菜单选择：将 AutoCAD 2008 安装完成后，执行“开始”|“程序”|“Autodesk”|“AutoCAD 2008-Simplified Chinese” |“AutoCAD 2008”命令即可启动 AutoCAD 2008。

2.4.2　退出

图形绘制完成之后，将图形保存在指定的路径下，即可退出 AutoCAD 程序。退出的方法有以下几种：

（1）单击 AutoCAD2008 用户界面标题栏右边的关闭按钮。如果关闭之前没有保存图形，则会弹出一个提示框。分别提示关闭前“保存对图形所做修改”、“放弃保存修改”和“取消命令并返回到 AutoCAD2008 继续操作”。可根据实际情况选择相应的按钮。

（2）执行【文件】/【退出】命令，弹出 AutoCAD 提示框。根据实际情况选择相应的按钮，退出 AutoCAD2008。

（3）直接按“Alt＋F4”组合键或“Ctrl＋Q”组合键，弹出 AutoCAD 提示框。根据实际情况选择相应的按钮，退出 AutoCAD2008。

（4）双击标题栏左边的程序图标，弹出 AutoCAD 提示框。根据实际情况选择相应的按钮，退出 AutoCAD2008。

（5）在命令行输入 Quit 或 Exit，并按下回车键，弹出 AutoCAD 提示框。根据实际情况选择相应的按钮，退出 AutoCAD2008。

3. AutoCAD 2008 的工作界面

在 Windows 操作系统桌面的“AutoCAD 2008 简体中文版”图标上，双击鼠标左键，打开 AutoCAD2008 软件程序后，会出现 AutoCAD2008 工作界面，如图 1-1-5 所示，图中标示了界面的主要组成部分。

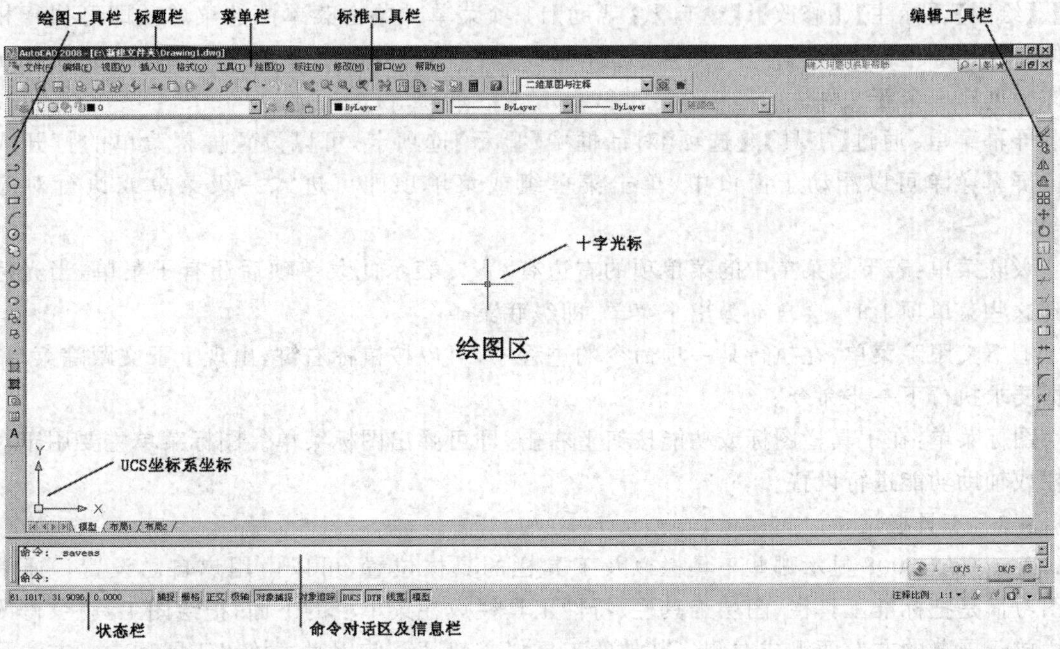

图 1-1-5　AutoCAD2008 界面组成

3.1 标题栏

屏幕顶部的深色背景栏是 AutoCAD 的标题栏，左侧显示 AutoCAD 版本类型（AutoCAD 2008）文件存储路径（E:\新建文件夹）和文件名称（Drawing1. dwg），标题栏右侧为当前窗口操作指示，有“缩小”、“还原”和“关闭”三个按钮。

3.2 菜单栏

菜单栏提供了一种执行命令的方法，CAD 的菜单主要有下拉菜单、屏幕菜单、级联菜单、上下文跟踪菜单、图标菜单，如图 1-1-6 所示，可以根据实际情况选择方便的菜单命令。

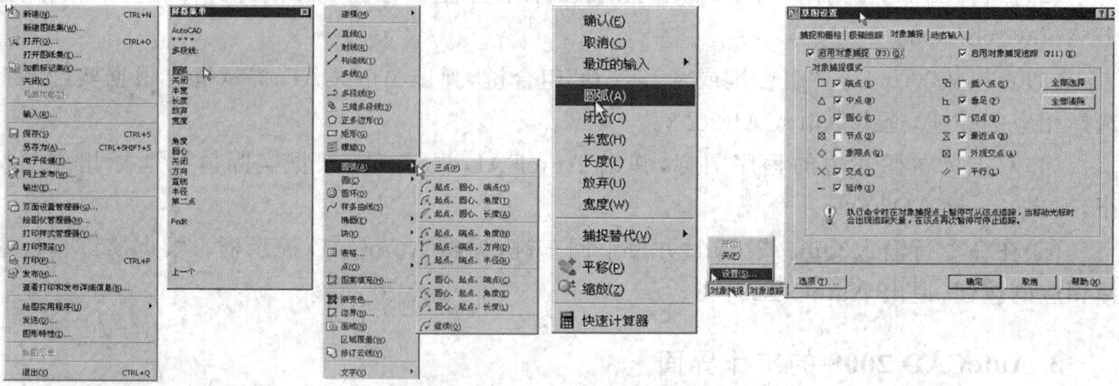

下拉菜单　屏幕菜单　级联菜单　上下文跟踪菜单　图标菜单

图 1-1-6　菜单类型

下拉菜单：位于屏幕的第二行，提供了包括【文件】、【编辑】、【视图】、【插入】、【格式】、【工具】、【绘图】、【标注】、【修改】、【窗口】、【帮助】11 项菜单。单击菜单中的菜单项即可执行相对应的命令。如单击【新建】命令，出现“选择样板”对话框，可选用 acad. dwt 或 acadiso. dwt 作为样板创建一个新文件。

屏幕菜单：通过【工具】/【选项】对话框中【显示】选项卡，可以设置屏幕菜单的打开或关闭。屏幕菜单可以浮动于窗口中，单击菜单组或菜单项即可进入一级菜单或执行对应的命令。

级联菜单：若下拉菜单中的菜单项的右边有“▸”，表示此菜单项后还有子菜单，当光标移动到这些菜单项上时，会自动弹出子菜单，即级联菜单。

上下文跟踪菜单：在执行某一项命令的进程中，可以按鼠标右键，出现上下文跟踪菜单，再根据要求执行下一步命令。

图标菜单：在工具栏图标或功能按钮上右击，即可弹出图标菜单。图标菜单主要用于对工具栏或辅助功能进行设置。

3.3 工具栏

AutoCAD2008 显示哪些工具栏以及工具栏的具体位置，可以由用户自己设置。通常的作图习惯是把标准工具栏、图层工具栏、特性工具栏放在菜单栏的下面，把绘图工具栏、修改工具栏放于屏幕的左右两侧或左侧。其他的工具栏一般频繁使用时才放置于屏幕中。方法是将十字光标移动到任意工具按钮处，点击鼠标右键可弹出所有的工具栏名称，根据用户需要挑选要用的工具栏即可,如图 1-1-7 所示。

移动鼠标到工具栏蓝色边框上,按住并拖动,可以将工具栏拖到其他地方,并可以改变其形状。

当光标在工具栏图标上作短暂停留时,即出现该图标所代表的命令名称,同时在状态栏显示其功能。

3.4　绘图区

AutoCAD2008 界面中,位于窗口中间的黑色区域都是绘图区。绘图区的颜色可以更改,方法是点击菜单栏的【工具】/【选项】命令,打开【选项】对话框,选择【显示】选项卡,单击【颜色】按钮,在"图形窗口颜色"对话框中调整绘图区的颜色。

AutoCAD 提供的绘图区域实际上无限大,可以通过鼠标轮进行绘图区的平移和缩放(向上滚动鼠标轮可以进行放大操作;向下滚动鼠标轮可以进行缩小操作;按下鼠标轮可以进行平移操作;双击滚轮可使图形在当前窗口最大化显示)。正因为绘图区无限大,我们可以使用 1∶1 的比例绘图,可省去比例换算的过程。这就是我们常说的 1∶1 绘图原则。

绘图区左下角显示的是坐标系(UCS)图标。左下角为坐标原点(0,0,0)。

在绘图区,光标是以"十"字形出现的,通过选择菜单栏【工具】/【选项】命令,打开【选项】对话框,选择【草图】选项卡来设置光标的捕捉形态和靶框大小。

绘图区的底部有【模型】、【布局 1】和【布局 2】三个标签。一般的绘图工作都是在模型空间中按 1∶1 的比例绘制完成的。单击【布局 1】或【布局 2】可以进入图纸空间,图纸空间主要用于完成打印输出图形的最终布局。

3.5　命令对话区及信息栏

命令对话区位于绘图区的下方,可以直接输入命令来绘图。信息栏则显示执行命令后下一步该如何操作。默认状态下,命令行可保留最后三行所执行的命令及提示。按 F2 键可以开启或关闭记录绘图过程的文本窗口。命令对话区对于初学者非常重要,要注意看命令对话区的提示,并根据绘图任务选择正确的操作。

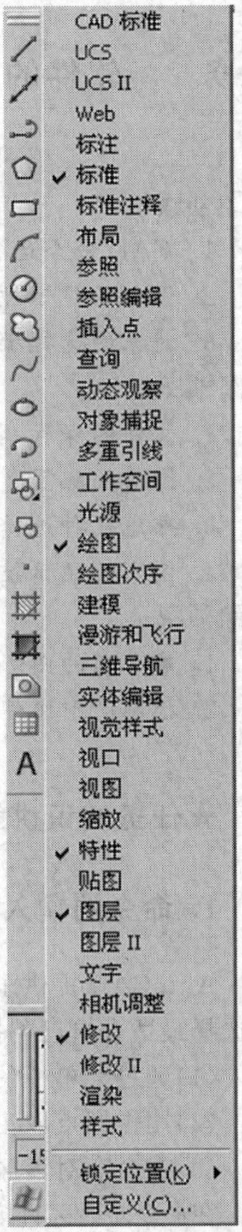

图 1-1-7　工具栏选项

3.6　状态栏

状态栏在屏幕的最下方。左边显示了光标的当前信息,当光标在绘图区时,显示其坐标,当光标在工具栏或菜单上时显示其功能及命令。右边为一系列控制绘图环境的开关按钮,如【捕捉】、【正交】等。按键凸起表示此功能处于关闭状态,凹陷则表示功能已打开。单击鼠标右键,可以弹出相应的"设置"菜单,对其进行相应的设置。

任务 2 软件的基本操作

学习领域

1. CAD 命令运行和结束的方法。
2. 图形的显示控制方法。
3. 对象的选择操作。

工作领域

1. 文件的保存、打开与新建。
2. 图形的配置。
3. 熟悉几种选择对象的方法及选择设置。
4. 图形的显示控制操作。

行动领域

1. 建立新的图形文件。
2. 控制图形文件的显示。

★任务知识讲解

1. 命令的输入与运行

AutoCAD 提供了多种命令操作方法，在使用中，用户可以根据自己的熟练程度和操作习惯选择最适合自己的操作方法。

(1)通过菜单栏的下拉菜单选择要执行的命令。

(2)用鼠标点取工具栏中的图标，即执行该图标对应的命令。

(3)在命令对话区直接输入要操作的命令或者其缩写。

在命令对话区直接输入要操作的命令或者其缩写。并按“回车键”进行确认即可执行命令。

绘图命令：例如绘制多段线，其命令输入方法：

①从菜单栏中选取【绘图】/【多段线】。

②在“绘图工具栏中”点选多段线按钮，执行多段线绘制命令。

③在“命令对话区”直接输入“Pline”或“PL”，回车确认后执行多段线命令。

修改命令：例如删除命令，其命令输入方法：

①从菜单栏中选取【修改】/【删除】。

②在“编辑工具栏中”点选删除按钮，执行删除命令。

③在“命令对话区”直接输入“Erase”或“E”，回车确认后执行删除命令。

删除命令执行后，选择要删除的图形，确认后即可完成删除图形操作。

AutoCAD 中常用的命令均可用以上方法执行，为方便绘图，大多数命令均提供了快捷的英文指令(表 1-2-1)。绘图时，绘图人员左手控制键盘，输入指令，右手控制鼠标，大大提高了绘图速度。多数专业绘图人员采用第三种方法绘制图纸。

表 1-2-1 AutoCAD 常用命令的英文指令及其缩写

序号	绘图工具栏工具	英文指令	快捷键	序号	修改工具栏工具	英文指令	快捷键
1	直线	line	L	1	删除(橡皮)	Erase	E
2	构造线	Xline	XL	2	复制	Copy	CO/CP
3	多段线	Pline	PL	3	镜像	Mirror	MI
4	正多边形	Polygon	POL	4	表格	Tablet	TB
5	矩形	Rectang	REC	5	偏移	Offset	O
6	圆弧	Arc	A	6	阵列	Array	AR
7	圆	Circle	C	7	移动	Move	M
8	云线	Revcloud		8	旋转	Rotate	RO
9	样条曲线	Spline	SPL	9	缩放	Scale	SC
10	绘制多线	Mline	ML	10	拉伸	Stretch	S
11	椭圆	Ellipse	EL	11	修剪	Trim	TR
12	绘制实心圆环	Donut	DO	12	延伸	Extend	EX
13	插入块	Insert	I	13	打断于点	Break	BR
14	创建块	Block	B	14	打断	Break	BR
15	点	Point	PO	15	倒角	Chamfer	CHA
16	填充	Bhatch	BH/H	16	圆角	Fillet	F
17	面域	Region	REG	17	编辑多段线	Pedit	PE
18	定义块文件	Wblock	W	18	修改文本	Ddedit	ED
19	多行文本	Mtext	T				
序号	对象特性工具	英文指令	快捷键	序号	对象特性工具	英文指令	快捷键
1	设计中心	Adcenter	ADC	20	清除垃圾	Purge	PU
2	修改特性	Properties	CH，MO	21	重新生成	Redraw	R
3	属性匹配	Matchprop	MA	22	重命名	Rename	REN
4	文字样式	Style	ST	23	捕捉栅格	Snap	SN
5	设置颜色	Color	COL	24	草图设置	Dsettings	DS
6	图层操作	Layer	LA	25	设置捕捉模式	Osnap	OS
7	线形	Linetype	LT	26	打印预览	Preview	PRE
8	线形比例	Ltscale	LTS	27	定距等分	Measure	ME
9	线宽	Lweight	LW	28	定数等分	Divide	DIV
10	图形单位	Units	UN	29	面积	Area	AA
11	属性定义	Attdef	ATT	30	距离	Dist	DI
12	编辑属性	Attedit	ATE	30	显示图形数据信息	List	LI
13	边界创建	Boundary	BO	31	显示顺序	Draworder	DR
14	对齐	Align	AL	32	图像调整	Imageadjust	IAD
15	退出	Quit	EXIT	33	附着图像	Imageattach	IAT
16	输出其他格式文件	Export	EXP	34	图像剪裁	Imageclip	ICL
17	输入文件	Import	IMP	35	插入 OLE 对象	Insertobj	IO
18	自定义 CAD 设置	Option	OP,PR	36	选择性粘贴	Pastespec	PA
19	打印	Plot	PRINT				

(4)利用夹点编辑。

(5)按回车键“Enter”或空格键可以重复执行上一次命令。

2. 命令的确认与结束

命令的确认与结束方法有两种：

(1)单击鼠标右键，在弹出的快捷菜单中选择【确定】。

单击鼠标右键的功能可以自行设置。单击【工具】/【选项】命令，进入“选项”对话框，在“用户系统配置”选项卡中，单击“自定义右键单击”按钮，在出现的对话框中即可设置“单击鼠标右键”的功能。

(2)按回车键“Enter”或空格键确认结束命令。

3. 文件的新建、打开、保存与关闭

3.1 文件的新建

新启动 AutoCAD2008 时，系统已经建立了默认的图形文件，可以开始图形的绘制工作，当需要继续增加文件时则需新建文件，方法如下：

(1)从菜单栏中选取【文件】/【新建】。

(2)标准工具栏中选取按钮。

(3)应用快捷键“Ctrl＋N”。

执行上述命令后，会弹出“选择样板”对话框（图 1-2-1），对于园林用户来说，可以选择“acad”样式。

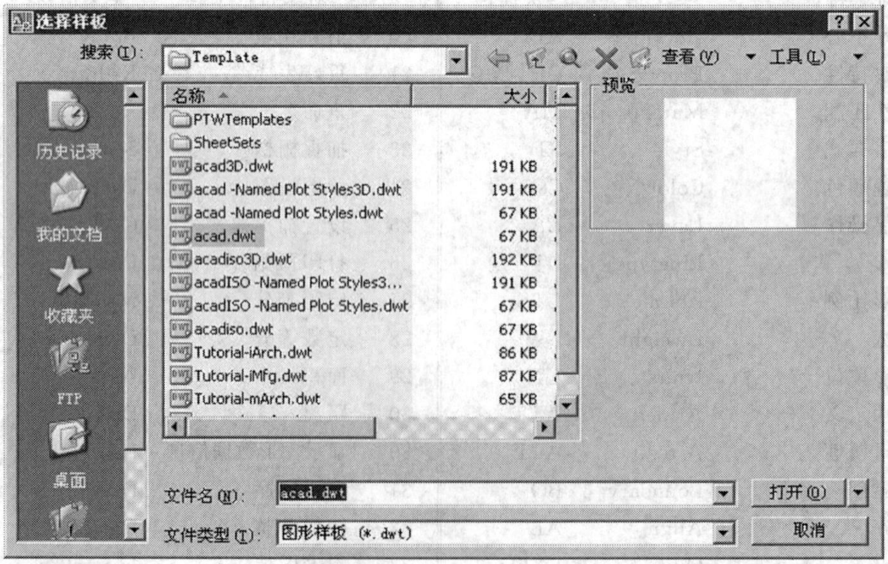

图 1-2-1 选择样板对话框

3.2 文件的打开

打开文件的操作方法有以下几种：

(1)从菜单栏中选取【文件】/【打开】。

(2)标准工具栏中选取 按钮。

(3)应用快捷键“Ctrl＋O”。

执行上述命令后，会弹出“选择文件”对话框(图 1-2-2)，找到要打开文件的路径，选择文件并单击【打开】即可。

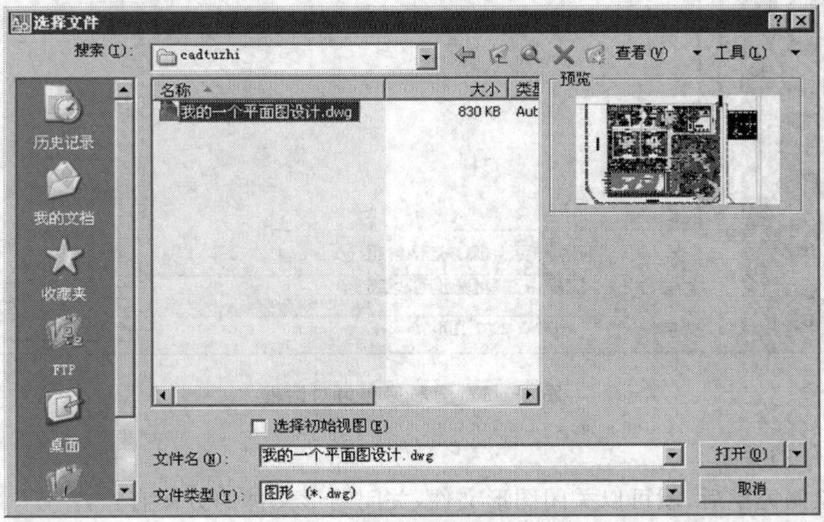

图 1-2-2　选择文件对话框

3.3　文件的存储

在绘图的过程中要随时保存文件，以免因死机、停电等意外情况导致文件丢失。文件的保存方法有以下几种：

(1)从菜单栏中选取【文件】/【保存】。

(2)标准工具栏中选取 按钮。

(3)应用快捷键“Ctrl＋S”。

如果是新创建的文件，执行上述操作时，系统会弹出“保存图形”的对话框，可根据提示，将文件保存在相应的路径里。如果是编辑已经保存过的文件，执行上述操作时，系统将不做任何提示，直接覆盖原来的文件，如果要保留原来的文件，可以用另存的方法。

3.4　文件的另存

另存图形文件的方法有以下几种：

(1)从菜单栏中选取【文件】/【另存为】。

(2)应用快捷键“Ctrl＋Shift＋S”。

执行上述命令后，会出现“图形另存为”对话框(图 1-2-3)，重新指定路径和文件名，按“保存”按钮即可完成。值得注意的是，高版本 CAD 绘制的图形文件，在低版本的 CAD 程序中是打不开的，例如用 2008CAD 绘制的图形在 2006 CAD、2004CAD 中都打不开，解决的办法是在将文件类型修改成 AutoCAD2004 或 AutoCAD2000 类型。有时在 3dmax 程序中导入 AutoCAD 文件时，也会出现导入不了 AutoCAD 文件的情况，也可以用将图形文件的版本存低一些的方法来解决。

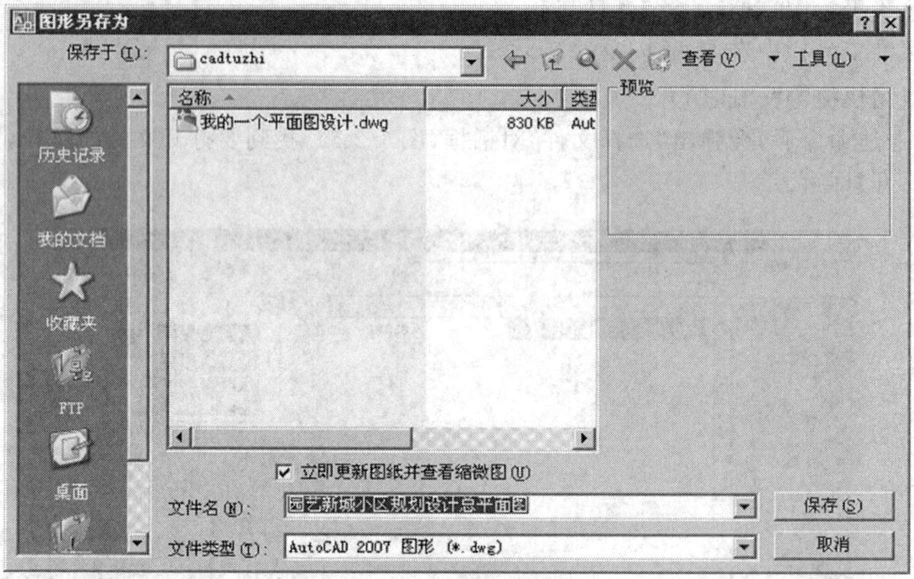

图 1-2-3 图形另存为对话框

3.5 文件的关闭

当图形绘制完毕后，就可以关闭图形文件，关闭图形文件的方法有：

(1)从菜单栏中选取【文件】/【关闭】。

(2)点击图形文件右上角的⊠按钮。

(3)应用快捷键“Alt+F4”。

4. 图形的显示操作

应用 AutoCAD 绘制园林图纸，通常是按照 1∶1 的比例绘制，但因为屏幕的显示空间是有限的，有些图形在屏幕上显示不完整或因为显示的太小而看不清楚，为绘图方便，需要对图形进行放大、缩小或者平移等显示控制，从而完整清晰地显示图形。

视图显示操作命令一般都是透明命令，即在执行某一命令的过程中如需对视图进行查看，可以直接应用命令，前一个命令将会暂停运行而执行透明命令，按“ESC”键或单击鼠标右键即可退出图形显示命令，系统将继续执行前一个命令。

4.1 实时缩放

执行的方法是：

(1)从菜单栏中选取【视图】/【缩放】/【实时】。

(2)点击标准工具栏中的按钮。

(3)应用快捷键“Z+空格”(执行绘图等其他命令时，不能用此种方式)。

执行命令后，按住鼠标左键向上拖拽放大图形显示，按住鼠标左键向下拖拽缩小图形显示。

4.2 实时平移

执行的方法是：

(1)从菜单栏中选取【视图】/【平移】/【实时平移】。

(2)点击标准工具栏中的按钮。

(3)应用快捷键“P”。(执行绘图等其他命令时,不能用此种方式。)

执行命令时,十字光标会变成一只小手的形状,按住鼠标左键可拖动图形。如果使用的是带滚轮的鼠标,向上推动滚轮表示放大图形,向下操纵滚轮表示缩小图形;按住滚轮不放,可以进行实时平移操作;双击滚轮可使图形在当前窗口最大化显示。这种方式快捷、简单,绘图时常常采用鼠标滚轮控制图形。

4.3 其他缩放命令

执行的方法是:

(1)从菜单栏中选取【视图】/【缩放】。

(2)点击标准工具栏中的按钮。

(3)应用快捷键“Z”。(执行绘图等其他命令时,不能用此种方式。)

选项含义:

【窗口缩放】:指定窗口角点,通过定义窗口来确定放大范围。

【动态缩放】:动态显示观察图形。

【比例缩放】:输入比例因子(nX 或 nXP),按照一定的比例来进行缩放。X 指相对于模型空间缩放,XP 指相对于图纸空间缩放。

【中心缩放】:指定某一中心点,以该点为中心,按比例或高度显示图形。

【缩放对象】:快速缩放到选定对象的范围。

【全部缩放】:在绘图窗口中显示整个图形,其范围取决于图形所占范围和绘图界限中较大的一个。

值得注意的是视图缩放、平移只是改变屏幕观察方式,对图形的大小和位置没有任何影响。

5. 图形重生成

在缩放或者平移观察图形的过程中,常会遇到图形显示不足的情形,这时可以用图形重生成的方式来解决问题,方法是:

(1)从菜单栏中选取【视图】/【重生成】或【视图】/【全部重生成】。

(2)应用快捷键“Re”。

6. 对象的选择方法

AutoCAD2008 提供了几种选择操作对象的方法,主要有以下几种:

(1)鼠标左键单击选择。鼠标左键单击选择图形,可以累加。

(2)左框选(窗口选择)。按住鼠标左键,从左向右选择图形,窗口的颜色为蓝色,只有图形整体被框入选择框,图形才会被选中(图 1-2-4)。

(3)右框选(交叉窗口选择)。按住鼠标左键,从右向左选择图形,窗口的颜色为绿色,只要图形的一部分被框入选择框,图形就会被选中(图 1-2-5)。

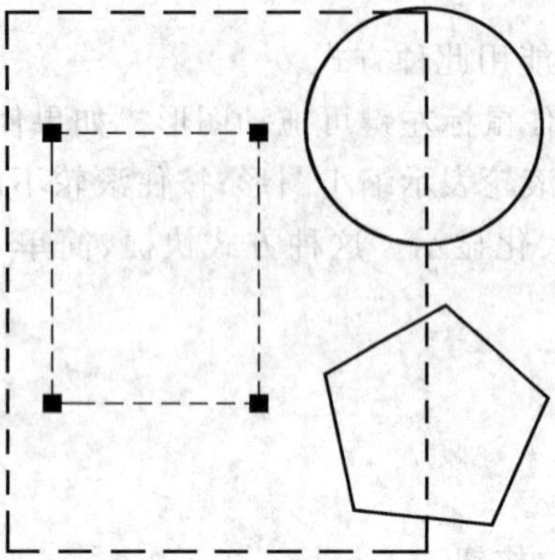

图 1-2-4 左框选的效果

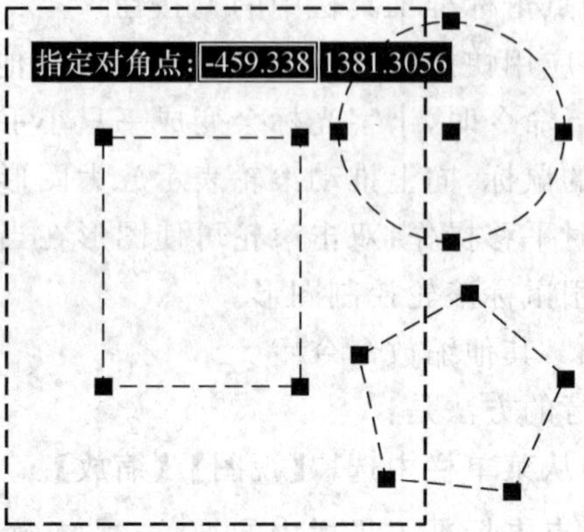

图 1-2-5 右框选的效果

为节省操作时间。提高绘图速度,AutoCAD2008 还定义了一些功能键和快捷键,直接按下功能键和快捷键即可执行命令(表 1-2-2)。

表 1-2-2 AutoCAD 常用功能键和和快捷键操作列表

编号	命令名称	菜单或指令	快捷键
1	显示帮助	帮助/帮助	<F1>
2	显示文本框	视图/显示/文本窗口	<F2>
3	对象捕捉开关	状态栏/对象捕捉	<F3>(Ctrl+F)
4	数字化仪关	工具/数字化仪	<F4>
5	调整等轴侧平面	视图/三维视图	<F5>
6	DUCS 开关	状态栏/DUCS	<F6>
7	栅格开关	状态栏/栅格	<F7>(Ctrl+G)
8	正交开关	状态栏/正交	<F8>
9	栅格捕捉	状态栏/捕捉	<F9>(Ctrl+B)
10	极轴开关	状态栏/极轴	<F10>(Ctrl+U)
11	对象追踪开关	状态栏/对象追踪	<F11>(Ctrl+W)
12	动态输入开关	状态栏/DYN	<F12>
13	复制	编辑/复制	<Ctrl>+C
14	粘贴	编辑/粘贴	<Ctrl>+V
15	全部选择	编辑/全部选择	<Ctrl>+A
16	剪切	编辑/剪切	<Ctrl>+X
17	新建	文件/新建	<Ctrl>+N
18	打开	文件/打开	<Ctrl>+O
19	保存	文件/保存	<Ctrl>+S
20	打印	文件/打印	<Ctrl>+P
21	打开“特性”对话框	工具/选项板/特性	<Ctrl>+1
22	打开“设计中心”对话框	工具/选项板/设计中心	<Ctrl>+2
25	重做	编辑/重做	<Ctrl>+Y
26	取消前一步操作	编辑/放弃	<Ctrl>+Z

★任务操作

(1)新建文件,设置自己的工作界面。新建一个文件,将其命名为"××别墅设计平面图",并保存在指定的磁盘路径下。

(2)打开文件,控制图形显示。打开光盘中的"××别墅设计平面图完成图"图纸,控制图形在屏幕上的显示比例。

任务 3 绘图环境设置

学习领域

1. 学会坐标的输入方法。
2. 学会设置绘图环境。
3. 辅助绘图工具的使用。
4. 学会使用图层。
5. 学会定制专业图纸。

工作领域

1. 不同的坐标输入数据。
2. 绘图环境设置。
3. 使用与设置辅助绘图工具。
4. 图层的设置与使用。
5. 文字与尺寸标注。
6. 模板文件的创建。

行动领域

定制园林景观图纸模板。

★任务知识讲解

1. 坐标输入

AutoCAD2008 是一款十分精确的绘图软件,可以通过一系列参数输入或设置来完成精确绘图。可以通过【工具】/【新建 UCS】来设定坐标,在初始默认状态下,系统采用的是世界通用坐标系,即 WCS。屏幕左下方的坐标轴分别为 X 轴和 Y 轴,箭头方向为正,反方向为负,交点坐标为(0,0)。Z 轴垂直于屏幕,指向用户的方向为正。绘制园林图纸用户大都使用初始默认的 WCS 坐标系统。

坐标的输入方法可以采用以下方式:

(1)用键盘在命令行键入坐标。

(2)用鼠标直接在屏幕上点取。

(3)在已有的几何图形上用目标捕捉方式来选取点。

坐标常用的表示方法有以下几种：

1.1　绝对直角坐标

绝对直角坐标的输入方法是以原点(0,0)点来定位其他点的，其输入格式为(X,Y)(图 1-3-1 P_1 点)。

1.2　相对直角坐标

以输入的上一个点的坐标来定位点，其输入格式为$(@X,Y)$(图 1-3-1 P_2 点)。

1.3　绝对极坐标

通过输入点到当前 UCS 原点(0,0)的距离 P，及该点与原点连线和 X 轴正向的夹角 α 来指定点的位置，其输入格式为$(P<\alpha)$(图 1-3-1 P_3 点)。

1.4　相对极坐标

以输入点到上一点的距离 P，及该点与上一点连线和 X 轴平行线的夹角 α 来指定点的位置，其输入格式为$(@P<\alpha)$(图 1-3-1 P_4 点)。

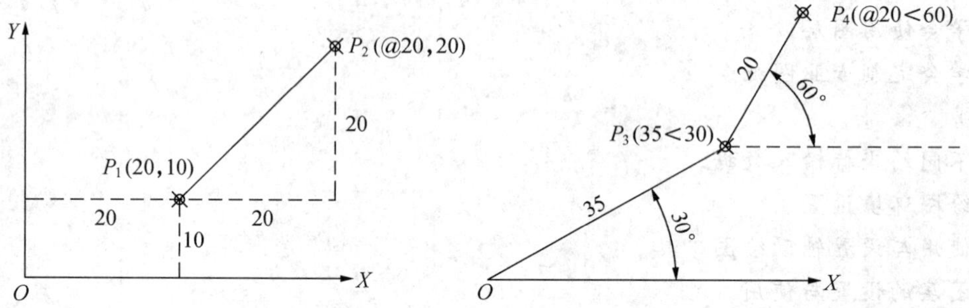

图 1-3-1　常用的坐标表示方法

AutoCAD2008 还提供了更加快捷的绘制方法：

1.5　极轴坐标方式

在绘图过程中，打开极轴功能(快捷键<F10>)，右键单击极轴按钮，选择“设置”选项，在出现的“草图设置”对话框中，启用【极轴追踪】功能，并设置【极轴角设置】中“增量角”，返回作图，当光标控制的线的角为“增量角”的倍数时，光标就会拉出一条“虚线”，并提示输入下一点坐标，此时可以用光标控制方向，在键盘上输入距离值，得到下一点的坐标。如图 1-3-2 所示，设置“增量角”为 30°，执行绘制直线命令，当直线与 X 轴的夹角为 60°时，屏幕上出现一条虚线，并有角度和距离的提示，此时控制好光标，输入距离值“37”，即可得到一条长为 37，与 X 轴夹角为 60°的直线。

1.6　动态输入方式

AutoCAD 2008 在状态栏增加了动态输入功能。按下【动态输入】按钮DYN，光标附近显示提示信息并拉出“虚线”，提示输入下一点坐标，此时可以用光标控制方向，在键盘上输入相应的值，得到下一点的坐标，如图 1-3-3 所示。

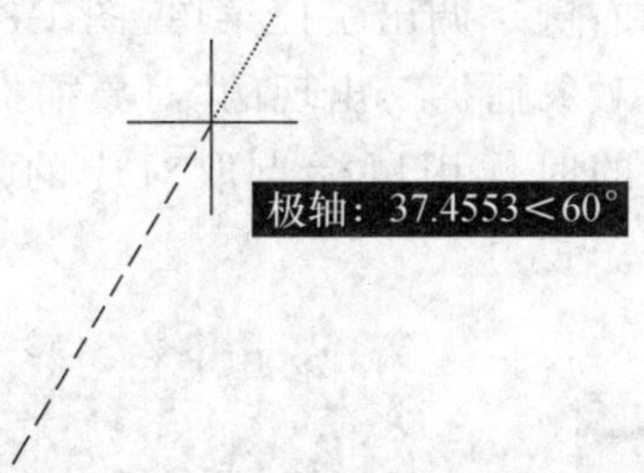

图 1-3-2　极轴坐标方式控制点

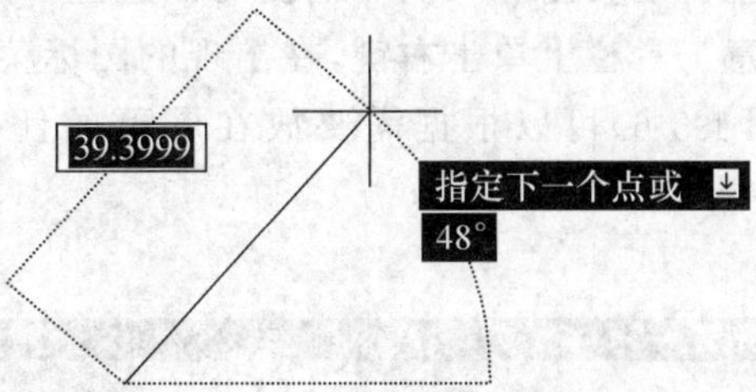

图 1-3-3　动态输入方式控制点

【例 1-3-1】　绘制长为 30,宽为 20 的矩形。

命令:LINE↙　运行直线命令

指定第一点:10,10　以绝对直角坐标方式输入点

指定下一点或[放弃(U)]:@30,0↙　以相对直角坐标方式输入点

指定下一点或[放弃(U)]:@20<90↙　以相对极坐标输入点

指定下一点或[闭合(C)/放弃(U)]:<极轴开> 30↙　按 F10 打开极轴坐标方式,将光标移至左边,控制角度为 180°,输入距离 30

指定下一点或[闭合(C)/放弃(U)]:C↙　闭合该图形

2. 辅助绘图工具

辅助绘图工具位于 AutoCAD 面板的最下方,主要包括捕捉、栅格、正交、极轴追踪、对象捕捉、对象追踪、DUCS(动态坐标)、DYN(动态输入)、线宽、模型。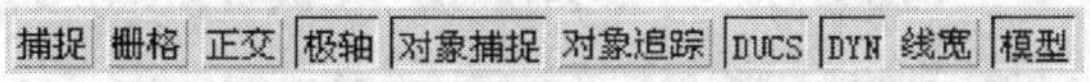

。通过鼠标单击这些按钮来打开或关闭它们,也可用相应的功能键(表 1-2-2)。在按钮上单击鼠标右键,可以根据绘图的实际情况设置辅助绘图工具参数。利用辅助绘图工具可以使绘图更精确。

2.1　正交(快捷键<F8>)

打开正交模式可约束光标只能在水平或垂直方向上移动。为减少绘图误差,当绘制水平或垂直线时,应打开正交模式。当执行水平或垂直方向的图形复制、移动等命令时,也往往打开正交模式来使绘图更精确。

此模式可在其他命令运行过程中随时切换。

2.2　对象捕捉(快捷键<F3>)

对象捕捉功能可以帮助我们快速、准确的定位图形对象中的特征点,提高绘图的精度和工作效率。

在状态栏中的【对象捕捉】按钮上右击,从快捷菜单中选择【设置】命令,打开"草图设置"对话框中的【对象捕捉】选项卡,对要捕捉的点进行设置(图 1-3-4)。

在进行连续、大量的对象特征点捕捉时,使用对象捕捉模式可以连续地、重复地对特征点进行捕捉,提高绘图效率。但有时我们对一些特征点只使用一次或使用的频率很低,这时往往使用"一次性捕捉"方式,在对象密集的图形中使用对象捕捉模式,往往不容易选准所需的特征点,此时也要使用"一次性捕捉"方式进行捕捉。

一次性捕捉是指在某一命令执行中临时选取捕捉对象某一特征点,捕捉完成后,该对象捕

捉功能就自动关闭。一次性捕捉可以通过＜Shift＋鼠标右键＞调出快捷菜单(图 1-3-5),也可以在任意工具栏上单击右键,在出现的图标菜单中选择“对象捕捉”,出现的“对象捕捉”命令选项卡(图 1-3-6)可以根据需要放在屏幕的任何位置,用的时候用鼠标点取对应的点的类型即可。

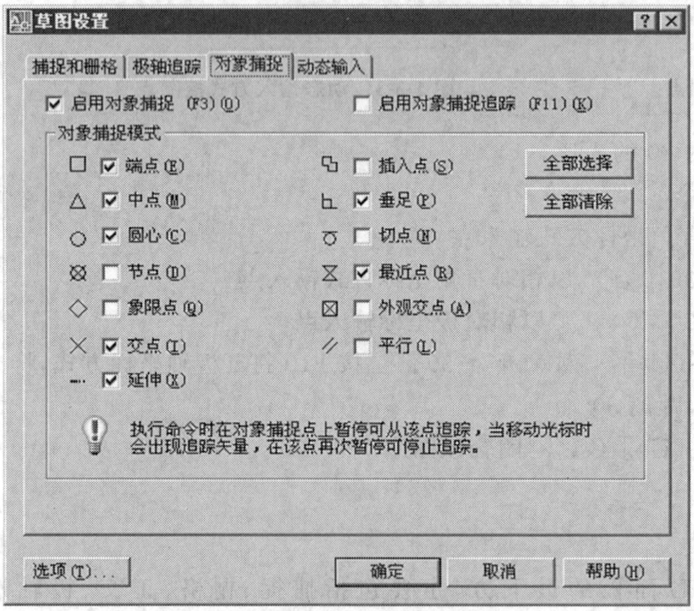

图 1-3-4 对象捕捉设置选项卡

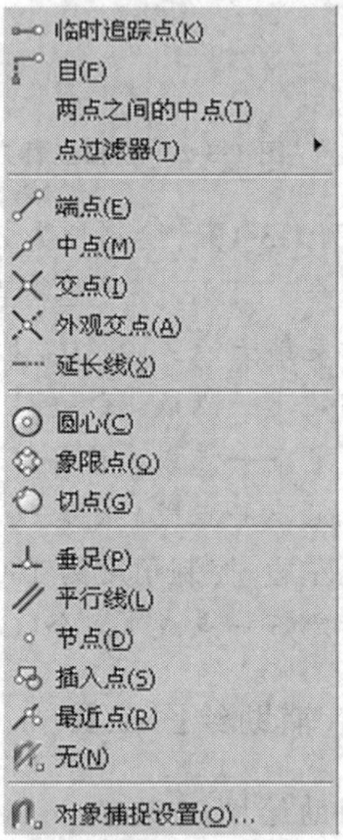

图 1-3-5 一次性捕捉快捷菜单

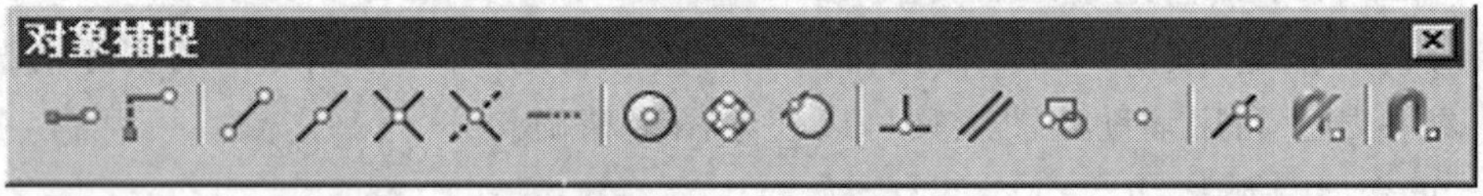

图 1-3-6 对象捕捉菜单

注意:只有在绘图过程中出现输入点的提示时,方可使用对象捕捉,否则,将视为无效命令。

2.3 对象追踪(快捷键＜F11＞)

追踪是指从图形中已有的点引出追踪线,将光标吸附在追踪线上来定位所需的点。自动追踪有两种功能,一种为极轴追踪,另一种为对象捕捉追踪。极轴追踪在“坐标输入”中已经讲过,对象捕捉追踪必须在极轴追踪、对象捕捉、对象追踪同时开启时方可使用。它可以在对象捕捉点发出各极轴方向的追踪线,吸附光标即可获取追踪线上的点,或捕捉追踪线与图线、追踪线与追踪线的交点。

【例 1-3-2】 用直线命令绘制长为 30,宽为 20 的矩形。

命令:LINE↙ 输入直线命令,并按回车键

指定第一点:10,10↙ 以绝对直角坐标方式输入点

指定下一点或[放弃(U)]:30↙ 打开极轴,将光标水平向右侧,出现“虚线”时,输入距离 30

指定下一点或[放弃(U)]：＜极轴 开＞20↙　将光标向上垂直移动，出现“虚线”时，输入20

指定下一点或[闭合(C)/放弃(U)]：＜对象捕捉 开＞＜对象捕捉追踪 开＞　打开对象捕捉追踪，用光标在矩形始点停片刻，然后向上移动，当垂直“虚线”与第三点发出的水平“虚线”相交时点击鼠标左键，确定矩形的第四点

指定下一点或[闭合(C)/放弃(U)]：↙　单击“Enter”回车键闭合该图形

提示：可打开“草图设置”对话框中的【极轴追踪】选项卡设置极轴追踪。

3. 绘图环境设置

绘制符合制图标准的园林景观图纸，首先要设置所需的绘图环境，这样不仅可以减少大量的后期调整、修改工作，而且也有利于统一格式，便于图形的管理使用和交流。绘图环境的设置包括单位设置、图形界限、出图比例、系统环境设置、图层管理等。

3.1　设置绘图单位

(1)新建一个AutoCAD文件，执行【格式】/【单位】命令，打开“图形单位”对话框(图1-3-7)。

(2)在【长度】选项组中选择长度类型为“小数”，根据所绘制图形的要求进行精度设置，一般园林平面图纸的精度设为“0”，园林建筑图纸，建筑标高一般都精确到小数点后3位，即“0.000”。

(3)在【角度】选项组中选择角度类型为“十进制度数”。根据绘图的要求可将精度设置为“0”或其他小数位。

(4)在【插入比例】选项组的下拉列表中选择“毫米”或者“米”选项。设置完成后，单击【确定】按钮。

图1-3-7　图形单位选项卡

3.2 确定出图比例

手工绘图和计算机绘图对出图比例的设置完全不同。手工绘图是在限定大小的图纸上绘制图形，绘制图纸之前要先计算好绘图的比例，不可能将真实尺寸的对象绘制在有限的图纸之上。而 AutoCAD 的绘图空间是一个无限大的空间。无论图形对象有多大，都可以在绘图空间中表现出来。所以使用 AutoCAD 绘图时，应按照 1∶1 的比例，即按对象的真实尺寸进行绘制，用 1∶1 的比例绘图有以下几个优点：

(1)按实际尺寸画图，很容易发现设计尺度不合理的地方。

(2)尺寸标注精确方便。AutoCAD 的尺寸数据由软件自动测量，结合“对象捕捉”功能对图纸进行尺寸标注，即精确又迅速。

(3)不易出错，检查方便。在绘图过程中，万一画错了，一看尺寸数据就能发现。

(4)便于交流。在各个图形文件之间复制局部图形或者使用图块时，由于都是 1∶1 的比例，调整图块的尺寸将非常方便。

(5)不用进行烦琐的比例缩小和放大计算，提高了工作效率，并且能够避免换算过程中可能出现的差错。

3.3 图形界限

图形界限的作用是标明绘图的工作区域和边界。如果要在一张图纸上打印出不同比例的图形，使用“布局”进行打印将会更加方便快捷。而使用“布局”进行打印时最好设置图形界限。但是如果习惯于在同一个图形文件中绘制多张图纸，那么设置图形界限就没有多大意义了。

图形界限的设置方法是执行【格式】/【图形界限】命令，在命令对话区输入相应的数值，设置图形界限(图 1-3-8)。

```
命令: ' limits
重新设置模型空间界限:
指定左下角点或 [开(ON)/关(OFF)] <0.0000,0.0000>:
指定右上角点 <420.0000,297.0000>: 80000,60000
```

图 1-3-8 图形界限设置

3.4 系统环境设置

系统环境设置是指改变 AutoCAD 默认的绘图环境。如果对默认的设置不满意。可以执行【工具】/【选项】命令。打开“选项”对话框。选项对话框的内容极其丰富，这里主要介绍几个常用选项的设置方法。

设置十字光标大小和拾取框大小：

(1)单击【显示】选项卡，在“十字光标大小”选项组中拉动滑块。笔者通常设置为“50”左右。如果设置为“100”，表示光标满屏显示。

(2)单击【选择集】选项卡，在“拾取框大小”选项组中拉动滑块直到大小适中。

注意：拾取框太大或者大小都不方便操作。如果拾取框太小，可能无法选中图形对象；如果太大，又可能造成误选择。

(3)设置自动保存文件时间间隔。AutoCAD 为了防止用户计算机意外死机，或者是非正常退出 AutoCAD 程序而导致文件丢失，默认设置每隔 10 分钟自动保存一次。用户也可以根据情况设置自动保存文件时间间隔。

单击“打开和保存”选项卡。在“文件安全措施”选项组中勾选“自动保存”复选框，在其文本框中可设置自动保存的时间间隔。

保存配置。可以将设置好的系统环境以独立的文本文件保存，以便随时恢复，从而避免繁琐的重复设置，甚至还可以与其他用户共享该设置。选择“配置”选项卡，单击“输出”按钮，指定配置文件的保存路径即可。

3.5　图层管理

在园林绘图中，每一种园林要素都有自己的特性，为了方便管理、交流和修改，AutoCAD2008 为我们提供了图层功能。每个图层就像一张“透明的纸”，可以单独设置线宽、线型、颜色等图层特性，设计者可以根据所绘图纸的内容和要求，将不同的内容绘制在不同的图层上，绘制的图形看起来是一个整体，但是由于分别位于不同的图层上，相互之间是独立的，可以单独进行编辑，而不改变其他图层上元素的特性。

通过图层进行分类可以采用两种方法：

(1)按园林要素的内容来分：将其分成道路、建筑、小品、水体、乔木、灌木、地被等图层。

(2)按图层的特征来分：将其分成粗实线、中实线、细实线、点划线、虚线等。

3.5.1　*图层特性管理器*

启动图层特性管理器的方法有以下几种：

(1)从菜单栏中选取【格式】/【图层】。

(2)点击“图层”工具栏左侧的按钮。

(3)应用快捷键“LA”。

图层特性管理器包含两个区域，如图 1-3-9 所示。右边是图层操作区，用于新建、删除、修改、列出图层的状态等操作；左边是过滤区，可制定过滤条件并对图层进行分组操作。

图 1-3-9　图层特性管理器

新建图层按钮<Alt+N>：单击按钮，下面的层列表里面将增加一个新层，新增加的图层自动按“图层 1”、“图层 2”、“图层 3”等的名字命名。要改变层名，可先选中该图层，并单击“层名”，或选中该层，单击右键，选择“重命名图层”，再输入新的“层名”即可。“层名”应该一看就知道其内容，这样将来在编辑管理时会更加一目了然。例如可以使用“建筑”、“道路”、“水体”、“乔木”、“灌木”等图层名。

删除图层按钮<Alt+D>：删除没有使用的图层。

> 注意：只有图层上没有任何图形的图层才能删除，有些删除不了的顽固图层可以通过菜单【文件】/【绘图实用程序】/【清理】命令删除。

置为当前按钮<Alt+C>：当前图层就是目前活动的图层，用户绘制的图形、输入的文字都在当前图层里面。为了把不同的图形内容绘制到相应的图层里面，需要经常改变当前图层。把一个图层设为当前图层，有以下几种方法：

(1)在图层特性管理器中选中一个图层，然后单击按钮。

(2)在图层特性管理器中双击该图层。

(3)在图层工具栏上的图层列表框中(图1-3-10)选中要设为当前层的图层。

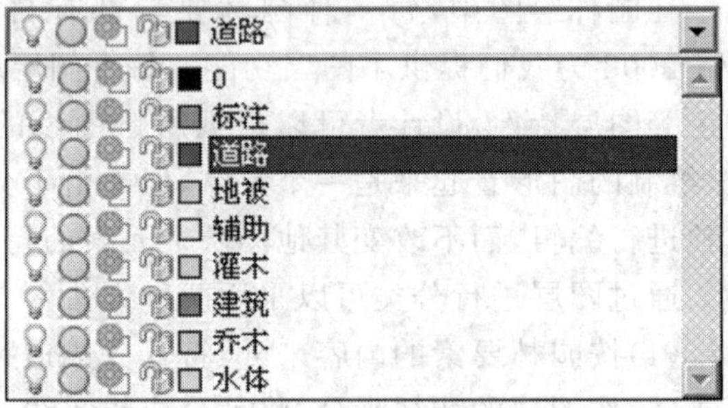

图 1-3-10　图层列表框

3.5.2　0 图层

AutoCAD 的缺省图层为“0”层，如果用户打开 AutoCAD 2008 软件，绘图后不建立自己的图层，所绘制的图形对象都在“0”层上。“0”层不能被删除，一般也不要在“0”图层上绘图。“0”图层的作用是定义图块，在“0”图层创建的图块，具有随层的特性，图块插入哪个图层，就会自动跟随这个图层的属性。图块插入其他图层后，“0”图层就保持空白。

> 注意：所有图形的各种属性都尽量跟随图层的属性。也就是说尽可能地让图形的对象属性都是 Bylayer(随层)。这样才便于使用图层进行全局控制，不会造成混乱。

3.5.3　设置图层状态

在图层特性管理器中可以设定各个图层的状态。图层状态图标从左到右分别是开/关、冻结/解冻、锁定/解锁，这些图标都是开关图标，每单击一次就成为相反的状态。每个图标都有两种外观，代表两种状态，详见表 1-3-1。不可见的图层及被冻结的图层都不能在屏幕上显示出来，也不能被输出(打印)。

> 提示：解冻重新生成图层时会用比较多的时间，所以尽可能不冻结图层。

锁定图层是为了保护图层内的图形不被误编辑。

表 1-3-1　图层状态图标的含义

图标						
状态	图层可见	图层不可见	解冻图层	冻结图层	解锁图层	锁定图层

3.5.4　设置图层的颜色

图层特性管理器的图层默认为白色。单击图层的颜色小方块，在弹出的“选择颜色”选项卡(图 1-3-11)中重新设定图层的颜色。为图层设定颜色，可以方便查看图纸和输出图纸。

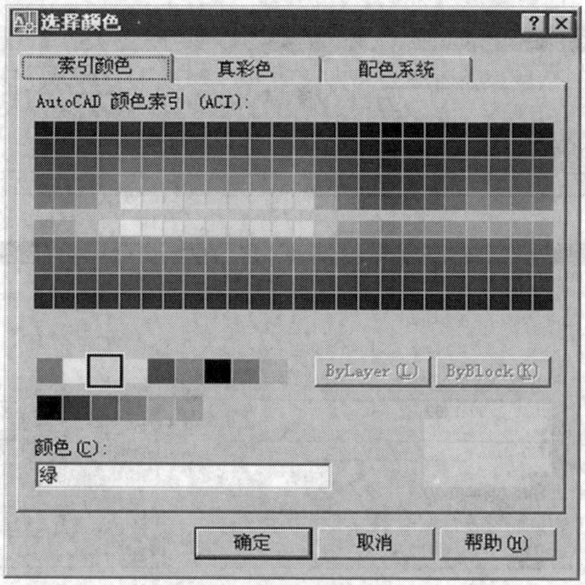

图 1-3-11　选择颜色选项卡

3.5.5　设置图层的线型

单击图层特性管理器中图层的线型名称(系统默认的线型为实线 Continuous)将会打开如图 1-3-12 所示的选择线型对话框。

对话框主区域内列出了已经加载的线型,线型列表从左到右分别是线型名称、外观和说明。选择要指定的线型然后单击【确定】即可。如果线型列表中没有要用的线型,单击【加载(L)】,打开如图 1-3-13 所示的"加载或重载线型"对话框。在对话框中选择需要的线型,然后单击【确定】,即可把线型加载到当前绘图文件中。

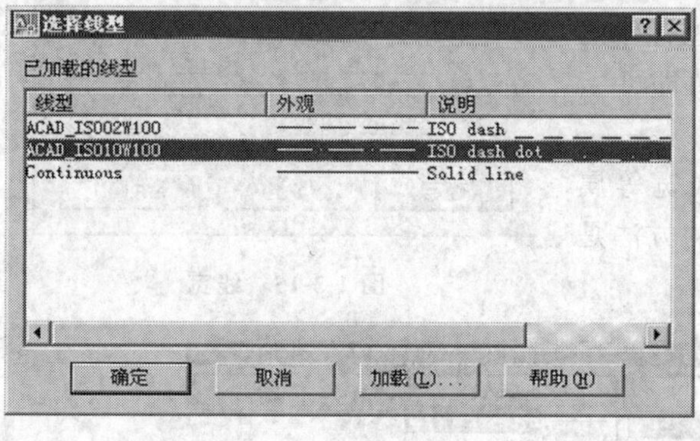

图 1-3-12　选择线型选项卡

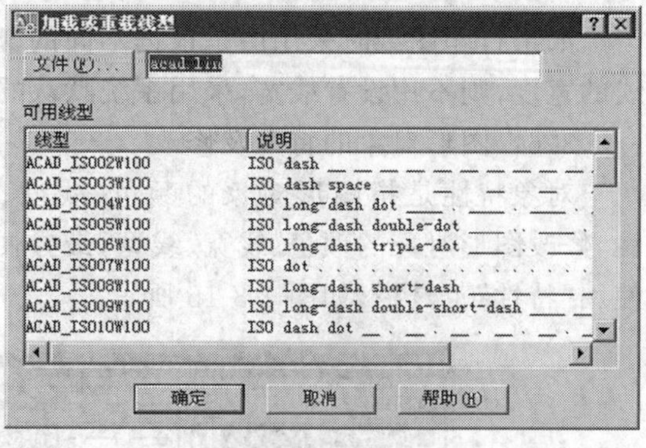

图 1-3-13　加载或重载线型选项卡

设置线型的显示比例:除了 Continuous 线型外,每一种线型都是由实线段、空白段、点或文字所组成的序列。默认情况下,全局线型的比例为 1.0。如果图层的线型设置为点划线,或者虚线以后,在该图层上绘制的线条却看上去像是实线。可以修改线型比例。修改的方法是:通过菜单【格式】/【线型】调出如图 1-3-14 所示的"线型管理器"对话框,在【全局比例因子】中设置。线型的全局比例因子一般由公式"1÷图形输出比例×2"来计算,例如,在一个输出比例 1∶100 的图中设定全局比例因子=1÷(1÷100×2)=50。

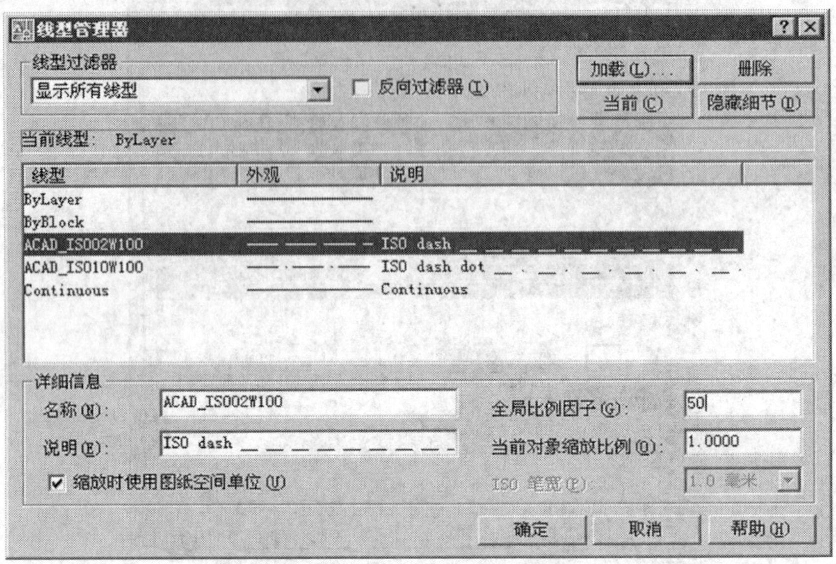

图 1-3-14　线型管理器

3.5.6　设置图层的线宽

单击图层特性管理器中图层的线宽值,打开"线宽"对话框,在列表中选择一个合适的线宽,然后单击【确定】即可。为图层指定线宽,在该图层绘制的图线将以指定的线宽绘制,可以直接供打印图纸用,如图 1-3-15 所示。

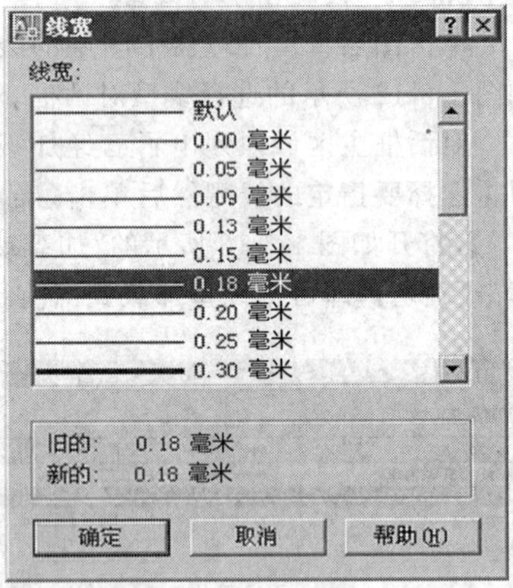

图 1-3-15　线宽

注意:要使设定的线宽在绘图时直接显示在屏幕上,需要打开状态栏【线宽】显示开关。

如果打印图纸时采用的是根据不同的颜色打印的线的宽度,则不用设置线宽,采用系统默认的值即可。

3.6　图形对象的特性及修改

对象特性是指图形对象的颜色、线型、线宽等属性,修改图形对象的颜色、线宽、线型,最方便的方法是使用"特性"工具栏,如图 1-3-16 所示。

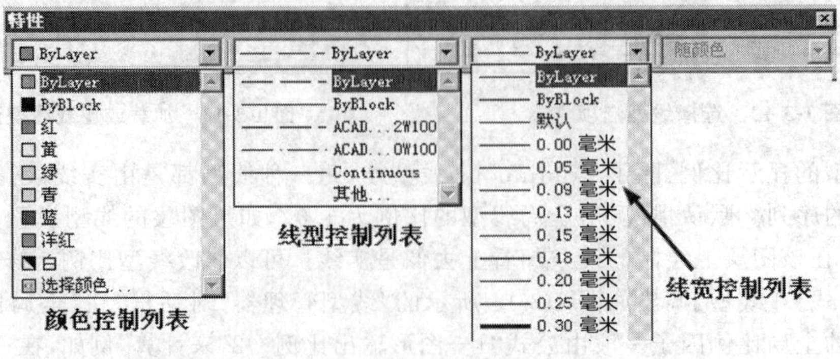

图 1-3-16　"特性"工具栏的颜色、线型、线宽控制列表

操作时，先选中图形对象，再在对应的特性窗口选择要用的颜色、线型、线宽即可。

3.6.1 用特性窗口编辑图形特性

启动特性窗口的方法有以下几种：

(1)从菜单栏中选取【修改】/【特性】。

(2)点击标准工具栏上的按钮。

(3)应用快捷键"Ctrl+1"。

(4)选中图形，单击右键，选择"特性"。

"特性"窗口中反映的是所选图形的特性，可以直接修改，如图1-3-17所示。

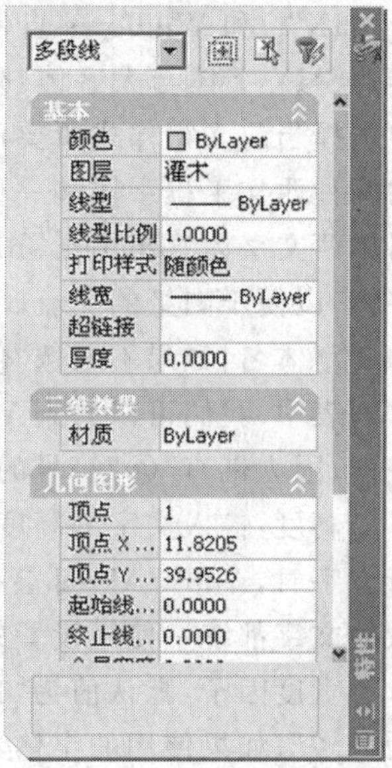

图1-3-17 特性选项卡

3.6.2 用特性匹配工具复制对象特性

启动特性匹配工具的方法有以下几种：

(1)从菜单栏中选取【修改】/【特性匹配】。

(2)点击标准工具栏上的按钮。

特性匹配工具可将某对象的特性快速复制到另一个对象上。启动"特性匹配"命令后选择源对象，光标此时变成，再选取要改变的对象即可将源对象的特性复制到目标对象上。

3.7 文字与文字样式设定

在绘制图纸的过程中，对于那些难以用图形表达的内容，往往采用文字注释的方式，如标识说明、技术要求等；有些文字内容用列表的形式来表达更加清晰、直观，如标题栏、植物统计表等。

AutoCAD2008提供了两种文字输入工具，分别是单行文字和多行文字。如果使用单行文字，为了方便地选择或修改文字的特征，必须为每一种字体设置一个与之相对应的文字样式，而使用多行文字时却不需要设置。

3.7.1 文字样式设定

从菜单栏中选取【格式】/【文字样式】(快捷键st)，打开"文字样式"对话框(图1-3-18)。这

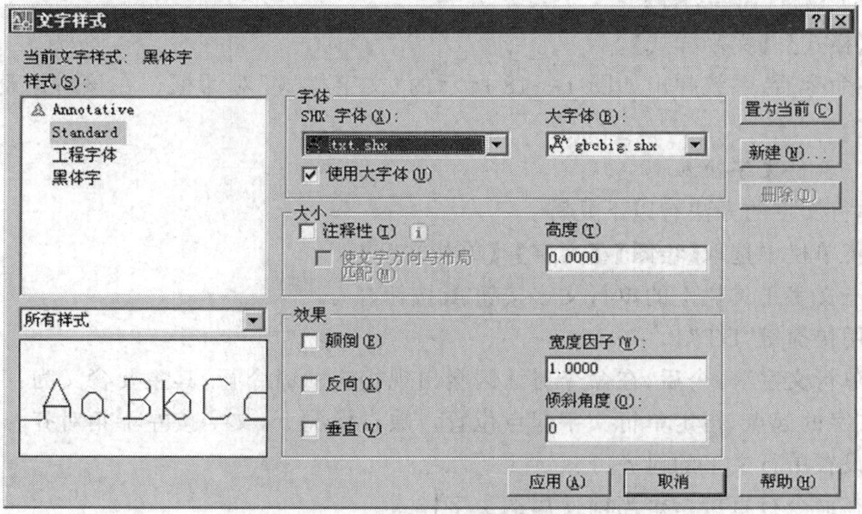

图1-3-18 文字样式

时会看到一个名为“Standard”的字体样式，它是 AutoCAD 的默认字体样式，也就是是“SHX”字体，默认字体为“txt. shx”，大字体为“gbcbig. shx”。

AutoCAD2008 有两种文字类型，分别是 AutoCAD2008 专用的行文字体（扩展名为“. SHX”）和 Windows 自带的 TrueType（扩展名为“. ttf”）。

SHX 字体与大字体：列表显示出当前文字样式所用的字体名称，可以在弹出的下拉列表中选择当前文字样式所要用的字体。AutoCAD2008 为使用中文的用户提供了符合国际要求的两种西文工程字体和一种中文工程字体，分别为“gbenor. shx”正体西文字体、“gbeitc. shx”斜体西文字体、gbcbig. shx 中文长仿宋工程字体，建议在绘制图纸的时候尽量选用以上三种字体，以便于图纸的交流。

字体名：如果不勾选“使用大字体”复选框，“SHX 字体”就会变成“字体名”，在字体名的下拉列表中，我们可以看到 Windows 自带的 TrueType 字体。注意要选择名前不带“@”符号的字体，因为带有“@”符号的字体是横向的。

高度：输入文字的高度，在实际应用中此项宜设为“0”。如果高度设为“0”，则每次输入单行文字时，AutoCAD 都会提示输入文字高度。如果高度不设为“0”，则在使用单行文字时，输入的文字都统一使用设置的高度，不便于以后编辑修改。

宽度因子：默认值为“1”，指的是文字的纵横宽度相等，工程图纸要求文字的宽度与长度比为“0.7”，如果使用的字体本身是正方形的，可设置宽度因子为“0.7”。如果使用“gbcbig. shx”字体，因原本就是长仿宋体，所以保持默认值“1”即可。

新建：用于新建文字样式，如果在一张图纸上需要用两种或以上的字体，则要设置不同的文字样式。文字样式的名称应根据绘图需要由用户指定，以免用的时候混淆。

删除：删除当前文字样式，但在图形中已经使用的文字样式和“standard”样式不能删除。

3.7.2 文字样式修改

单行文字都有相对应的文字样式，而且它们是相互关联的。也就是说，如果需要在一张图纸中修改一类单行文字，只需要修改它的文字样式。

命令：STYLE（简写：ST）。

菜单：【格式】/【文字样式】。

执行该命令后，系统弹出如图 1-3-18 所示的“文字样式”对话框。在该对话框中，可以修改文字样式。

3.7.3 单行文字输入

输入单行文字的方法有以下几种：

(1)从菜单栏中选取【绘图】/【文字】/【单行文字】。

(2)点击文字工具栏上的单行文字按钮 AI 按钮。

(3)应用快捷键“DT”。

启动“单行文字”命令后，在命令对话区会出现相应的命令行，其主要含义为：

指定文字的起点，指定单行文字起点位置。缺省情况下，文字按左下角对齐。

对正，设置单行文字的对齐方式。

样式，在命令行直接指定当前使用的文字样式。

指定高度，为文字指定高度。可以用数字或鼠标点取两点的长度作为回应。在图形中一旦指定过字高,缺省值即变为最后一次指定的字高。

指定文字的旋转角度,为文字指定旋转角度。可以用数字或鼠标点取两点的角度作为回应。

根据提示输入文本内容后,可以两次回车键结束任务或用鼠标点取一点后,开始下一行的文本输入。

【例 1-3-3】 利用单行文字书写设计说明。

新建一个文件,创建如表 1-3-2 所示的三个文字样式,做如图 1-3-19 所示的文字注写练习。

表 1-3-2　文字样式设置

样式名称	字　体	高度	宽度因子	旋转角度
工程字 1	使用大字体,Shx 字体:Gbenor. shx;大字体:Gbcbig. shx	0	1	0
工程字 2	黑体_GB2312	0	1	0
工程字 3	仿宋_GB2312	0	1	0
工程字 4	楷体_GB2312	0	1	0

铺装说明

铺装一、铺装二、铺装三采用同一结构做法，所有铺装都是精装修，所用木板应做桐油防腐或采用防腐木

铺装说明

铺装一、铺装二、铺装三采用同一结构做法，所有铺装都是精装修，所用木板应做桐油防腐或采用防腐木

铺装说明

铺装一、铺装二、铺装三采用同一结构做法，所有铺装都是精装修，所用木板应做桐油防腐或采用防腐木

铺装说明

铺装一、铺装二、铺装三采用同一结构做法，所有铺装都是精装修，所用木板应做桐油防腐或采用防腐木

图 1-3-19　单行文字注练习

单击【格式】/【文字样式】,在弹出的对话框中新建上表所示的四种文字样式,并按要求设定选项。完成后单击【应用】按钮和【关闭】按钮,结束文字样式设定。

命令:DT↙　运行单行文本注写命令

当前文字样式:"工程字 1"文字高度:3.0000　注释性:否　提示当前文字样式设置

指定文字的起点或[对正(J)/样式(S)]:用光标指定文字左起始点

指定高度＜2.5000＞:3　指定文字高度为 3

指定文字的旋转角度＜0＞:↙　接受缺省的文字旋转角度为 0

输入文字:(内容见图 1-3-19)　用中文输入法输入文字

输入文字:↙　结束命令

命令:DT↙　重新运行单行文本注写命令

当前文字样式:"工程字 1"文字高度:3.0000 注释性:否

指定文字的起点或[对正(J)/样式(S)]:S↙　设置当前文字样式

输入样式名或[?]＜工程字 1＞:工程字 2　输入"工程字 2"为当前样式

当前文字样式:工程字 2 文字高度:3.0000　注释性:否　提示当前样式已变成"工程字 2"

指定文字的起点或[对正(J)/样式(S)]:用光标指定文字左起始点

指定高度<3.0000>:↙　回车默认

指定文字的旋转角度<0>:↙　回车默认

输入文字:(文字内容见图 1-3-19)↙　用中文输入法输入文字

输入文字:↙　两次回车结束命令

用同样地操作方法做出文字样式为工程字 3 和工程字 4 的内容,试着将工程字 1、2、3 的文字"宽度因子"改成 0.7,观察一下文字的效果。

3.7.4　多行文字输入

输入多行文字的方法有以下几种:

(1)从菜单栏中选取【绘图】/【文字】/【多行文字】。

(2)点击文字工具栏上的 A 按钮。

(3)应用快捷键"T"。

启动"多行文字"命令后,在命令对话区会出现相应的命令行,其主要含义为:

指定第一角点,指定多行文字矩形边界的第一角点。

指定对角点或[高度(H)/对正(J)/行距(L)/旋转(R)/样式(S)/宽度(W)/栏(C)]:指定多行文字矩形边界的对角点。

高度(H),指定多行文字字符的字体高度。

对正(J),指定矩形边界中文字的对正(默认是左上)和走向。

行距(L),指定多行文字对象的行间距。

旋转(R),指定文字边界的旋转角度。

样式(S),指定多行文字对象的文字样式。

宽度(W),指定多行文字对象的宽度。

3.7.5　文字的编辑与修改

文字的编辑与修改命令有以下几种:

(1)从菜单栏中选取【修改】/【对象】/【文字】。

(2)点击文字工具栏上的 A/ 按钮。

(3)应用快捷键"ET"。

(4)在要编辑修改的文字上双击左键。

执行文字编辑命令后,首先选择欲修改编辑的文字,如果选择的对象为单行文字,可以重新编辑输入的文字。

如果选择的对象为多行文字,则弹出"文字格式"对话框,操作和输入多行文字相同(图 1-3-20)。

图 1-3-20　多行文字文字格式对话框

也可以通过“特性”对话框来编辑修改文字及属性。选中文字，单击右键，选择属性即可弹出“特性”对话框，在此对话框中，不仅可以修改文本的内容，而且可以重新选择该文本的文字样式、设定新的对正类型、定义新的高度、旋转角度、宽度比例、倾斜角度、文本位置以及颜色等该文本的所有特性(图 1-3-21)。

图 1-3-21 文字属性

注意：执行多行文字命令，在出现“文字格式”编辑器时，单击鼠标右键，在出现的快捷菜单中选择“符号”可以找到各种符号的输入方法。

3.7.6 输入外部文件

AutoCAD2008 还可以输入“＊.TXT”、“＊.doc”、“＊.xls”等其他类型的外部文件。方法为：

(1)打开 Windows 资源管理器，保持其不全屏状态，显示其文件所在的目录，将其移到计算机的左侧。

(2)保持 CAD 文件不全屏状态，将其移到计算机屏幕右侧。

(3)选择该文件，并将其拖拽到 AutoCAD 图形文件中。

如果该文件是“＊.TXT”格式，插入后将作为一个多行文字对象，可以用编辑多行文字的方法对插入文字进行编辑。

如果是“＊.doc”、“＊.xls”等其他类型的外部文件，则会显示“OLE 文字大小”窗口，可对文字进行设置，可以拖动其到任何位置(图 1-3-22)。

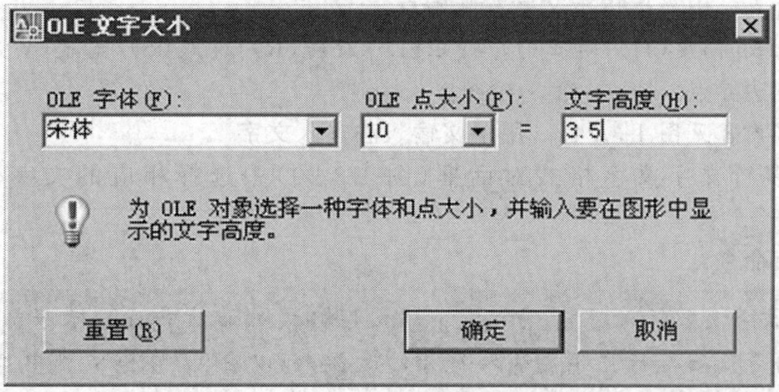

图 1-3-22 OLE 文字大小对话框

左键双击插入的文件，会出现原文件对话框，可以对其进行修改，保存后，CAD 中的插入文件自动更新(图 1-3-23)。

【例 1-3-4】 利用多行文字书写设计说明，见图 1-3-24。

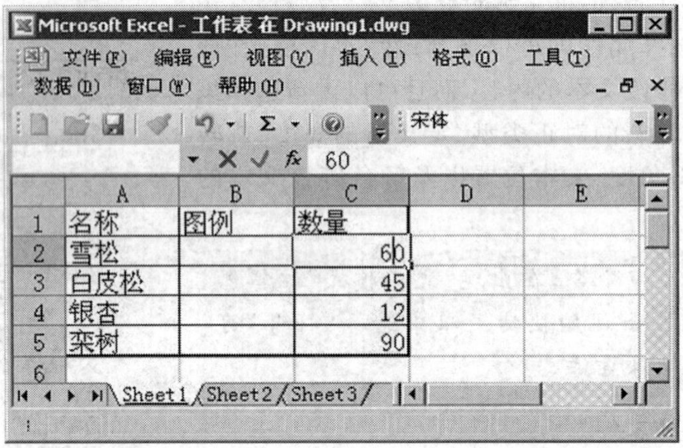

图 1-3-23　双击插入 CAD 中的“＊.xls”文件出现的原文件

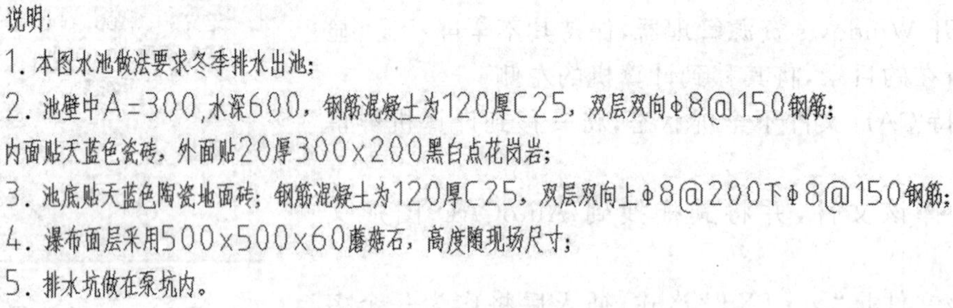
说明：
1. 本图水池做法要求冬季排水出池；
2. 池壁中A=300,水深600，钢筋混凝土为120厚C25，双层双向φ8@150钢筋；
内面贴天蓝色瓷砖，外面贴20厚300x200黑白点花岗岩；
3. 池底贴天蓝色陶瓷地面砖；钢筋混凝土为120厚C25，双层双向上φ8@200下φ8@150钢筋；
4. 瀑布面层采用500x500x60蘑菇石，高度随现场尺寸；
5. 排水坑做在泵坑内。

图 1-3-24

单击【格式】/【文字样式】，在弹出的对话框中新建文字样式，设置 Shx 字体：Gbenor. shx；大字体：Gbcbig. shx，高度为 0，宽度因子为 1，旋转角度为 0。

命令：T↙　运行多行文本注写命令

指定第一角点　用光标指定文字左起始点

指定对角点或[高度(H)/对正(J)/行距(L)/旋转(R)/样式(S)/宽度(W)/栏(C)]：用光标指定文字右侧边界点

输入文字：(内容见图 1-3-24)　用中文输入法输入文字

在出现的多行文字文字格式对话框(图 1-3-20)中选择相应的文字样式、字体、高度等。

回车键结束命令。

注意：多行文字可以输入符号，方法是点击文字格式对话框中的图标@·或在文本框中单击右键，选择符号。而单行文字要输入符号的时候，可以在 WORD 文档中事先做好，再用复制粘贴的方式。

4. 尺寸标注

4.1　尺寸标注要素

在尺寸标注中，涉及的要素主要有尺寸线、尺寸界线、箭头、文字、基线间距、起点偏移量等。这些要素在标注中的位置和作用如图 1-3-25 所示，标注时可以根据制图规范进行调整。

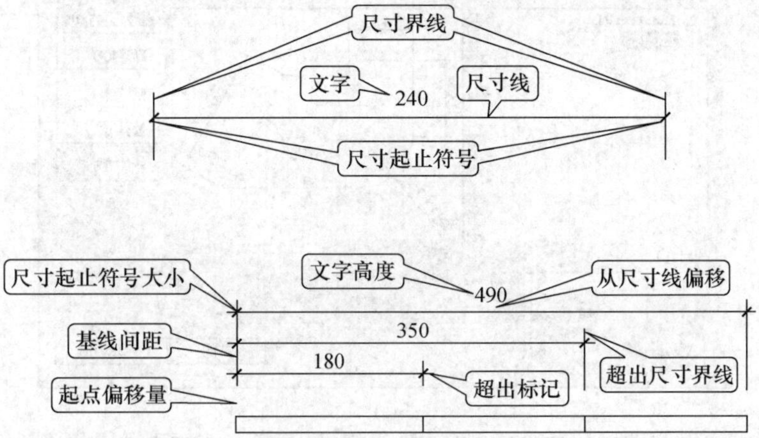

图 1-3-25　标注要素组成

4.2　尺寸标注样式设定

在 AutoCAD 制图中，应该建立尺寸标注图层，以控制标注的显示和隐藏。在绘图过程中采用 1∶1 比例绘图，标注就更加准确。

尺寸标注样式设定的方法：

(1)从菜单栏中选取【格式】/【标注样式】。

(2)点击标注工具栏上的按钮。

(3)在命令行输入 DIMSTYLE 或应用快捷键“D”。

执行命令后，出现“标注样式管理器”对话框，如图 1-3-26(a)所示。

置为当前：将所选样式置为当前样式。在随后的标注中，将采用该样式标注尺寸。这一操作也可以通过【标注】工具栏的

下拉列表进行指定。

新建：新建一种标注样式。点取该按钮，将弹出【创建新标注样式】对话框(图 1-3-27)。在这个对话框中我们可以对新标注样式的一些属性进行设置。

修改：修改选择的标注样式。点取该按钮后，将弹出【修改标注样式】对话框(图 1-3-28)。我们可在此对话框中设定标注样式的各选项。如果没有特殊要求可以直接在【调整】面板中选择【使用全局比例因子】，并在旁边的文本框中根据绘制图形的尺寸大小填写适宜的数值。在园林制图中，对于直线标注使用“建筑标记”作为箭头形式，而对于半径、直径和角度一类的标注，箭头形式应该是实心箭头。因此需要在设置一种标注样式后，再设置标注子样式。方法是打开“标注样式管理器”对话框，在【样式】列表中选择“样式 1”(新建的用于直线标注的样式)，单击【新建】按钮，打开“创建新标注样式”对话框。在【基础样式】下拉列表中选择“样式 1”选项，在【用于】下拉列表中选择“半径标注”选项。单击【继续】按钮打开“新建标注样式：样式 1：半径”对话框。将【箭头】改为“实心闭合”选项。回到“标注样式管理器”，在对话框【样式】下拉列表中可以看到“样式 1”出现了一个名为“半径”的子样式，如图 1-3-26(b)所示。执行【标注】/【更新】命令，图形中的半径标注将被更新为正确样式。

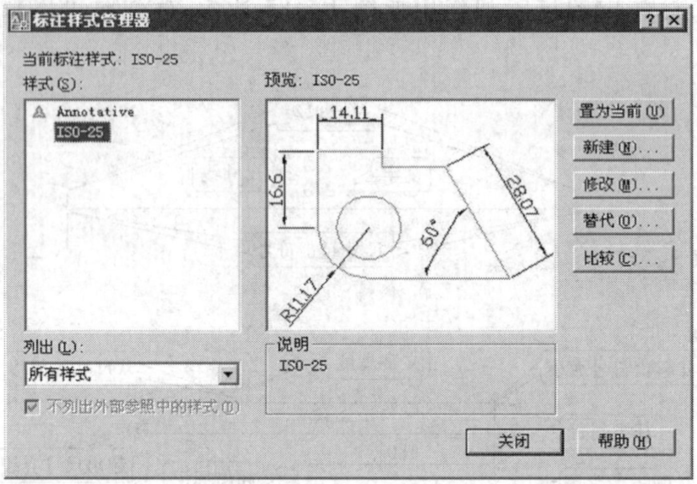

(a)

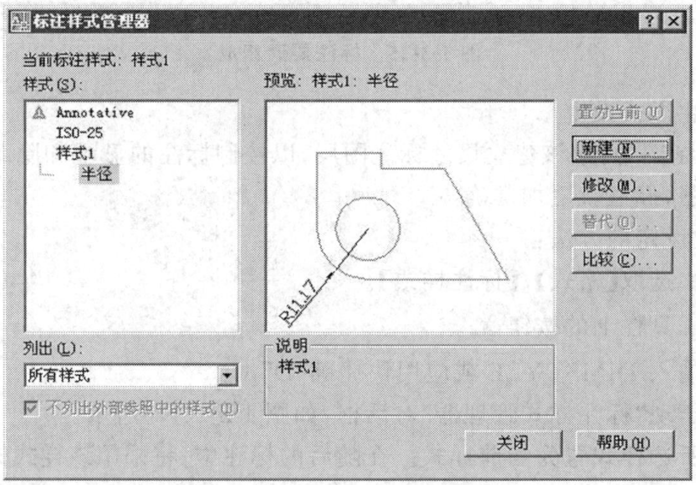

(b)

图 1-3-26　标注样式管理器

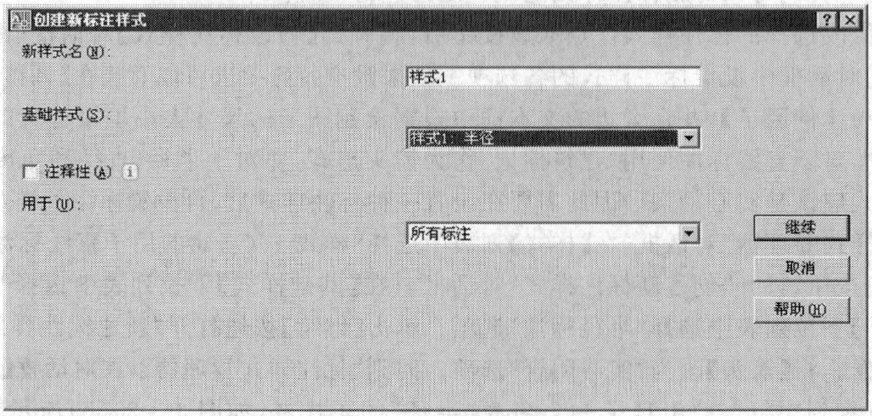

图 1-3-27　创建新标注样式

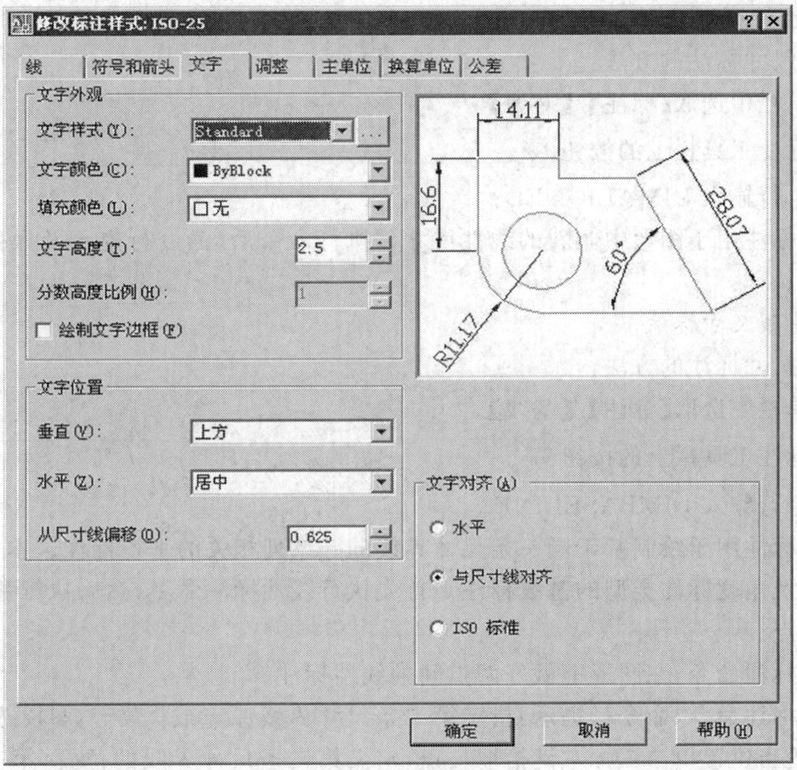

图 1-3-28 修改标注样式

样式:列表显示了目前图形中已设定的标注样式。

预览:图形显示被选择样式的预览。

列出:可以选择在样式列表框中列出“所有样式”或只列出“正在使用的样式”。

4.3 尺寸标注

4.3.1 线性尺寸标注

执行线性尺寸标注的方法:

(1)从菜单栏中选取【标注】/【线性】。

(2)点击标注工具栏上的按钮 。

(3)在命令行输入 DIMLINEAR。

执行命令后,命令行提示及操作如下:

指定第一条尺寸界线原点。在图纸适当位置单击鼠标左键拾取一点,以定义第一条尺寸界线起点,一般是在“对象捕捉”状态下,捕捉图形上的点。(如果直接回车,则出现选择对象的提示,可通过选择对象来定义线性尺寸的大小。)

指定第二条尺寸界线原点。在图纸适当位置单击鼠标左键另外拾取一点,定义第二条尺寸界线的位置。一般是在“对象捕捉”状态下,捕捉图形上的另一点。

指定尺寸线位置或[多行文字(M)/文字(T)/角度(A)/水平(H)/垂直(V)/旋转(R)]。在图纸上点取一点确定标注的位置,也可以通过输入字母来对标注进行编辑和修改。如输入字母“M”,回车后会打开“多行文字编辑器”,用户可以通过“多行文字编辑器”来编辑注写的文字。自动测量的数值用“<>”来表示,用户可以将其删除也可以在其前后增加其他文字。

4.3.2 对齐尺寸标注

执行对齐尺寸标注的方法：

(1)从菜单栏中选取【标注】/【对齐】。

(2)点击标注工具栏上的按钮。

(3)在命令行输入 DIMALIGNED。

对齐尺寸标注用于图形中倾斜的线性尺寸。执行命令后，命令行提示及操作与线性尺寸标注基本相同。

4.3.3 基线尺寸标注

执行基线尺寸标注的方法：

(1)从菜单栏中选取【标注】/【基线】。

(2)点击标注工具栏上的按钮。

(3)在命令行输入 DIMBASELINE。

基线尺寸标注用于绘制基于同一条尺寸界线的一系列相关的平行标注。本命令适用于线性、对齐、坐标及角度标注类型的基线标注。首先执行线性标注命令，然后执行基线标注命令，依次捕捉其他点。

执行线性标注命令，在图形上做好两点间的线性标注。

执行基线标注命令，命令行提示：指定第二条尺寸界线原点或［放弃(U)/选择(S)］＜选择＞：在图纸适当位置单击鼠标左键拾取一点，定义第二条尺寸界线的位置，第一条尺寸界线与线性标注的第一条尺寸界线相同。

也可以输入“s”，重新选择基线标注基准。

4.3.4 连续尺寸标注

执行连续尺寸标注的方法：

(1)从菜单栏中选取【标注】/【连续】。

(2)点击标注工具栏上的按钮。

(3)在命令行输入 DIMCONTINUE。

连续标注用于对首尾相连，排成一排的连续尺寸进行标注。本命令适用于线性、对齐、坐标及角度标注类型的连续标注。首先执行线性标注命令，然后执行连续标注命令，依次捕捉其他点。操作方法和基线标注基本相同。

4.3.5 直径尺寸标注

执行直径尺寸标注的方法：

(1)从菜单栏中选取【标注】/【直径】。

(2)点击标注工具栏上的按钮。

(3)在命令行输入 DIMDIAMETER。

执行直径尺寸标注命令后，命令行提示及操作如下：

选择圆弧或圆。在图形上选择标注直径的对象。

指定尺寸线位置或［多行文字(M)/文字(T)/角度(A)］。在图纸上单击鼠标左键确定尺寸线的位置。尺寸线通过圆心，确定尺寸线位置的拾取点对文字的位置有影响。若选择［ ］中的选项则可对标注的文字重新设置和修改。

4.3.6　半径尺寸标注

执行半径尺寸标注的方法：

(1)从菜单栏中选取【标注】/【半径】。

(2)点击标注工具栏上的按钮。

(3)在命令行输入 DIMRADIUS。

主要选项含义与直径尺寸标注同。

4.3.7　角度标注

对于不平行的两条直线、圆弧或圆以及指定的三个点，AutoCAD 可以自动测量它们的角度并进行角度标注。

执行角度标注的方法：

(1)从菜单栏中选取【标注】/【角度】。

(2)点击标注工具栏上的按钮。

(3)在命令行输入 DIMANGULAR。

执行角度标注命令后，命令行提示及操作如下：

选择圆弧、圆、直线或＜指定顶点＞。在图形中选择角度标注的对象。如果直接回车，则为指定顶点确定标注角度。

选择第二条直线。确定角度标注的第二条边。如果选择的对象为圆弧，则不出现此选项。

指定标注弧线位置或［多行文字(M)/文字(T)/角度(A)/象限点(Q)］。在图纸上单击一点定义弧形尺寸线摆放位置。

尺寸标注如图 1-3-29 所示。

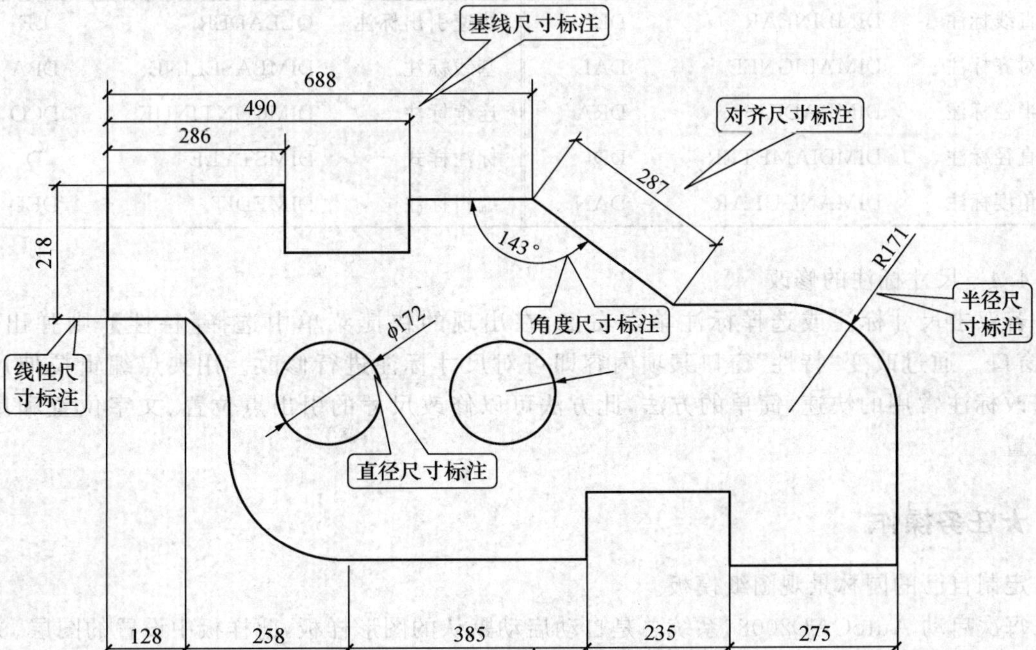

图 1-3-29　尺寸标注

4.3.8 引线标注

对于一些文字注释、详图符号和索引符号，需要使用引线进行标注。

操作：植物名称引线标注。

打开文件“自然式植物栽植设计图.dwg”，新建“标注”图层，并将“标注”层置为当前。

执行【标注】/【多重引线】命令，按下＜空格＞键表示选择输入＜选项＞。

设置引线标注。按下＜L＞键设置“引线类型”为“直线”；按下＜C＞键设置“内容类型”为“多行文字”；按下＜M＞键，设置“最大节点数”为“3”；按下＜F＞键设置“第一个角度”为“45”；按下＜S＞键设置“第二个角度”为“180”；按下＜X＞键表示退出选项。

在绘图区单击指定引线箭头和引线基线的位置，并在出现的对话框中输入文字“桂花（大）”。单击【确定】。

对引线进行编辑。调整文字大小。

选择引线标注，单击右键，打开“特性”工具栏，将“文字”栏下的“高度”改为“1000”；将“引线”下的“箭头大小”改为“500”。

将刚才创建的引线标注多次复制，双击引线文字，根据植物的不同名称修改文字内容。

常用尺寸标注英文指令与缩写形式：

用键盘输入尺寸标注英文缩写，如表 1-3-3 所示，即可执行命令。

表 1-3-3 AutoCAD 常用标注命令的英文指令与缩写形式

名称	英文指令	快捷键	名称	英文指令	快捷键
直线标注	DIMLINEAR	DLI	快速引出标注	QLEADER	LE
对齐标注	DIMALIGNED	DAL	基线标注	DIMBASELINE	DBA
半径标注	DIMRADIUS	DRA	连续标注	DIMCONTINUE	DCO
直径标注	DIMDIAMETER	DDI	标注样式	DIMSTYLE	D
角度标注	DIMANGULAR	DAN	编辑标注	DIMEDIT	DED

4.4 尺寸标注的修改

若双击尺寸标注或选择标注单击右键，在出现的快捷菜单中选择【特性】，则弹出“特性”窗口。通过改变“特性”窗口某项内容即可对尺寸标注进行修改。用夹点编辑拉伸尺寸是修改标注常用的快速、简单的方法，此方法可以修改尺寸的引出点位置、文字位置和尺寸线位置。

★任务操作

定制自己的园林景观图纸模板。

每次启动 AutoCAD2008，系统总是自动启动默认的图形样板，此样板中设置的图层、文字样式和标注样式并不一定符合用户的绘图习惯，可以根据个人的情况定制适合自己使用的图形模板，然后保存图形样板，并设置为默认，以后每次打开 AutoCAD 2008，系统都会自动加载用户设置的图形样板文件，大大节省了设置绘图环境的时间。下面以 A3 图纸模板制作为例，图纸如图 1-3-30 所示，介绍图纸模板的定制。

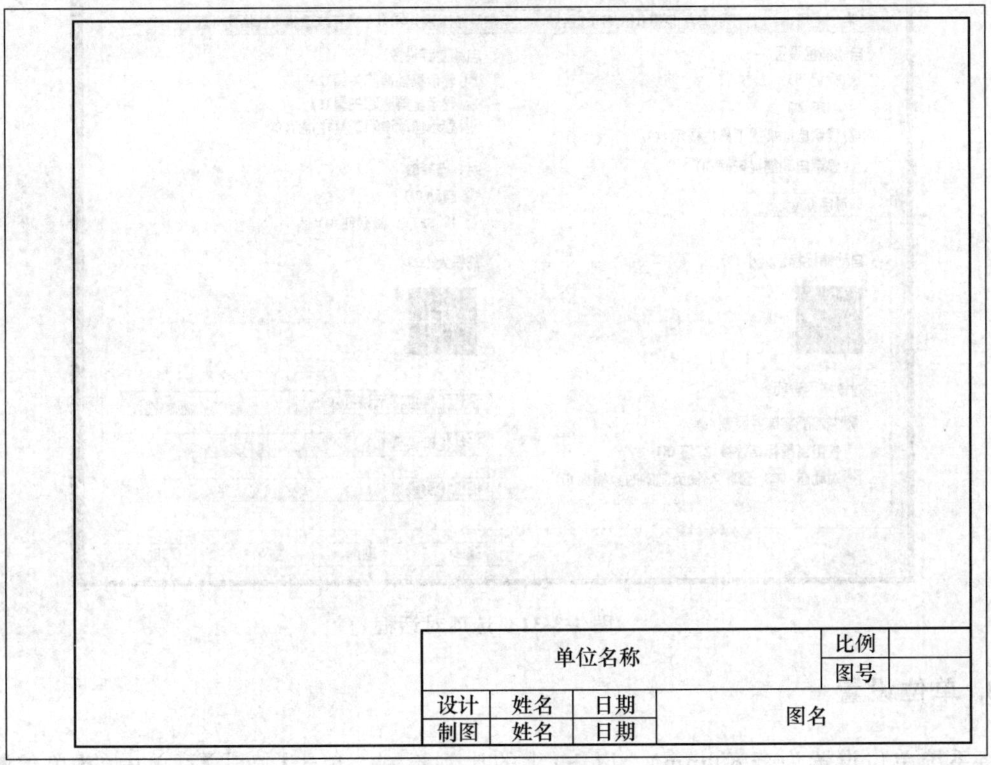

图 1-3-30　A3 图纸

1. 系统环境设置

单击【文件】/【新建】命令，打开“选择样板”对话框，选择 acad. dwt 或 acadiso. dwt 文件。

单击【工具】菜单中的【选项】，或绘图窗口中单击鼠标右键，在右键快捷菜单中单击【选项】，打开【选项】对话框，如图 1-3-31 所示。单击【草图】选项，将【自动捕捉标记的大小(S)】中的滑动条放置在 40%～50%的位置，其他默认；单击【选择集】选项，将【拾取框大小(P)】中的滑动条放置在 50%的位置，【夹点大小(Z)】中的滑动条放置在 30%～50%的位置。单击选项对话框中的【确定】按钮，完成系统环境的设置。

2. 草图设置

在状态栏的某个按钮上单击鼠标右键(除了线宽、模型两个按钮)，打开“草图设置”对话框，在“对象捕捉”选项卡中，勾选常用的捕捉(端点、中点、圆心、交点、延伸)；在“极轴追踪”选项卡中，将对象捕捉追踪设置改为“用所有极轴角设置追踪(S)”，其他默认。

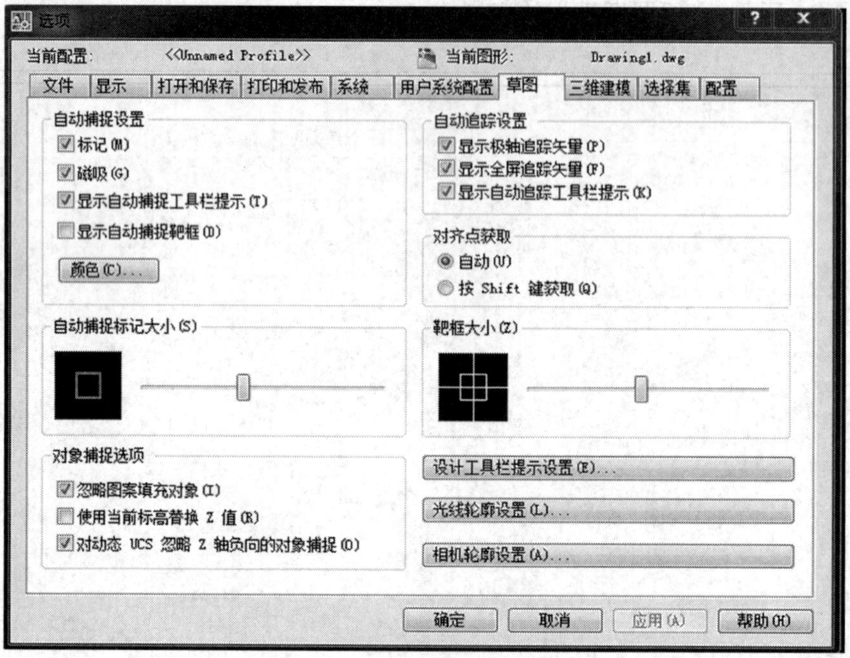

图 1-3-31 选项对话框

3. 单位设置

将系统单位设置为毫米(mm)。以 1∶1 的比例绘制。单击【格式】菜单中的【单位】,打开【图形单位】对话框,进行如图 1-3-32 所示的设置,然后单击【确定】按钮,完成单位设置。

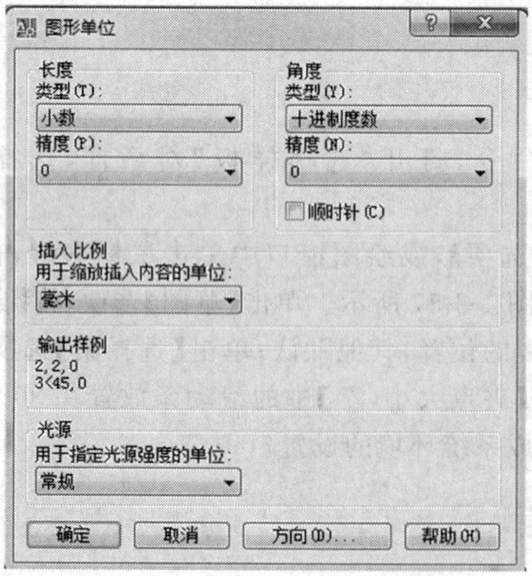

图 1-3-32 单位设置

4. 文字样式设置

分别建立标注文字样式及说明文字样式,这里建立三种文字样式,具体设置见表 1-3-4 文字样式设置。

表 1-3-4 文字样式设置

样式名称	字　体	高度	宽度因子	旋转角度
标注	使用大字体，Shx 字体：Gbenor. shx；大字体：Gbcbig. shx	0	1	0
说明	仿宋_GB2312	0	0.7	0
标题	黑体_GB2312	0	1	0

5. 标注样式设置

建立符合园林景观制图标准的标注样式。

5.1 基础样式的建立

单击样式工具栏的，或者单击【格式】菜单中的【标注样式…】按钮，打开"标注样式管理器"对话框，如图 1-3-33 所示。单击 新建(N)... 按钮，打开如图 1-3-34 所示的"创建新标注样式"对话框，在【新样式名(N)】选项处输入新样式名"园林景观制图"，单击 继续 按钮，分别进行【线】、【符号和箭头】、【文字】、【调整】、【主单位】的设置，见表 1-3-5 基础标注样式设置。

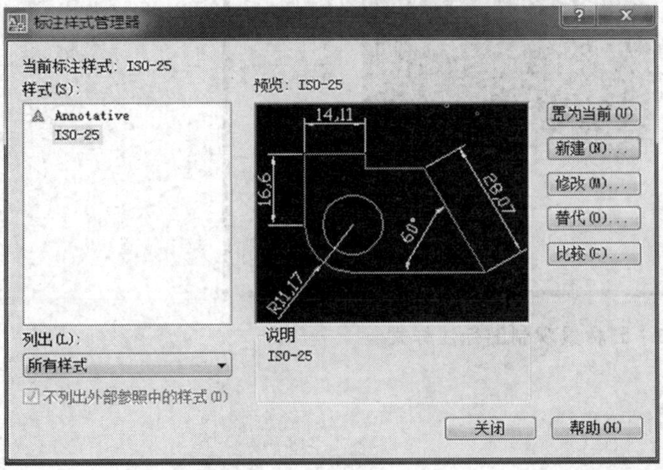

图 1-3-33 标注样式管理器

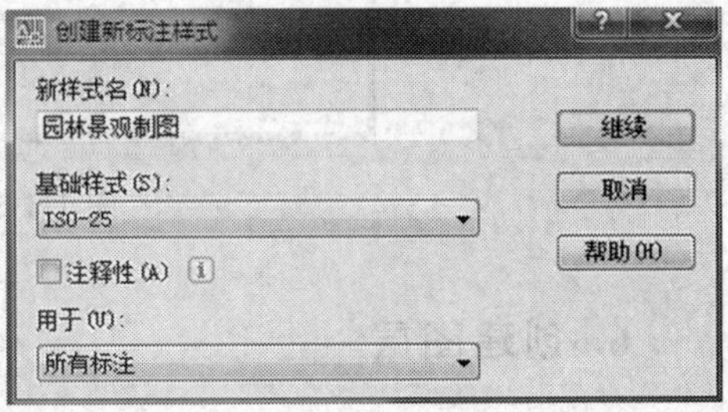

图 1-3-34 创建新标注样式

表 1-3-5 基础标注样式设置

选项名称	选 项 设 置
线	尺寸线：颜色、线型、线宽为"随层"；尺寸界线：颜色、尺寸界线 1 的线型、尺寸界线 2 的线型、线宽全部为"随层"，超出尺寸线 2，起点偏移量 2；其他为默认设置
符号和箭头	全部默认
文字	文字外观：文字样式为"标注"样式，文字高度 3.5；其他默认设置
调整	标注特征比例：选择使用全局比例，暂时设定为 100（全局比例为出图比例的倒数，此处所假定出图比例为 1：100）；其他为默认设置
主单位	单位格式设置为小数，精度为 0，其他默认

5.2　子样式的建立

以园林景观制图为基础样式，分别建立线性标注子样式、角度标注子样式、直径标注子样式、半径标注子样式。具体设置见表 1-3-6 子样式设置，结果如图 1-3-35 所示。

表 1-3-6　子样式设置

子样式名称	设　置
线性标注	在【符号和箭头】选项中，将【箭头】选项中的“第一个(T)”及“第二个(T)”更改为“建筑标记”，“箭头大小”为 1.5，其他默认
角度标注	在【文字】选项中，将【文字对齐】设置为“水平”，其他默认
直径标注	所有设置继承基础样式设置
半径标注	所有设置继承基础样式设置

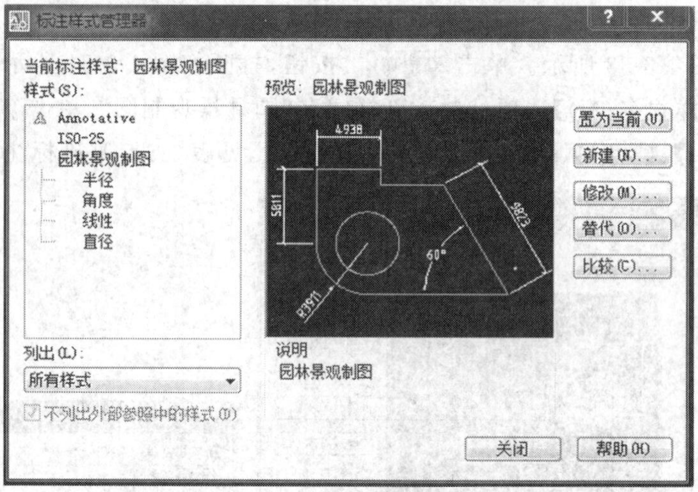

图 1-3-35　园林景观制图标注样式

6. 创建图层

图层包括图符、文字层，以及自己绘图中的常用的图层。参见项目 3 中的图 3-2-2。

7. 绘制 A3 图纸、图框线、标题栏及书写标题栏文字

7.1　绘制 A3 纸

将“0”层置为当前，单击绘图工具栏中的□，或在命令行中输入 REC，命令行提示：

指定第一个角点或［倒角(C)/标高(E)/圆角(F)/厚度(T)/宽度(W)］:0,0↙

指定另一个角点或［面积(A)/尺寸(D)/旋转(R)］:420,297↙

结果如图 1-3-36 所示。

7.2　绘制 A3 纸图框线

将“图符”层置为当前，单击图层工具栏中的□，或在命令行中输入 REC，命令行提示及操作：

指定第一个角点或[倒角(C)/标高(E)/圆角(F)/厚度(T)/宽度(W)]:w↙

指定矩形的线宽 <0.0000>:1↙

指定第一个角点或[倒角(C)/标高(E)/圆角(F)/厚度(T)/宽度(W)]:25,5↙

指定另一个角点或[面积(A)/尺寸(D)/旋转(R)]:@390,287↙

结果如图1-3-36所示。

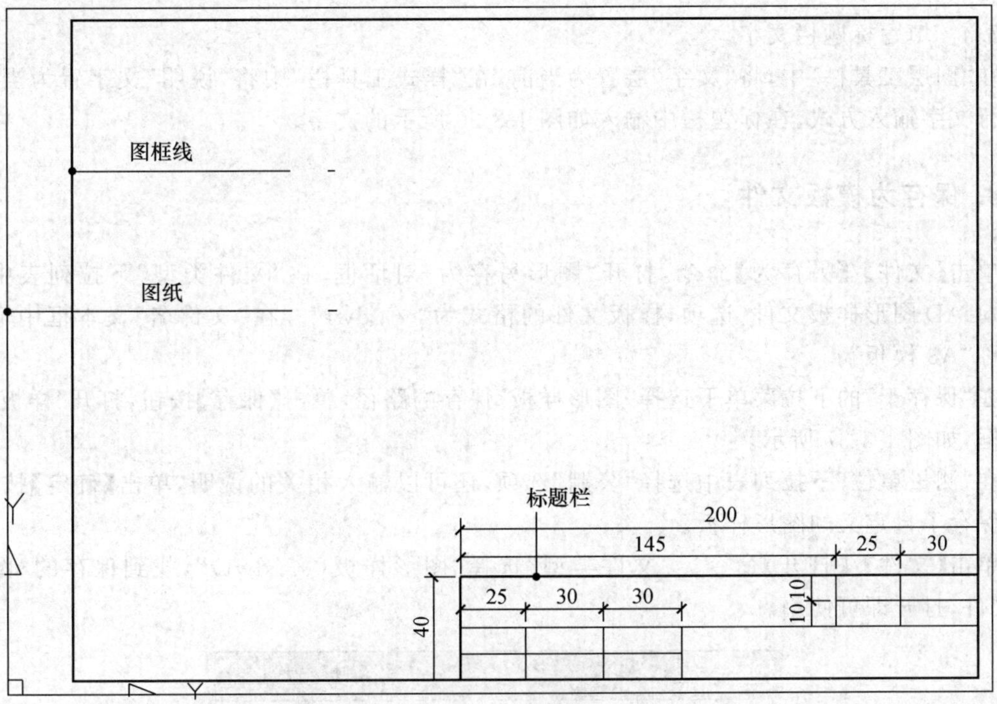

图1-3-36 A3模板绘制

提示:状态栏中的DYN要打开,此时CAD在绘图窗口中输入的坐标为相对坐标,如果在命令行中输入时,要在坐标前加符号"@"表示相对坐标。

7.3 绘制A3纸标题栏

将"图符"层置为当前,单击绘图工具栏中的,或在命令行输入PLINE(PL)并回车,具体执行过程如下:

指定起点 捕捉图框线的右下角点,并向上竖直追踪,在90°极轴追踪提示下输入40↙

当前线宽为0

指定下一个点或[圆弧(A)/半宽(H)/长度(L)/放弃(U)/宽度(W)]:w↙

指定起点宽度 <0>:0.7↙

指定端点宽度 <1>:0.7↙

指定下一个点或[圆弧(A)/半宽(H)/长度(L)/放弃(U)/宽度(W)]:200↙ 在180°极轴追踪提示下输入距离

指定下一个点或[圆弧(A)/半宽(H)/长度(L)/放弃(U)/宽度(W)]:拾取270°极轴追踪线与图框线的交点

指定下一个点或［圆弧(A)/半宽(H)/长度(L)/放弃(U)/宽度(W)］:↙

按回车键，重复绘制多段线，将多段线的宽度设置为 0.35，按照图 1-3-36 所示尺寸，绘制内部的分隔线。

提示：图纸的标题栏的格式不是固定的，根据设计内容的不同，可以自行设计，一般的设计单位，都有自己的标题栏格式，但标题栏的位置一般位于图框的右下角。

7.4 填写标题栏文字

在“图层工具栏”中，将“文字”层置为当前，在“样式工具栏”中将“说明”文字置为当前，利用单行文字输入方式，在标题栏中输入如图 1-3-30 所示的文字。

8. 保存为模板文件

单击【文件】/【另存为】命令，打开“图形另存为”对话框，在“文件类型”下拉列表中选择“AutoCAD 图形样板文件”选项，样板文件的格式为“＊.dwt”。在“文件名”文本框中输入文件名称“A3 模板”。

在“保存于”的下拉菜单下选择“图形样板”保存的路径，单击【保存】按钮，打开“样板选项”对话框，如图 1-3-37 所示。

在“测量单位”下拉列表中选择“公制”选项，还可以输入相关的说明，单击【确定】按钮，这样就保存了自定义的图形样板。

单击【文件】/【打开】命令。“文件类型”选择“图形样板(＊.dwt)”，找到保存的“图形样板”文件，打开即可使用。

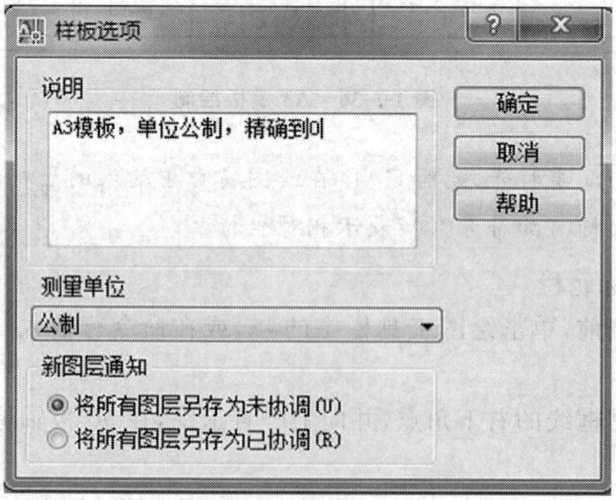

图 1-3-37 样板选项

★巩固技能训练

根据上述图纸模板的定制过程，建立 A2、A1 图纸的模板。图纸尺寸、格式参见教材《园林制图》中的相关章节。

项目 2　园林景观构成要素绘制

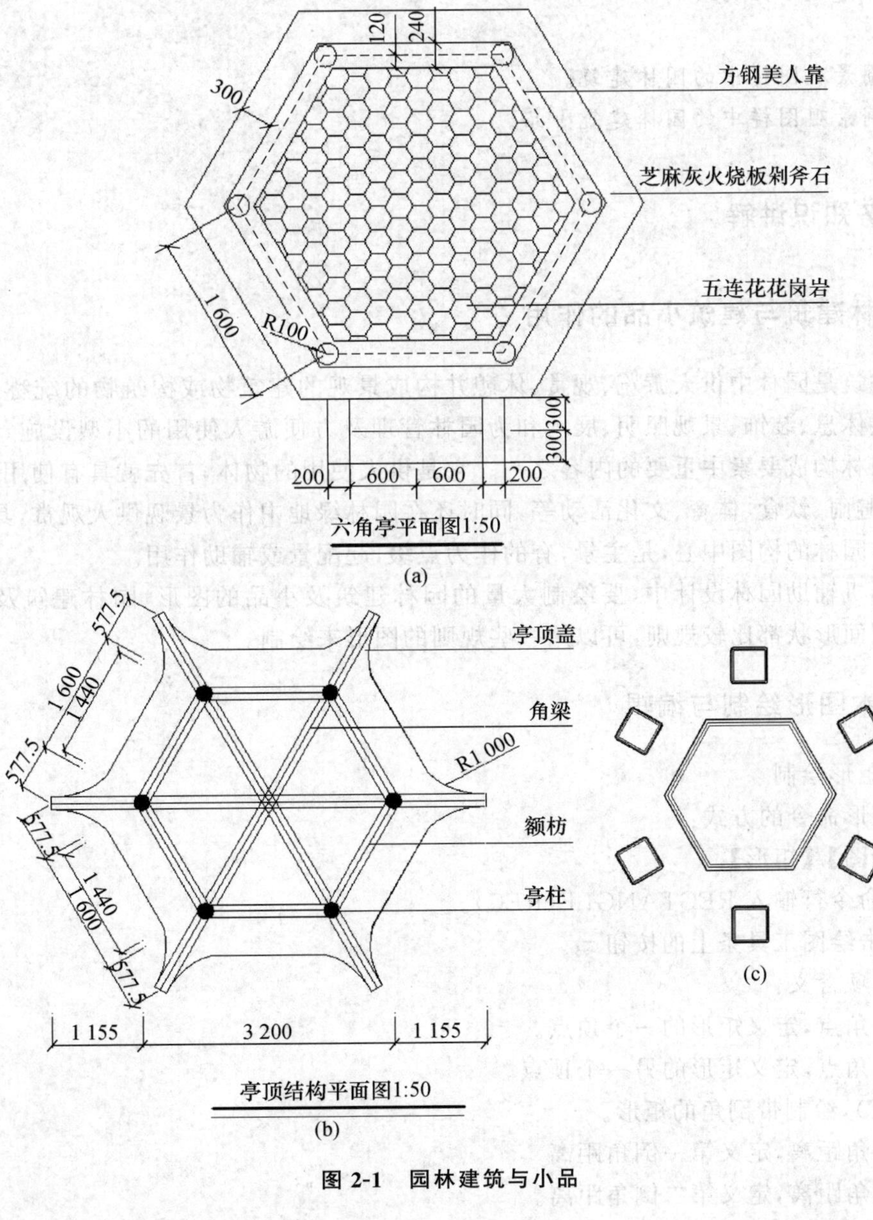

图 2-1　园林建筑与小品

任务1 绘制园林建筑及园林建筑小品

学习领域

1. 园林建筑与建筑小品的作用。
2. 基本图形绘制与编辑。

工作领域

1. 园林建筑的绘制。
2. 园林建筑小品的绘制。

行动领域

1. 绘制景观图样中的园林建筑。
2. 绘制景观图样中的园林建筑小品。

★任务知识讲解

1. 园林建筑与建筑小品的作用

园林建筑是园林中供人游览、观赏、休憩并构成景观的建筑物或构筑物的统称，园林小品是园林中供休息、装饰、景观照明、展示和为园林管理及方便游人使用的小型设施。园林建筑及小品是园林构成要素中重要的内容之一。它是供人使用的物体，首先就具有使用功能，供人休憩、遮风避雨、饮食、体育、文化活动等，同时还在园林绿地中作为景观供人观赏，具有造景功能。有的作园林的构图中心，是主景，有的作为点缀，起配景或辅助作用。

在计算机辅助园林设计中，要绘制大量的园林建筑及小品的图形，园林建筑及小品的平面、立面、剖面形状都比较规则，可以用一些规则的图形来绘制。

2. 基本图形绘制与编辑

2.1 矩形绘制

执行矩形命令的方式：

(1)【绘图】/【矩形】。

(2)在命令行输入RECTANGLE(REC)。

(3)单击绘图工具条上的按钮▭。

主要选项含义：

第一个角点，定义矩形的一个顶点。

另一个角点，定义矩形的另一个顶点。

倒角(C)，绘制带倒角的矩形。

第一倒角距离，定义第一倒角距离。

第二倒角距离，定义第二倒角距离。

圆角(F),绘制带圆角的矩形。

矩形的圆角半径:定义圆角半径。

厚度(T),绘制三维立方体。

宽度(W),定义矩形的宽线。

面积(A),通过指定面积和一个边长(长度或宽度)来创建矩形。程序将计算另一个边长并完成矩形。

旋转(R),通过指定旋转角度来创建矩形。

【例 2-1-1】 绘制如图 2-1-1 所示的 50×40 的矩形,其中图(b)倒角距离均为 8,图(c)圆角半径均为 10,图(d)线宽为 1。

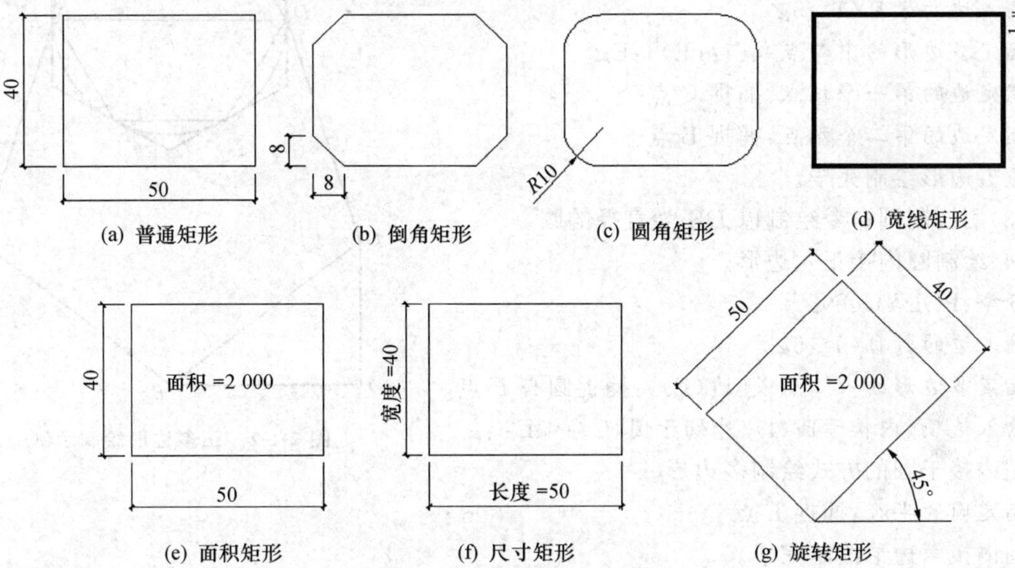

图 2-1-1　矩形绘制示例

命令:RECTANG

指定第一个角点或[倒角(C)/标高(E)/圆角(F)厚度(T)宽度(W)]:点取(a)图矩形左下角点

指定另一个角点:@ 50,40↙　确定右上角点

若设定倒角参数,则可绘出(b)图;若设定圆角参数,则可绘出(c)图;若设定宽度参数,则可绘出(d)图;若设定面积参数,指定一边长,则可绘出(e)图;若设定尺寸参数,则可绘出(f)图;若设定旋转参数,则可绘出(g)图。

2.2　正多边形绘制

命令的输入方式:

(1)【绘图】/【正多边形】。

(2)在命令行输入 POLYGON(POL)。

(3)单击绘图工具栏上的按钮。

主要选项的含义:

边的数目,输入正多边形的边数。

中心点，指定绘制的正多边形的中心点。

边(E)，采用输入其中一条边的方式产生正多边形。

内接于圆(I)，绘制的多边形内接于随后定义的圆。

外切于圆(C)，绘制的正多边形外切于随后定义的圆。

圆的半径，定义内切圆或外接圆的半径。

【例 2-1-2】 绘制如图 2-1-2 所示的图形。

(1)用直线命令制三角形 *ABC*。

(2)绘制正五边形。

命令：POLYGON↙

输入边的数目〈4〉：5↙

指定多边形的中心点或〔边(E)〕：E↙

指定边的第一个端点：捕捉 C 点

指定边的第二个端点：捕捉 B 点

正五边形绘制完毕。

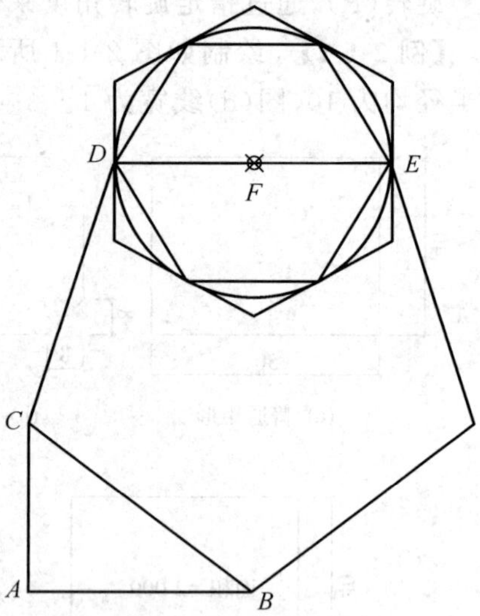

图 2-1-2 正多边形绘制示例

(3)用绘制圆命令绘制以 *DE* 为直径的圆。

(4)绘制圆内接正六边形。

命令：POLYGON↙

输入边的数目〈5〉：6↙

指定多边形的中心点或〔边(E)〕：捕捉圆心 *F* 点

输入选项〔内接于圆(I)/外切于圆(C)〕<I>：↙

用内接于圆的方式绘制多边形

指定圆的半径：捕捉 *E* 点

圆内接六边形绘制完毕。

(5)绘制圆外切正六边形。

命令：POLYGON↙

输入边的数目〈6〉：↙

指定多边形的中心点或〔边(E)〕：捕捉圆心 *F* 点

输入选项〔内接于圆(I)/外切于圆(C)〕<I>：C↙ 用外切于圆的方式绘制多边形

指定圆的半径：捕捉 *E* 点

圆外切六边形绘制完毕。

2.3 圆及圆弧绘制

2.3.1 圆绘制

命令的输入方式

(1)【绘图】/【圆(C)】。

(2)在命令行输入 CIRCLE(C)。

(3)单击绘图工具栏上的按钮⊘。

主要选项的含义：

指定圆的圆心，指定圆心坐标。

半径(R)，指定圆心后再定义半径绘制圆。

直径(D),指定圆心后再定义直径绘制圆。

两点(2P),基于圆直径上的两个端点绘制圆。

三点(3P),基于圆周上的三点绘制圆。

相切、相切、半径(T),绘制指定半径并和两个对象相切的圆。

相切、相切、相切(TTT),绘制和三个对象相切的圆。

【例 2-1-3】 将图 2-1-3(a)补绘为图 2-1-3(b)所示图形,其中圆 O_2 半径为 50。

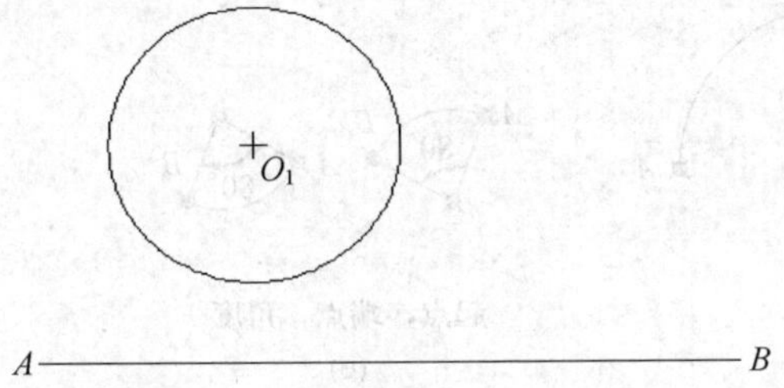

(a) 原图

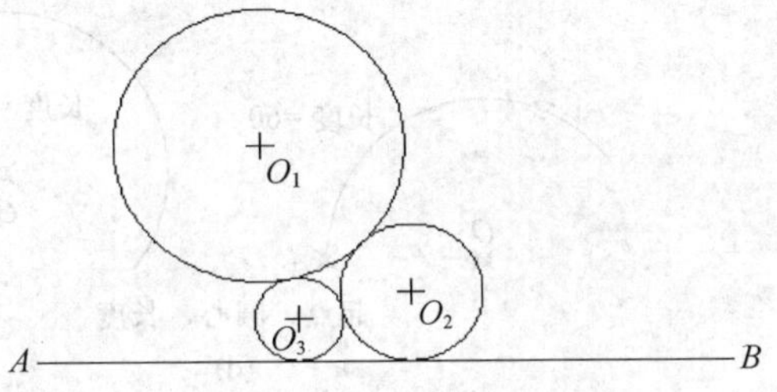

(b) 结果

图 2-1-3　圆绘制示例

命令:C↙

CIRCLE 指定圆的圆心或[三点(3P)/两点/(2P)/相切、相切、半径(T)]:T↙　选用相切、相切、半径方式绘制圆

在对象上指定一点作圆的第一条切线:将光标靠近线段 AB,出现相切符号时点击左键

在对象上指定一点作圆的第二条切线:将光标靠近圆 O_1 右方,出现相切符号时点击左键

指定圆的半径<100.0000>:50↙　输入圆半径为 50,绘出圆 O_2

点击下拉菜单:【绘图】/【圆】/【相切、相切、相切】。

命令:CIRCLE↙

指定圆的圆心或[三点(3P)/两点(2P)/相切、相切、半径(T)]:3P

指定圆上的第一点:tan 到　将光标靠近圆 O_1,出现相切符号时点击左键

指定圆上的第二点:tan 到　将光标靠近圆 O_2,出现相切符号时点击左键

指定圆上的第三点:tan 到　将光标靠近直线 AB,出现相切符号时点击左键

圆 O_3 绘制结束,结果如图 2-1-3 所示。

2.3.2　圆弧绘制

命令的输入方式

(1)【绘图】/【圆弧(A)】。

(2)在命令行输入 ARC(A)。

(3)单击绘图工具栏上的按钮。

根据已知条件不同,可以有八种方式绘制圆弧,如图 2-1-4 所示。

图(h)的绘制方法:

命令:_line 指定第一点:拾取 A 点

指定下一点或[放弃(U)]:↙　拾取 B 点并回车,结束直线绘制

菜单【绘图】/【圆弧】/【继续】。

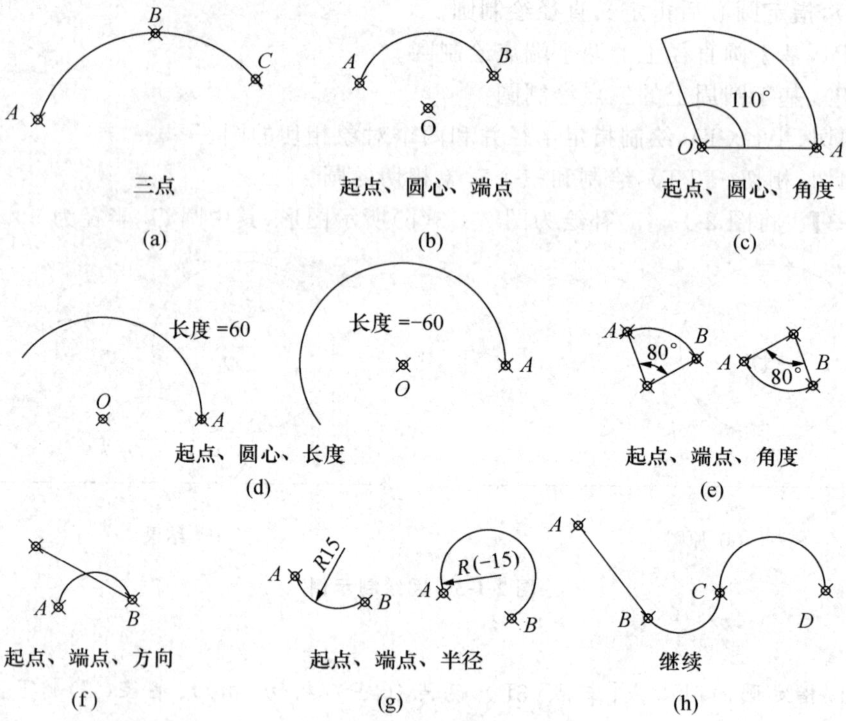

图 2-1-4 圆弧绘制示例

指定圆弧的端点:拾取 C 点

菜单【绘图】/【圆弧】/【继续】。

指定圆弧的端点:拾取 D 点

主要选项的含义:

三点,指定圆弧的起点、第二点、终点绘制圆弧。

起点,指定圆弧的起始点。

第二点,指定圆弧上任意一点。

圆心,指定圆弧的圆心。

端点,指定圆弧的终止点。

方向,指定和圆弧起点相切的方向。

长度,指定圆弧的弦长。正值绘制小于 180°的圆弧,负值绘制大于 180°的圆弧。

角度,指定圆弧包含的圆心角。顺时针为负,逆时针为正。

半径,指定圆弧的半径。按逆时针绘制,正值绘制小于 180°的圆弧,负值绘制大于 180°的圆弧。

注意:

(1)使用下拉菜单绘制圆弧的过程中,各项参数是明确的,不用再选择参数。

(2)如使用 ARC 命令或绘图工具栏绘制圆弧,需根据已知条件和命令行提示,逐项选择参数。

(3)输入角度或长度时,正负值会影响圆弧的绘制方向。

2.4　多段线绘制与编辑

2.4.1　多段线绘制

多段线是由一系列具有宽度的直线段或圆弧段组成的单一对象，它与使用LINE命令绘制的彼此独立的线段有明显的不同，可用于绘制园林构成要素如园林建筑、园林水体的外围轮廓。

命令的输入方式：

(1)【绘图】/【多段线(P)】。

(2)在命令行输入PLINE(PL)。

(3)单击绘图工具栏上的按钮。

主要选项的含义：

下一点，输入点后，绘制一条直线段。

闭合，在当前位置到多段线起点之间绘制一条直线段以闭合多段线。

半宽，输入多段线宽度值的一半。

长度，沿着前一段相同的角度并按指定长度绘制直线段。

放弃，删除最近一次添加到多段线上的直线。

宽度，指定下一条直线段的宽度。

圆弧，将弧线段添加到多段线中。选择参数，进入圆弧绘制状态，出现绘制圆弧的一系列参数，其含义如下：

端点，指定绘制圆弧的端点。弧短线从多段线上一端点的切线方向开始绘制。

角度，指定从起点开始的弧短线包含的圆心角。

圆心，指定绘制圆弧的圆心。

闭合，将多段线以弧线首尾相连，形成封闭图形。

方向，指定弧线段的起点切线方向。

半宽，输入多段线宽度值的一半。

直线，转换成直线绘制的方式。

半径，指定弧线段的半径。

第二点，指定三点圆弧的第二点和端点。

放弃，取消最近一次添加到多段线上的弧线段。

宽度，指定下一弧线段的宽度。

【例2-1-4】　用多段线绘制如图2-1-5所示的水池平面。

水池的尺寸见标注。水池东、北、西三边驳岸为直线段，宽度为100，水池南边驳岸，两端为直线段，长5 000，宽为100。*AB*段、*HI*段为直线段，*B*→*H*圆弧段，圆弧半径为3 500，从*A*→*B*→*C*→*D*→*E*各段，宽度逐渐增加50，从*E*→*F*→*G*→*H*→*I*各段，宽度逐渐减少50。

先用直线命令、圆弧命令绘制方格网，并绘制水池驳岸的辅助轮廓线，如图2-1-6所示。

命令：_pline

指定起点：捕捉水池驳岸轮廓线辅助线的西南顶点

当前线宽为200.0000

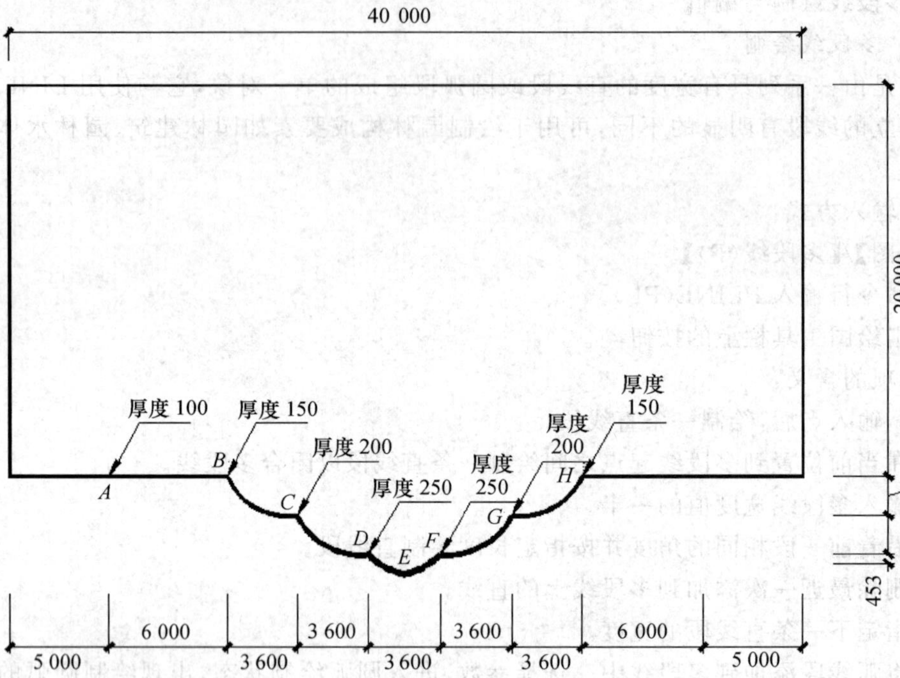

图 2-1-5 水池平面

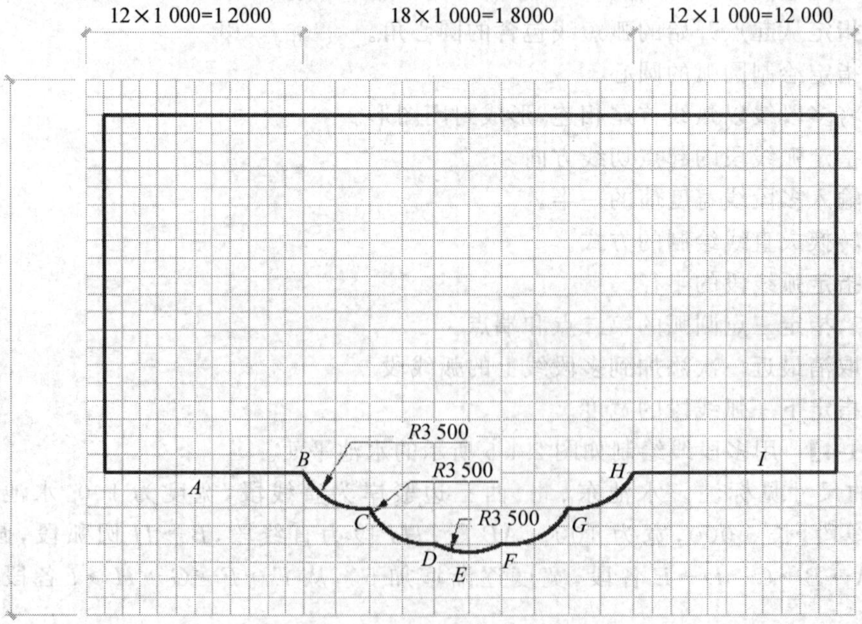

图 2-1-6 绘制方格网及辅助线

指定下一个点或[圆弧(A)/半宽(H)/长度(L)/放弃(U)/宽度(W)]：w↙

指定起点宽度<200.0000>：100↙

指定端点宽度<100.0000>：↙

指定下一个点或[圆弧(A)/半宽(H)/长度(L)/放弃(U)/宽度(W)]:捕捉 *A* 点

指定下一点或[圆弧(A)/闭合(C)/半宽(H)/长度(L)/放弃(U)/宽度(W)]:w↙

指定起点宽度＜100.0000＞:↙

指定端点宽度＜100.0000＞:150↙

指定下一点或[圆弧(A)/闭合(C)/半宽(H)/长度(L)/放弃(U)/宽度(W)]:捕捉 *B* 点

指定下一点或[圆弧(A)/闭合(C)/半宽(H)/长度(L)/放弃(U)/宽度(W)]:a↙

指定圆弧的端点或[角度(A)/圆心(CE)/闭合(CL)/方向(D)/半宽(H)/直线(L)/半径(R)/第二个点(S)/放弃(U)/宽度(W)]:w↙

指定起点宽度＜150.0000＞:↙

指定端点宽度＜150.0000＞:200↙

指定圆弧的端点或[角度(A)/圆心(CE)/闭合(CL)/方向(D)/半宽(H)/直线(L)/半径(R)/第二个点(S)/放弃(U)/宽度(W)]:r↙

指定圆弧的半径:3500↙

指定圆弧的端点或[角度(A)]:捕捉点 *C*

指定圆弧的端点或[角度(A)/圆心(CE)/闭合(CL)/方向(D)/半宽(H)/直线(L)/半径(R)/第二个点(S)/放弃(U)/宽度(W)]:w↙

指定起点宽度＜200.0000＞:↙

指定端点宽度＜200.0000＞:250↙

指定圆弧的端点或[角度(A)/圆心(CE)/闭合(CL)/方向(D)/半宽(H)/直线(L)/半径(R)/第二个点(S)/放弃(U)/宽度(W)]:r↙

指定圆弧的半径:3500↙

指定圆弧的端点或[角度(A)]:捕捉点 *D*

指定圆弧的端点或[角度(A)/圆心(CE)/闭合(CL)/方向(D)/半宽(H)/直线(L)/半径(R)/第二个点(S)/放弃(U)/宽度(W)]:w↙

指定起点宽度＜250.0000＞:↙

指定端点宽度＜250.0000＞:300↙

指定圆弧的端点或[角度(A)/圆心(CE)/闭合(CL)/方向(D)/半宽(H)/直线(L)/半径(R)/第二个点(S)/放弃(U)/宽度(W)]:r↙

指定圆弧的半径:3500↙

指定圆弧的端点或[角度(A)]:捕捉点 *E*

指定圆弧的端点或[角度(A)/圆心(CE)/闭合(CL)/方向(D)/半宽(H)/直线(L)/半径(R)/第二个点(S)/放弃(U)/宽度(W)]:w↙

指定起点宽度＜300.0000＞:↙

指定端点宽度＜300.0000＞:250↙

指定圆弧的端点或[角度(A)/圆心(CE)/闭合(CL)/方向(D)/半宽(H)/直线(L)/半径(R)/第二个点(S)/放弃(U)/宽度(W)]:r↙

指定圆弧的半径:3500↙

指定圆弧的端点或[角度(A)]:捕捉点 *F*

指定圆弧的端点或[角度(A)/圆心(CE)/闭合(CL)/方向(D)/半宽(H)/直线(L)/半径

(R)/第二个点(S)/放弃(U)/宽度(W)]：w↙

指定起点宽度＜250.0000＞：↙

指定端点宽度＜250.0000＞：200↙

指定圆弧的端点或[角度(A)/圆心(CE)/闭合(CL)/方向(D)/半宽(H)/直线(L)/半径(R)/第二个点(S)/放弃(U)/宽度(W)]：r↙

指定圆弧的半径：3500↙

指定圆弧的端点或[角度(A)]：捕捉点 G

指定圆弧的端点或[角度(A)/圆心(CE)/闭合(CL)/方向(D)/半宽(H)/直线(L)/半径(R)/第二个点(S)/放弃(U)/宽度(W)]：w↙

指定起点宽度＜200.0000＞：↙

指定端点宽度＜200.0000＞：150↙

指定圆弧的端点或[角度(A)/圆心(CE)/闭合(CL)/方向(D)/半宽(H)/直线(L)/半径(R)/第二个点(S)/放弃(U)/宽度(W)]：r↙

指定圆弧的半径：3500↙

指定圆弧的端点或[角度(A)]：捕捉点 H

指定圆弧的端点或[角度(A)/圆心(CE)/闭合(CL)/方向(D)/半宽(H)/直线(L)/半径(R)/第二个点(S)/放弃(U)/宽度(W)]：L↙

指定下一点或[圆弧(A)/闭合(C)/半宽(H)/长度(L)/放弃(U)/宽度(W)]：w↙

指定起点宽度＜150.0000＞：↙

指定端点宽度＜150.0000＞：100↙

指定下一点或[圆弧(A)/闭合(C)/半宽(H)/长度(L)/放弃(U)/宽度(W)]：捕捉点 I

指定下一点或[圆弧(A)/闭合(C)/半宽(H)/长度(L)/放弃(U)/宽度(W)]：捕捉水池驳岸轮廓线辅助线东南顶点

指定下一点或[圆弧(A)/闭合(C)/半宽(H)/长度(L)/放弃(U)/宽度(W)]：捕捉水池驳岸轮廓线辅助线东北顶点

指定下一点或[圆弧(A)/闭合(C)/半宽(H)/长度(L)/放弃(U)/宽度(W)]：捕捉水池驳岸轮廓线辅助线西北顶点

指定下一点或[圆弧(A)/闭合(C)/半宽(H)/长度(L)/放弃(U)/宽度(W)]：C↙

图形绘制完成，如图 2-1-7 所示，冻结相关图层，最终结果如图 2-1-5 所示。

2.4.2　多段线编辑

多段线是一种复合对象，可以采用多段线专用编辑命令编辑。编辑多段线，可以修改其宽度、开口或封闭、增减顶点数、样条化、直线化和拉直等，还可以将其他对象，如直线、圆弧等，转化为多段线。

命令的输入方式：

(1)【修改】/【对象(O)】/【多段线】。

(2)在命令行输入 PEDIT(PE)。

(3)单击“修改Ⅱ”工具栏上的按钮。

主要选项的含义：

选择多段线，选择欲编辑的多段线。如果选择了非多段线，该线条可以转化成多段线。

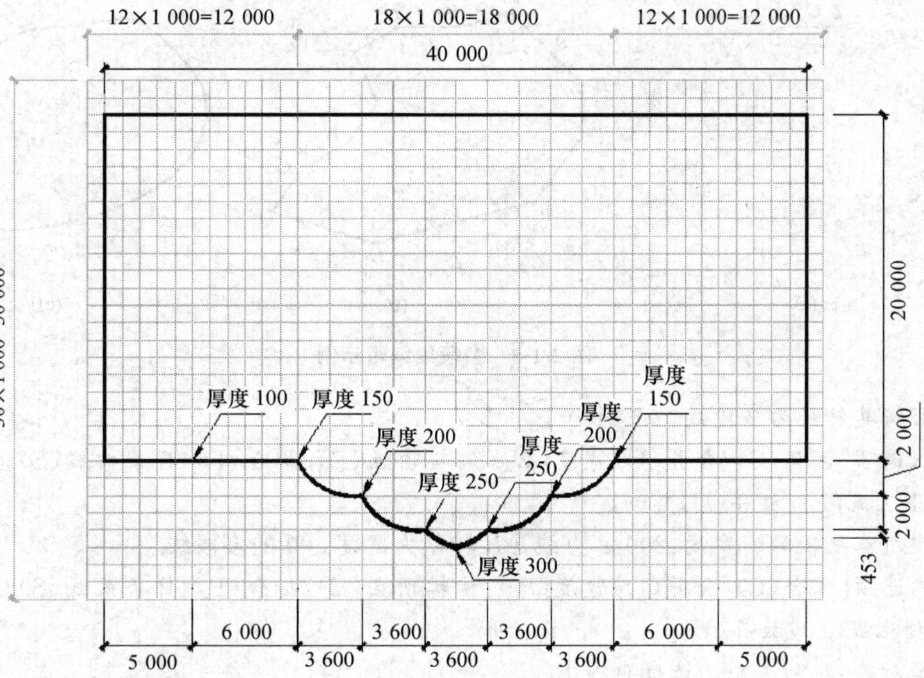

图 2-1-7　多段线绘制水池示例

(直线、圆弧可以转换为多段线。)

多条(M),选择多个对象。

闭合(C),自动连接多段线的起点和终点,创建闭合的多段线。

如果该多段线本身是闭合的,则提示为"打开(O)"。如选择"打开",则将多段线的起点和终点间的线条删除,形成不封口的多段线。

合并(J),将与多段线端点精确相连的其他直线、圆弧、多段线合并成一条多段线。

宽度(W),设置该多段线的全程宽度。对于其中某一条线段的宽度,可以通过顶点编辑来修改。

编辑顶点(E),进入"编辑顶点"模式。对多线段的各个顶点进行单独的编辑。

拟合(F),创建一条平滑曲线,它由连接各相邻顶点的弧线段组成,如图 2-1-8 所示。

样条曲线(S),产生通过多段线首末顶点,其形状和走向由多段线其余顶点控制的样条曲线。

非曲线化(D),取消拟合或样条曲线,回到直线状态。

放弃(U),放弃操作,可一直返回到多段线编辑的开始状态。

【例 2-1-5】 用直线命令绘制如图 2-1-8(a)所示的多边形,将其转化为图(b)所示的宽度为 200 闭合多段线,然后将其样条曲线为图(c)所示的曲线图形。

用直线命令绘制图 2-1-8(a)。

命令:_PEDIT↙

PEDIT 选择多段线或[多条(M)]:选择直线 *AB*↙

选定的对象不是多段线

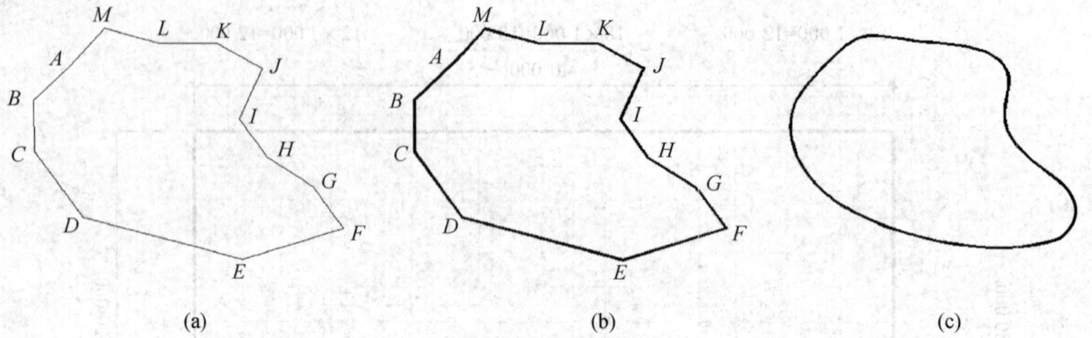

图 2-1-8 多段线编辑示例

是否将其转换为多段线？＜Y＞y↙

输入选项[闭合(C)/合并(J)/宽度(W)/编辑顶点(E)/拟合(F)/样条曲线(S)/非曲线化(D)/线型生成(L)/放弃(U)]:w↙

指定所有线段的新宽度:200↙直线 *AB* 转化为宽度 200 的多段线

输入选项[闭合(C)/合并(J)/宽度(W)/编辑顶点(E)/拟合(F)/样条曲线(S)/非曲线化(D)/线型生成(L)/放弃(U)]:j↙

选择对象:找到 1 个　选择直线 *BC*

选择对象:找到 1 个,总计 2 个　选择直线 *CD*

选择对象:找到 1 个,总计 3 个　选择直线 *DE*

选择对象:找到 1 个,总计 4 个　选择直线 *EF*

选择对象:找到 1 个,总计 5 个　选择直线 *FG*

选择对象:找到 1 个,总计 6 个　选择直线 *GH*

选择对象:找到 1 个,总计 7 个　选择直线 *HI*

选择对象:找到 1 个,总计 8 个　选择直线 *IJ*

选择对象:找到 1 个,总计 9 个　选择直线 *JK*

选择对象:找到 1 个,总计 10 个　选择直线 *KL*

选择对象:找到 1 个,总计 11 个　选择直线 *LM*

选择对象:找到 1 个,总计 12 个　选择直线 *MA*

选择对象:↙

12 条线段已添加到多段线,整个图形转化为宽度为 200 的闭合多段线。

输入选项[打开(O)/合并(J)/宽度(W)/编辑顶点(E)/拟合(F)/样条曲线(S)/非曲线化(D)/线型生成(L)/放弃(U)]:s↙

输入选项[打开(O)/合并(J)/宽度(W)/编辑顶点(E)/拟合(F)/样条曲线(S)/非曲线化(D)/线型生成(L)/放弃(U)]:↙

宽度为 200 的闭合多段线转化为宽度为 200 的闭合多段线曲线。

提示:多段线的"样条曲线"编辑可用来绘制自然式水体的驳岸。

2.5 多线绘制与多线编辑

多线是一种多重平行线,在园林图样中常用来绘制道路、建筑墙线等对象。

2.5.1 多线绘制

命令的输入方式：

(1)【绘图】/【多线】。

(2)在命令行输入 MLINE(ML)。

主要选项的含义：

当前设置，提示当前多线的设置。

指定起点，指定多线的起点。

对正(J)，设置多线的基准对正位置。

上(T)，光标对齐多线最上方(偏移值最大)的平行线。

无(Z)，光标对齐多线的0偏移位置。

下(B)，光标对齐多线最下方(偏移值最小)的平行线。

比例(S)，指定多线的绘制比例，此比例控制平行线间距大小。

样式(ST)，指定采用的多线样式名，缺省值为 STANDARD。

指定下一点，指定多线的下一点。

放弃(U)，取消最后绘制的一段多线。

注意：

(1)从左到右绘制多线时，平行线按偏移值大小自上而下排列，如从右到左绘制多线时，平行线的排列将发生反转。

(2)多线是一个整体，如果要修改多线，例如：修改多线间的连接，需采用专门的多线编辑命令，或将其分解后再修改。

2.5.2 多线样式设置

用缺省样式绘制出的多线是双线，还可以绘制3条或3条以上平行线组成的多线，这就需要对多线进行样式设置。

命令：MLSTYLE

菜单：【格式】/【多线样式】

输入多线样式命令后，弹出如图2-1-9所示的“多线样式”设置对话框。

单击【新建】按钮可以新建(图2-1-10)或修改列表中的多线。

点击【继续】按钮，弹出的创建多线样式对话框，如图2-1-11所示。

主要参数含义：

说明，为多线样式添加说明。

封口，控制多线起点和端点的封口形式。

填充，控制多线的填充，可用填充颜色选择色彩填充。

显示连接，控制每条多线线段顶点处连接的显示。

元素，修改当前多线样式中各平行线的特性。

【添加】按钮，添加一条平行线。

【删除】按钮，删除一条平行线。

【偏移】按钮，为选中的平行线指定偏移量。

【颜色】按钮，为选中的平行线指定颜色。

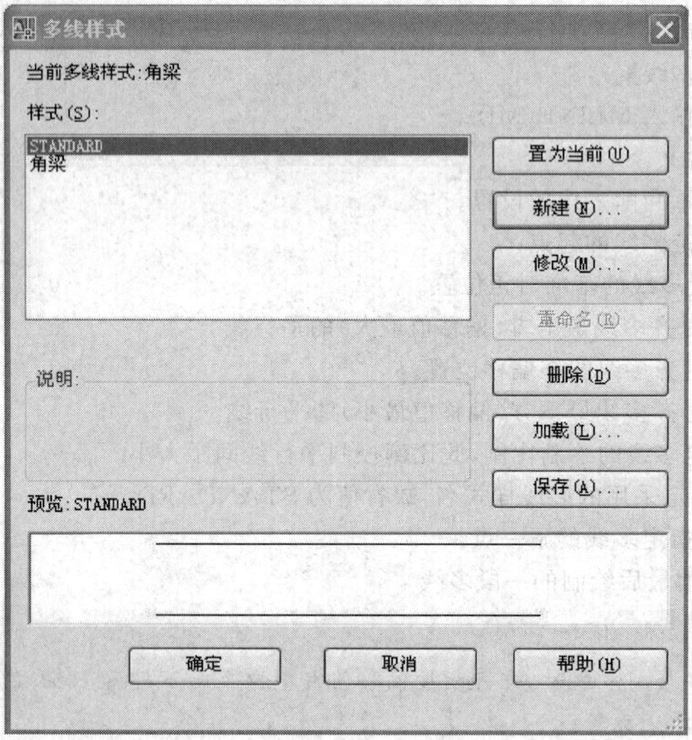

图 2-1-9　多线样式设置对话框

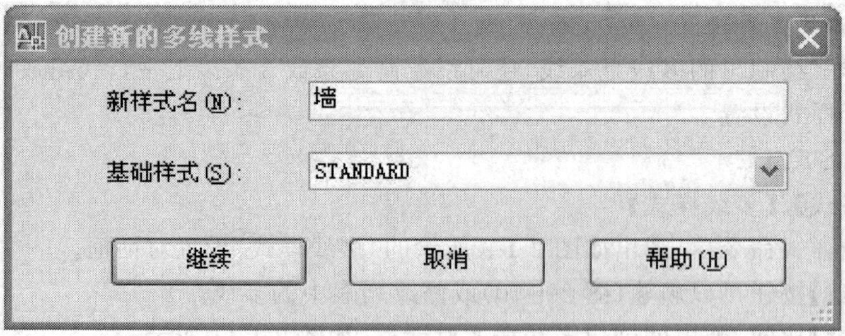

图 2-1-10　创建新的多线样式对话框

【线型】按钮,为选中的平行线指定某种线型。

2.5.3　多线编辑

多线绘制完成后,其形状往往不能完全满足需要,但多线是一个整体,用普通编辑命名是不能对它进行修改的,这就需要使用专门的多线编辑命令。该命令可以控制多线间的相交形式,增加、删除多线的顶点,控制多线的打断或结合。

命令的输入方式:

(1)【修改】/【对象】/【多线】。

(2)在命令行输入 MLEDIT。

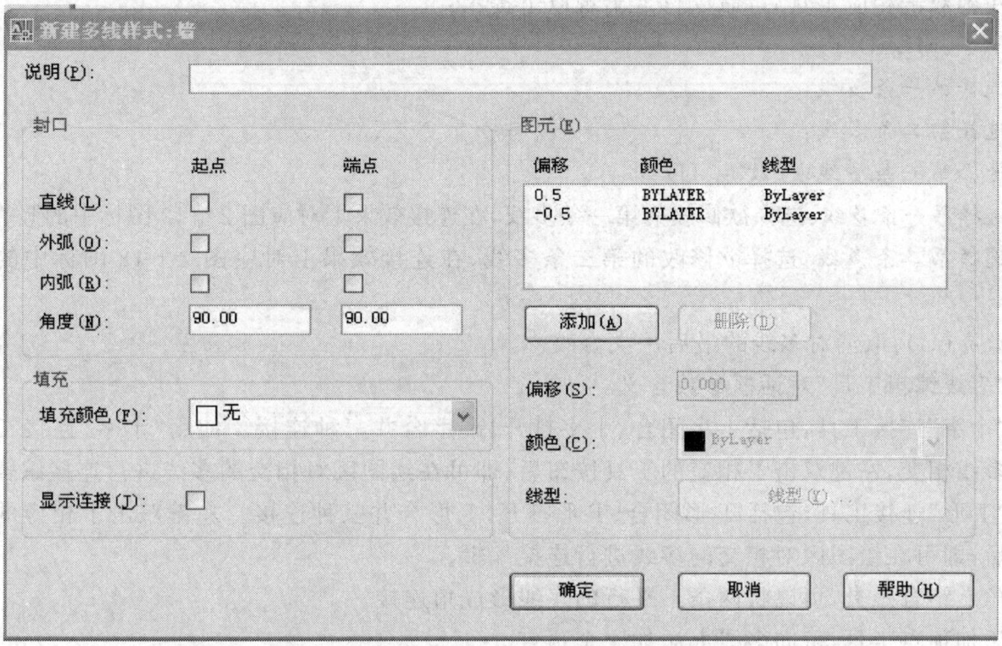

图 2-1-11　创建多线样式对话框

双击多线也可进入“多编辑工具”对话框。

主要选项的含义：执行多线编辑命令后弹出“多线编辑工具”对话框，如图 2-1-12 所示。

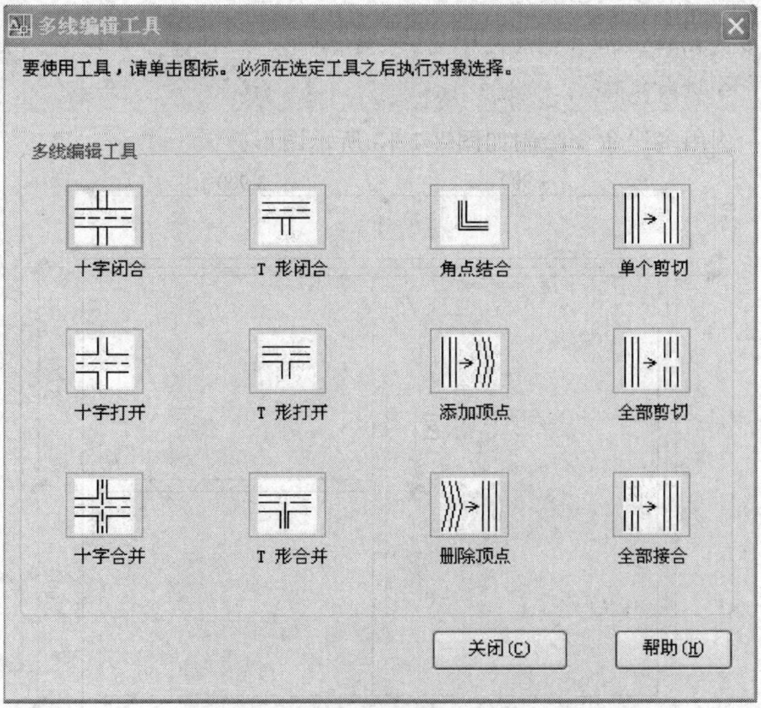

图 2-1-12　多线编辑工具对话框

左键双击相应工具后，命令行上出现以下提示：

命令：MLEDIT

选择第一条多线：

选择第二条多线：

选择第一条多线或[放弃(U)]：

选择第一条多线：选择欲修改的第一条多线，在连接效果上对应图 2-1-12 图标中的竖直多线

选择第二条多线：选择欲修改的第二条多线，在连接效果上对应图 2-1-12 图标中的水平多线

放弃(U)：取消对多线的最后一次修改

"多线编辑工具"对话框参数含义：

"十字"连接工具，包括十字闭合、十字打开、十字合并三种连接。使用"十字"连接工具需要两多线相交，左键双击了相应的工具按钮后，即可在绘图区对相交的多线进行连接编辑。

"T 形"连接工具，包括 T 形闭合、T 形打开、T 形合并三种连接。左键双击了相应的工具按钮后，即可在绘图区对相交的多线进行连接编辑。

角点结合工具，可以将两条不平行的多线形成角连接。

添加顶点工具，可向多线上添加一个顶点。

删除顶点工具，可从多线上删除一个顶点。

单个剪切工具，可剪切多线上选定位置的单条平行线。

全部剪切工具，可剪切多线上选定位置的所有平行线。

全部结合工具，可将多线已被剪切的部分重新接合起来。

注意：如果多线编辑工具不能满足需要，可用分解命令(EXPLODE)对多线进行分解后，再用一般编辑命令进行修改。

【例 2-1-6】 例用多线命令绘制如图 2-1-13 所示图形。

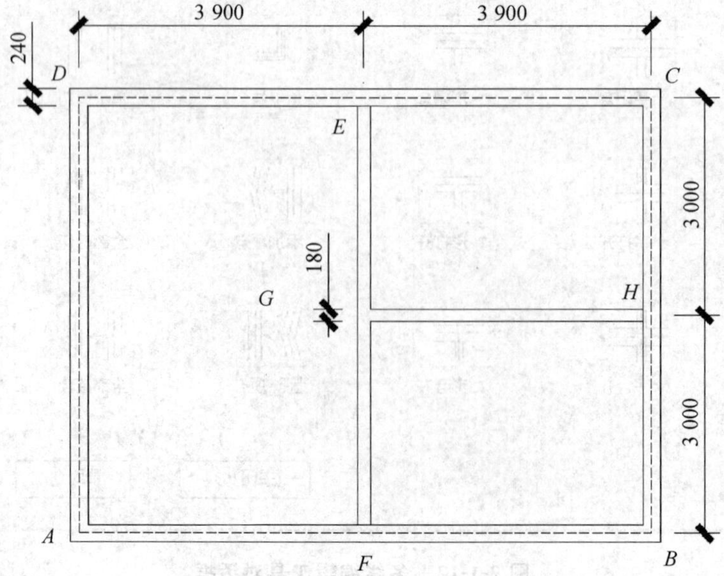

图 2-1-13 绘制多线示例

绘制图形过程如下：

设置多线样式“墙”。单击【格式】/【多线样式】，打开“多线样式”对话框，点击【新建】按钮，弹出“创建新的多线样式”对话框，在“新样式名”中输入多线样式名“墙”，单击【继续】按钮。在【元素】中单击【添加】按钮，在0偏移位置增加一平行线，将其设为红色，线型为“DASH”；新建样式“隔断”，设置多线样式为默认，点取确定按钮结束设置。

在下拉菜单中点取【格式】/【线型】。在“线型管理器”中将“全局比例因子”设为50，按【确定】按钮，结束线型比例设定。

绘制图形：

命令：_mline↙

当前设置：对正＝无，比例＝240.00，样式＝墙

指定起点或[对正(J)/比例(S)/样式(ST)]：s↙ 设置多线比例

输入多线比例＜240.00＞：240↙ 输入多线比例240

当前设置：对正＝无，比例＝240.00，样式＝墙

指定起点或[对正(J)/比例(S)/样式(ST)]：j↙

输入对正类型[上(T)/无(Z)/下(B)]＜无＞：z↙

当前设置：对正＝无，比例＝240.00，样式＝墙

指定起点或[对正(J)/比例(S)/样式(ST)]：拾取*A*点＜正交开＞

指定下一点：7800↙ 在0°极轴追踪提示下，输入距离，获得*B*点

指定下一点或[放弃(U)]：6000↙ 在90°极轴追踪提示下，输入距离，获得*C*点

指定下一点或[闭合(C)/放弃(U)]：7800↙ 在180°极轴追踪提示下，输入距离，获得*D*点

指定下一点或[闭合(C)/放弃(U)]：C↙ 闭合多线

命令：_mline↙

当前设置：对正＝无，比例＝240.00，样式＝墙

指定起点或[对正(J)/比例(S)/样式(ST)]：s↙ 设置多线比例

输入多线比例＜240.00＞：180↙ 输入多线比例180

当前设置：对正＝无，比例＝180.00，样式＝墙

指定起点或[对正(J)/比例(S)/样式(ST)]：st↙ 改变当前多线样式

输入多线样式名或[?]：隔断↙ 输入预设多线样式“隔断”

当前设置：对正＝无，比例＝180.00，样式＝隔断

指定起点或[对正(J)/比例(S)/样式(ST)]：捕捉中点*E*

指定下一点：捕捉中点*F*

指定下一点或[放弃(U)]：↙

命令：_mline↙

当前设置：对正＝无，比例＝180.00，样式＝隔断

指定起点或[对正(J)/比例(S)/样式(ST)]：捕捉中点*G*

指定下一点或[放弃(U)]：捕捉中点*H*

指定下一点或[放弃(U)]：↙

命令：mledit↙选择T形打开

选择第一条多线：选择多线*GH*

选择第二条多线：选择多线 *EF*

选择第一条多线或[放弃(U)]：↙

绘制图形如图 2-1-13 所示。

2.6 阵列、偏移、镜像复制

AutoCAD 提供了多种复制工具，阵列、偏移、镜像复制是常用的工具。

2.6.1 阵列复制

对于规则分布的相同图形，可以通过矩形或环形阵列命令快速产生。

命令的输入方式：

(1)【修改】/【阵列】。

(2)在命令行输入 ARRAY(AR)。

(3)单击修改工具栏上的按钮。

矩形阵列复制主要选项的含义：

矩形阵列(R)，默认阵列类型为矩形。

输入行数〈4〉，输入矩形阵列的行数。

输入列数〈4〉，输入矩形阵列的列数。

输入行偏移(F)，输入阵列的行间距。

输入列偏移(M)，输入阵列的列间距。

输入阵列角度(A)，指定矩形阵列对象的角度，此角度通常为 0。

拾取两个偏移量，通过一矩形来定义单位单元的大小，即同时定义行间距和列间距。

选择对象，选择欲阵列复制的对象。

环形阵列复制主要选项的含义：

选择对象，选择欲阵列的对象。

环形(P)，阵列类型为环形阵列。

指定阵列中心点，定义阵列中心点。

项目总数，输入阵列项目的总数目。

填充角度，指定填充角度，正值为逆时针阵列，负值为顺时针阵列，缺省填充角度 360。

项目间角度，此值会根据填充角度和项目总数自动计算出来。

复制时旋转项目，指阵列的同时沿阵列方向将对象旋转，否则阵列的同时不旋转对象。

2.6.2 偏移复制

偏移命令可以创建平行线、平行曲线或同心圆对象。

命令的输入方式：

(1)【修改】/【偏移】。

(2)在命令行输入 OFFSET(O)。

(3)单击修改工具栏上的按钮。

主要选项的含义：

当前设置，指定当前偏移状态。

指定偏移距离，在距离现有对象指定的距离处创建对象，该距离可以通过键盘输入，也可以通过拾取两个点来定义。

通过(T),指定偏移的对象将通过随后选取的点。

删除(E),偏移复制后,源对象将被删除。

图层(L),确定将偏移对象创建在当前图层上还是源对象所在的图层上。

选择要偏移的对象或[退出(E)、放弃(U)],选择欲偏移的对象,回车则退出偏移命令。

指定要偏移的那一侧上的点,指定点来确定偏移方向。

多个(M),对一个选择对象以相同距离偏移复制出多个相似对象。

注意:偏移命令只能用点选方式选择一个对象。如果用距离作偏移线,距离必须大于 0。对于多段线的偏移距离按中心线计算。不同图形偏移效果不同,圆为同心圆,圆弧为相同中心角,直线为平行线,多线段为同心拷贝。

2.6.3　镜像复制

绘制对称的图形,可以只绘制一半甚至四分之一,然后采用镜像命令产生对称的部分。

命令的输入方式:

(1)【修改】/【镜像】。

(2)在命令行输入 MIRROR(MI)。

(3)单击修改工具栏上的按钮。

主要选项的含义:

选择对象,选择欲镜像的对象。

指定镜像线的第一点,确定镜像对称轴线的第一点。

指定镜像线的第二点,确定镜像对称轴线的第二点。

要删除源对象吗?[是(Y)/否(N)]＜N＞,"Y"删除源对象,"N"不删除源对象。

注意:对文字镜像,通过 MIRRTEXT 变量可以控制是否使文字和其他的对象一样被镜像。如果 MIRRTEXT 为 0(默认设置),则文字不做镜像处理。如果 MIRRTEXT 为 1,文字和其他的对象一样被镜像。

【例 2-1-7】　绘制图 2-1-14 所示广玉兰树阵。

(1)用矩形命令、偏移复制命令、图案填充命令绘制一个广玉兰树坛。

命令:_rectang ↙

当前矩形模式:圆角=0.0000 厚度 0.0000

指定第一个角点或[倒角(C)/标高(E)/圆角(F)/厚度(T)/宽度(W)]:f ↙

指定矩形的圆角半径＜0.0000＞:180 ↙

指定第一个角点或[倒角(C)/标高(E)/圆角(F)/厚度(T)/宽度(W)]:屏幕上捕捉一点

指定另一个角点或[面积(A)/尺寸(D)/旋转(R)]:@2500,2500 ↙

树坛外轮廓绘制完毕。

命令:_offset

当前设置:删除源=否图层=源 OFFSETGAPTYPE=0

指定偏移距离或[通过(T)/删除(E)/图层(L)]＜通过＞:250 ↙

选择要偏移的对象,或[退出(E)/放弃(U)]＜退出＞:选择矩形

指定要偏移的那一侧上的点,或[退出(E)/多个(M)/放弃(U)]＜退出＞:点击矩形内侧

选择要偏移的对象,或[退出(E)/放弃(U)]＜退出＞:↙

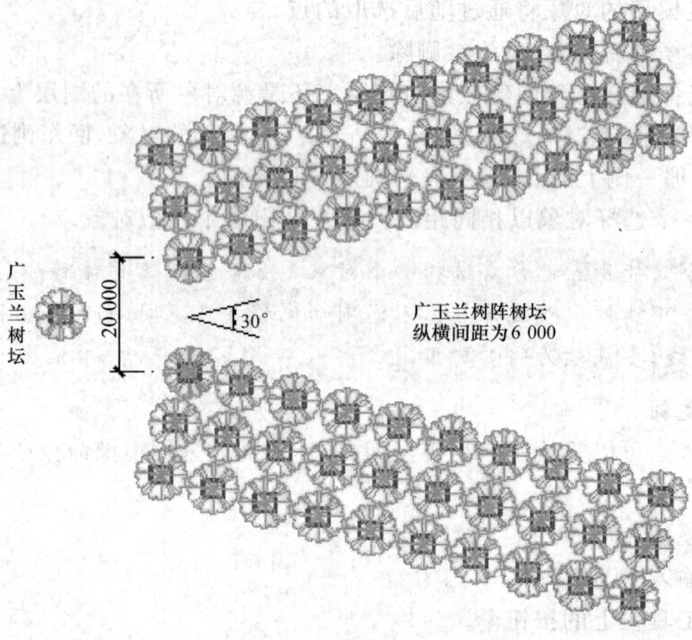

图 2-1-14　阵列绘图示例

树坛内轮廓线绘制完毕。

命令行输入图案填充命令 BHATCH(BH)并回车，或者单击绘图工具栏中的按钮，弹出"图案填充和渐变色"对话框，选择图案"SOLID"，以"添加:选择对象"方式选择填充边界。

树坛绘制完毕。

(2)插入广玉兰图例图块。

命令行输入插入块命令(I)并回车，或者单击绘图工具栏上的，打开"插入"对话框，单击【浏览】按钮，在素材库中找到常用植物图例文件夹，选择其中的"广玉兰"，【插入点】选项勾选"在屏幕指定"，【比例】选项勾选"统一比例"，并输入比例值为 6，如图 2-1-15 所示，单击【确定】按钮，拾取树坛的中心作为块的插入点，结果如图 2-1-14 所示。

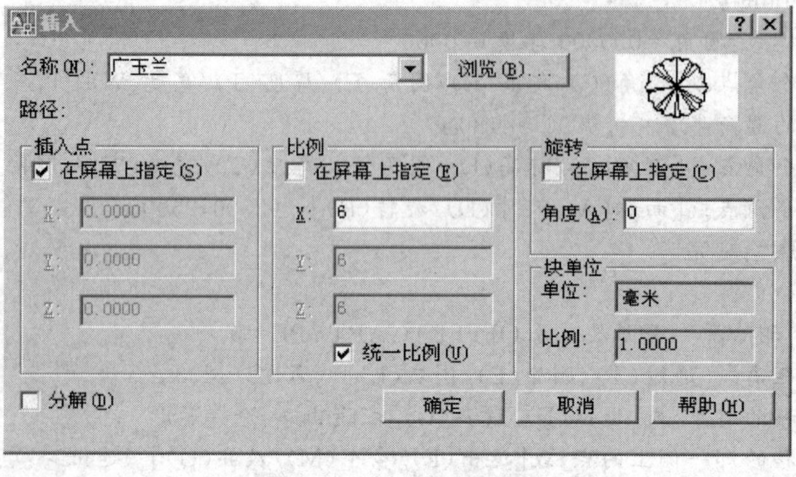

图 2-1-15　插入广玉兰图例

(3)绘制广玉兰树阵。

以此广玉兰树坛为对象,进行阵列、镜像复制绘制广玉兰树阵。

命令行输入阵列命令(AR)并回车,打开阵列对话框,设置相关参数如图 2-1-16 所示,单击"选择对象"按钮,命令行提示:

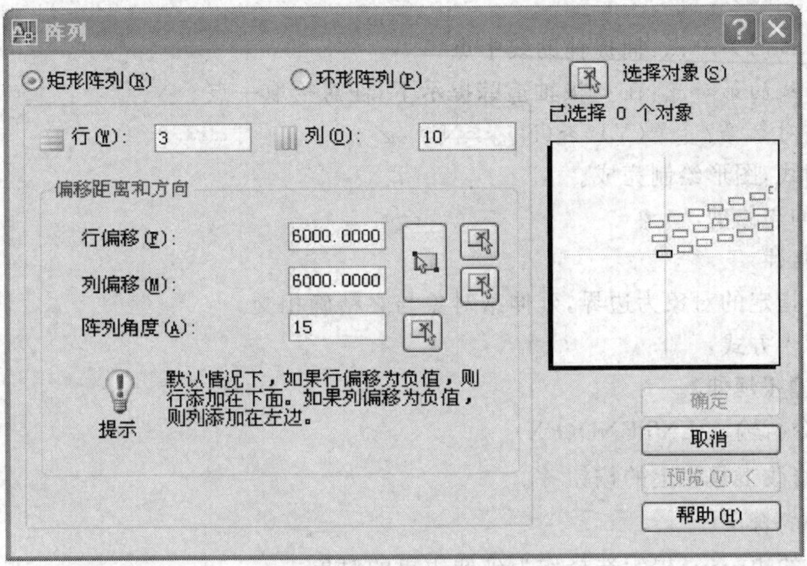

图 2-1-16　阵列对话框

选择对象:指定对角点:找到 3 个↙　选择已经绘制好的广玉兰树坛
选择对象:↙　结束对象选择
获得如图 2-1-17 所示图形。

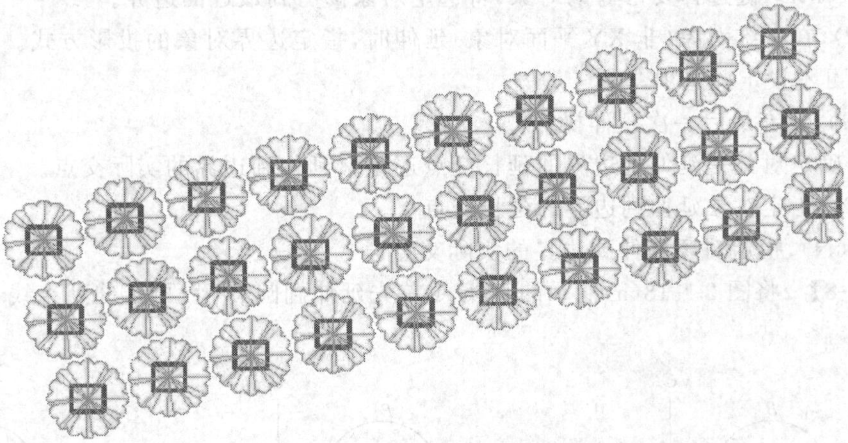

图 2-1-17　广场树阵绘制

绘制辅助直线,并镜像复制上述绘制的树阵。
命令:_line↙
指定第一点:捕捉树坛中心点
指定下一点或[放弃(U)]:20000↙　在 270°极轴追踪提示下,输入距离 20 000

指定下一点或[放弃(U)]↙ 结束辅助直线绘制

命令:_mirror↙

选择对象:指定对角点:找到 111 个 框选所有已绘制的树坛

选择对象:指定对角点:找到 59 个(50 个重复),总计 120 个

选择对象:

指定镜像线的第一点:捕捉辅助线中点

指定镜像线的第二点:在 0°极轴追踪提示下,任意拾取一点

要删除源对象吗?[是(Y)/否(N)]<N>:↙

删除辅助线,图形绘制完成。

2.7 延伸与修剪

2.7.1 延伸

延伸是以指定的对象为边界,延伸某对象与之精确相交。

命令的输入方式:

(1)【修改】/【延伸】。

(2)在命令行输入 EXTEND(EX)。

(3)单击修改工具栏上的按钮--/。

主要选项的含义:

选择边界的边……,提示选择作为延伸边界的对象。

选择对象或<全部选择>,选择一个或多个对象,或者按<Enter>键选择所有显示的对象。

选择要延伸的对象,选择欲延伸的对象。

栏选(F),选择与选择栏相交的所有对象。

窗交(C),选择矩形区域内部或与之相交的对象。

按住<Shift>键选择要修剪的对象,将选定对象修剪到最近的边界。

投影(P),在三维对象(非 XY 平面对象)延伸时,指定边界对象的投影方式。在 XY 平面对象延伸时可不设定此选项。

放弃(U),放弃最后一次延伸操作。

边(E),确定对象是延伸到边界的延长交点还是只延伸到边界的实际交点。

延伸(E),指定对象延伸到边界的延长交点。

不延伸(N),指定对象延伸到边界的实际交点。

【例 2-1-8】 将图 2-1-18(a)所示的直线 A 首先延伸到圆 B 上,再延伸到直线 C 的延长交点上。

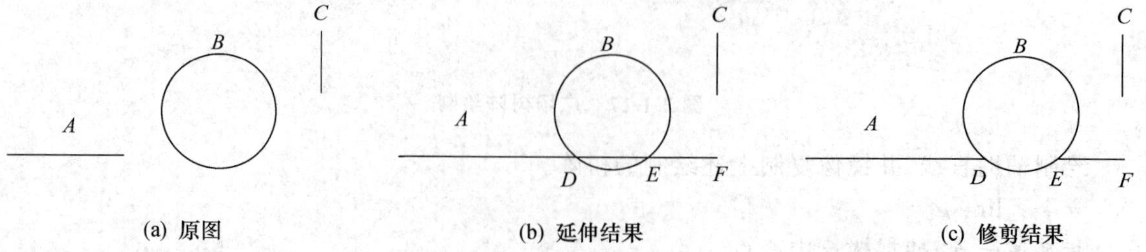

图 2-1-18 延伸绘图示例

命令:EXTEND↙

当前设置:投影=无边=无　提示当前设置

选择边界的边…　提示选择延伸边界

选择对象或<全部选择>:选择圆 *B* 和直线 *C*

找到 2 个　提示选中的对象数量

选择对象:↙

选择要延伸的对象,或按住<Shift>键选择要修剪的对象,或[栏选(F)/窗交(C)/投影(P)/边(E)放弃(U)]:拾取直线 *A* 的右侧得交点 *D*

选择要延伸的对象,或按住<Shift>键选择要修剪的对象,或[栏选(F)/窗交(C)/投影(P)/边(E)放弃(U)]:拾取直线 *A* 的右侧得交点 *E*

选择要延伸的对象,或按住<Shift>键选择要修剪的对象,或[栏选(F)/窗交(C)/投影(P)/边(E)放弃(U)]:E↙　设置延伸边界作用方式

输入隐含边延伸模式[延伸(E)/不延伸(N)]<不延伸>:E↙　指定对象延伸到边界的延长交点上

选择要延伸的对象,或按住<Shift>键选择要修剪的对象,或[栏选(F)/窗交(C)/投影(P)/边(E)放弃(U)]:拾取直线 *A* 的右侧,得到 *F* 点,结果如图 2-1-18(b)所示

选择要延伸的对象,或按住<Shift>键选择要修剪的对象,或[栏选(F)/窗交(C)/投影(P)/边(E)放弃(U)]:按住 Shift 键选择圆内的直线段 DE↙　切换为修剪方式,修剪掉圆内直线 DE,回车结束修剪,结果如图 2-1-18(c)所示

> 注意:选择要延伸的对象时的拾取点决定了延伸的方向,延伸发生在拾取点的一侧;对有宽度的直线或圆弧,若延伸后末端宽度为负值,则该端宽度量为 0;在延伸不相交对象时,按住<Shift>键可以切换为修剪方式;选择对象可以使用点选、栏选、窗选等工具对多个对象进行延伸或修剪;延伸可以隐含延伸边,在提示"选择对象:"时按<Enter>键,自动确定符合条件的对象为延伸边。

2.7.2　修剪

修剪命令是比较常用的编辑命令,绘图中经常需要修剪图形,将超出的部分去掉,以便使图形精确相交。修剪命令是以指定的对象为边界,修剪掉超出边界部分,可同时对多条线段进行修剪。

命令的输入方式:

(1)【修改】/【修剪】。

(2)在命令行输入 TRIM(TR)。

(3)单击修改工具栏上的按钮-/-。

主要选项的含义:

选择剪切边选择对象或<全部选择>,提示选择对象作为剪切边界,按回车键选择所有显示的对象。

选择要修剪的对象,选择欲修剪的对象。

栏选(F),选择与选择栏相交的所有对象。

窗交(C),选择矩形区域或与之相交的对象。

删除(R),无需退出 TRIM 命令,就可以删除不需要的对象。

边(E),确定对象是修剪到边界的延长交点还是只修剪到边界的实际交点。

延伸(E),指定对象修剪到边界的延长交点。

不延伸(N),指定对象修剪到边界的实际交点。

放弃(U),放弃最后进行的一次修剪。

【例 2-1-9】 绘制如图 2-1-19 所示的铺装图案。

图 2-1-19 延伸与修剪绘图示例

(1)新建如图 2-1-20 所示图层。

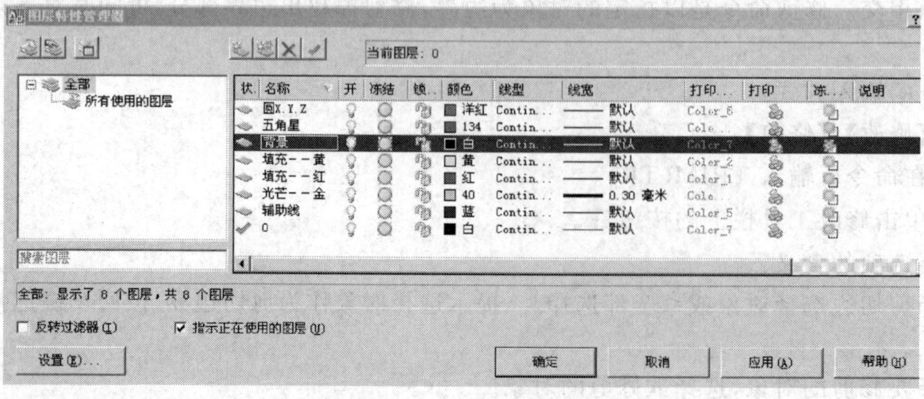

图 2-1-20 新建图层

(2)绘制辅助圆。

将“圆 X.Y.Z”图层置为当前。

命令:_circle 指定圆的圆心或[三点(3P)/两点(2P)/相切、相切、半径(T)]:在屏幕上点取一点

指定圆的半径或[直径(D)]:3000↙ 圆 X 绘制完毕

命令:_offset↙

当前设置:删除源=否图层=源 OFFSETGAPTYPE=0

指定偏移距离或[通过(T)/删除(E)/图层(L)]<通过>:2000↙

选择要偏移的对象,或[退出(E)/放弃(U)]<退出>:选择圆 X

指定要偏移的那一侧上的点,或[退出(E)/多个(M)/放弃(U)]<退出>:圆 X 外拾取一点

选择要偏移的对象,或[退出(E)/放弃(U)]<退出>:↙圆 Y 绘制完毕

命令:_offset↙

当前设置:删除源=否图层=源 OFFSETGAPTYPE=0

指定偏移距离或[通过(T)/删除(E)/图层(L)]<2000.0000>:1000↙

选择要偏移的对象,或[退出(E)/放弃(U)]<退出>:点取圆 Y

指定要偏移的那一侧上的点,或[退出(E)/多个(M)/放弃(U)]<退出>:圆 Y 外拾取一点

选择要偏移的对象,或[退出(E)/放弃(U)]<退出>:↙圆 Z 绘制完毕

结果如图 2-1-21(a)所示。

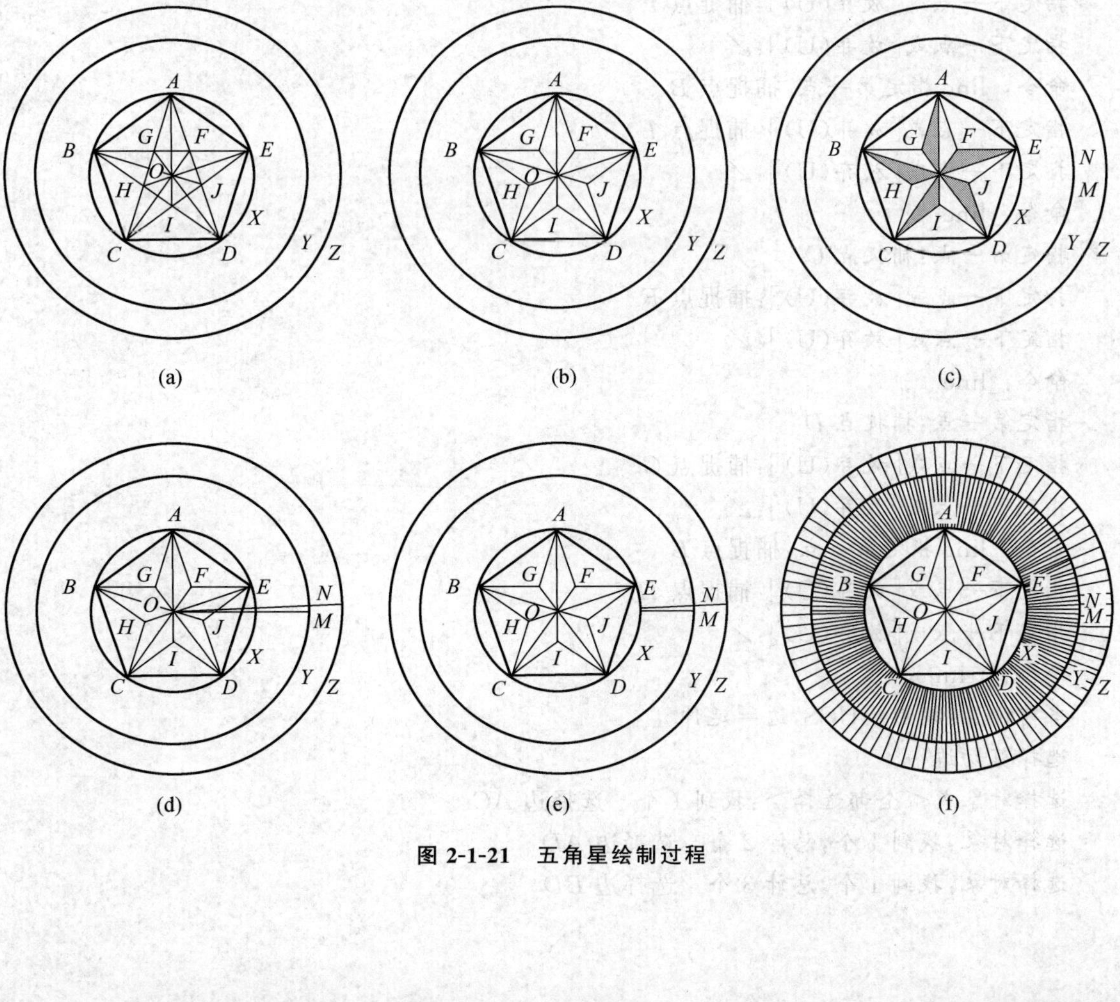

图 2-1-21 五角星绘制过程

(3)绘制五角星。

将五角星图层置为当前。

命令:_polygon 输入边的数目<4>:5↙

指定正多边形的中心点或[边(E)]:捕捉圆心

输入选项[内接于圆(I)/外切于圆(C)]<I>:I↙

指定圆的半径:捕捉圆 *X* 的上部象限点

正五边形 *ABCDE* 绘制完成。

命令:_line

指定第一点:捕捉点 *A*

指定下一点或[放弃(U)]:捕捉点 *C*

指定下一点或[放弃(U)]:捕捉点 *E*

指定下一点或[闭合(C)/放弃(U)]:捕捉点 *B*

指定下一点或[闭合(C)/放弃(U)]:捕捉点 *D*

指定下一点或[闭合(C)/放弃(U)]:捕捉点 *A*

指定下一点或[闭合(C)/放弃(U)]:↙

命令:_line

指定第一点:捕捉点 *A*

指定下一点或[放弃(U)]:捕捉点 *I*

指定下一点或[放弃(U)]:↙

命令:_line 指定第一点:捕捉点 *B*

指定下一点或[放弃(U)]:捕捉点 *J*

指定下一点或[放弃(U)]:↙

命令:_line

指定第一点:捕捉点 *C*

指定下一点或[放弃(U)]:捕捉点 *F*

指定下一点或[放弃(U)]:↙

命令:_line

指定第一点:捕捉点 *D*

指定下一点或[放弃(U)]:捕捉点 *G*

指定下一点或[放弃(U)]:↙

命令:_line 指定第一点:捕捉点 *E*

指定下一点或[放弃(U)]:捕捉点 *H*

指定下一点或[放弃(U)]:↙

命令:_trim

当前设置:投影=UCS,边=延伸

选择剪切边…

选择对象或<全部选择>:找到 1 个　选择边 *AC*

选择对象:找到 1 个,总计 2 个　选择边 *AD*

选择对象:找到 1 个,总计 3 个　选择边 *BD*

选择对象:找到 1 个,总计 4 个 选择边 *BE*

选择对象:找到 1 个,总计 5 个 选择边 *CE*

选择对象:

选择要修剪的对象,或按住 Shift 键选择要延伸的对象,或[栏选(F)/窗交(C)/投影(P)/边(E)/删除(R)/放弃(U)]:选择边 *HG*

选择要修剪的对象,或按住 Shift 键选择要延伸的对象,或[栏选(F)/窗交(C)/投影(P)/边(E)/删除(R)/放弃(U)]:选择边 *HI*

选择要修剪的对象,或按住 Shift 键选择要延伸的对象,或[栏选(F)/窗交(C)/投影(P)/边(E)/删除(R)/放弃(U)]:选择边 *JI*

选择要修剪的对象,或按住 Shift 键选择要延伸的对象,或[栏选(F)/窗交(C)/投影(P)/边(E)/删除(R)/放弃(U)]:选择边 *FJ*

选择要修剪的对象,或按住 Shift 键选择要延伸的对象,或[栏选(F)/窗交(C)/投影(P)/边(E)/删除(R)/放弃(U)]:选择边 *GF*

选择要修剪的对象,或按住 Shift 键选择要延伸的对象,或[栏选(F)/窗交(C)/投影(P)/边(E)/删除(R)/放弃(U)]:↙

图形如 2-1-21(b)所示。

将"填充——红"图层置为当前。

命令:_bhatch 选择图案 *SOLID*

拾取内部点或[选择对象(S)/删除边界(B)]:正在选择所有对象…

正在选择所有可见对象…

正在分析所选数据…

正在分析内部孤岛…

拾取内部点或[选择对象(S)/删除边界(B)]:选择三角形 *AOG*

正在分析内部孤岛…

拾取内部点或[选择对象(S)/删除边界(B)]:选择三角形 *BOH*

正在分析内部孤岛…

拾取内部点或[选择对象(S)/删除边界(B)]:选择三角形 *COI*

正在分析内部孤岛…

拾取内部点或[选择对象(S)/删除边界(B)]:选择三角形 *DOJ*

正在分析内部孤岛…

拾取内部点或[选择对象(S)/删除边界(B)]:选择三角形 *EOF* ↙

将"填充——黄"图层置为当前。

命令:_bhatch 选择图案 SOLID

拾取内部点或[选择对象(S)/删除边界(B)]:正在选择所有对象…

正在选择所有可见对象…

正在分析所选数据…

正在分析内部孤岛…

拾取内部点或[选择对象(S)/删除边界(B)]:选择三角形 *AOF*

正在分析内部孤岛…

拾取内部点或[选择对象(S)/删除边界(B)]:选择三角形 *BOG*

正在分析内部孤岛…

拾取内部点或[选择对象(S)/删除边界(B)]:选择三角形 *COH*

正在分析内部孤岛…

拾取内部点或[选择对象(S)/删除边界(B)]:选择三角形 *DOI*

正在分析内部孤岛…

拾取内部点或[选择对象(S)/删除边界(B)]:选择三角形 *EOJ* ↙

图形如图 2-1-21(c)所示。

(4)绘制光芒线。

隐藏图层“填充——红”、“填充——黄”,将光芒线图层置为当前。

命令:_line 指定第一点:捕捉圆心 *O*

指定下一点或[放弃(U)]:捕捉象限点 *M*,绘制直线 *OM*

指定下一点或[放弃(U)]:↙

命令:_array 找到 1 个 设置为“环形阵列”、“阵列时旋转对象”、“填充角度”为 2°、“项目总数”为 2

选择对象:找到 1 个 选择直线 *OM*

指定阵列中心点:捕捉拾取圆心 *O*

获得直线 *ON*。

图形如图 2-1-21(d)所示。

命令:_extend

当前设置:投影=UCS,边=延伸

选择边界的边…

选择对象或<全部选择>:找到 1 个 选择外圆

选择对象:

选择要延伸的对象,或按住 Shift 键选择要修剪的对象,或[栏选(F)/窗交(C)/投影(P)/边(E)/放弃(U)]:选择直线 *ON* 外端

选择要延伸的对象,或按住 Shift 键选择要修剪的对象,或[栏选(F)/窗交(C)/投影(P)/边(E)/放弃(U)]:↙

命令:_trim

当前设置:投影=UCS,边=延伸

选择剪切边…

选择对象或<全部选择>:找到 1 个 选择内圆为修剪边界

选择对象:

选择要修剪的对象,或按住 Shift 键选择要延伸的对象,或[栏选(F)/窗交(C)/投影(P)/边(E)/删除(R)/放弃(U)]:选择直线 *OM* 内圆一侧

选择要修剪的对象,或按住 Shift 键选择要延伸的对象,或[栏选(F)/窗交(C)/投影(P)/边(E)/删除(R)/放弃(U)]:选择直线 *ON* 内圆一侧

选择要修剪的对象,或按住 Shift 键选择要延伸的对象,或

[栏选(F)/窗交(C)/投影(P)/边(E)/删除(R)/放弃(U)]:↙

图形如图 2-1-21(e)所示。

命令:_array 设置为“环形阵列”、“阵列时旋转对象”、“填充角度”为 360°、“项目总数”为 90

选择对象:找到 1 个 选择直线 *OM*

选择对象:找到 1 个,总计 2 个 选择直线 *ON*

选择对象:

指定阵列中心点:捕捉圆心 *O*

隐藏辅助线、圆 *X*、圆 *Y*、圆 *Z*、五角星图层,显示填充——红、填充——黄图层,按下 线宽 按钮,图形如图 2-1-19 所示。

★任务操作

1. 绘制奎山锦观城绿地六角亭平面图与亭顶结构图

1.1 必要的绘图环境设置

单击【工具】菜单中的【选项】,打开“选项”对话框,单击【草图】选项,将【自动捕捉标记的大小(S)】中的滑动条放置在 40%~50%的位置,其他默认;单击【选择集】选项,将【拾取框大小(P)】中的滑动条放置在 50%的位置,【夹点大小(Z)】中的滑动条放置在 30%~50%的位置。单击选项对话框中的【确定】按钮。

在状态栏的某个按钮上单击鼠标右键(除了线宽、模型两个按钮),打开“草图设置”对话框,在“对象捕捉”选项卡中,勾选常用的捕捉(端点、中点、圆心、交点、延伸);在“极轴追踪”选项卡中,将对象捕捉追踪设置改为“用所有极轴角设置追踪(S)”,其他默认。

单击【格式】菜单中的【单位】,打开“图形单位”对话框,将系统单位设置为毫米(mm)。以 1∶1 的比例绘制。

将图形界限设置为 42000×29700。

1.2 设置图层

设置如图 2-1-22 所示的图层。

1.3 绘制六角亭平面图

1.3.1 绘制辅助线 *AB*,将辅助线图层置为当前

在图层工具栏上将“01 辅助线”置为当前。

命令:_line 指定第一点:左键在屏幕的适当位置拾取一点 *A*

指定下一点或[放弃(U)]:3200↙ 在水平向右极轴追踪提示下输入距离,得到 *B* 点

指定下一点或[放弃(U)]:↙

图形如图 2-1-23(a)所示。

1.3.2 绘制亭柱,将亭基座图层置为当前

在图层工具栏上将“04 亭基座”层置为当前。

命令:_circle 指定圆的圆心或[三点(3P)/两点(2P)/相切、相切、半径(T)]:光标捕捉辅助直线的 *A* 端点

指定圆的半径或[直径(D)]:100↙

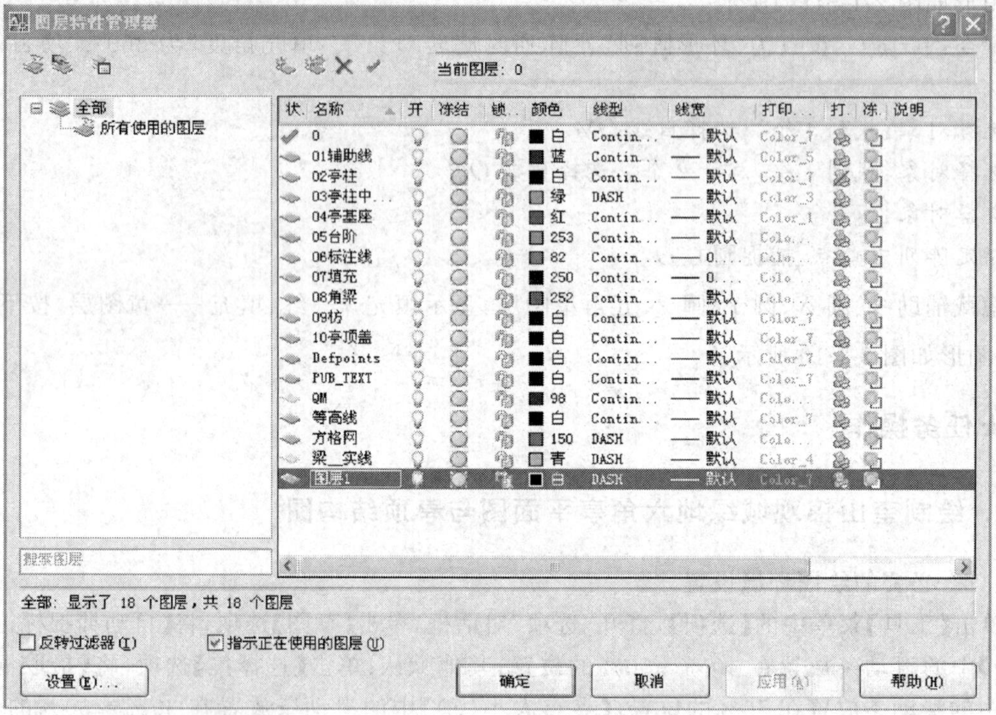

图 2-1-22　图层设置

命令：_array

弹出“阵列”对话框，选择“环形阵列”，“复制时旋转项目”、“项目总数 6”、“填充角度 360”

指定阵列中心点：光标捕捉辅助直线的中点 O

选择对象：找到 1 个　选择圆

选择对象：↙

点击“确定”按钮

图形如图 2-1-23(b)所示。

1.3.3　绘制柱中线连线（方钢美人靠中心线）

命令：_polygon 输入边的数目＜4＞：6 ↙

指定正多边形的中心点或[边(E)]：光标捕捉辅助直线的中点 O

输入选项[内接于圆(I)/外切于圆(C)]＜I＞：I ↙

指定圆的半径：1600 ↙（亦可直接捕捉 A 点或 B 点）

1.3.4　绘制亭内基座铺装边缘线

命令：_offset ↙

当前设置：删除源＝否图层＝源　OFFSET　GAPTYPE＝0

指定偏移距离或[通过(T)/删除(E)/图层(L)]＜通过＞：120 ↙

选择要偏移的对象，或[退出(E)/放弃(U)]＜退出＞：选择柱中心线连线正六边形边线

指定要偏移的那一侧上的点，或[退出(E)/多个(M)/放弃(U)]＜退出＞：光标点在柱中心线连线正六边形内侧

1.3.5 绘制基座边缘铺装内边线

接着执行1.3.4中的偏移操作。

选择要偏移的对象,或[退出(E)/放弃(U)]<退出>:选择柱中心线连线正六边形边线

指定要偏移的那一侧上的点,或[退出(E)/多个(M)/放弃(U)]<退出>:光标点在柱中心线连线正六边形外侧

1.3.6 绘制基座边缘铺装外边线

命令:_offset

当前设置:删除源=否图层=源 OFFSE TGAPTYPE=0

指定偏移距离或[通过(T)/删除(E)/图层(L)]<120.0000>:300↙

选择要偏移的对象,或[退出(E)/放弃(U)]<退出>:选择基座边缘铺装内边线

指定要偏移的那一侧上的点,或[退出(E)/多个(M)/放弃(U)]<退出>:光标点在基座边缘铺装内缘线六边形外侧

图形如图2-1-23(c)所示。

1.3.7 绘制台阶

在图层工具栏上将"01辅助线"层置为当前。

命令:_line 指定第一点:捕捉基座边缘铺装外边线六边形底边中点 *C*

指定下一点或[放弃(U)]:<正交开>600↙ 打开正交工具,鼠标下拉,输入600↙绘制辅助线 *CD*

将"05台阶"图层置为当前。

命令:_line 指定第一点:捕捉辅助线 *CD* 的中点 *E*

指定下一点或[放弃(U)]:600↙鼠标左拉,输入600,绘制直线 *EF*

命令:_line 指定第一点:捕捉点 *D*

指定下一点或[放弃(U)]:800↙ 鼠标左拉,输入800,绘制直线 *DG*

图形如图2-1-23(d)所示。

命令:_rectang↙

指定第一个角点或[倒角(C)/标高(E)/圆角(F)/厚度(T)/宽度(W)]:捕捉点 *G*

指定另一个角点或[面积(A)/尺寸(D)/旋转(R)]:捕捉点 *F*,向上延伸至"基座边缘铺装外边线底边"的交点 *H*,点击鼠标

命令:_mirror

选择对象:找到1个 选择矩形 *FGH*

选择对象:找到1个,总计2个 选择直线 *EF*

选择对象:找到1个,总计3个 选择直线 *DG*

选择对象:↙

指定镜像线的第一点:捕捉点 *C*

指定镜像线的第二点:捕捉点 *D*

要删除源对象吗?[是(Y)/否(N)]<N>:↙

图形如图2-1-23(e)所示。

尺寸标注、图案填充、隐藏辅助图层后图形如图2-1-23(f)所示。

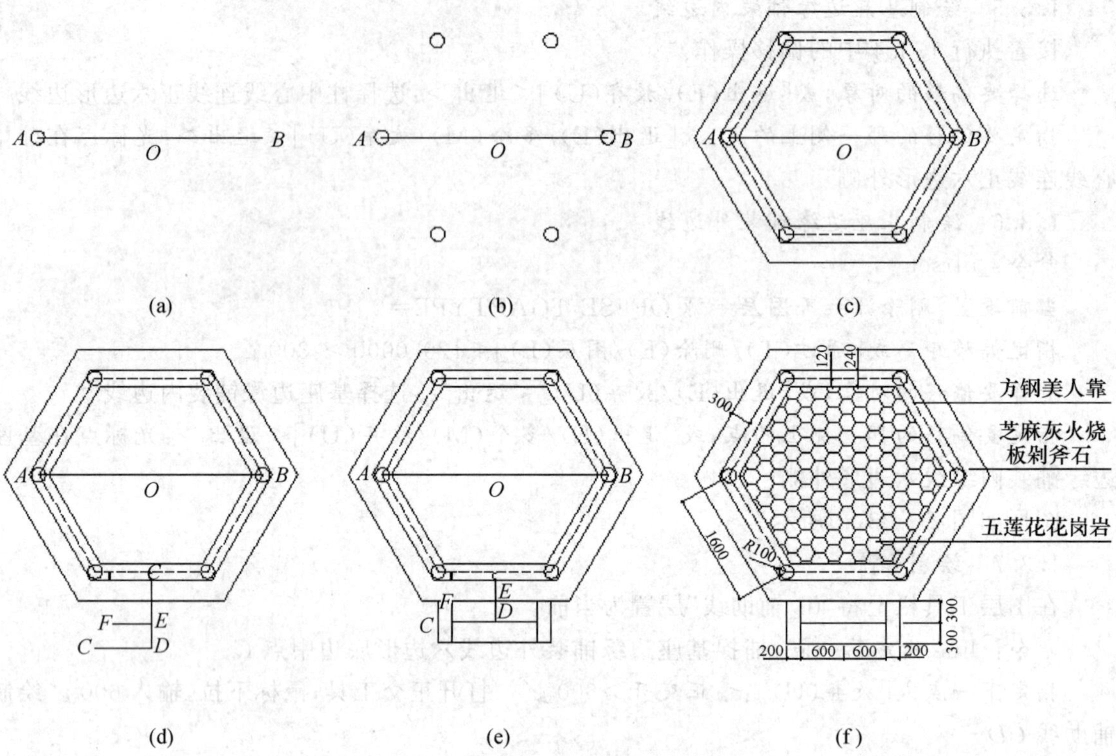

图 2-1-23 六角亭平面图绘制示例

1.3.8 绘制铺装

命令:_bhatch

在弹出的“图案填充与渐变色”对话框中,选择图案为“HONEY”,“角度”为 0,“比例”为 40,拾取正六边形的内部。

拾取内部点或[选择对象(S)/删除边界(B)]:正在选择所有对象…

正在选择所有可见对象…

正在分析所选数据…

正在分析内部孤岛…

拾取内部点或[选择对象(S)/删除边界(B)]:↙

六角亭平面图绘制完成,如图 2-1(a)所示。

1.4 绘制六角亭亭顶结构图

设置多线样式,样式名称为“角梁”,如图 2-1-24 所示。

1.4.1 绘制角梁 *PQ*

命令:_mline

当前设置:对正=无,比例=80.00,样式=角梁

指定起点或[对正(J)/比例(S)/样式(ST)]:j↙

输入对正类型[上(T)/无(Z)/下(B)]<无>:z↙

当前设置:对正=无,比例=80.00,样式=角梁

指定起点或[对正(J)/比例(S)/样式(ST)]:s↙

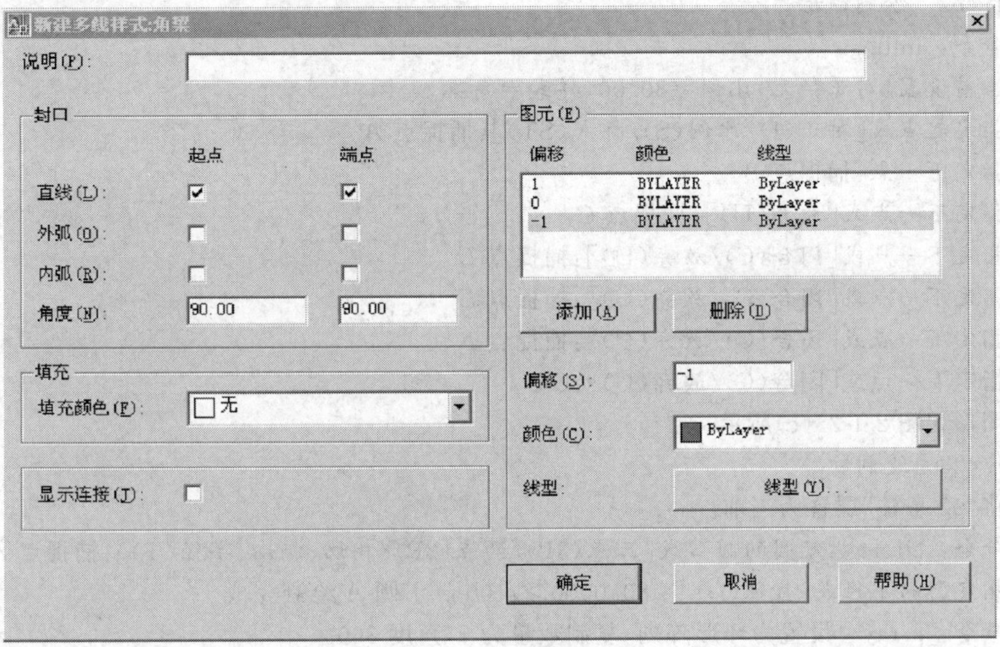

图 2-1-24　多线样式设置

输入多线比例<80.00>:80↙

当前设置:对正=无,比例=80.00,样式=角梁

指定起点或[对正(J)/比例(S)/样式(ST)]:在屏幕上随意点取一点,为角梁端点 *J*

指定下一点:5510↙　在 0°极轴追踪提示下输入距离

指定下一点或[放弃(U)]:↙　获得点 *K*,多线 *JK* 绘制完毕

图形如图 2-1-25(a)所示。

将辅助线图层置为当前,绘制辅助线 *OA*。

命令:_line 指定第一点:捕捉多线中线的中点 *O*

指定下一点或[放弃(U)]:1600↙　在 0°极轴追踪提示下输入距离,绘制直线 *OA*

命令:_array　设置为环形阵列,复制数量为 3,角度 360°

指定阵列中心点:捕捉 *O* 点

选择对象:指定对角点:找到 2 个　栏选多线 *JK* 及直线 *OA*

获得多线 *MN*、*PQ* 和辅助线 *OB*、*OC*。

命令:_array　设置为环形阵列,复制数量为 2,角度 360°

选择对象:找到 1 个　选择直线 *OA*

选择对象:找到 1 个,总计 2 个　选择直线 *OB*

选择对象:找到 1 个,总计 3 个　选择直线 *OC*

选择对象:↙

指定阵列中心点:捕捉 O 点

获得直线 *OD*、*OE*、*OF*。

图形如图 2-1-25(b)所示。

1.4.2 绘制额枋

命令:_mline

当前设置:对正=无,比例=80.00,样式=角梁

指定起点或[对正(J)/比例(S)/样式(ST)]:捕捉点 A

指定下一点:捕捉点 B

指定下一点或[放弃(U)]:捕捉点 C

指定下一点或[闭合(C)/放弃(U)]:捕捉点 D

指定下一点或[闭合(C)/放弃(U)]:捕捉点 E

指定下一点或[闭合(C)/放弃(U)]:捕捉点 F

指定下一点或[闭合(C)/放弃(U)]:C↙

图形如图 2-1-25(c)所示。

1.4.3 绘制柱

将“02 亭柱”层置为当前。

命令:_circle 指定圆的圆心或[三点(3P)/两点(2P)/相切、相切、半径(T)]:捕捉点 A

指定圆的半径或[直径(D)]<80.0000>:100↙ 圆 A 绘制完成

命令:_array 设置为环形阵列,复制数量为 6,角度 360°

指定阵列中心点:捕捉点 O

选择对象:找到 1 个 选择圆 A

选择对象:↙

通过环形阵列复制出其他亭柱 BCDEF,亭柱如图 2-1-25(d)所示。

命令:_explode(分解命令)

选择对象:指定对角点:找到 12 个

7 个不能分解。栏选正六边形枋及三根角梁。

选择对象:↙

将角梁与枋由多线分解为直线。

命令:_trim(修剪)

当前设置:投影=UCS,边=无

选择剪切边…

选择对象或<全部选择>:找到 1 个 选择圆柱 A

选择对象:找到 1 个,总计 2 个 选择圆柱 B

选择对象:找到 1 个,总计 3 个 选择圆柱 C

选择对象:找到 1 个,总计 4 个 选择圆柱 D

选择对象:找到 1 个,总计 5 个 选择圆柱 E

选择对象:找到 1 个,总计 6 个 选择圆柱 F

选择对象:↙

选择要修剪的对象,或按住 Shift 键选择要延伸的对象,或[栏选(F)/窗交(C)/投影(P)/边(E)/删除(R)/放弃(U)]:拾取亭柱圆内部的线条

依此修剪对象获得如图 2-1-25(e)所示。

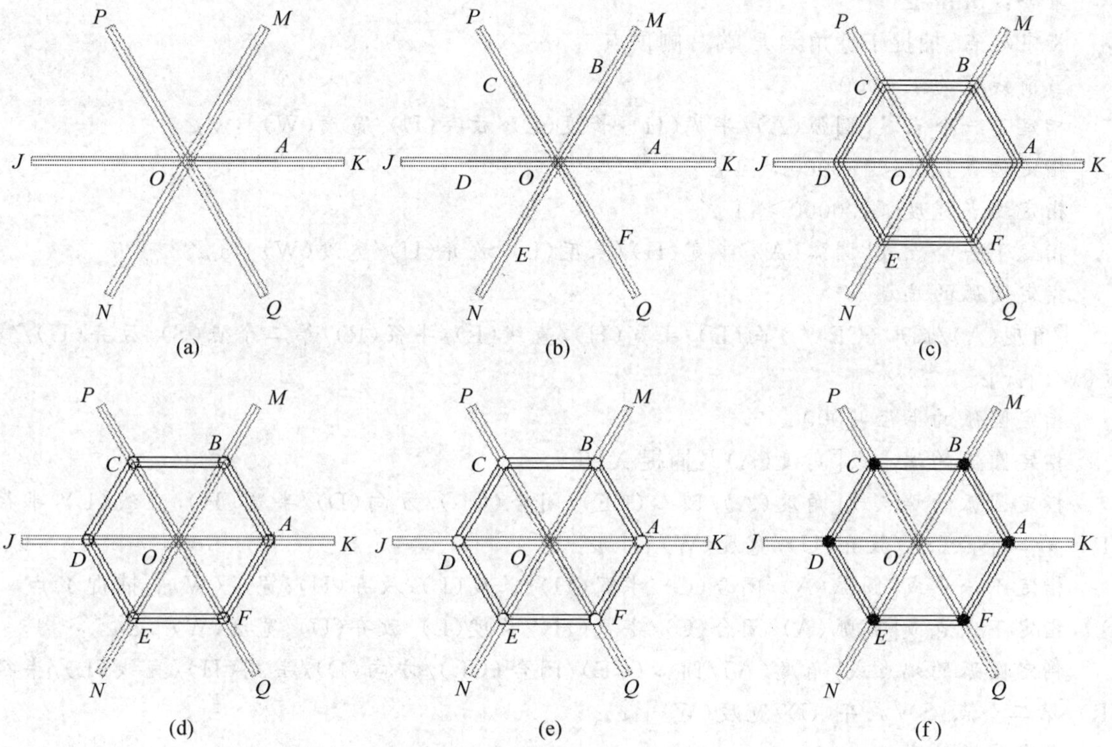

图 2-1-25　绘制亭结构图示例

命令：_bhatch

打开"图案填充和渐变色"对话框，选择图案"SOLID"，以选择对象的方式选择填充边界。

选择对象或[拾取内部点(K)/删除边界(B)]：找到 1 个　选择圆 *A*

选择对象或[拾取内部点(K)/删除边界(B)]：找到 1 个总计 2 个　选择圆 *B*

选择对象或[拾取内部点(K)/删除边界(B)]：找到 1 个总计 3 个　选择圆 *C*

选择对象或[拾取内部点(K)/删除边界(B)]：找到 1 个总计 3 个　选择圆 *D*

选择对象或[拾取内部点(K)/删除边界(B)]：找到 1 个总计 3 个　选择圆 *E*

选择对象或[拾取内部点(K)/删除边界(B)]：找到 1 个总计 3 个　选择圆 *F*

选择对象或[拾取内部点(K)/删除边界(B)]：↙

填充后的亭柱如图 2-1-25(f)所示。

1.4.4　绘制亭顶盖

将"01 辅助线"图层置为当前图层。

命令：_line 指定第一点：选择多线 *BC* 段上边线的中点 *H*

指定下一点或[放弃(U)]：480↙　在 90°极轴追踪提示下输入距离 480，获得辅助线 *HI*

指定下一点或[放弃(U)]：720↙　在 180°极轴追踪提示下输入距离 720，获得辅助线 *IX*

命令：_line 指定第一点：选择点 *I*

指定下一点或[放弃(U)]：720↙　在 0°极轴追踪提示下输入距离 720，获得辅助线 *IY*

指定下一点或[放弃(U)]：↙　获得辅助线 *XY*

命令:_pline↙

指定起点:捕捉 *PQ* 角梁 *P* 端右侧顶点

当前线宽为 1.0000

指定下一个点或[圆弧(A)/半宽(H)/长度(L)/放弃(U)/宽度(W)]:w↙

指定起点宽度<1.0000>:1↙

指定端点宽度<1.0000>:1↙

指定下一个点或[圆弧(A)/半宽(H)/长度(L)/放弃(U)/宽度(W)]:a↙

指定圆弧的端点或

[角度(A)/圆心(CE)/方向(D)/半宽(H)/直线(L)/半径(R)/第二个点(S)/放弃(U)/宽度(W)]:r↙

指定圆弧的半径:1000↙

指定圆弧的端点或[角度(A)]:捕捉 *X* 点

指定圆弧的端点或[角度(A)/圆心(CE)/闭合(CL)/方向(D)/半宽(H)/直线(L)/半径(R)/第二个点(S)/放弃(U)/宽度(W)]:L↙

指定下一点或[圆弧(A)/闭合(C)/半宽(H)/长度(L)/放弃(U)/宽度(W)]:捕捉 *Y* 点

指定下一点或[圆弧(A)/闭合(C)/半宽(H)/长度(L)/放弃(U)/宽度(W)]:a↙

指定圆弧的端点或[角度(A)/圆心(CE)/闭合(CL)/方向(D)/半宽(H)/直线(L)/半径(R)/第二个点(S)/放弃(U)/宽度(W)]:r↙

指定圆弧的半径:1000↙

指定圆弧的端点或[角度(A)]:捕捉 *MN* 角梁 *M* 端左侧顶点

指定圆弧的端点或[角度(A)/圆心(CE)/闭合(CL)/方向(D)/半宽(H)/直线(L)/半径(R)/第二个点(S)/放弃(U)/宽度(W)]:L↙

指定下一点或[圆弧(A)/闭合(C)/半宽(H)/长度(L)/放弃(U)/宽度(W)]:捕捉 *MN* 角梁 *M* 端右侧顶点

指定下一点或[圆弧(A)/闭合(C)/半宽(H)/长度(L)/放弃(U)/宽度(W)]:↙

亭顶盖的一条边绘制完成,如图 2-1-26 所示。

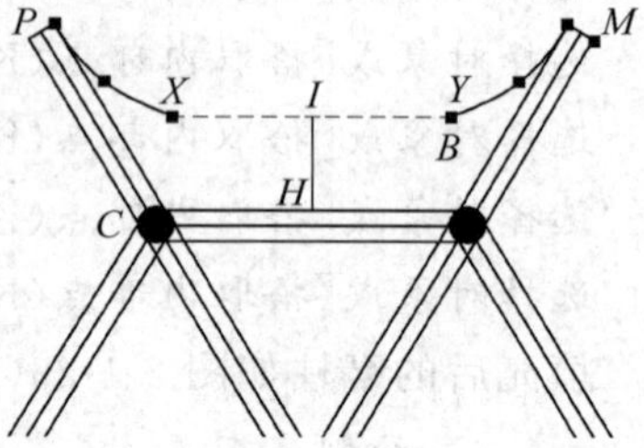

图 2-1-26 绘制亭顶盖的一条边

命令:_array

选择环形阵列,填充项目 6 个,填充角度 360°,选择已经绘制成的亭顶盖边

选择对象:找到 1 个

选择对象:

指定阵列中心点:捕捉 *O* 点

亭顶盖六条边绘制完成,但不是一个整体,如图 2-1-27 所示,图中的点为选中后的夹点,显示六条表示单独的多段线,下面将其变成一条多段线。

命令:_pedit↙

PEDIT 选择多段线或[多条(M)]:M↙

选择对象:找到 1 个　选择一条亭顶盖边 *PM*

选择对象:找到 1 个,总计 2 个　选择一条亭顶盖边 *MK*

选择对象:找到 1 个,总计 3 个　选择一条亭顶盖边 *KQ*

选择对象:找到 1 个,总计 4 个　选择一条亭顶盖边 QN

选择对象:找到 1 个,总计 5 个　选择一条亭顶盖边 NJ

选择对象:找到 1 个,总计 6 个　选择一条亭顶盖边 JP

选择对象:↙

输入选项[闭合(C)/合并(J)/宽度(W)/编辑顶点(E)/拟合(F)/样条曲线(S)/非曲线化(D)/线型生成(L)/放弃(U)]:J↙

输入模糊距离或[合并类型(J)]<0.00>:1↙

20 条线段已添加到多段线。

亭顶盖已经合并成为一条完整多段线,如图 2-1-28 所示。

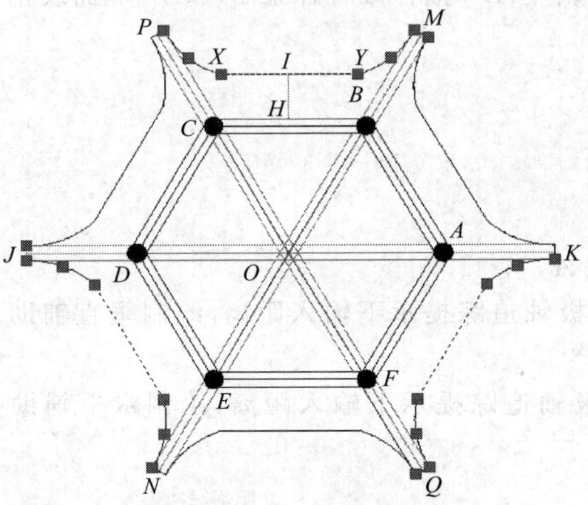

图 2-1-27　阵列出亭顶盖的六条边

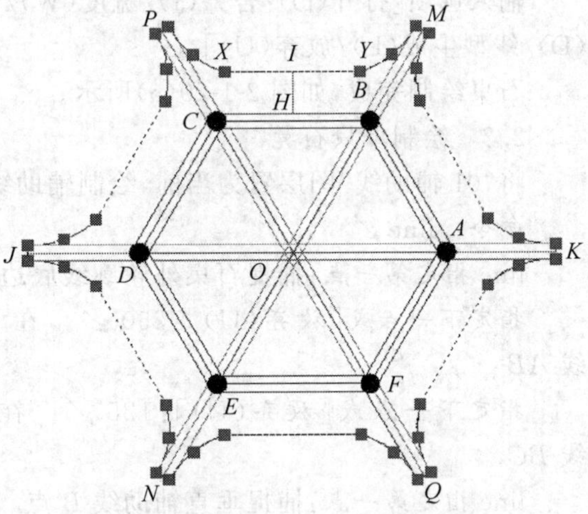

图 2-1-28　亭顶盖六条边形成一个整体

添加标注后如图 2-1(b)所示。

2. 绘制石桌石凳平面图

2.1　绘制石桌

命令:_polygon↙

输入边的数目<4>:6↙

指定正多边形的中心点或[边(E)]:↙屏幕上捕捉一点

输入选项[内接于圆(I)/外切于圆(C)]<I>:I↙

指定圆的半径:600↙

正六边形石桌外轮廓线绘制完毕。

命令:_offset↙

当前设置:删除源=否图层=源 OFFSETGAPTYPE=0

指定偏移距离或[通过(T)/删除(E)/图层(L)]<250.0000>:20↙

选择要偏移的对象,或[退出(E)/放弃(U)]<退出>:选择正六边形

指定要偏移的那一侧上的点,或[退出(E)/多个(M)/放弃(U)]<退出>:点向正六边形内侧

选择要偏移的对象,或[退出(E)/放弃(U)]＜退出＞:选择刚复制的正六边形

指定要偏移的那一侧上的点,或[退出(E)/多个(M)/放弃(U)]＜退出＞:点向刚复制的正六边形内侧

选择要偏移的对象,或[退出(E)/放弃(U)]＜退出＞:↙

命令:PEDIT

PEDIT 选择多段线或[多条(M)]:选择石桌外轮廓线

输入选项[打开(O)/合并(J)/宽度(W)/编辑顶点(E)/拟合(F)/样条曲线(S)/非曲线化(D)/线型生成(L)/放弃(U)]:W↙

指定所有线段的新宽度:6↙

输入选项[打开(O)/合并(J)/宽度(W)/编辑顶点(E)/拟合(F)/样条曲线(S)/非曲线化(D)/线型生成(L)/放弃(U)]:↙

石桌绘制完成,如图 2-1-29(a)所示。

2.2 绘制单只石凳

将“01 辅助线”图层置为当前,绘制辅助线。

命令:_line↙

line 指定第一点:捕捉石桌外轮廓线底边中点 *A*

指定下一点或[放弃(U)]:250↙ 在 270°极轴追踪提示下输入距离,绘制垂直辅助线 *AB*

指定下一点或[放弃(U)]:125↙ 在 0°极轴追踪提示下输入距离,绘制水平辅助线 *BC*

line 指定第一点:捕捉垂直辅助线 *B* 点

指定下一点或[放弃(U)]:125↙ 在 180°极轴追踪提示下输入距离,绘制水平辅助线 *BD*

指定下一点或[放弃(U)]:↙

辅助线绘制完成,如图 2-1-29(b)所示。

打开“极轴”与“极轴追踪”,设置增量角为 45°。

命令:_rectang↙

当前矩形模式:圆角=300.0000

指定第一个角点或[倒角(C)/标高(E)/圆角(F)/厚度(T)/宽度(W)]:f↙

指定矩形的圆角半径＜300.0000＞:20↙

指定第一个角点或[倒角(C)/标高(E)/圆角(F)/厚度(T)/宽度(W)]:捕捉水平辅助线 *D* 端点

指定另一个角点或[面积(A)/尺寸(D)/旋转(R)]:捕捉经过水平辅助线 *C* 端点的竖直追踪线与 45°极轴追踪线的交点

石凳圆角矩形外轮廓线绘制完毕。

命令:_offset↙

当前设置:删除源=否图层=源 OFFSETGAPTYPE=0

指定偏移距离或[通过(T)/删除(E)/图层(L)]＜20.0000＞:10↙

选择要偏移的对象,或[退出(E)/放弃(U)]＜退出＞:选择矩形

指定要偏移的那一侧上的点，或[退出(E)/多个(M)/放弃(U)]<退出>：点向矩形内侧

选择要偏移的对象，或[退出(E)/放弃(U)]<退出>：选择刚复制的矩形

指定要偏移的那一侧上的点，或[退出(E)/多个(M)/放弃(U)]<退出>：点向刚复制的矩形内侧

选择要偏移的对象，或[退出(E)/放弃(U)]<退出>：↙

图形如图 2-1-29(c)所示。

命令：PEDIT↙

PEDIT 选择多段线或[多条(M)]：选择石凳外轮廓线

输入选项[打开(O)/合并(J)/宽度(W)/编辑顶点(E)/拟合(F)/样条曲线(S)/非曲线化(D)/线型生成(L)/放弃(U)]：W↙

指定所有线段的新宽度：6↙

输入选项[打开(O)/合并(J)/宽度(W)/编辑顶点(E)/拟合(F)/样条曲线(S)/非曲线化(D)/线型生成(L)/放弃(U)]：↙

单只石凳绘制完成，如图 2-1-29(d)所示。

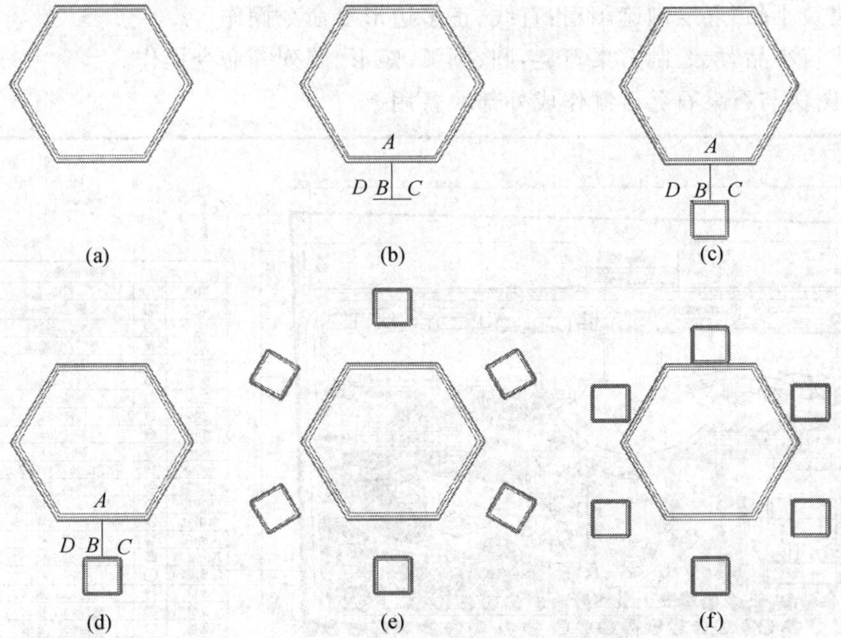

图 2-1-29　石桌石凳绘制示例

2.3　阵列复制出其他石凳

命令：_array↙

在弹出的“阵列”对话框中，选择“环形整列”、“复制时旋转项目”、“项目总数 6”、“填充角度 360”

指定阵列中心点：捕捉正六边形中心点

选择对象：指定对角点：找到 3 个　选择石凳

选择对象：↙

图形绘制完成，如图 2-1-29(e)所示。

如果不选择“复制时旋转项目”，绘制图形如图 2-1-29(f)所示，不是我们需要的图形，最终效果如图 2-1(c)所示。

★巩固技能训练

绘制图 2-1-30“河北隆尧奎山锦官城景观绿化施工图”中“景观施工图——总平”中的树阵、遮阳扇、石桌石凳等园林建筑小品。（详细图样参照光盘内容中的“技能拓展”文件中的“景观施工图——总平”。）

绘图步骤提示：

(1)打开参考底图。

(2)建立图层：新建设计图层，建议建立“网格”层、“建筑小品”层、“树阵”层，其他应用底图中的相应图层。

(3)在“网格”层绘制参考坐标网格：绘图命令为直线、阵列。

(4)在“建筑小品”层绘制树阵：矩形、偏移、复制、阵列、镜像等命令操作。

(5)在“建筑小品”层绘制遮阳扇：直线、正多边形等命令操作。

(6)在“建筑小品”层绘制石桌石凳：圆、圆弧、矩形、阵列等命令操作。

(7)树木图例与石桌石凳可制作成外部块备用。

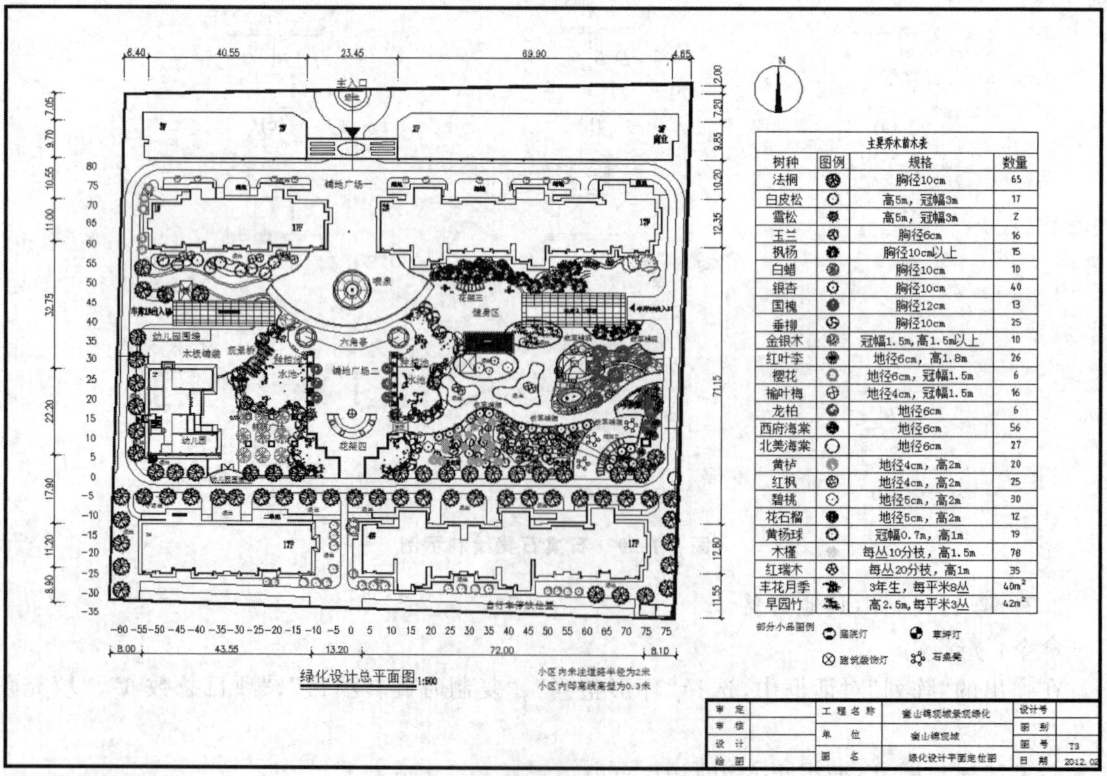

图 2-1-30 景观施工图——总平

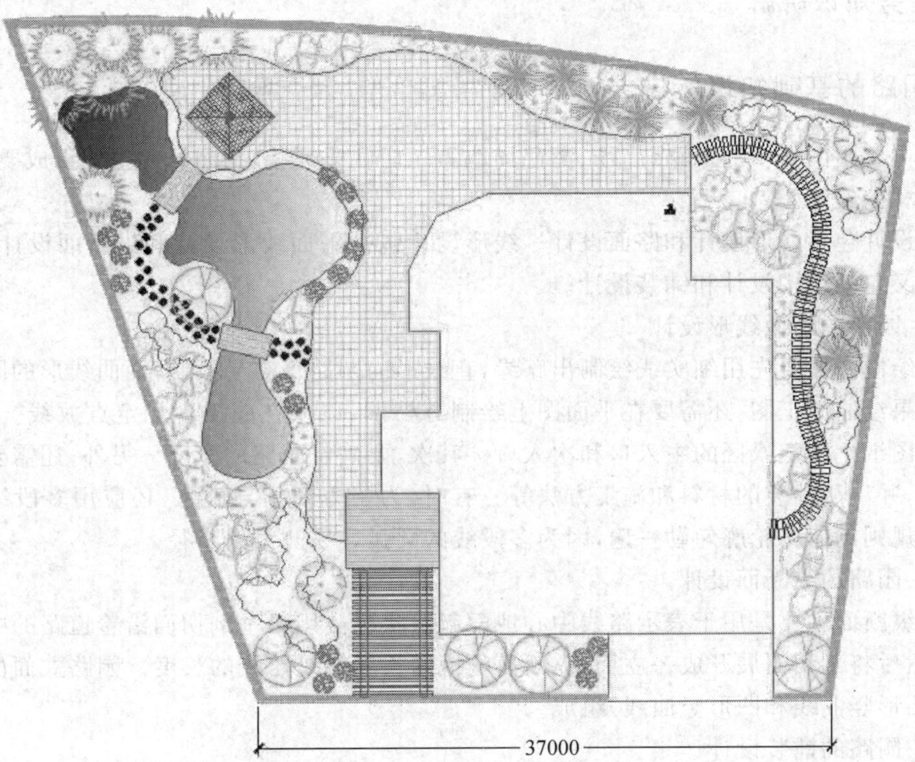

图 2-2　××别墅设计平面图

任务 2　绘制园林景观道路与广场

学习领域

1. 图案填充。
2. 拉伸。
3. 夹点编辑。
4. 打断。

工作领域

1. 道路平面。
2. 广场平面。
3. 道路与广场铺装。

行动领域

绘制景观图样中的道路与广场。

★任务知识讲解

1. 园路的基础知识

园路主要指园林中的道路、广场、游憩场地等一切硬质铺装，是园林的主要组成要素之一，相当于园林的经络。

园路设计包括线形设计和路面设计。线形设计包括平面线形设计和纵断面设计两大类；路面设计又包括结构设计和铺装设计。

1.1 园路的平面线形设计

园路绘制一般要先用细实线绘制出路缘，直线形的园路最容易绘制，而曲线形的园路相对较难。如果绘制施工图，还需要在平面图上绘制方格网，以便在施工现场定点放线。绘制时，首先要在图纸上确定景区的主入口和次入口。其次，要确定园路的宽度。另外，还需要标注路面的标高，并注明铺装的材料和施工方法等。有时，为了方便指导施工，还应用多段线以圆弧形式将不规则的园路轮廓勾勒一遍，因为多段线的圆弧容易测量出半径。

1.2 园路的纵断面设计

园路纵断面主要是用于表示路线中心地面起伏状况。用铅垂剖切面沿着道路的中心线进行剖切，然后将剖切面展开成一立面，纵断面的横向长度就是路线的长度。园路立面由直线和竖曲线(凸形竖曲线和凹形竖曲线)组成。

1.3 园路的铺装设计

在用 CAD 绘制园路铺装设计图时，路面的材料一般通过图案填充来表现或区分。通常还要注明材料的名称，规则的铺装材料还要要标注材料的尺寸。

1.4 园路的结构设计

用 CAD 绘制园路结构设计图时，要按比例绘制出园路各个结构层次，用图案填充来表现和区分各层次，还需要注明各层次结构所用的材料及具体的施工做法。

2. 图案与图案填充

2.1 图案填充

执行图案填充命令的方式：

(1)【绘图】/【图案填充】。

(2)在命令行输入 BHATCH(简写：H)。

(3)单击绘图工具条上的按钮。

执行“图案填充”命令后弹出如图 2-2-1 所示“图案填充和渐变色”对话框。

图案填充选项卡主要选项含义：

【类型】选用填充图案类型。包括“预定义”、“用户定义”、“自定义”三大类。

【图案】显示当前选用图案的名称。单击此栏则列出可用的图案名称列表，可以通过名称选择填充图案。

【样例】显示选择的图案样例。点取图案样例，会弹出“填充图案选项板”对话框，可在此选择的图案样例。

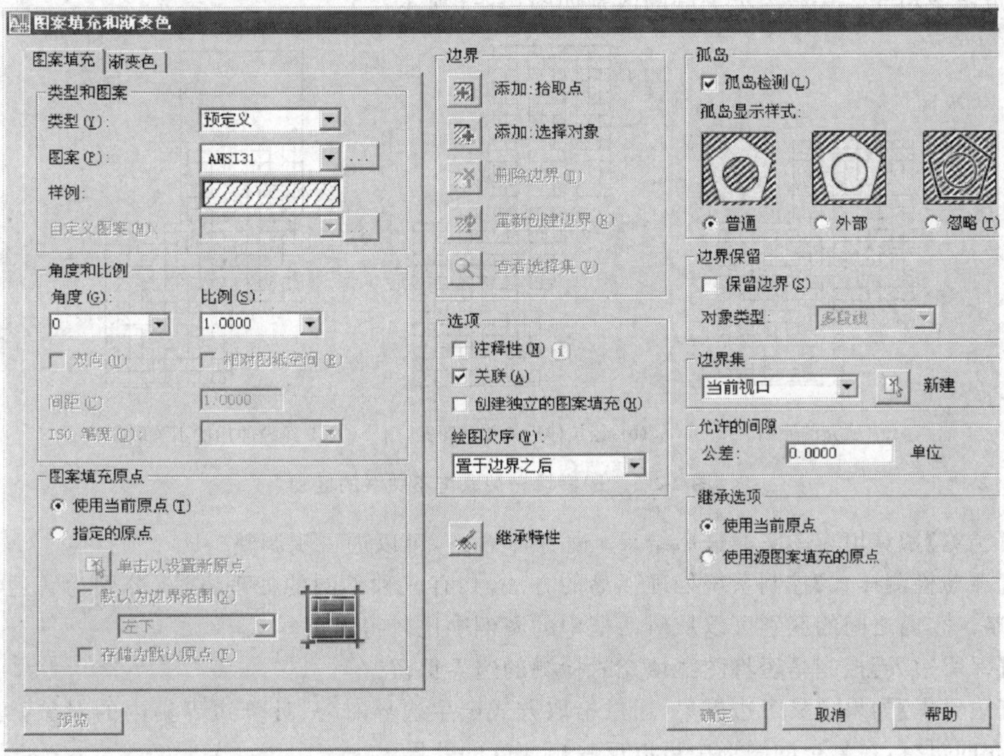

图 2-2-1 图案填充和渐变色对话框

【角度】设置填充图案的旋转角度。

【比例】设置填充图案的大小比例。

图案填充比例和角度不同的效果如图 2-2-2 所示。

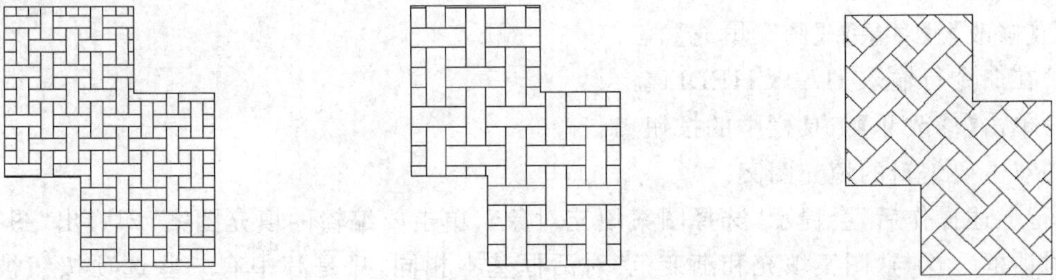

(a) 填充的比例为50，角度为0　(b) 填充的比例为80，角度为0　(c) 填充的比例为80，角度为45

图 2-2-2 图案填充比例和角度不同的效果

【添加拾取点】通过拾取点的方式来自动产生一条围绕该拾取点的边界。此项要求拾取点的周围边界无缺口,否则将不能产生正确边界。

【添加选择对象】通过选择对象的方式来选择一条围合的填充边界。如果选取边界对象有缺口,则在缺口部分填充的图案会出现线段丢失。

【继承特性】控制当前填充图案继承一个已经存在的填充图案的特性。

【关联】打开此项,当对填充边界对象进行某些编辑时,AutoCAD 会根据边界的新位置重新生成图案填充。关联与不关联的区别如图 2-2-3 所示。

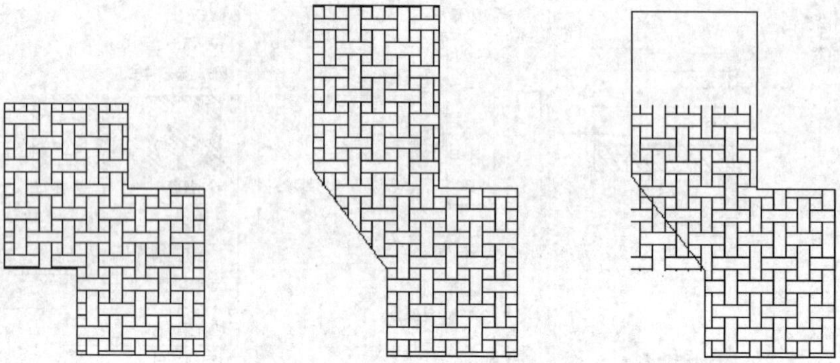

(a) 填充的原图　　(b) 经拉伸后的关联图案　　(c) 经拉伸后的不关联图案

图 2-2-3　图案填充关联与不关联的区别

【预览】预览填充图案的最后结果。如果不合适,可以进一步调整。

【孤岛检测样式】控制系统处理孤岛的方法,共有三种不同的处理方法,分别为普通、外部和忽略。它们之间的区别可以从对话框中的图例中比较得出。

【保留边界】控制是否将图案填充时检测的边界保留。

【边界集】如果定义了边界集,通过拾取方式产生边界时,只计算边界集内的对象,可以加快填充的执行,在复杂的图形中可以反映出速度的差异。

【允许的间隙】如果要填充没有封闭的区域,则可设置允许的间隙。任何小于等于【允许的间隙】中设置的值的间隙都将被忽略,并将边界视为封闭。此值设置的越大,则允许存在的间隙越大。

2.2　编辑图案填充

执行编辑图案填充命令的方式:

(1)【修改】/【对象】/【图案填充】。

(2)在命令行输入 HATCHEDIT。

(3)单击【修改Ⅱ】工具栏中的按钮。

(4)双击要编辑的填充图案。

执行上述操作后,会提示“选择图案填充对象”,单击要编辑的填充图案,即弹出“图案填充编辑”对话框。这与“图案填充和渐变色”对话框基本相同,只是其中有一些选项按钮被禁止,其他项目均可以更改设置,更改的结果反映在选择的填充图案上。

2.3　自定义图案填充

(1)将 CAD 填充图案拷贝到计算机硬盘(或者放在 CAD 的安装文件夹),例如 C:\Program Files\CAD2008。

(2)打开 CAD 程序,快捷键“op”,打开选项窗口。

(3)点击【文件】/【支持文件搜索路径】/【添加】/【浏览】。

(4)找到 CAD 填充图案的文件夹,确定,再应用确定。

(5)快键 H 或者点图案填充,这时候自定义图案就被加上了。

3. 拉伸

执行拉伸命令的方式如下：

(1)【修改】/【拉伸】。

(2)在命令行输入 STRETCH(S)。

(3)单击修改工具条上的按钮：。

执行拉伸命令后，命令行会提示“选择对象”，采用自右向左的交叉窗口的方式来选择要拉伸对象的端点或特征点，根据命令行提示指定拉伸起始点和目标点即可完成命令(图 2-2-4)。

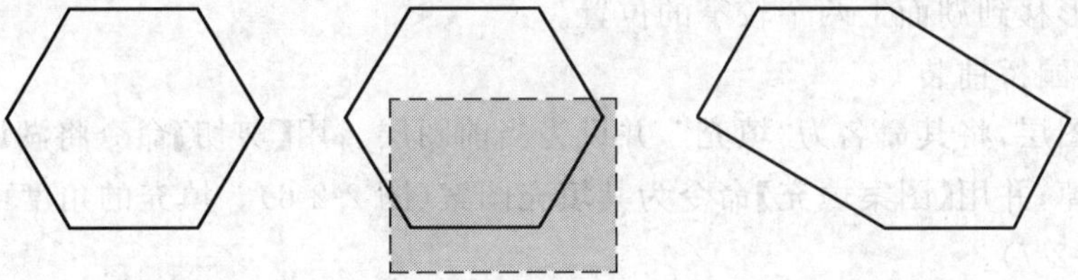

(a) 原始图形　(b) 右框选图形的拉伸点　(c) 拉伸后效果

图 2-2-4　拉伸命令的效果

4. 夹点编辑

在“命令：”提示符下，选取对象后，对象出现蓝色小方框夹点。在蓝色小方框上单击，则变为红色小方框，单击右键在弹出的快捷菜单上选取相应选项，即可进入相应的编辑状态，可以对图形进行拉伸、移动、旋转、缩放、镜像五种操作；或用鼠标移动红色小方框直接进行拉伸操作。按下“shift”键的同时选择蓝色夹点，可以一次选择多个夹点同时进行编辑。

5. 打断

AutoCAD2008 将“打断”命令拆分为“打断于点”和“打断”两个命令。在【修改】/【打断】菜单下，或单击修改工具栏中的按钮、可以执行打断命令，结果如图 2-2-5 所示。

(a)　(b)　(c)

图 2-2-5　“打断”、“打断于点”命令

图 2-2-5 中(a)原图为一个整体长方形；(b)图执行的是“打断于点”命令，长方形被分解成一段直线和一个多边形；(c)图执行的是“打断”命令，长方形的一条边打断了一段长度。

★任务操作

绘制××别墅园路设计平面图。

打开××别墅园路设计平面图文件。最后做图效果如图 2-2 所示。

1. 绘制园桥

1.1 绘制园桥平面图

新建图层“园桥”,点击“绘图工具栏”上的【矩形】命令▭,绘制两个矩形,并利用移动、旋转等命令将矩形移到湖面上两个较窄的位置。

1.2 绘制园桥铺装

新建一个图层,将其命名为“填充”,并设为当前图层。用【剪切】命令将湖岸线被园桥遮盖住的部分修剪掉,并用【图案填充】命令为其填充图案(图 2-2-6)。填充的角度可以根据园桥的角度设置(图 2-2-7)。

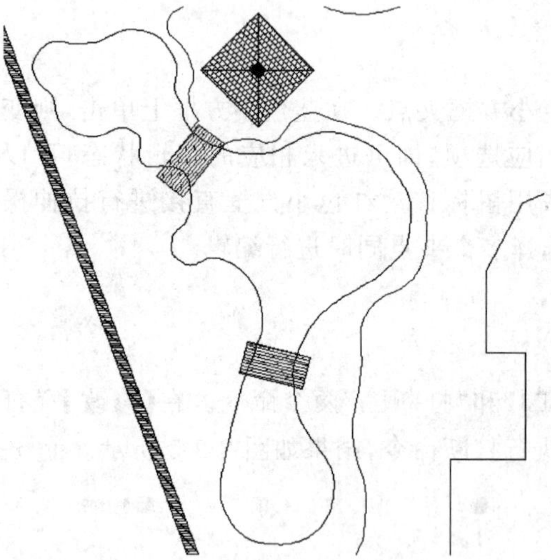

图 2-2-6 园桥绘制

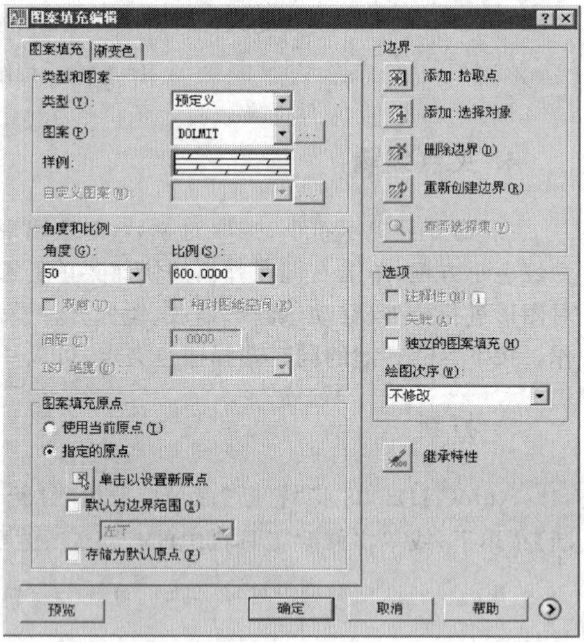

图 2-2-7 园桥铺装图案参数

2. 填充广场

【图案填充】命令里的“添加拾取点”无法选择我们要的填充范围,我们可以在辅助图层上用多段线再重新画一条范围线,然后用“添加选择对象”命令选择填充范围。多段线指定起点后,在命令行输入“A”可以变成“画弧”模式,在命令行输入“S”可以用“第二点”的方式画弧。弧线画完后输入“L”可以回到画“直线”模式(图 2-2-8)。选好填充的范围,填充上合适的图案(图 2-2-9),完成铺装广场的绘制。

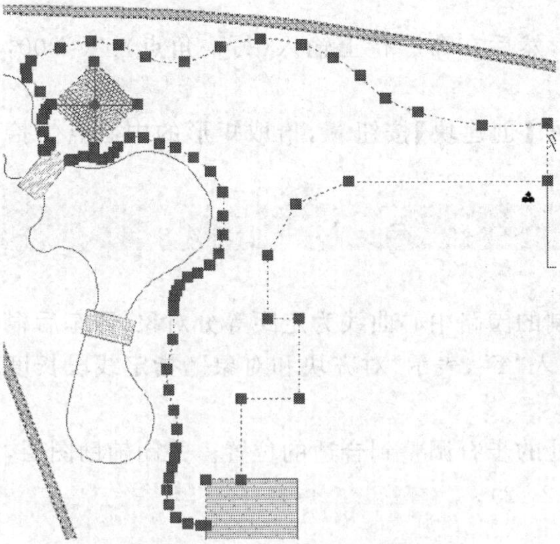

图 2-2-8　绘制广场填充边界

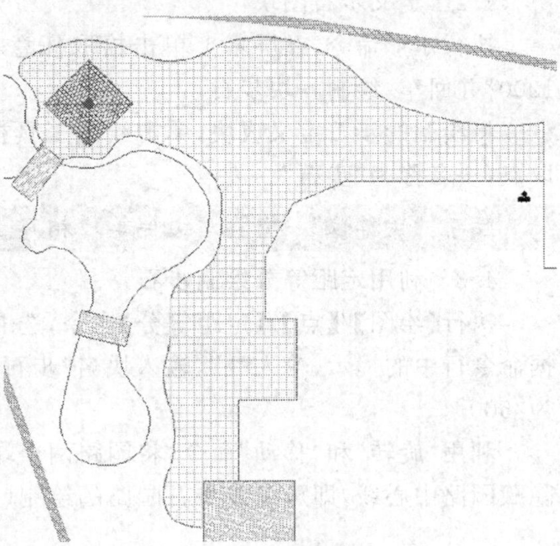

图 2-2-9　广场铺装

3. 画草地上的步石

在园桥近处适当位置画一个圆，用实体填充的方式填充好，再用多重复制的方式复制步石即可(图 2-2-10)。

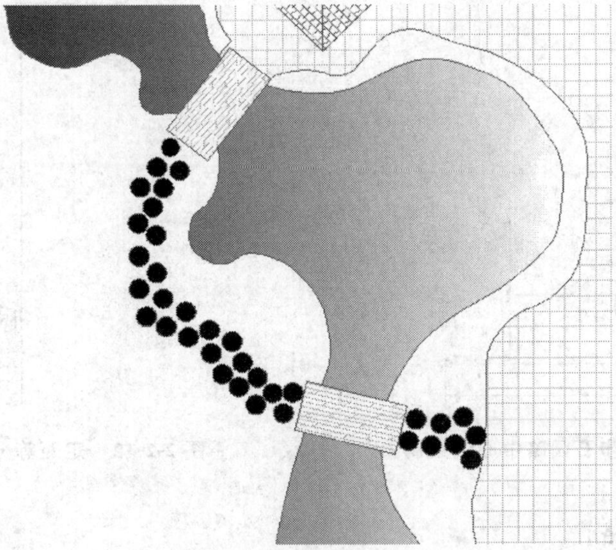

图 2-2-10　草地步石绘制

4. 绘制别墅右侧草地上步石

4.1　绘制步石的中心线

单击绘图工具栏中的【样条曲线】按钮～，在辅助图层上画出园路的中心线(图 2-2-11)。

4.2 定义步石图块

执行矩形命令,在屏幕上单击拾取任意一点,然后在命令行上输入(另一角点):“@300,1200”并回车,绘制一块步石。

将绘制的步石定义成块,单击绘图工具栏中的【创建块】按钮,拾取矩形的中心点为拾取点,块名称为“步石”。

注意:“块单位”一定要与文件单位相同。

4.3 利用定距等分绘制步石

执行【绘图】/【点】/【定距等分】命令,选取绘制的园路中心曲线为定距等分对象,回车后根据命令行中的提示,输入“b”,输入块名“步石”,输入“Y”,表示“对齐块和对象”,指定线段长度为“500”。

利用“旋转”和“移动”命令,将园路两个端点处的步石调整到合适的位置。关闭辅助图层,隐藏园路中心线,即可完成步石园路的绘制(图 2-2-12)。

图 2-2-11 步石园路中心线绘制

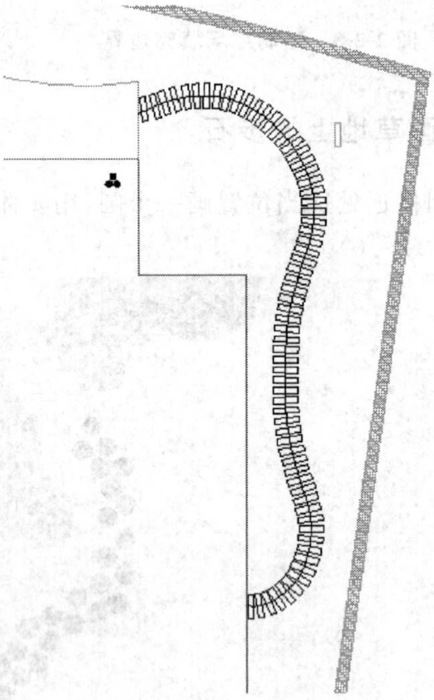

图 2-2-12 定距等分绘制步石

5. 种植植物(略)

为图样配置植物,即可完成图纸要求内容,如图 2-2 所示。

★巩固技能训练

绘制如图 2-1-30“景观施工图——总平”中的道路与广场。(详细图样参照光盘内容中的“技能拓展”文件中的“景观施工图——总平”)。

绘图步骤提示:

(1)打开参考底图。

(2)建立图层:新建设计图层,建议建立"道路"层。

(3)参照"任务 1"巩固技能训练中的参考坐标网格及尺寸标注,绘制道路与广场。

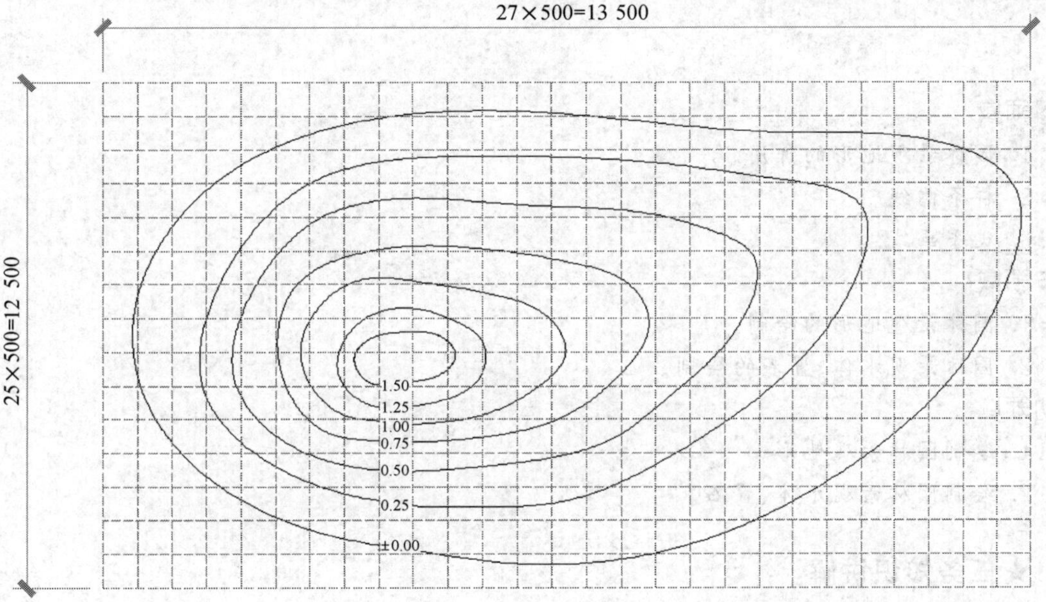

(a)

图 2-3(一) 园林景观地形

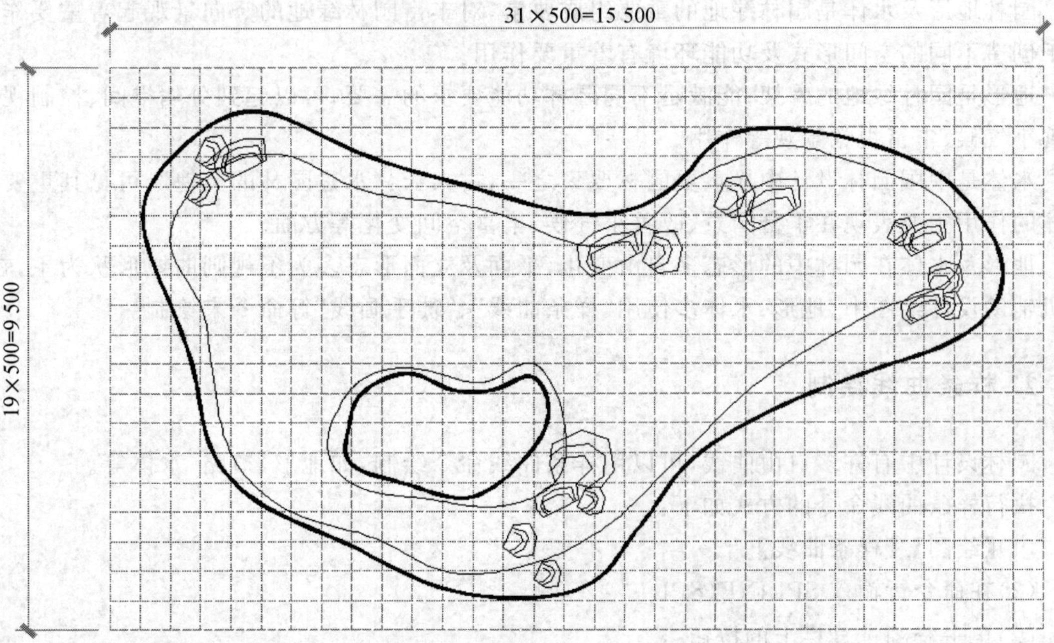

(b)

图 2-3(二) 园林景观水体及置石

任务3 绘制园林景观地形

学习领域

1. 园林景观地形的作用。
2. 样条曲线。
3. 徒手画线。

工作领域

1. 园林景观地形的绘制。
2. 园林景观水体、置石的绘制。

行动领域

1. 绘制园林景观地形。
2. 绘制园林景观水体、置石。

★任务知识讲解

1. 园林景观地形作用

园林地形及水体是园林绿地的重要组成要素，对丰富园林绿地的竖向景观起着重要作用，对于创造不同的空间形式及功能环境有着重要作用。

地形是园林绿地的骨架，能满足不同园林功能要求的需要，可以起到分隔空间、控制视线、改善小气候、丰富视觉景观等作用。

水体是中国园林设计中最重要园林要素之一，古人云："水是园林的灵魂"，可见其重要性，水体的作用主要表现在丰富园景、改善小气候、丰富空间变化等方面。

地形及水体在园林中的形态多自由变化，平面及立面形态多为不规则曲线形状为主，在计算机辅助设计绘图中，地形、水体多使用"样条曲线"、"徒手画线"等命令来绘制。

2. 样条曲线绘制

园林设计中有许多自由曲线，可以用样条曲线命令绘制，如地形、道路、水体等。

执行样条曲线命令的方式如下：

(1)【绘图】/【样条曲线】。

(2)在命令行输入 SPLINE(SPL)。

(3)单击绘图工具栏上的按钮～。

主要选项含义：

对象(O)，将已存在的拟合样条曲线多段线转换为等价的样条曲线。

第一点，定义样条曲线的起始点。

下一点，样条曲线定义的一般点。

闭合(C)，样条曲线首尾连成封闭曲线。

拟合公差(F)，定义拟合公差大小。拟合公差控制样条曲线与指定点间的偏差程度，值越大，生成的样条曲线越光滑。

起点切向，定义起点处的切线方向。

端点切向，定义终点处的切线方向。

放弃(U)，该选项不在提示中出现，可输入U取消上一段曲线。

【例2-3-1】 绘制如图2-3-1所示自然式道路。

命令：SPLINE

指定第一个点或[对象(O)]：点取 *A* 点

指定下一点：点取 *B* 点

指定下一点或[闭合(C)/拟合公差(F)]<起点切向>：点取 *C* 点

指定下一点或[闭合(C)/拟合公差(F)]<起点切向>：点取 *D* 点

指定下一点或[闭合(C)/拟合公差(F)]<起点切向>：点取 *E* 点

指定下一点或[闭合(C)/拟合公差(F)]<起点切向>：↙

指定起点切向：移动光标，控制曲线 *A* 点的弯曲度，点击左键

指定端点切向：移动光标，控制曲线 *D* 点的弯曲度，点击左键

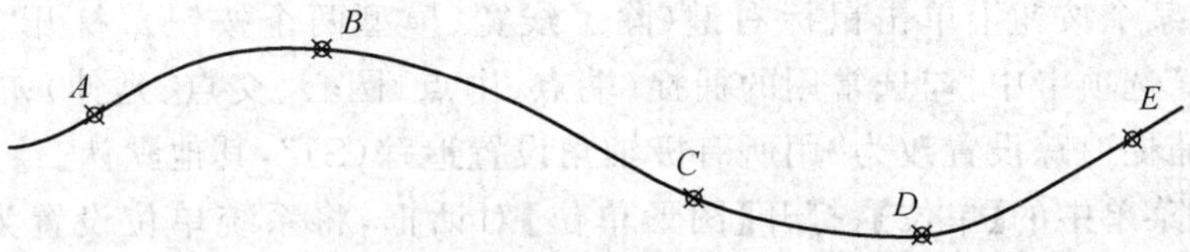

图2-3-1 样条曲线绘制示例

3. 徒手画线

在绘图中有时会需要一些没有规则的线条。可以使用AutoCAD提供的徒手画线SKETCH命令进行徒手画线。

主要选项含义：

记录增量<1.0000>：是徒手画线中直线段的最短长度。

画笔(P)：用于提笔和落笔。提笔时，系统提示笔提，移动光标不会徒手画线。落笔时，系统提示笔落，移动光标绘制手线。该选项是一个开关项，选择该选项提笔，再选择该选项落笔，循环执行。在绘图区单击也可以提笔和落笔。

退出(X)：选择退出或按<Enter>键，记录徒手线，命令结束。

结束(Q)：选择结束或按<Esc>，不记录徒手线，命令结束。

记录(R)：永久记录临时线段，改变画笔位置。

删除(E)：删除临时线段的所有部分，如果画笔已落下则提起画笔。选择删除端点。

连接(C)：落笔，继续从上次所画的线段的端点或上次删除的端点开始画线。

【例 2-3-2】 用徒手绘画命令绘制如图2-3-2所示山石。

命令:SKETCH

记录增量<1.0000>:2 输入画线的最小长度

徒手画.画笔(P)/退出(X)/结束(Q)/记录(R)/删除(E)/连接(C)<笔落><笔提>↙

开始绘制,提示线段数量已记录 89 条直线

绘制的山石可以多种形式组合,并制作成图块备用。

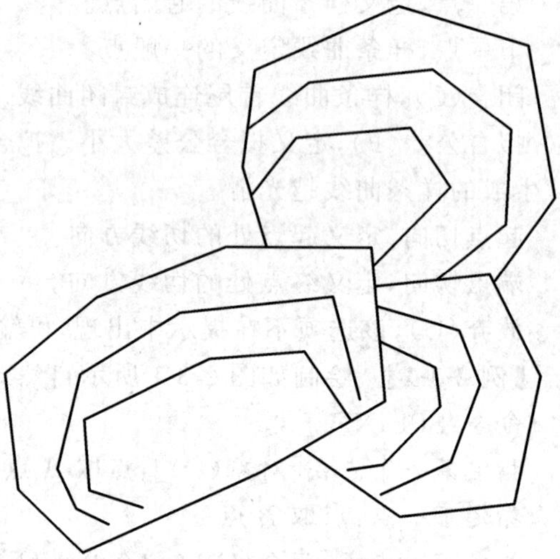

图 2-3-2 徒手画线山石绘制示例

★任务操作

1. 必要的绘图环境设置

单击【工具】菜单中的【选项】,打开【选项】对话框,单击【草图】选项,将【自动捕捉标记的大小(S)】中的滑动条放置在 40%～50%的位置,其他默认;单击【选择集】选项,将【拾取框大小(P)】中的滑动条放置在 50%的位置,【夹点大小(Z)】中的滑动条放置在 30%～50%的位置。单击选项对话框中的【确定】按钮。

在状态栏的某个按钮上单击鼠标右键(除了线宽、模型两个按钮),打开“草图设置”对话框,在“对象捕捉”选项卡中,勾选常用的捕捉(端点、中点、圆心、交点、延伸);在“极轴追踪”选项卡中,将对象捕捉追踪设置改为“用所有极轴角设置追踪(S)”,其他默认。

单击【格式】菜单中的【单位】,打开【图形单位】对话框,将系统单位设置为毫米(mm),以 1∶1的比例绘制。

将图形界限设置为 42 000×29 700。

2. 园林景观地形绘制

某游园要在一长 13.5 米、宽 7.5 米的地段内设计一自然式小土山,高度在 1.5 米左右,地形东缓西陡,等高差为 0.25 米,绘制其地形图,结果如图 2-3(一)所示。

2.1 绘制方格网

绘制如图 2-3-3 所示方格网,每格边长为 500。

2.2 绘制等高线

首先要思考好自然假山的地形形态变化,然后从零高程等高线开始依次从下向上绘制各高程等高线图。绘图过程中充分利用方格网定位的优势绘图。

命令:_spline

指定第一个点或[对象(O)]:<极轴关>:捕捉点 1

指定下一点或[闭合(C)/拟合公差(F)]<起点切向>:捕捉点 2

指定下一点或[闭合(C)/拟合公差(F)]<起点切向>:捕捉点 3

…

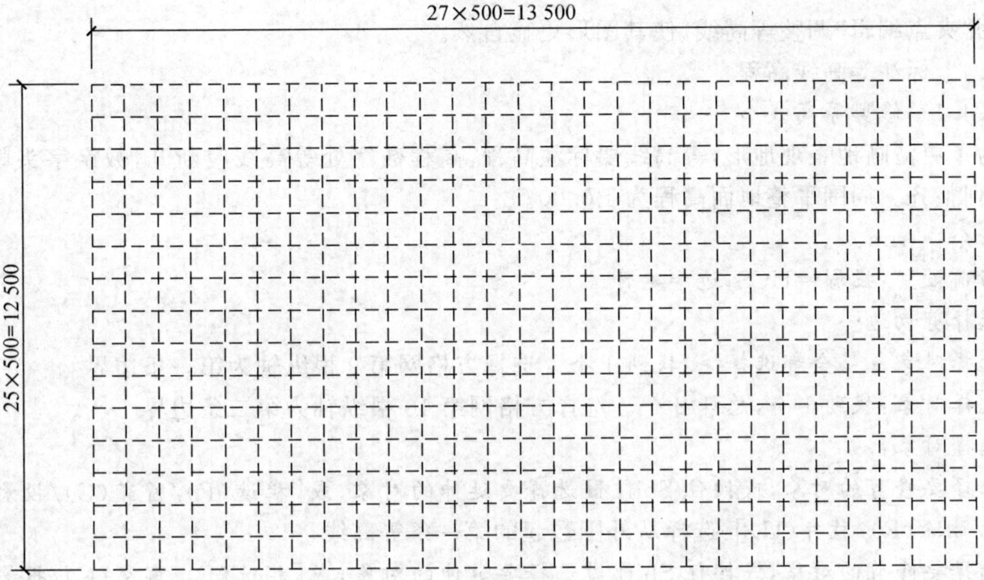

图 2-3-3　绘制方格网

指定下一点或[闭合(C)/拟合公差(F)]<起点切向>:捕捉点 15

指定下一点或[闭合(C)/拟合公差(F)]<起点切向>:捕捉点 16

指定下一点或[闭合(C)/拟合公差(F)]<起点切向>:C↙　闭合样条曲线

指定切向:调整起点处的切线方向

依法绘制高程为 0.25、0.50、0.75、1.00、1.25、1.50 的等高线,如图 2-3-4 所示。

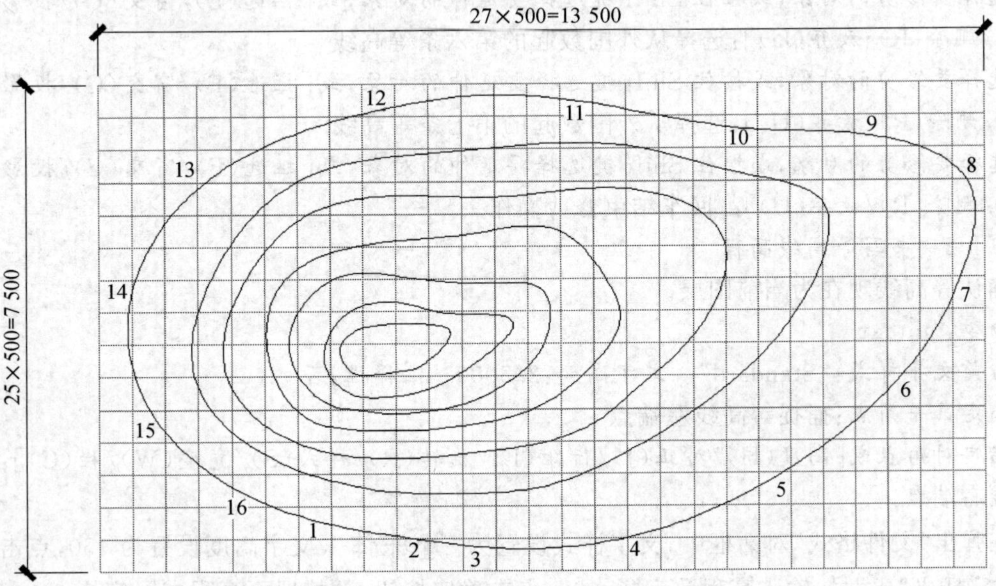

图 2-3-4　绘制等高线图

2.3 调整等高线

用“夹点编辑”调整等高线，使其图形更显自然。

2.4 标注等高线高程

2.4.1 修剪等高线

为了更清晰地表现地形，等高线要标注高程，高程数字处等高线应断开，数字字头朝向山头，排列整齐。周围平整地面高程为±0.00。

命令：_trim

当前设置：投影＝UCS，边＝延伸

选择剪切边…

选择对象或＜全部选择＞：找到 1 个　选择方格网第 9 根纵轴为第一条边界

选择对象：找到 1 个，总计 2 个　选择方格网第 10 根纵轴为第二条边界

选择对象：

选择要修剪的对象，或按住 Shift 键选择要延伸的对象，或[栏选(F)/窗交(C)/投影(P)/边(E)/删除(R)/放弃(U)]：选择从外围数起的第一条等高线

选择要修剪的对象，或按住 Shift 键选择要延伸的对象，或[栏选(F)/窗交(C)/投影(P)/边(E)/删除(R)/放弃(U)]：选择从外围数起的第二条等高线

选择要修剪的对象，或按住 Shift 键选择要延伸的对象，或[栏选(F)/窗交(C)/投影(P)/边(E)/删除(R)/放弃(U)]：选择从外围数起的第三条等高线

选择要修剪的对象，或按住 Shift 键选择要延伸的对象，或[栏选(F)/窗交(C)/投影(P)/边(E)/删除(R)/放弃(U)]：选择从外围数起的第四条等高线

选择要修剪的对象，或按住 Shift 键选择要延伸的对象，或[栏选(F)/窗交(C)/投影(P)/边(E)/删除(R)/放弃(U)]：选择从外围数起的第五条等高线

选择要修剪的对象，或按住 Shift 键选择要延伸的对象，或[栏选(F)/窗交(C)/投影(P)/边(E)/删除(R)/放弃(U)]：选择从外围数起的第六条等高线

选择要修剪的对象，或按住 Shift 键选择要延伸的对象，或[栏选(F)/窗交(C)/投影(P)/边(E)/删除(R)/放弃(U)]：选择从外围数起的第七条等高线

选择要修剪的对象，或按住 Shift 键选择要延伸的对象，或[栏选(F)/窗交(C)/投影(P)/边(E)/删除(R)/放弃(U)]↙回车结束修剪操作

2.4.2 书写等高线高程

确认等高线现在为当前图层。

命令：_mtext

当前文字样式：“Standard”　文字高度：2.5000　注释性：否

指定第一角点：捕捉等高线左端点

指定对角点或[高度(H)/对正(J)/行距(L)/旋转(R)/样式(S)/宽度(W)/栏(C)]：捕捉等高线右端点

在弹出“文件格式”对话框中，文字样式设置为“T 宋体”，文字高度设置为 150，点击符号按钮 @- 插入“±”号，输入高程数字“0.00”，点击确定按钮，平整地面高程书写完毕。

按上述方法，依次书写好各等高线的高程，只是高程都为正值，不需要插入“＋或±”号。

绘制好的地形图如图 2-3-5 所示。

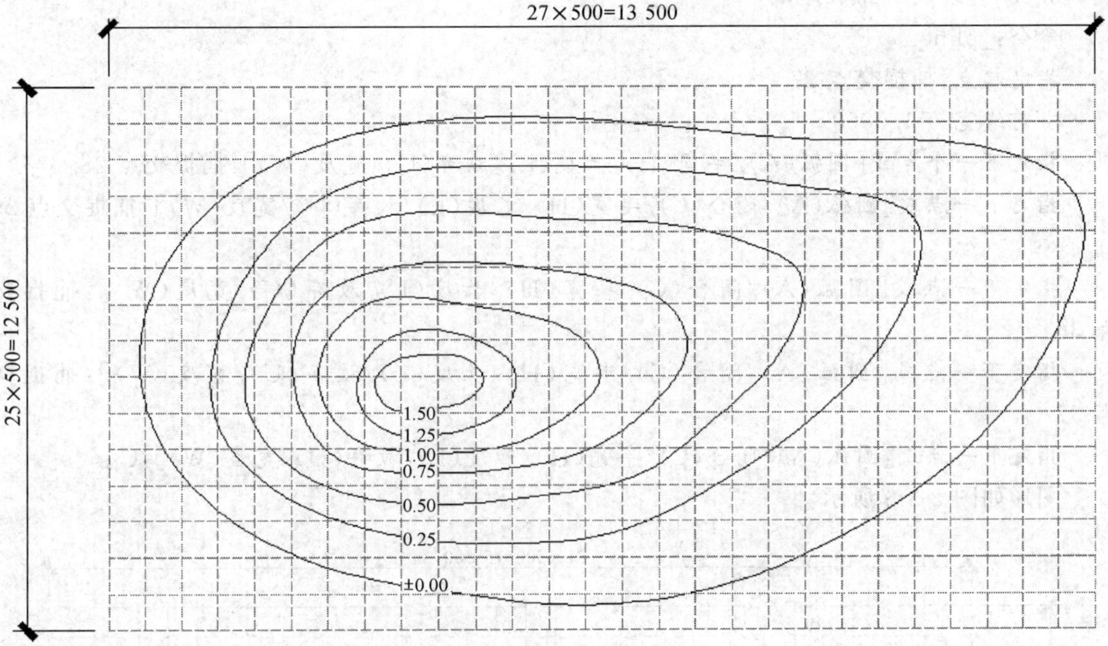

图 2-3-5 地形图绘制示例

3. 园林景观水体、置石绘制

某游园要在一长 15.5 米、宽 9.5 米的地段内要设计一自然式水体，水体中设一小岛，若干山石，绘制其地形图，结果如图 2-3(二)所示。

3.1 绘制方格网

绘制每格边长为 500 的方格网(步骤略)，结果如图 2-3-6 所示。

3.2 用多段线绘制驳岸线，再转化为样条曲线

3.2.1 绘制水体驳岸线

命令：_pline

指定起点：捕捉方格网交点 1

当前线宽为 1.0000

指定下一点或[圆弧(A)/半宽(H)/长度(L)/放弃(U)/宽度(W)]：捕捉方格网交点 2

指定下一点或[圆弧(A)/闭合(C)/半宽(H)/长度(L)/放弃(U)/宽度(W)]：捕捉交点 3

…

指定下一点或[圆弧(A)/闭合(C)/半宽(H)/长度(L)/放弃(U)/宽度(W)]：捕捉交点 25

指定下一点或[圆弧(A)/闭合(C)/半宽(H)/长度(L)/放弃(U)/宽度(W)]：捕捉交点 26

指定下一点或[圆弧(A)/闭合(C)/半宽(H)/长度(L)/放弃(U)/宽度(W)]：C↙

3.2.2 绘制小岛驳岸线

命令:_pline

指定起点:捕捉交点 27

当前线宽为 1.0000

指定下一个点或[圆弧(A)/半宽(H)/长度(L)/放弃(U)/宽度(W)]:捕捉交点 28

指定下一点或[圆弧(A)/闭合(C)/半宽(H)/长度(L)/放弃(U)/宽度(W)]:捕捉交点 29

…

指定下一点或[圆弧(A)/闭合(C)/半宽(H)/长度(L)/放弃(U)/宽度(W)]:捕捉交点 36

指定下一点或[圆弧(A)/闭合(C)/半宽(H)/长度(L)/放弃(U)/宽度(W)]:捕捉交点 37

指定下一点或[圆弧(A)/闭合(C)/半宽(H)/长度(L)/放弃(U)/宽度(W)]:C↙

图形如图 2-3-6 所示。

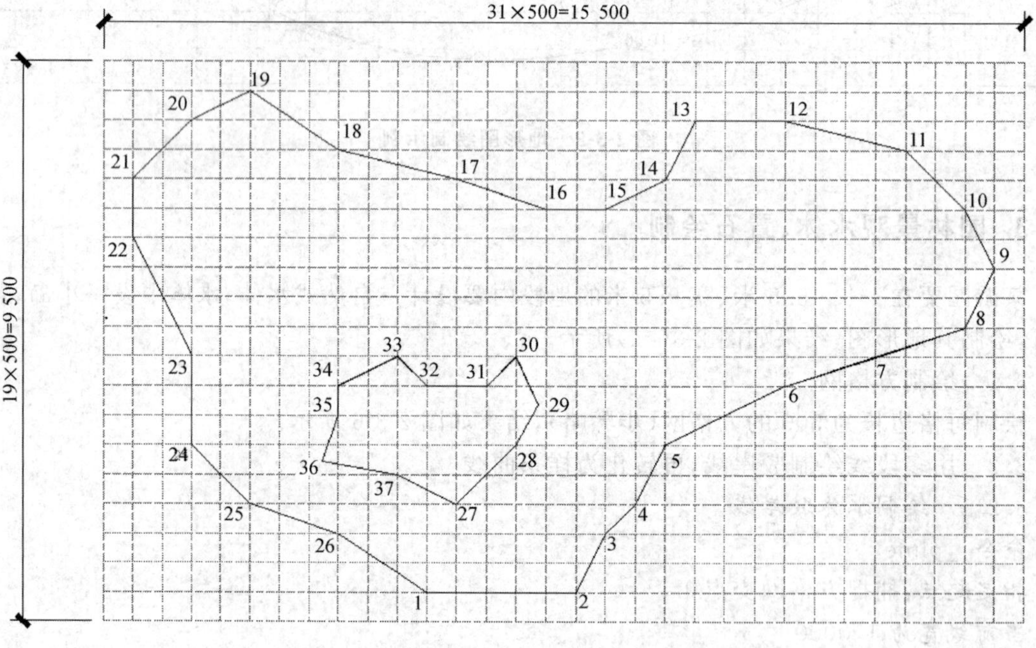

图 2-3-6 多段线绘制水体驳岸线

3.2.3 驳岸线转化为样条曲线

命令:_PEDIT

PEDIT 选择多段线或[多条(M)]:选择水体驳岸线

输入选项[打开(O)/合并(J)/宽度(W)/编辑顶点(E)/拟合(F)/样条曲线(S)/非曲线化(D)/线型生成(L)/放弃(U)]:S↙

输入选项[打开(O)/合并(J)/宽度(W)/编辑顶点(E)/拟合(F)/样条曲线(S)/非曲线化(D)/线型生成(L)/放弃(U)]:W↙

指定所有线段的新宽度:50↙

输入选项[打开(O)/合并(J)/宽度(W)/编辑顶点(E)/拟合(F)/样条曲线(S)/非曲线化(D)/线型生成(L)/放弃(U)]:点按“ESC”键

命令:_PEDIT

PEDIT 选择多段线或[多条(M)]:选择小岛驳岸线

输入选项[打开(O)/合并(J)/宽度(W)/编辑顶点(E)/拟合(F)/样条曲线(S)/非曲线化(D)/线型生成(L)/放弃(U)]:S↙

输入选项[打开(O)/合并(J)/宽度(W)/编辑顶点(E)/拟合(F)/样条曲线(S)/非曲线化(D)/线型生成(L)/放弃(U)]:W↙

指定所有线段的新宽度:50↙

输入选项[打开(O)/合并(J)/宽度(W)/编辑顶点(E)/拟合(F)/样条曲线(S)/非曲线化(D)/线型生成(L)/放弃(U)]:点按“ESC”键

水体驳岸线转化为样条曲线,如图 2-3-7 所示。

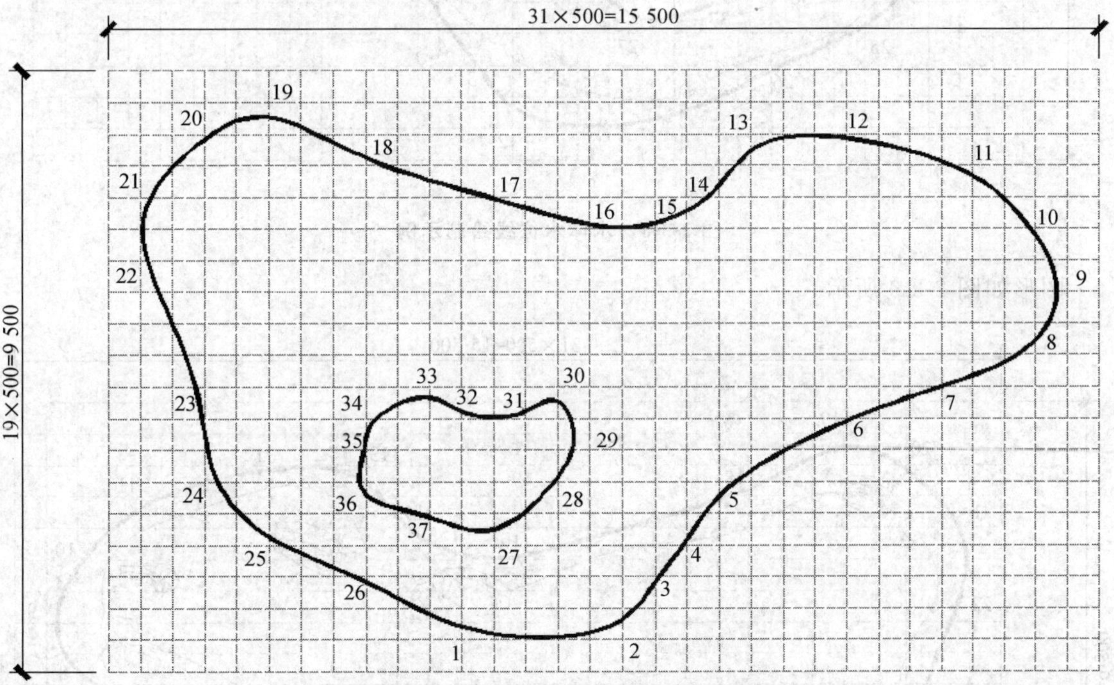

图 2-3-7 多段线样条曲线编辑后的水体驳岸线

3.2.4 用样条曲线绘制水位线

样条曲线命令绘图绘制方法同前面,不再赘述,如图 2-3-8 所示。

3.2.5 徒手画命令绘制山石

命令:sketch

记录增量＜2.0000＞:2↙

徒手画.画笔(P)/退出(X)/结束(Q)/记录(R)/删除(E)/连接(C)。＜笔落＞＜笔提＞…＜笔落＞＜笔提＞↙

已记录 1 350 条直线。

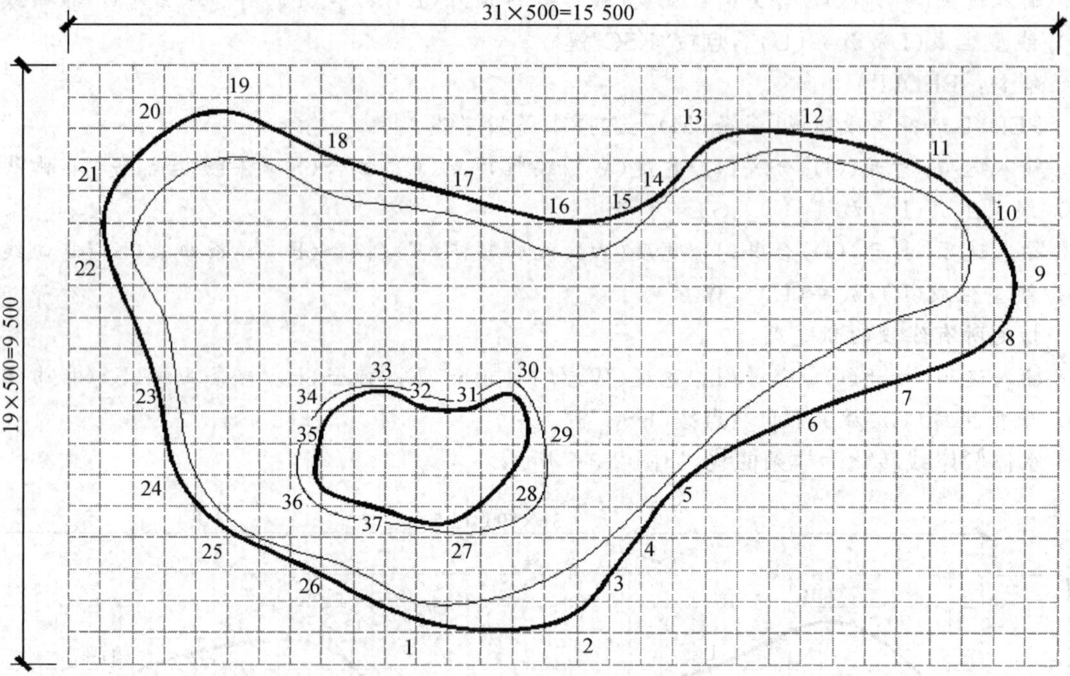

图 2-3-8 水体水位线绘制示例

图形如图 2-3-9 所示。

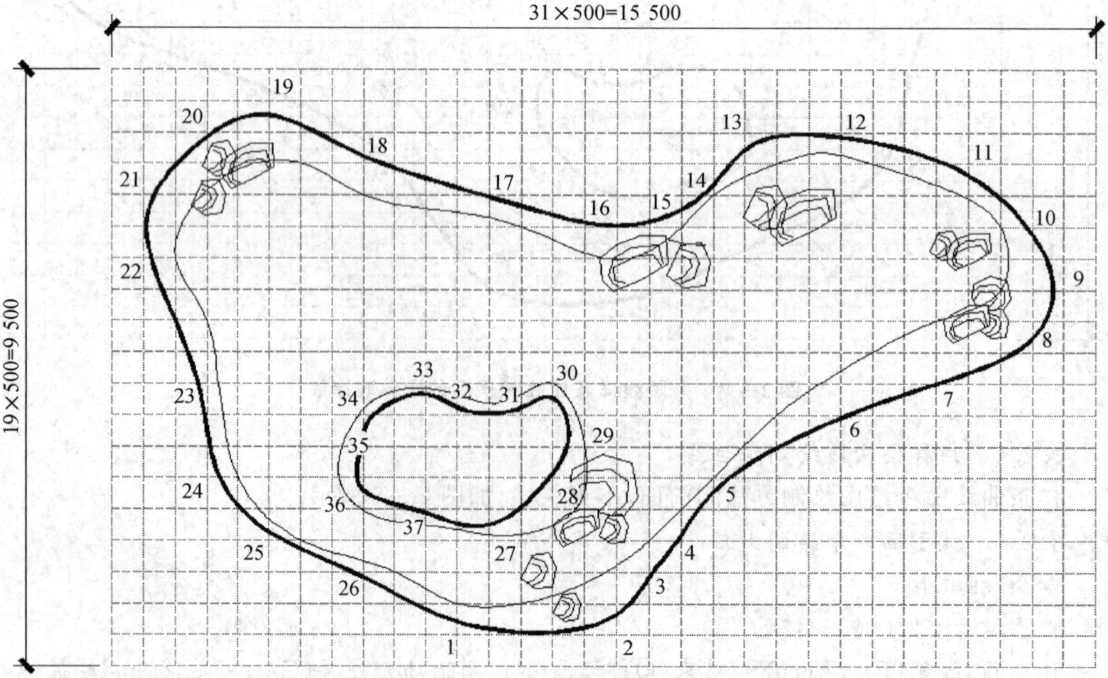

图 2-3-9 山石、水体绘制示例

★巩固技能训练

绘制如图 2-1-30“景观施工图——总平”中的园林景观地形与水体、景石。（详细图样参照光盘内容中的“技能拓展”文件中的“景观施工图——总平”。）

绘图步骤提示：

(1)打开参考底图。

(2)建立图层：新建设计图层，建议建立“水体”层、“微地形”层、“景石”层，其他应用底图中的相应图层。

(3)参照“任务一”巩固技能训练中绘制的网格及尺寸标注。

(4)在“微地形”层绘制地形：样条曲线命令绘制地形。

(5)在“水体”层绘制水体：样条曲线命令、偏移、多段线操作绘制水体。

(6)在“景石”层绘制景石：采用徒手画线方法绘制，也可事先多绘制一些景石图形做成块插入。

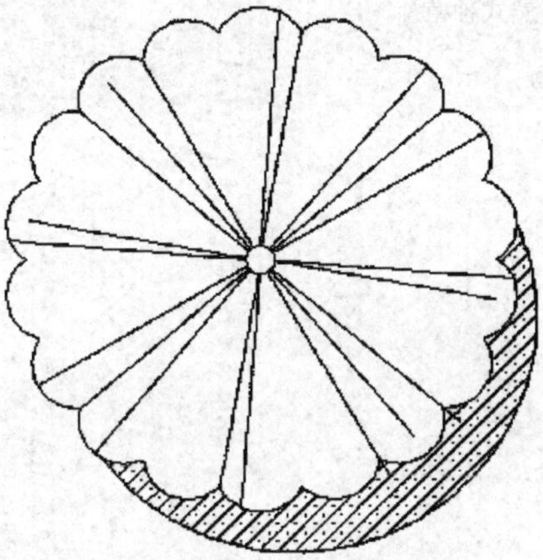

(a)落叶树平面图例

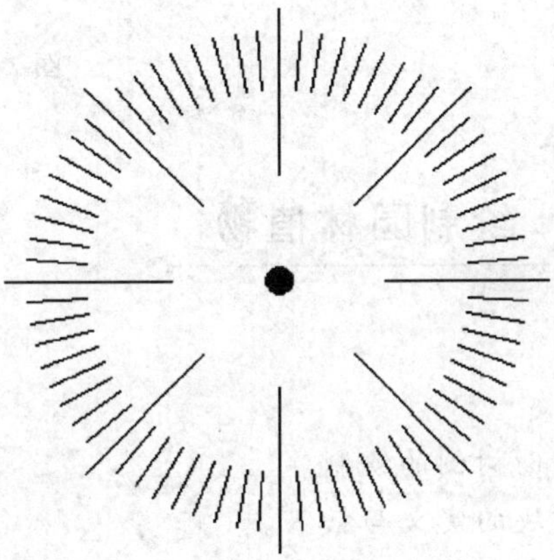

(b)常绿树平面图例

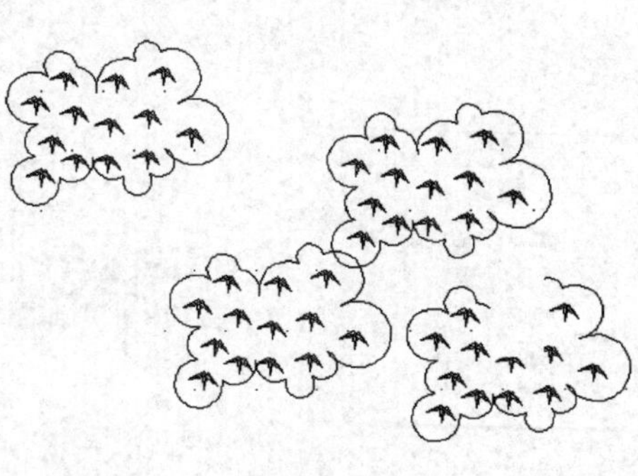

(c)竹丛绘制图

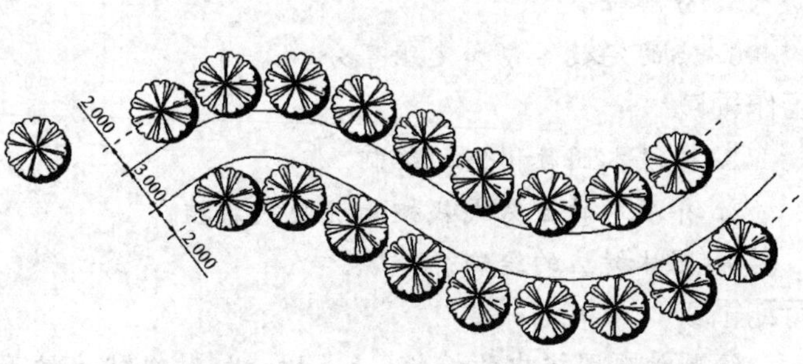

(d)园林植物的行列式配置

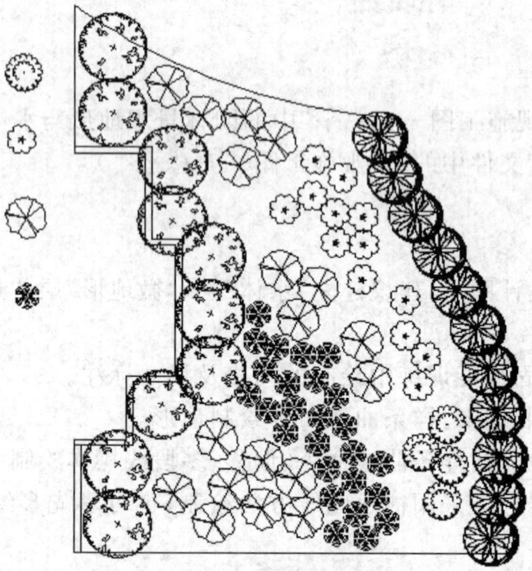

(e)园林植物的自然式种植

图 2-4 绘制植物

任务 4 绘制园林植物

学习领域

1. 平面树例的绘制。
2. 图块的定义与插入。
3. 复制命令栽植树木。
4. 云线绘制灌木丛。
5. 分解命令。
6. 点的定数等分和定距等分。

工作领域

1. 乔灌木园林树例的绘制。
2. 乔灌木的自然式栽植和规则式栽植。
3. 园林树丛的绘制。

行动领域

绘制景观图样中的植物:行道树、树阵、自然栽植等。

★任务知识讲解

在园林建筑与小品、园林地形、园林植物、道路与广场等园林构成要素中,植物是最重要的元素之一,是宏观上调控园林整体性空间的根本元素。

1. 园林植物的分类

根据园林植物的生长类型，我们可以将园林植物做如下分类：

- 园林植物
  - 木本植物
    - 乔木类
    - 灌木类
    - 丛木类
    - 藤本类
    - 匍地类
  - 草本植物
    - 一、二年生花卉
    - 多年生花卉
    - 草坪及地被植物

在绘制图纸时，乔木、灌木可以用单独的树例表达，草坪可以用填充的方式来表现，其他元素，包括乔木、灌木的丛植方式，我们可以用云线绘制出其轮廓线表示。

2. 植物配置的应用形式

园林植物种植方式可分为规则式、自然式，以及规则与自然式相结合的形式。通常在主体建筑物附近和主干道路旁采用规则式种植，以形成庄严的气势。具体包括对植、列植、篱植等形式；而在古典园林和风景区中采用自然式种植，富有山野趣味，具体包括孤植、丛植、群植、林植等形式。

3. 园林植物元素的表达

在种植设计图上，没有具体要求使用哪一种图例符号表示哪一种植物。为了避免误解，通常在一张图上一种符号只能代表一种植物。为了便于图纸交流，设计公司可以建立一个自己的图例库，详细规定图例符号所表示的树种，这样在绘制时，公司内部的图例符号一致，图纸交流和整合起来要容易很多。

3.1　乔木的表示方法

一般要求乔木用单株的符号表示。中心小圆表示种植点，外部轮廓表示乔木冠幅，一般乔木冠幅可以选择 3.5～4 米，如图 2-4-1 所示。

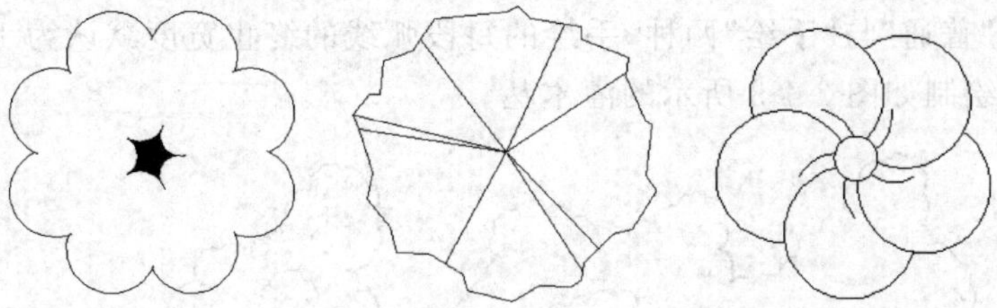

(a)　(b)　(c)

图 2-4-1　乔、灌木的表示方法

3.2　灌木的表示方法

单株灌木的表示方法和单株乔木的表示方法没有明显的区别，只是冠幅要略小一些，一般可以选用 1.5～2.0 米的冠幅，如图 2-4-1 所示。

3.3 乔木丛、灌木丛和竹林的表示方法

大比例的园林图纸或者成片栽植的园林灌木，一般绘制树木的轮廓线，用树丛的符号表示，如图 2-4-2 所示。树丛轮廓线一般采用云线绘制。

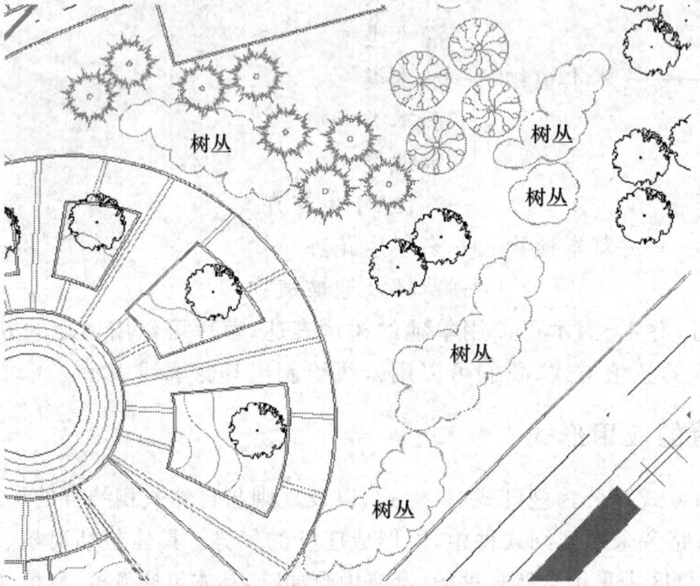

图 2-4-2 乔木丛、灌木丛在图纸上的表现

云线命令输入方式：

(1)【绘图】/【修订云线】。

(2)在命令行输入 REVCLOUD。

(3)单击绘图工具栏上的按钮。

主要选项的含义：

弧长，指定云线中弧线的长度，最大弧长不能大于最小弧长的 3 倍。

对象，指定要转换为云对象的对象，利用直线或者曲线所绘制的封闭或不封闭的图形都可以转换为云线。

样式，云线有“普通”与“手绘”两种，手绘的每段弧线的终止宽度默认为 15 个单位。

【例 2-4-1】 绘制如图 2-4-3 所示的灌木丛。

图 2-4-3 灌木丛绘制

单击【绘图】工具栏上的"修订云线"按钮，命令行提示及操作：

命令：_revcloud

最小弧长：50.0000 最大弧长：150.0000 样式：普通

指定起点或[弧长(A)/对象(O)/样式(S)]＜对象＞：A↙　重新设置弧长

指定最小弧长＜50.0000＞：1500↙　输入最小弧长为 1500

指定最大弧长＜150.0000＞：2500↙　输入最大弧长为 2500

指定起点或[弧长(A)/对象(O)/样式(S)]＜对象＞：在适当位置拾取一点，按设计要求绘制灌木丛的外轮廓线

同样绘制方法，绘制灌木丛的内部轮廓线，表示中间没有被树冠封闭而开敞的部分，如图 2-4-3 所示。

再次单击"修订云线"按钮，命令行提示及操作：

命令：_revcloud

最小弧长：1500 最大弧长：2500 样式：普通

指定起点或[弧长(A)/对象(O)/样式(S)]＜对象＞：O↙　转换其他对象为云线

选择对象：选择刚绘制的灌木丛

反转方向[是(Y)/否(N)]＜否＞：Y↙

结果如图 2-4-4 所示。

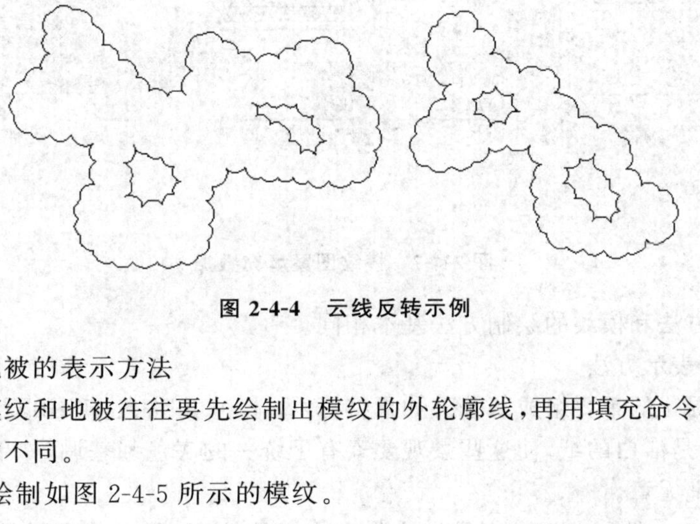

图 2-4-4　云线反转示例

3.4　模纹、地被的表示方法

在园林图中模纹和地被往往要先绘制出模纹的外轮廓线，再用填充命令填充不同的图案，来区分栽植植物的不同。

【例 2-4-2】　绘制如图 2-4-5 所示的模纹。

图 2-4-5　模纹图案

运用圆、圆弧、样条线、阵列、镜像等命令绘制如图 2-4-6 所示图案造型。

运用填充命令，对图 2-4-6 进行图案填充，得到如图 2-4-5 所示模纹图。填充的数据如图 2-4-7所示。

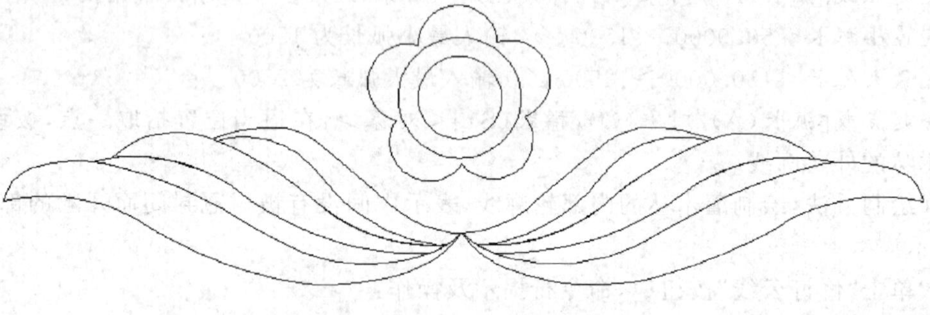

图 2-4-6 图案造型

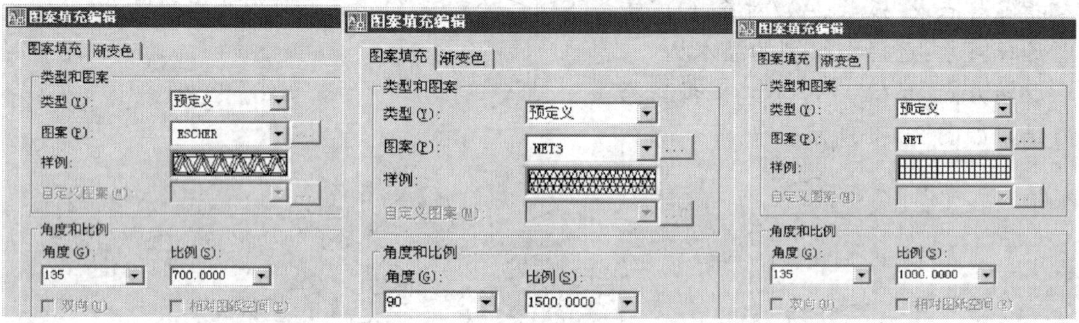

(a) (b) (c)

图 2-4-7 模纹图案填充数据

地被的绘制方法和模纹的绘制方法基本相同。

3.5 草坪的表示方法

草坪是园林绿化的重要组成部分。如果将树木、花草、道路、建筑、山石等景物比作是色彩绚丽的画，草坪则是洁白的纸，使这些景观要素有了统一的底色和基调，如果没有草坪的存在，画面则会显得杂乱无章。

在 AutoCAD 中，绘制草坪主要是先绘制出草坪的轮廓，再对其进行图案填充，常用的草坪填充图案有“AR-CONC”、“AR-SAND”、“CROSS”和“GRASS”4 种。

如果想绘制出草坪从外向内逐渐稀疏的渐变效果，可以采用分层填充的方法。首先先绘制出草坪的轮廓线，再向内偏移复制或者绘制出分层辅助线，单击“图案填充”按钮，用“选择对象”的方法确定填充边界，选择“AR-SAND”完成外侧区域的填充，设置如图 2-4-8 所示。

再用同样的方法完成内侧的分层填充，结果如图 2-4-9 所示，删除或隐藏草坪轮廓线内侧的分层辅助线，得到渐变的草坪效果，如图 2-4-10 所示。

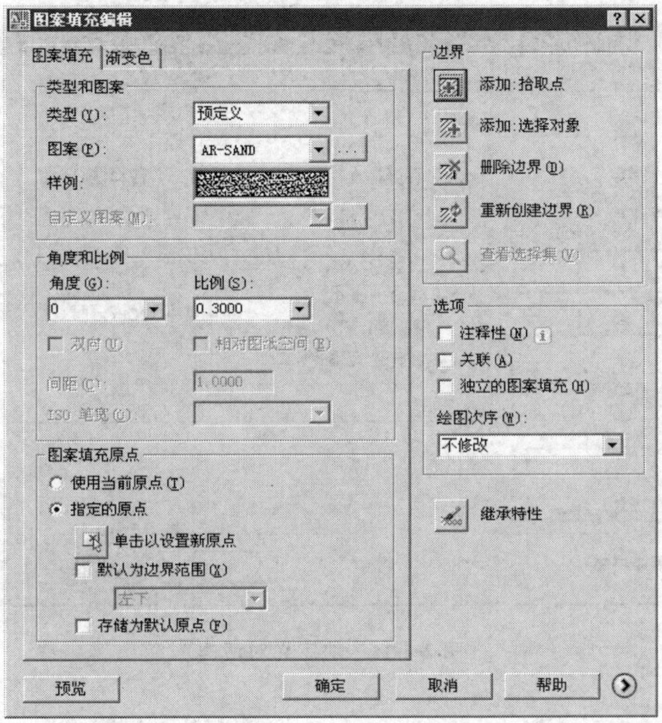

图 2-4-8　草坪图案设置示例

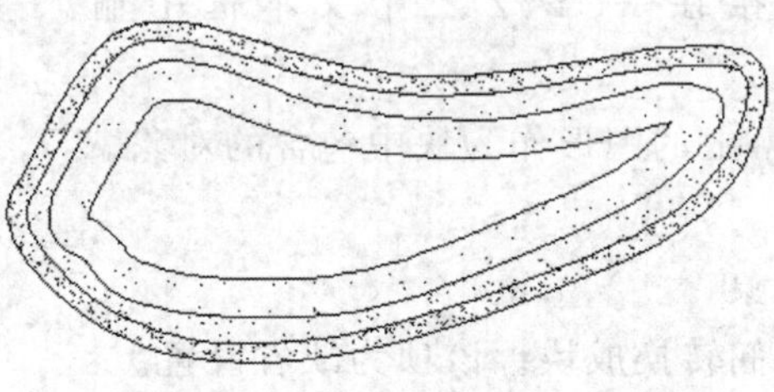

图 2-4-9　草坪分层填充

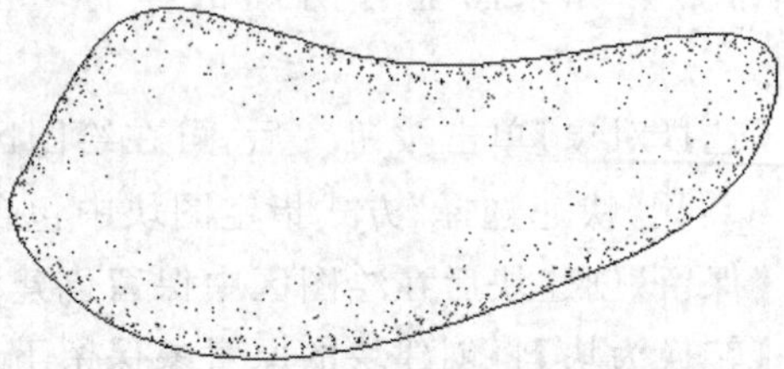

图 2-4-10　草坪渐变效果

4. 图块的定义及插入

在绘制图纸的过程中,如果图形对象需要反复多次使用,一般要将其定义为图块。定义成图块的图形一方面使用起来比较方便,另一方面也减少图形文件的大小。

4.1　图块的定义

定义图块的方法有 3 种:

(1)命令:BLOCK(快捷键 B)。

(2)菜单:【绘图】/【块】/【创建】。

(3)单击绘图工具栏上的按钮:

执行创建块命令后，弹出图 2-4-11 所示“块定义”对话框。

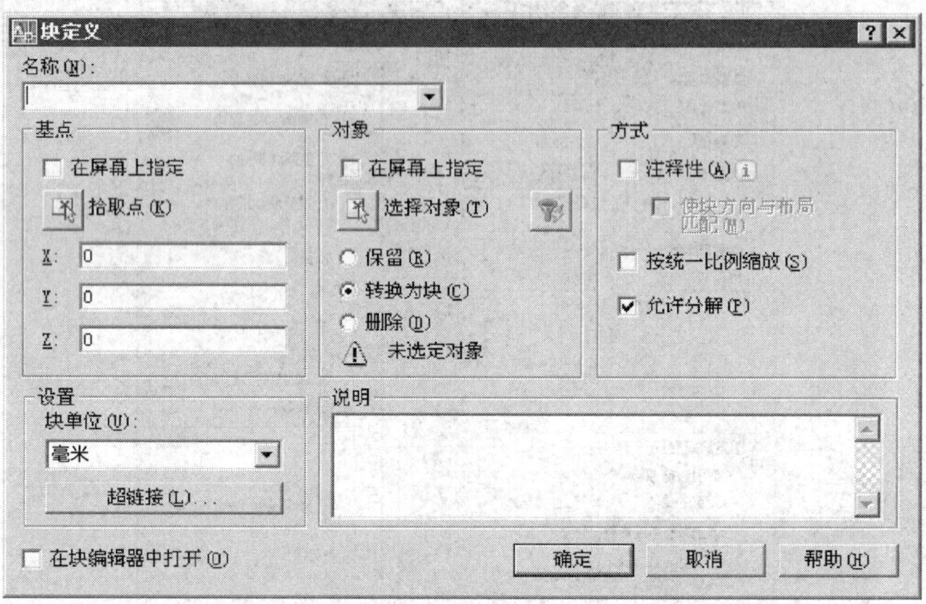

图 2-4-11　块定义对话框

主要选项含义：

【名称】定义块的名称，单击右边的下拉箭头可以查看当前图形中的所有图块名称。

【拾取点】在绘图区中单击鼠标左键指定图块的基点。图块基点是指插入该图块时的基准点。如果图上有明确的坐标，也可以直接在 X、Y、Z 三个文本框中输入基点坐标。

【选择对象】单击按钮后，可在绘图区选择屏幕上的图形作为块中包含的对象。

：用“快速选择”方式指定图块中包含的对象。

【保留】创建块后在绘图区中保留创建块的原对象。

【转换为块】将创建块的原对象保留下来并将它们转换成块。该项为缺省设置。

【删除】创建块后在绘图区中不保留创建块的原对象。

【块单位】从 AutoCAD 设计中心插入图块时，对块进行缩放所使用的单位，一般选择“毫米”。

【说明】图块的简要说明。这个说明文字可以通过 AutoCAD 设计中心看得到。块也可以没有说明文字。

块的具体定义过程，参见任务操作“1. 绘制落叶树——栾树树例图块”。

4.2　写块

用上述方法创建的块只能存在于当前文件中。如果要在其他的图形文件中也使用该块，可以用 WBLOCK 命令写块(快捷键 W)，将图块保存为独立文件，然后再用 INSERT 命令插入该文件。在“文件名和路径”下修改存储块的路径和名称如图 2-4-12 所示。

4.3　图块的插入

图块创建完成后，可以将图块插入到图形中使用。插入图块的方法有三种：

(1)命令：INSERT(快捷键 I)。

(2)菜单：【绘图】/【块】/【插入】。

(3)单击绘图工具栏上的按钮。

执行该命令后，将弹出如图 2-4-13 所示的“插入”对话框。

主要选项含义：

【名称】用下拉文本框，可选择插入的块名。

【浏览】点取该按钮后，弹出“选择图形文件”对话框，用户可以选择某图形文件作为一个块插入到当前文件中。

【分解】如果选择了该复选框，则块在插入时自动分解成独立的对象，不再是一个整体。缺省情况下不选择该复选框。以后需要编辑块中的对象时，可以采用分解命令将其分解。

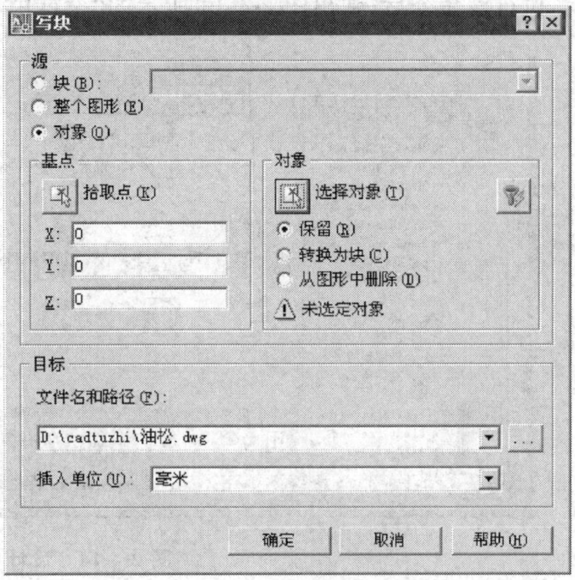

图 2-4-12　写块对话框

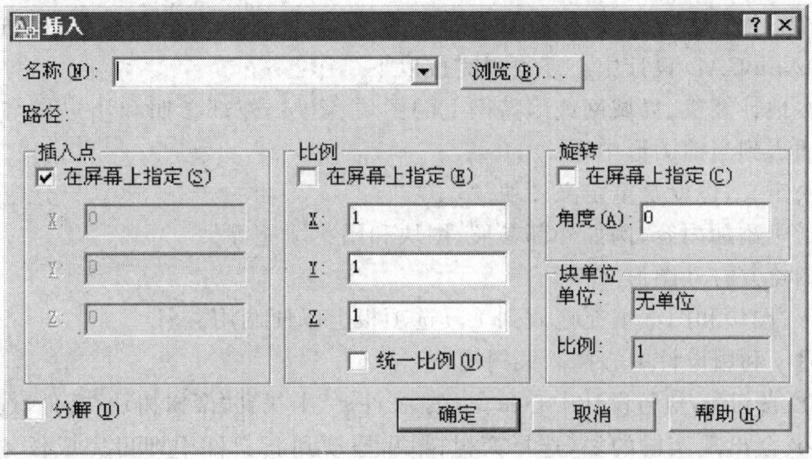

图 2-4-13　插入块对话框

【比例】一般全部默认为 1，如果插入到新的文件中比例不合适，再用缩放命令修改。

4.4　设计中心

用 INSERT 命令可以插入当前文件中已定义的块，或是外部文件的全部图形。如想插入外部文件中的单个图块，则需通过设计中心进行。

启动 AutoCAD 设计中心的方法有三种：

(1)命令：【工具】/【选项板】/【AutoCAD 设计中心】。

(2)单击菜单栏按钮：。

(3)快捷键：＜Ctrl＋2＞。

执行该命令后，弹出图 2-4-14 所示的“设计中心”窗口。

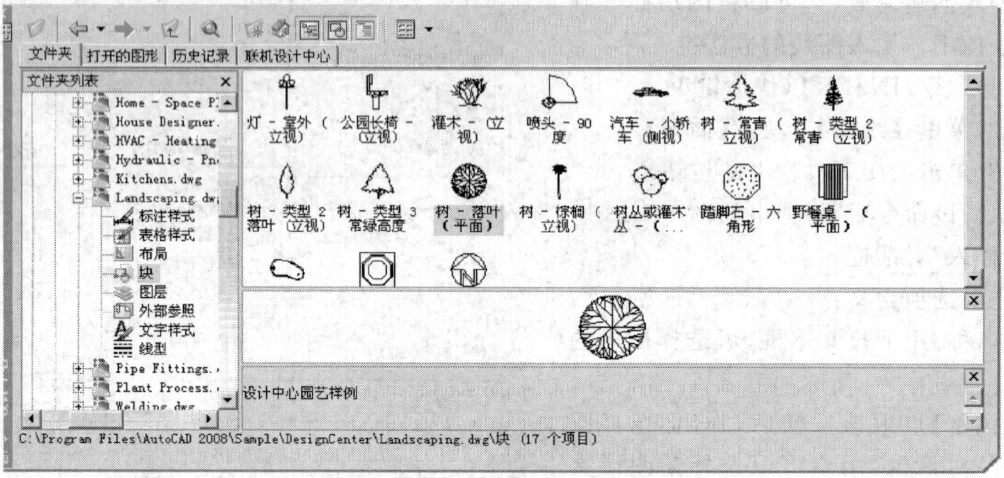

图 2-4-14　设计中心窗口

在“文件夹”选项面板下可以找到要插入的块所在的路径，点击“块”选项，则该文件中所有定义好的块会出现在右侧的图框中，选中想要的图块，利用鼠标拖拽功能直接拖拽到目标文件中即可使用。除了图块之外，该文件中的图形、图层、线型、文字样式等也可以用这种方式实现复制和粘贴。AutoCAD 设计中心还可以完成以下工作：

(1)浏览本地计算机、局域网或因特网上的图块、图层、外部参照和用户自定义的图形，并复制、粘贴或插入到当前图形中。

(2)更新块定义，也就是重定义图块。

(3)向图形中添加内容，例如外部参照、图块和图案填充等。

(4)快速浏览并打开图形文件。

(5)将图形、图块和图案填充拖放到工具选项板上以便调用。

【例 2-4-3】　利用设计中心插入栾树图块。

单击菜单栏按钮，执行设计中心命令，在“文件夹”中找到“栾树树块”文件，选择“块”，对话框在右侧的区域会出现栾树的块，选择栾树树块，拖动到新文件中即可完成任务，如图 2-4-15 所示。

4.5　图块的分解

启动分解命令的方法有三种：

(1)命令：EXPLODE(快捷键 X)。

(2)单击菜单栏按钮：。

(3)运行菜单栏【修改】/【分解】。

执行该命令后命令行将提示要求选择分解的对象，选择某块后，将该块分解。分解带有属性的块时，其中原属性定义的值都将失去，属性定义重新显示为属性标记。

5. 定数与定距等分

定数等分和定距等分命令可以在图形对象的等分处插入点或图块，可以用于等分的图形

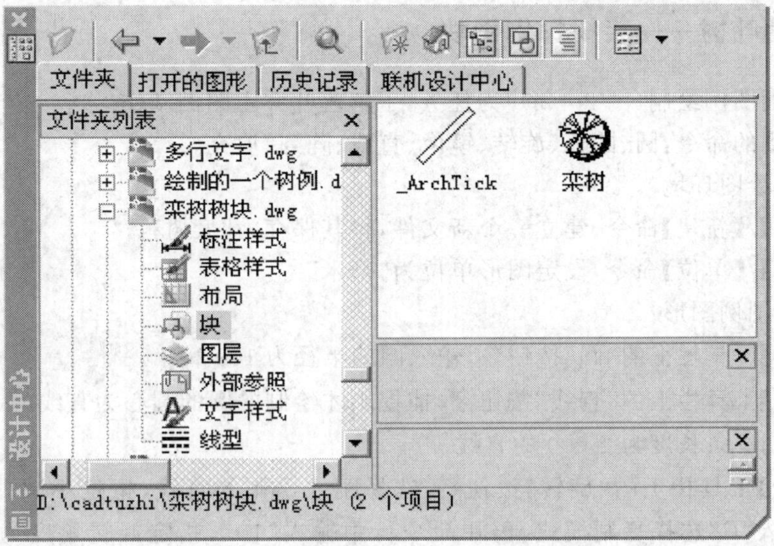

图 2-4-15 设计中心插入块示例

对象包括直线、圆弧、圆、椭圆、椭圆弧、多段线和样条曲线。

5.1 定数等分

启动定数等分的方法有两种：

(1)命令：DIVIDE(快捷键：DIV)。

(2)单击菜单栏【绘图】/【点】/【定数等分】。

主要选项含义：

【选择要定数等分的对象】对象可以是直线、圆弧、圆、椭圆、椭圆弧、多段线和样条曲线。

【线段数目】指定等分的数目。

【块】在等分点上将插入块。

【是否对齐块和对象】如果对齐，插入的块将沿对象的切线方向对齐，必要时会旋转块，否则不旋转插入的块。

5.2 定距等分

启动定距等分的方法有两种：

(1)命令：MEASURE(快捷键：ME)。

(2)单击菜单栏【绘图】/【点】/【定距等分】。

主要选项含义：

【线段长度】指定等分的长度。

【块】以块作为符号来定距等分对象。在等分点上将插入块。

具体操作参见任务操作“4.园林植物的行列式配置”。

★任务操作

本次任务主要在于绘制乔木、灌木图例，制作图块以及植物的不同栽植方式绘制。

1. 绘制落叶树——栾树树例图块

以栾树平面图例绘制(图 2-4(a))为任务,了解落叶乔木图例制作。

绘制中用到的命令:圆、圆弧、旋转、镜像、直线、阵列、填充。

1.1 设置绘图环境

执行【文件】/【新建】命令,建立一个新文件,将其保存为"栾树"。

单击【格式】/【单位】命令,设定图形单位为"毫米"。

1.2 绘制图例图形

单击【绘图】工具栏上的"圆"按钮,输入圆的半径为 100。

单击【绘图】工具栏上的"直线"按钮,捕捉刚才绘制的圆的圆心为直线的起点,在"正交"状态下向上绘制一条长度为 2 000 的直线。

单击【编辑】工具栏上的"旋转"按钮,选择刚才绘制的直线,指定小圆的圆心为基点,在命令行中输入"C"选择复制模式,再在命令行中输入"10",指定旋转角度为 10,得到一条斜线。

单击【编辑】工具栏上的"镜像"按钮,选择刚才绘制的斜线,指定正交状态绘制的直线的两个端点为镜像的第一点和第二点,得到另一条方向相反的斜线。

单击【绘图】工具栏上的"直线"按钮,在适当位置画一条直线。

单击【绘图】工具栏上的"圆弧"按钮,指定圆弧的起点、第二点和端点如图 2-4-16 所示。

单击【编辑】工具栏上的"阵列"按钮,参数设置如图 2-4-17 所示,选中所绘圆弧为对象,捕捉小圆的圆心为中心点,确定后得到植物平面图例如图 2-4-18 所示。

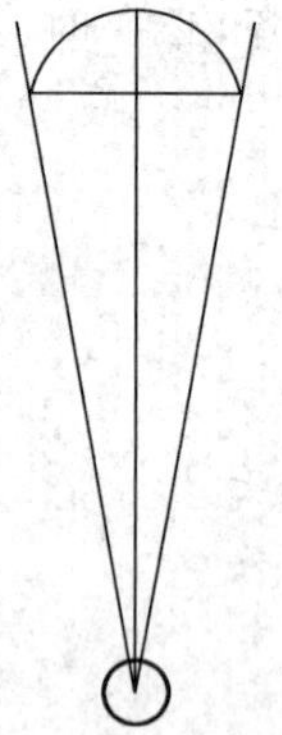

图 2-4-16 图块阵列单元绘制

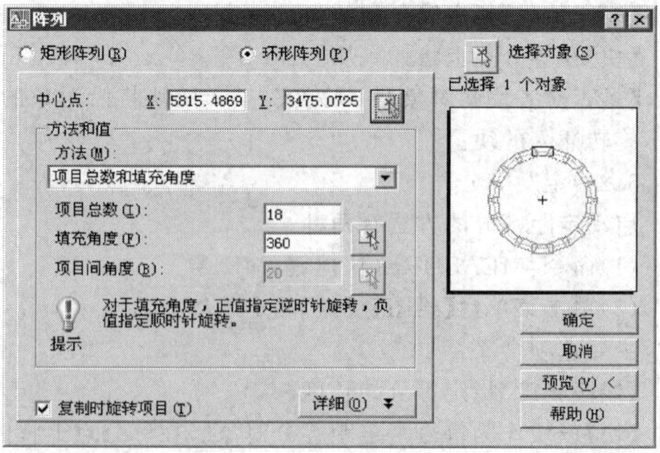

图 2-4-17 阵列参数设置

删除绘制的辅助线,绘制平面植物的分枝如图 2-4-19 所示。

执行阵列命令,删除阵列后得到的植物平面图例上的一些分枝,使图形看起来更自然。单击【编辑】工具栏上的"修剪"按钮,选择"修剪对象"为中心小圆,将小圆内的直线修剪干净,如图2-4-20所示。

1.3　绘制树木阴影

执行“圆”命令，在合适位置绘制一个圆，如图 2-4-21 所示，执行修剪命令，将新绘制圆的多余部分剪除。

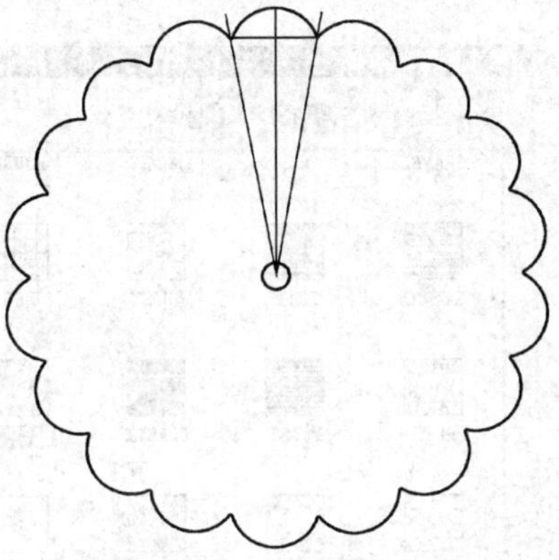

图 2-4-18　阵列后效果

图 2-4-19　绘制植物图例分枝

图 2-4-20　植物分枝最终效果

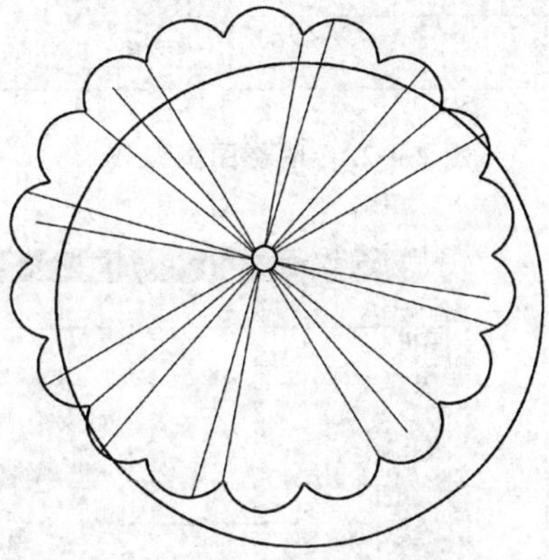

图 2-4-21　图例阴影制作

单击【绘图】工具栏上的“填充”按钮，点击“添加拾取点”按钮，在新绘制的圆与树例之间的空白处单击，图案选择及参数设置如图 2-4-22、图 2-4-23 所示，得到图 2-4(a)落叶树平面图例。

1.4　定义为图块

启动“定义块”命令，弹出块定义对话框，如图 2-4-24 所示，块定义名称为“栾树”，拾取树例的圆心为基点，选择树例上所有的图形对象，将块单位修改为“毫米”，单击“确定”，完成栾树图块的定义。选择树例，可以看到定义块前后的变化，如图 2-4-25 所示。

2. 绘制常绿树图例图块

2.1　设置绘图环境

执行【文件】/【新建】命令，建立一个新文件，将其保存为“常绿树”。

单击【格式】/【单位】命令，设定图形单位为“毫米”。

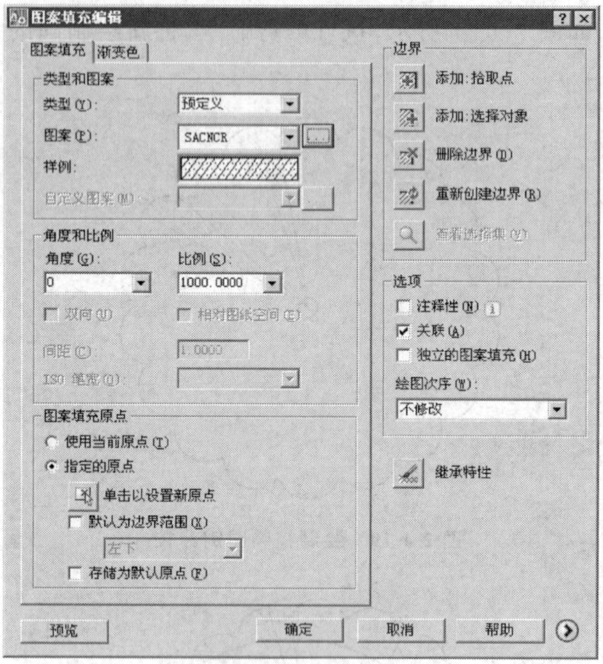

图 2-4-22 阴影图案设置

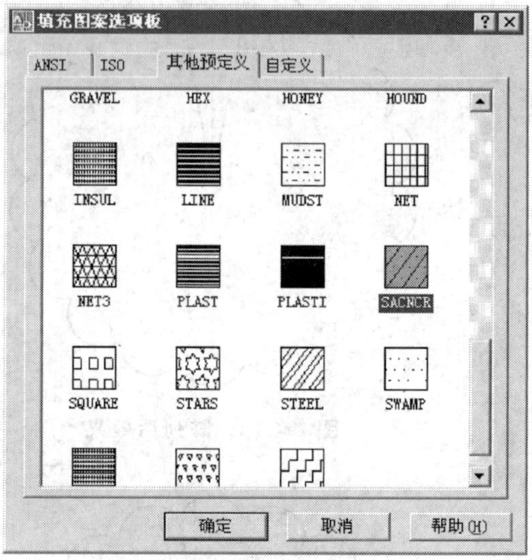

图 2-4-23 阴影图案选择

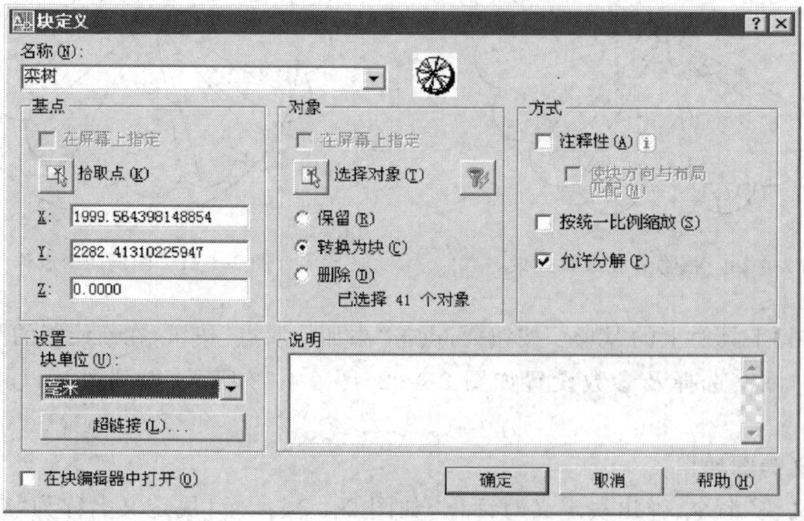

图 2-4-24 栾树块定义对话框

2.2 绘制图例图形

绘制种植点和平面植物的分枝,如图 2-4-26 所示。

执行"阵列"命令,在弹出的阵列对话框中,选择"环形阵列",输入"项目总数"值为 8,"填充角度"为 360,选择已绘制的树枝为阵列对象,捕捉小圆圆心为阵列中心点,如图 2-4-27 所示。确定后得到平面植物图例,如图 2-4(b)所示。

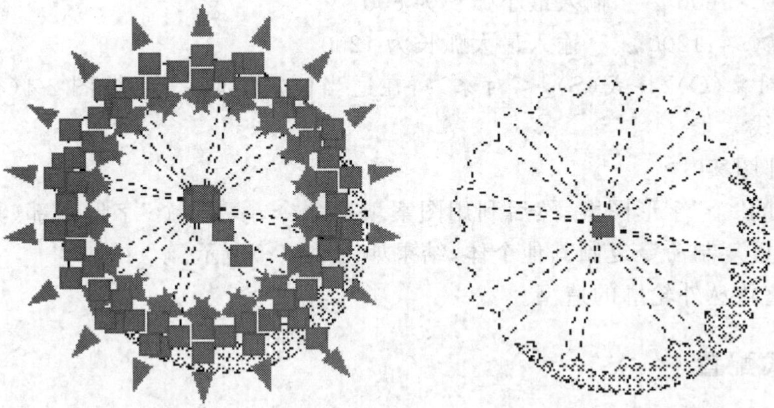

(a) 块定义前　　(b) 块定义后

图 2-4-25　块定义前后变化

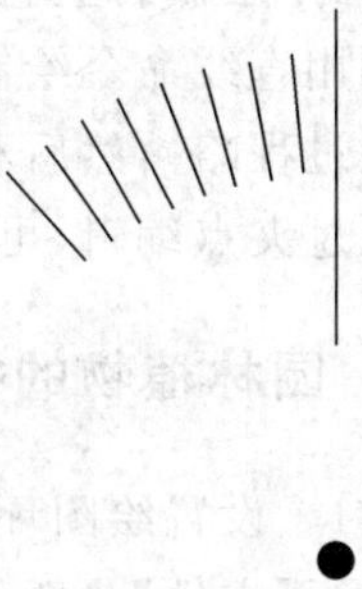

图 2-4-26　种植点和平面分枝绘制

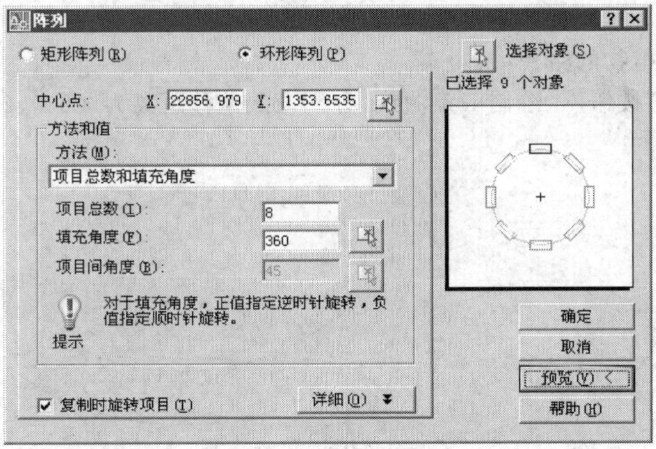

图 2-4-27　阵列参数设置

2.3　定义为图块(略)

3. 绘制竹丛

由于竹子具有特殊的外形，往往有自己独特的表示方法，如图 2-4(c)所示。

3.1　设置绘图环境

执行【文件】/【新建】命令，建立一个新文件，将其保存为“竹丛”。

单击【格式】/【单位】命令，设定图形单位为“毫米”。

3.2　云线绘制竹丛外轮廓

单击绘图工具栏中的，命令行提示及操作：

命令：_revcloud

最小弧长：1500 最大弧长：2500 样式：普通

指定起点或[弧长(A)/对象(O)/样式(S)]<对象>：A ↙　重新设置弧长

指定最小弧长<50.0000>:600↙　输入最小弧长为 600

指定最大弧长<150.0000>:1200↙　输入最大弧长为 1200

指定起点或[弧长(A)/对象(O)/样式(S)]<对象>:在适当位置拾取一点,按图 2-4(c)所示要求绘制竹丛的外轮廓线

3.3　绘制竹丛轮廓内部图案

利用直线命令绘制内部的“个”字形图案,然后利用图案填充命令,填充“个”字形内部(具体绘制过程略),然后利用多重复制命令复制其他个体,结果如图 2-4(c)所示。

通过夹点编辑,可以调整竹丛外轮廓的造型。

4. 园林植物的行列式配置

4.1　设置绘图环境

执行【文件】/【新建】命令,建立一个新文件,将其保存为“园林植物行列式配置”。

单击【格式】/【单位】命令,设定图形单位为“毫米”。

单击【格式】/【图形界限】命令,设置图形界限左下角点坐标为(0,0),右上角点坐标为(40 000,30 000)。

4.2　绘制栽植植物的路径

单击“样条曲线”按钮,绘制一条曲线,分别设置偏移距离为 3 000、2 000,偏移后效果如图 2-4-28 所示。

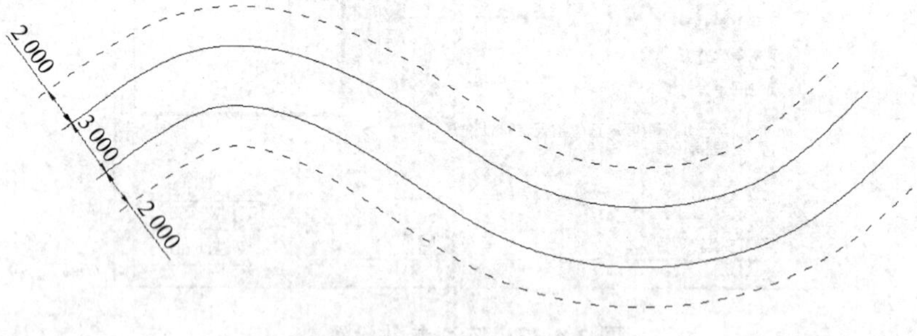

图 2-4-28　栽植植物路径绘制

利用设计中心插入“1.绘制落叶树——栾树树例图块”中的栾树图块,(方法见【例 2-4-3】利用设计中心插入栾树图块),这样图块就被带入到文件中。

单击菜单栏【绘图】/【点】/【定距等分】命令,命令行提示及操作:

命令:_measure

选择要定距等分的对象:拾取图其中的一条虚线

指定线段长度或[块(B)]:b↙

输入要插入的块名:栾树↙

是否对齐块和对象?[是(Y)/否(N)]<Y>:↙

指定线段长度:4500↙

同样的方法,绘制经过另一条虚线的树木,结果如图 2-4(d)所示。

5. 园林植物的自然式种植

园林植物的自然式种植一般是通过多重复制命令来完成的。单击“复制”按钮，即可执行复制命令。可以通过命令行提示“指定基点或[位移(D)/模式(O)]”输入“O”来设置复制模式是单个还是多个。

打开光盘中“自然式植物栽植设计图底图.dwg”的文件，并利用素材库中的植物图例，利用多重复制命令为其配置自然栽植的植物，效果如图 2-4(e)所示。

★巩固技能练习

(1)绘制如图 2-4-29、图 2-4-30、图 2-4-31 所示模纹。

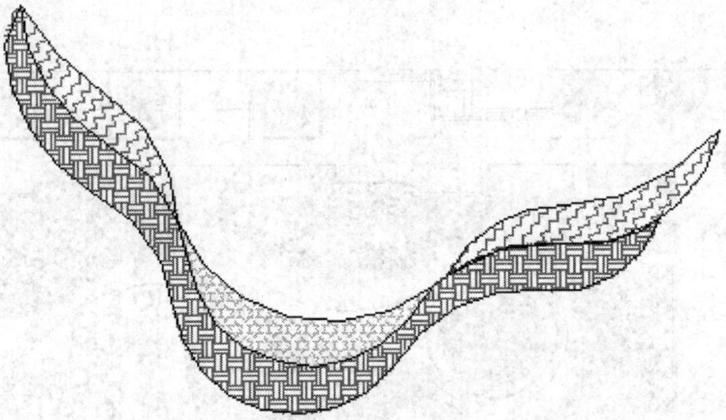

图 2-4-29　模纹图形(一)

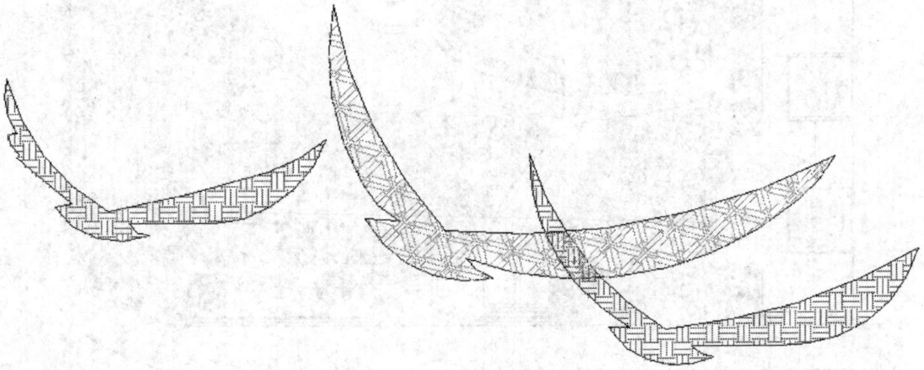

图 2-4-30　模纹图形(二)

(2)打开光盘中“小游园植物设计配置图底图.dwg”的文件，运用我们所学的知识为其配置植物，效果可参考图 2-4-32。

(3)为本项目任务 2 中绘制的“××别墅设计平面图”配置植物。

图 2-4-31　模纹图形(三)

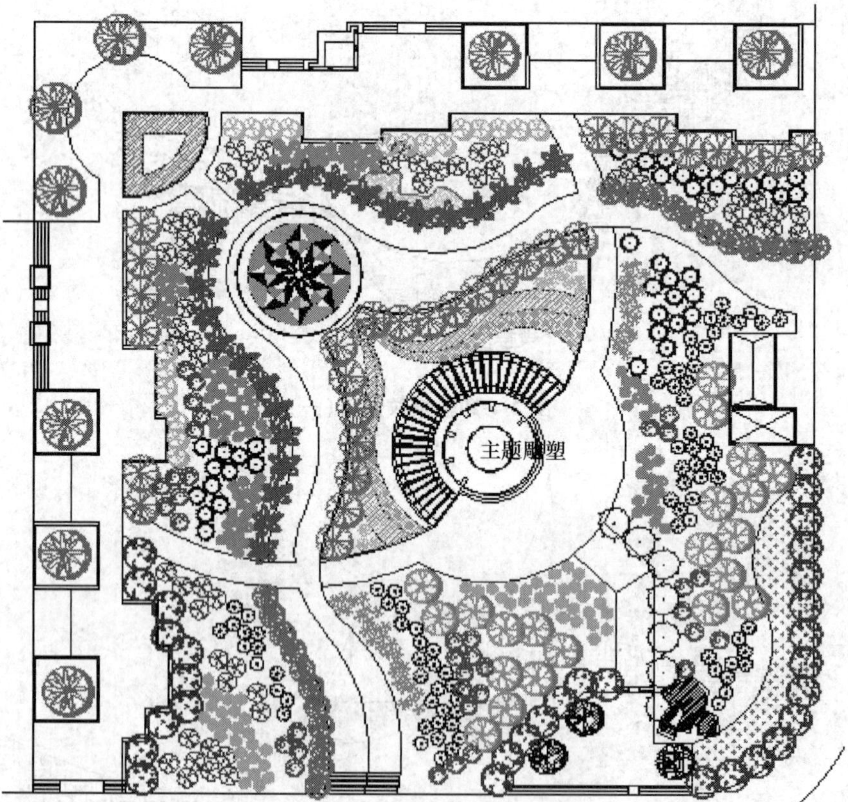

图 2-4-32　小游园植物设计配置图

项目3 园林景观设计施工图绘制

任务1 绘制园林景观设计图封面、目录，书写设计说明

学习领域

1. 园林景观设计图纸类型。
2. 园林景观设计图纸封面。
3. 园林景观设计图纸目录内容。
4. 园林景观设计说明内容。
5. 表格绘制方法。

工作领域

1. 园林景观设计阶段及任务。
2. 图纸目录的编制。
3. 设计说明的书写。

行动领域

1. 编写图纸目录。
2. 书写设计说明。

★任务知识讲解

1. 园林景观设计图纸的类型

园林景观设计一般分为方案设计、初步设计、施工图设计三个阶段。在各阶段中的设计文件包括：封面、扉页（施工图阶段可不要）、设计文件目录、设计说明书、设计图纸（包括效果图）、投资估算书（概算书）。

1.1 方案设计

对自然现状和社会条件进行分析，确定性质、功能、风格特色、内容、容量，明确交通组织流线、空间关系、植物布局、综合管网安排，综合效益分析。其图纸主要有位置图、用地范围图、现状分析图、总平面图、功能分区图、竖向图、建筑及园林小品布局图、道路交通图、植物配置图、

综合设施管网图、重点景区平面、效果图等。

1.2　初步设计

确定平面，道路广场铺装形状、材质，山形水系、竖向，明确植物分区、类型，确定建筑内部功能、位置、体量、形象、结构类型，园林景观小品的体型、体量、材料、色彩等，能进行工程概算。其图纸包括总平面图、放线图、竖向图、植物种植图、道路铺装及部分详图索引平面、重点部位详图、建筑与构筑物及小品平立剖图、园林设备图、园林电气图等。

1.3　施工图设计

标明平面位置尺寸，竖向，放线依据，工程做法，植物种类、规格、数量、位置，综合管线的路线、管径及设备选型，能进行工程预算。其图样有总平面图、放线图、竖向图、种植设计图、道路铺装及详图索引平面、子项详图、建筑与构筑物及小品施工详图、园林设备图、园林电气图等。

本教程偏重于施工图设计阶段的园林设计图样绘制，施工图设计阶段设计文件包括封面、目录、设计说明书、设计图纸。该教学任务主要为绘制园林景观设计图纸的封面、目录，书写设计说明。

2. 园林景观设计封面

园林景观设计图纸的封面可以按照设计院统一制作的模板打印，具体内容包括项目名称；建设单位；编制单位名称；项目的设计编号；设计阶段；编制单位法定代表人、技术负责人和项目负责人的姓名及签字或授权盖章；编制年月(即出图年、月)。

3. 园林景观设计图纸目录内容

园林景观设计图纸目录应包括序号，不得空缺；序号应该从“1”开始，依次编排，不得从“0”开始；目录一般包括序号、图纸名称、图幅、备注；图纸编号一般以专业为单位，各专业各自编排各专业的图号。对于大、中型项目，应按照以下专业进行图纸编号：园林、建筑、结构、给排水、电气、材料附图等；对于小型项目，可以按照以下专业进行图纸编号：园林、建筑及结构、给排水、电气等。目录先列新绘制的图纸，后列选用的标准图。

4. 园林景观设计说明内容——施工图设计说明

(1)设计依据：由主管部门批准园林景观初步设计文件、文号及采用的标准图集。

(2)工程概况：包括建设地点、名称、景观设计性质、设计范围面积。

(3)材料说明：有共同性的，如混凝土、砌体材料、金属材料标号、型号；木材防腐、油漆；石材等材料要求，可统一说明或在图纸上标注。

(4)防水、防潮做法说明。

(5)种植设计说明(应符合城市绿化工程施工及验收规范要求)：种植土要求；种植场地平整要求；苗木选择要求；植栽种植要求——季节施工要求；屋顶种植的特殊要求；其他需要说明的内容。

(6)新材料、新技术做法及特殊造型要求。

(7)其他需要说明的问题。

5. 表格绘制方法

表格的绘制可以应用直线绘图命令绘制，也可以使用CAD中的表格命令绘制，应用前一种更常见(讲解略)，后一种方式参见任务操作中演示。

★任务操作

新建一个文件，选择项目1任务3中制作的A3模板，并将其保存为“××宿舍西侧游园景观设计图”。

1. 绘制封面

1.1　缩放图纸

A3模板中图纸的大小为420×297，但在绘图时以1∶1比例绘图，此处，将图形大小放大为42 000×29 700。单击修改工具栏中的，或在命令行输入缩放命令(SC)，或者选择所有对象，然后单击鼠标右键，在右键快捷菜单中选择缩放操作，命令行提示及操作：

选择对象：选择所有对象

指定基点：拾取图纸的左下角点

指定比例因子或[复制(C)/参照(R)]＜1.0000＞：100↙

在命令行输入“zoom”(快捷键为z)并回车，命令行提示及执行过程如下：

指定窗口的角点，输入比例因子(nX或nXP)或

[全部(A)/中心(C)/动态(D)/范围(E)/上一个(P)/比例(S)/窗口(W)/对象(O)]＜实时＞：A↙

1.2　复制图纸

此处复制的图纸，将作为后续其他图样的图纸。单击修改工具栏中的，或者在命令行输入复制命令(CO)并回车，或者选择对象后单击鼠标右键快捷菜单中的“复制选择(Y)”，根据命令行提示完成图纸的复制操作。

1.3　绘制图纸封面的图框线

删除A3模板图纸中的图框线、标题栏及文字。

在图层工具栏中将“图符”层置为当前，单击绘图工具栏中的，或者在命令行中输入矩形命令(REC)并回车，命令行提示及操作：

当前矩形模式：宽度＝0

指定第一个角点或[倒角(C)/标高(E)/圆角(F)/厚度(T)/宽度(W)]：W↙

指定矩形的线宽＜0.0000＞：100↙

指定第一个角点或[倒角(C)/标高(E)/圆角(F)/厚度(T)/宽度(W)]：1000，1000↙

指定另一个角点或[倒角(C)/标高(E)/圆角(F)/厚度(T)/宽度(W)]：@40000，27700↙

1.4　书写文字

将图层工具栏中的“文字”层置为当前。

文字样式工具栏中将标题文字样式置为当前，命令行输入单行文字快捷命令DT，并回车，命令行提示及操作：

指定文字的起点或[对正(J)/样式(S)]:在图纸适当位置单击鼠标左键拾取一点

指定高度<2.5000>:2000↙

指定文字的旋转角度<0>:↙

××宿舍西侧游园景观设计↙ 输入"××宿舍西侧游园景观设计"并回车

施工图↙ 输入"施工图"并回车

项目编号:2009—A6↙ 输入"项目编号:2009—A6"并回车

单位法定代表人:↙ 输入"单位法定代表人:"并回车

项目负责人:↙ 输入"项目负责人:"并回车

石家庄市××园林景观绿化工程有限公司↙ 输入公司名字并回车

2009.04.26↙ 输入日期并回车

↙ 按回车键,结束单行文字输入

修改字高,将"项目编号:2009—A6"、"单位法定代表:"、"项目负责人:"、"2009.04.26"的高度修改为1 000毫米,"石家庄市××园林景观绿化工程有限公司"高度为1 500,结果如附图1所示。

2. 绘制目录

2.1 绘制A3纸及图符,填写标题栏文字

2.1.1 绘制A3纸的标题栏

A3纸及图框线已经在"1. 绘制封面"的步骤"1.2 复制图纸"中绘制好了,此处,根据图纸的绘制要求,需删除掉原来的标题栏,重新绘制标题栏及书写文字。

在图层工具栏中将"图符"层置为当前,利用多段线命令、偏移命令绘制如图3-1-1所示的标题栏并填写相应的文字。

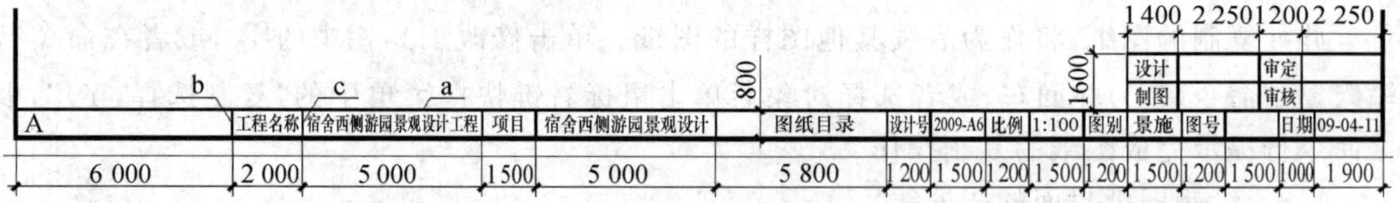

图 3-1-1 标题栏绘制

绘制直线a,绘图工具栏单击⮌,或在命令行输入PLINE(PL)并回车,具体执行过程:

指定起点:捕捉图框线的左下角点A,在90°极轴追踪提示下输入800↙

当前线宽为0

指定下一个点或[圆弧(A)/半宽(H)/长度(L)/放弃(U)/宽度(W)]:w↙

指定起点宽度<0.0000>:70↙

指定端点宽度<70.0000>:↙

指定下一个点或[圆弧(A)/半宽(H)/长度(L)/放弃(U)/宽度(W)]:在0°极轴追踪提示下,输入39 000↙

绘制直线b,命令行输入PL并回车,具体操作过程:

指定起点:捕捉图框线的左下角点A,在0°极轴追踪提示下,输入6 000↙

当前线宽为70

指定下一个点或[圆弧(A)/半宽(H)/长度(L)/放弃(U)/宽度(W)]:w↙

指定起点宽度<0.0000>:35↙

指定端点宽度<35.0000>:↙

指定下一个点或[圆弧(A)/半宽(H)/长度(L)/放弃(U)/宽度(W)]:向上竖直追踪,捕捉与直线 a 的交点,得到直线 b

单击修改工具栏中的,或在命令行输入 OFFEST(快捷键 O)并回车,具体操作如下:

当前设置:删除源=否 图层=源 OFFSETGAPTYPE=0

指定偏移距离或[通过(T)/删除(E)/图层(L)]<通过>:2000↙

选择要偏移的对象,或[退出(E)/放弃(U)]<退出>:单击选择直线 b

指定要偏移的那一侧上的点,或[退出(E)/多个(M)/放弃(U)]<退出>:在直线 b 的右侧任意位置拾取一点,得到直线 c

根据图 3-1-1 中给出的尺寸,分别将偏移复制的直线再次偏移,距离分别是 5 000、1 500、5 000、5 800、1 200、1 500、1 200、1 500、1 200、1 500、1 200、1 500、1 000。

同样的方法,利用多段线及偏移复制完成标题栏其余部分的绘制。

2.1.2 填写标题栏中的文字

在文字样式工具栏中,将“说明”文字置为当前,在图层工具栏中,将“文字”层置为当前,利用单行文字命令,输入如图 3-1-1 所示的标题栏文字。

2.2 绘制图纸目录

新建一个图层,命名为“网格”,颜色为 8,其他默认,并将其作为当前层。

2.2.1 启动表格命令

单击绘图工具栏上的,或在命令行中输入 TB 回车,启动表格命令,打开如图 3-1-2 所示的【插入表格】对话框。

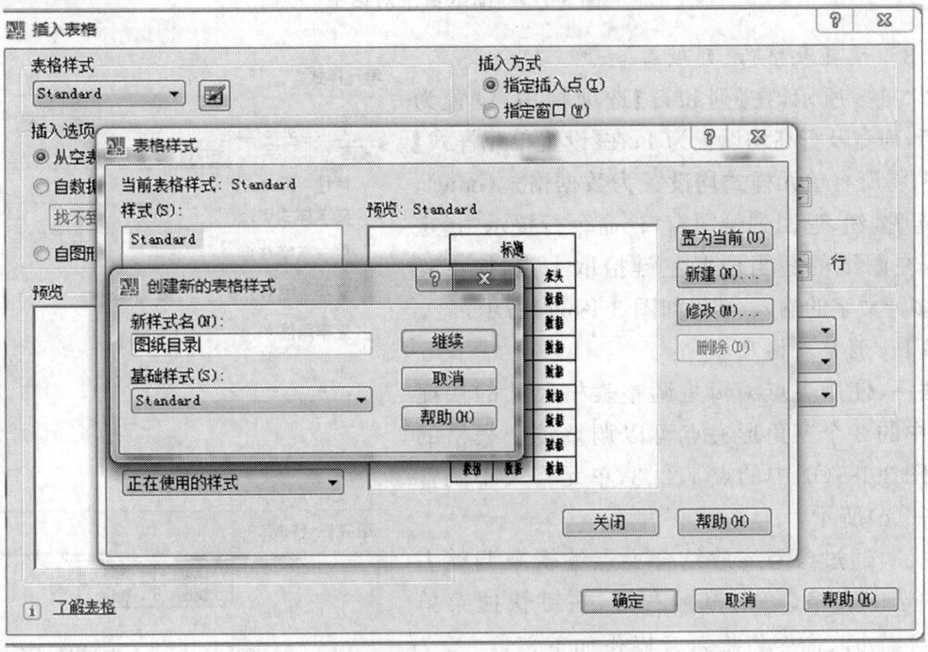

图 3-1-2 插入表格对话框

2.2.2 设置表格样式

单击按钮，弹出【创建新的表格样式】对话框，在【新样式名(N)】中输入“图纸目录”，单击【继续】按钮，打开【新建表格样式:图纸目录】对话框，如图 3-1-3 所示，单击【基本】按钮，将【特性】中的“对齐(A)”改为“正中”，其他默认；单击【文字】按钮，如图 3-1-4 所示将文字样式改为“说明”，文字高度为 5，其他默认，单击【确定】按钮，返回到【表格样式】对话框，关闭对话框，回到【插入表格】对话框，如图 3-1-5 所示的设置。

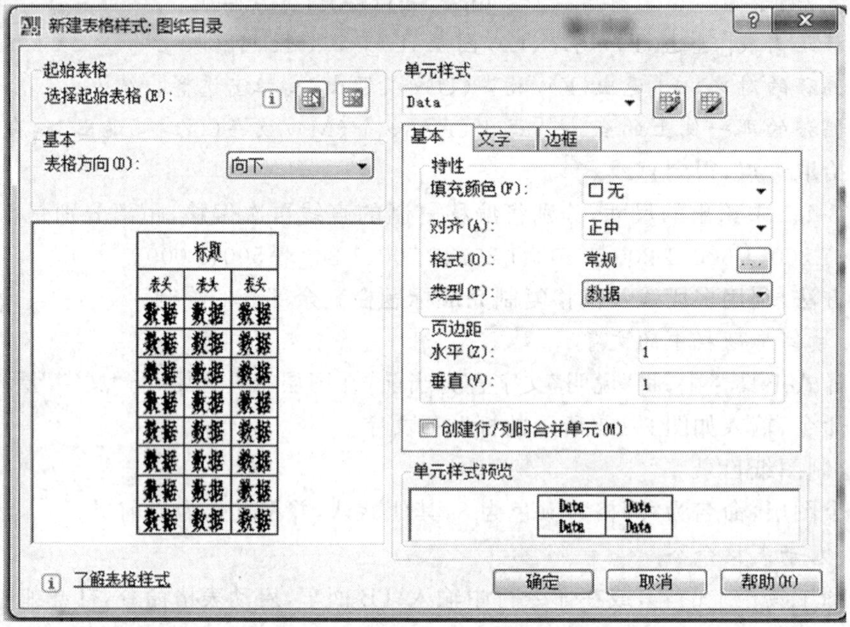

图 3-1-3　图纸目录对话框

2.2.3 设置表格行、列数目

如图 3-1-5 所示，在【列和行】选项栏中，设置为 4 列 15 行，列宽及行高均设置为 1；在【设置单元样式】选项栏中，将所有单元样式均设置为数据格式(date)，单击【确定】按钮，返回到绘图窗口，命令行提示“指定插入点”，在图纸的适当位置左键拾取一点，按 ESC 键，取消多行文字的输入，结果如图 3-1-6(a)所示。

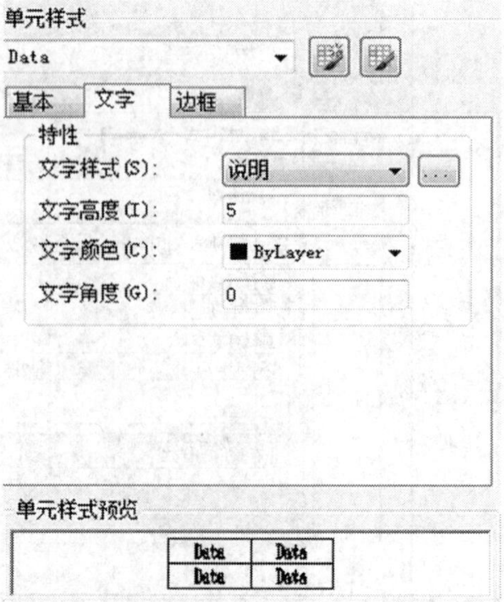

图 3-1-4　文字设置

2.2.4 调整表格尺寸

方法一：使用夹点编辑是调整表格尺寸的快捷方法，表中的 3 个三角形夹点可以调整整个表格的大小，如图 3-1-6(b)中的点 1、2、3，单元格大小调整如图 3-1-6(c)所示。

方法二：通过参考缩放结合夹点编辑来调整表格尺寸。选中表格，单击鼠标右键，右键快捷菜单中单击 缩放(L)，命令行提示及操作如下：

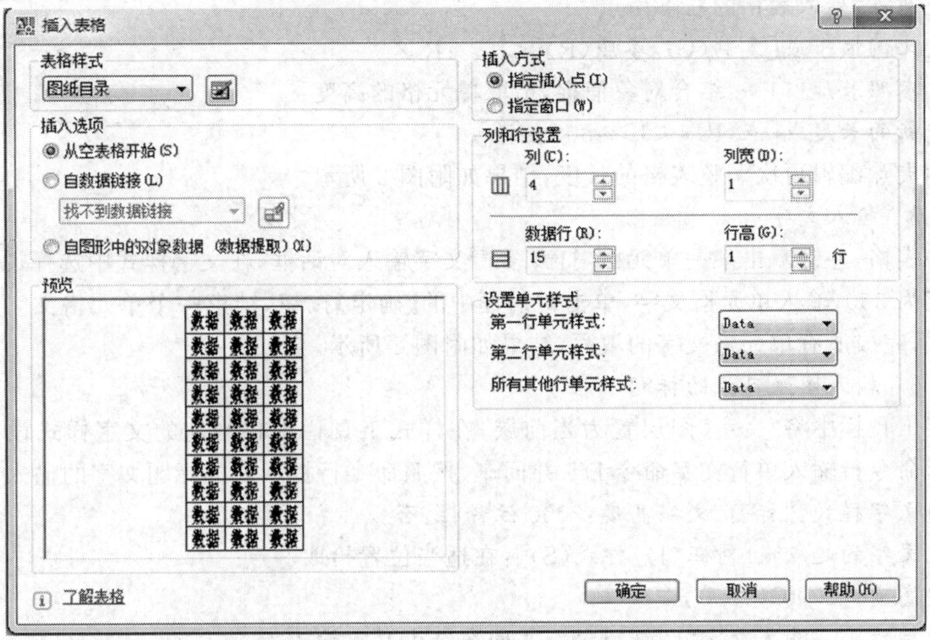

图 3-1-5　表格样式设置

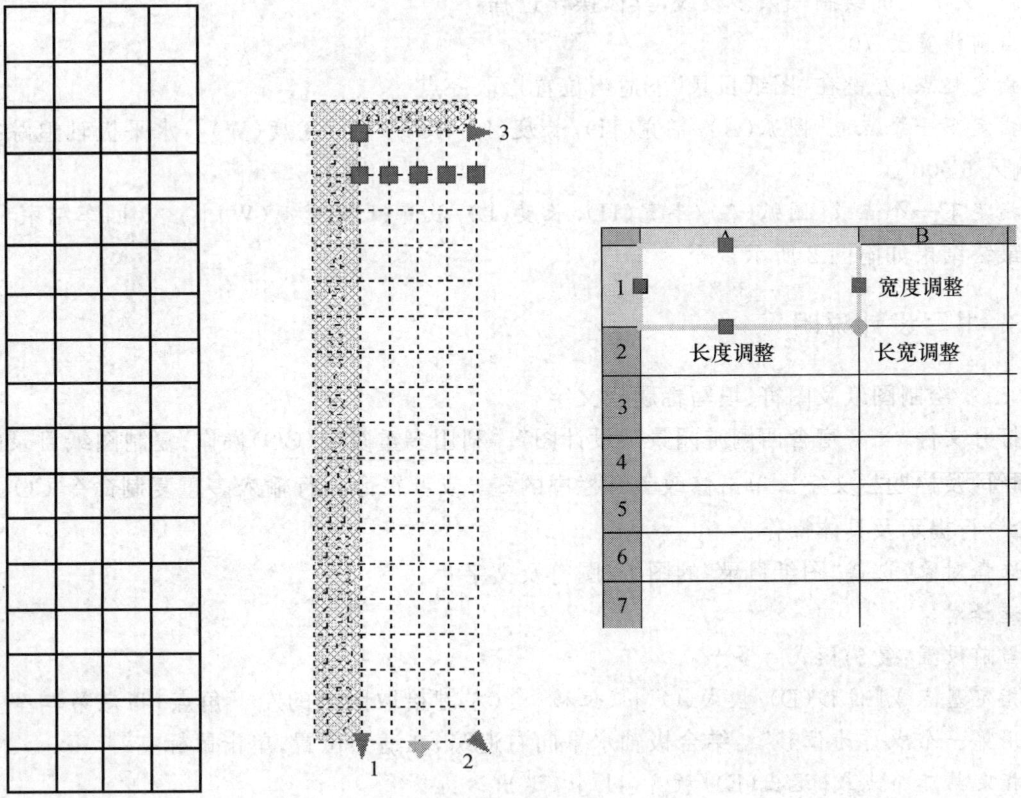

(a) 表格插入　　(b) 表格大小调整　　(c) 单元格大小调整

图 3-1-6　表格尺寸调整

指定基点:拾取表格的右下角点

指定比例因子或[复制(C)/参照(R)]＜1＞:R↙

指定参照长度＜1＞:结合对象捕捉,拾取单元格的高度

指定新的长度或[点(P)]＜1＞:800↙

利用夹点编辑再次调整表格的长度,结果如附图 2 所示。

2.2.5 输入文字

选中表格,左键双击某一单元格,打开多行文字输入对话框,在文字样式中选择说明文字,文字高度为 350,输入单元格文字,单击对话框中的【确定】按钮,结束一个单元格文字填写,同样的方法,完成所有单元格文字的填写,结果如附图 2 所示。

2.2.6 输入图纸目录的标题

图层工具栏中将"文字"图层置为当前层,在样式工具栏中将当前的文字样式设置为"标题"文字,命令行输入单行文字命令 DT 并回车,按照命令行提示完成标题文字的输入:

当前文字样式:"标题"文字高度:2000 注释性:否

指定文字的起点或[对正(J)/样式(S)]:在适当位置拾取一点

指定高度＜2000＞1500↙

图纸目录↙ 输入文字"图纸目录",并回车结束文字输入

单击绘图工具栏中的 ,或在命令行输入多段线命令 PL 并回车,按照命令行提示在"图纸目录"文字下面绘制一条多段线,具体操作过程:

当前线宽为 70

指定起点:左键在"图纸目录"下适当位置拾取一点

指定下一个点或[圆弧(A)/半宽(H)/长度(L)/放弃(U)/宽度(W)]:水平极轴追踪提示下,输入 6 500↙

指定下一个点或[圆弧(A)/半宽(H)/长度(L)/放弃(U)/宽度(W)]:↙ 回车结束

最终结果如附图 2 所示。

3. 书写设计说明

3.1 绘制图纸及图符、填写标题栏文字

打开文件"××宿舍西侧游园景观设计图"。利用多重复制(CO)操作,复制图纸目录的图纸、图符、及标题栏文字。单击修改工具栏中的 ,或者在命令行输入多重复制命令 CO 并回车,命令行提示及具体操作:

选择对象:选择"图纸目录"的图纸、图符及文字

选择对象:↙

当前设置:复制模式=多个

指定基点或[位移(D)/模式(O)]＜位移＞:(左键拾取图纸的左下角点)指定第二个点或＜使用第一个点作为位移＞:结合极轴水平向右追踪,在适当位置,单击鼠标左键

指定第二个点或[退出(E)/放弃(U)]＜退出＞:↙

利用单行文字在图号处输入"T1",双击标题栏中的"图纸目录",修改成"设计说明",完成图纸及图符的复制。

3.2　书写标题文字、设计说明

3.2.1　书写标题文字

标题文字的书写方式同“图纸目录”的书写方式一样，这里标题文字字高改为 1 000，文字内容为“景观设计总说明”。

3.2.1　书写设计说明

设计说明的内容分成几项，每项中还有若干小项，由此，文字分成三次输入。单击绘图工具栏中的A，或在命令行中输入“MT”，按照命令行提示完成文字输入。

_mtext 当前文字样式：“说明”　文字高度：350　注释性：否

指定第一角点：单击鼠标左键在图纸的左上角适当位置拾取一点

指定对角点或[高度(H)/对正(J)/行距(L)/旋转(R)/样式(S)/宽度(W)/栏(C)]：在图纸下边距离左端 1/3 位置拾取一点，打开多行文字输入对话框

将文字高度改为 500，输入如附图 3 所示左端设计说明文字。

依此类推，输入其他设计说明文字，结果如附图 3 所示。

★巩固技能训练

1. 绘制小区景观绿化施工图封面

具体绘制内容如下：

图纸大小：A3

项目名称：河北隆尧奎山锦官城景观绿化施工图

项目编号：100316

单位法定人：×××

项目负责人：×××

日期：2012.04

2. 设计并绘制小区景观绿化施工图目录(A3 纸，比例 1：1)

目录主要内容如表 3-1-1 所示。

表 3-1-1　图纸目录

图纸编号	图幅	图　名	比例
T1	A3	景观设计说明	1：1
T2	A2	景观设计索引平面及竖向	1：500
T3	A2	景观设计平面定位	1：500
T4	A2	铺装大样 1	1：50
T5	A2	铺装大样 2	1：50
T6-1	A2	六角亭施工图	1：100
T6-2	A2	六角亭施工图	1：100
T7	A2	广场花架施工图	1：100

续表 3-1-1

图纸编号	图幅	图　名	比例
T8-1	A2	花架一施工图	1∶100
T8-2	A2	花架一施工图	1∶100
T9-1	A2	花架二、三施工图	1∶50
T9-2	A2	花架二、三施工图	1∶50
T10	A2	喷泉施工图	1∶100
T11	A2	小拱桥施工图	1∶100
T12	A2	水池施工图	1∶100
T13	A2	观景桥施工图	1∶100
T14	A2	植物配置设计施工图	1∶500

图纸目录的标题栏尺寸及内容如图 3-1-7 所示。

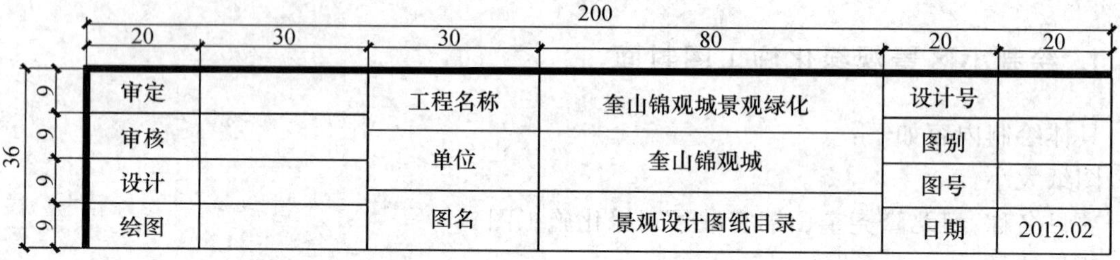

图 3-1-7　标题栏尺寸内容

3. 书写设计说明

说明的内容如下：

一、土建：

1. 所有室外铺装工程应参照室外工程规范施工。

2. 材料符合设计要求，做面层按设计要求。

3. 池壁、台阶侧壁采用 1∶3 水泥砂浆，内掺 5%建筑胶。

4. 混凝土工程参照建筑施工规范。

5. 园林铺装不宜冬季施工。

6. 未经注明的混凝土除垫层采用 C20，其他均采用 C25，砖未经注明的地下部分采用 Mu7.5 非黏土砖，M5 水泥砂浆，地上部分采用 Mu7.5 多孔砖，M5 混合砂浆。

7. 建(构)筑物基础需置于老土层，地基土质要求均匀，地基承载力标准值大于 120 kPa，基坑开挖时超出部分，用天然级配砂石，分层回填夯实至基底设计标高。

二、小品：园林小品成品由开发方自行选择，设计提供咨询，所选成品应符合园林设计风格，所有健身器材、儿童活动器材均订购成品，设计提供样式，厂家负责安装。

三、置石：景石为景观特殊要求，应选用灰白色花岗岩自然石材，由专业施工队参照要求组合摆放，保证密接，放置应在种植工作展开前完成，并确保其稳定。

四、水体：图中湖体平面图轮廓所示均为湖岸水平投影线，防水做法未经说明均采用土工膜。

施工方应核准构造做法后方可准确放线。

水体施工应配合专业管线设施进行土建施工。湖岸每超过20米长度需设变形缝一条。变形缝做法参见88J10—97，管线穿池壁需做防水处理，做法参见88J10—97。

五、防腐：

1. 所用外露钢构件应做防腐处理，除油锈后涂防锈漆两道，面层处理见设计。

2. 园林中所用木材应为经处理过的防腐木方（园艺防腐浸渍材）。如为施工队自行加工，应用杉木或楸木，并做桐油浸渍防腐处理，面层涂漆，拼接材需经设计同意并认同拼接形式。

六、排水：

1. 所有花坛挡墙须设穿墙排水管，Φ50@2000镀锌管。

2. 疏水层材料选择碎石或陶粒，粒径20～40。

七、种植部分：

1. 土壤。基层土壤应为排水良好，土质为中性及富含有机质的壤土，不应含砾石，或其他有毒或有碍生长之杂物。如含有建筑废土及其他有害成分，酸碱度超标、盐土、重黏土、沙土等，均应采用客土或采取改良土壤的技术措施。

2. 表层种植土。园林植物生长所必需的最低种植土层厚度应符合下表。

种植土应选用适于植物生长的选择性土壤，如腐殖酸土、草坪肥、草炭土、酸碱度5.5～7.0，湿度30%～70%，完全疏松，草坪种植区土壤应有平整度（土壤表面应低于道牙花池2～5厘米）。

3. 苗木选择。常绿及灌木高度：指梢顶至地面之高度；胸径指树干离地面1米处之直径平均值；冠幅指树木定植修剪后树冠之尺寸；同一规格群植灌木或绿篱高度为定植修剪后高度值，行道树定分枝点，高度2.5 m以上；苗木应选用适于邢台隆尧生长的苗木，苗木应发育端正、良好、造型姿态优美，适于园林种植。若需采用小规格或不同材料代用时，应先征得设计方许可后，方可代用。

4. 苗木种植。植物种植应在适当季节进行，以确保成活率。

落叶乔灌木：3～4月或11月。

常绿植物其他植物（3～11月）如反季节施工，应采取特殊施工措施。

种植定位应依图纸要求，并参照国家规范合理避让管线，植坑应大于最低种植层厚度要求，回填种植土应分层压实以确保植物能牢固地植于地上，大规格苗木应做支撑，种植后应立即用水浇灌，如做树耳宜做平耳。

5. 养护。移植前应根据不同树木做相应切根等必要措施，运输中应予以足够保护以免植物受损。种植1年养护期内，承建方应确保所有草本、灌木、乔木或其他植被健康生长，定期浇水、修剪、施肥，浅土壤种植应做加固。

八、降井盖须经各所属部门批准，并核准标高。所有降井盖的面层采用与周围铺地相同的材料。草地中井盖上覆卵石，场地中采用石材的雨水箅子。

标题栏尺寸及内容如图 3-1-8 所示。

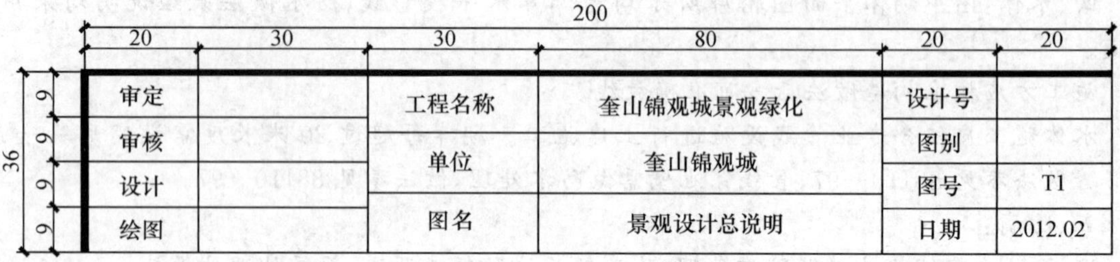

图 3-1-8 标题栏尺寸及内容

任务 2 绘制园林景观设计总平面图

学习领域

1. 园林设计平面图中各造园要素水平投影的绘制方法。
2. 园林设计平面图尺寸标注方法。
3. 园林设计平面图指北针、风玫瑰图等符号绘制。
4. 编制图例表。
5. 注写图名及比例尺等。
6. 园林景观设计总平面图的绘制步骤。

工作领域

1. 实际园林设计平面图绘图环境的设置。
2. 模板文件的使用。
3. 园林图例及符号的熟练绘制或调用。
4. 能够编写园林设计平面图的图例表。
5. 正确注写园林平面图的图名及比例尺。
6. 能够绘制园林设计平面图。

行动领域

园林设计总平面图的正确表达。

★任务知识讲解

1. 园林设计总平面图的绘制内容及用途

园林设计总平面图是表现规划范围内所有内容的图纸，即所有造园要素（如地形、山石、水体、建筑、植物及园路等）布局位置的水平投影图。它是园林设计的最基本、最重要的图纸，能够较全面地反映园林设计的总体思想及设计意图，是绘制其他园林设计图纸（如种植设计图、地形设计图等）及施工、放线、管理的主要依据。

2. 园林设计总平面图中各造园要素的表达方法

园林设计总平面图中造园要素主要有地形、山石、水体、园林建筑与小品、植物。由于园林设计平面图的比例较小，设计者不可能将构思中的各种造园要素以其真实形状表达于图纸上，而是采用一些经国家统一制定的或约定俗成的简单而形象的图例来表达。

2.1 地形

地形是造园的基础，是园林的骨架，是在一定范围内包括岩石、地貌、气候、水文、动植物等要素的自然综合体。在造园过程中，对地形进行适当的处理，可以更加合理地安排景观要素，形成更为丰富多变的层次感。其表现形式上有平地（广场、建筑用地等）、坡地（跳台、瀑布、梯步道路、微地形的疏林草地等）、台地（不同高程的平台）、掇山、置石等。除掇山、置石外，地形的高低变化及其分布情况通常用等高线表示。设计地形等高线用细实线绘制，原地形等高线用细虚线绘制，设计总平面图中等高线可以不注高程。

2.2 园林建筑及小品

在大比例图纸中，对有门窗的建筑，可采用通过窗台以上部位的水平剖面图来表示，对没有门窗的建筑，采用通过支撑柱部位的水平剖面图来表示，用粗实线画出断面轮廓，用中实线画出其他可见轮廓，此外，也可采用屋顶平面图来表示（仅适用于坡屋顶和曲面屋顶），用粗实线画出外轮廓，用细实线画出屋面。对花坛、花架等建筑小品用细实线画出投影轮廓；在小比例图纸中（1：10 000 以上），只需用粗实线画出水平投影外轮廓线，建筑小品可不画。

2.3 水体

水体一般用两条线表示，外面的一条表示水体边界线（即驳岸线），用特粗实线绘制；里面的一条为等深线，用细实线绘制。

2.4 山石

山石均采用其水平投影轮廓线概括表示，以粗实线绘出边缘轮廓，以细实线概括绘出皴纹。

2.5 道路与广场

道路用细实线画出路缘，对铺装路面也可按设计图案简略示出。

平面图上的广场通常具有一定的形状，并设计绘制有铺装与道路区分，铺装可以是单一的，也可以是由不同材质拼成图案。

2.6 植物

园林植物的平面图以植物平面图例来表示。在平面图上要尽量区分出针叶树、阔叶树、乔木、灌木、常绿树、落叶树、树丛、规整绿篱、草花、草坪。树冠的投影，要按照成龄以后的树冠大小画。

3. 园林设计平面图尺寸标注方法

设计平面图中定位方式有两种：一种是根据原有景物定位，标注新设计的主要景物与原有景物之间的相对距离。另一种是采用直角坐标网定位。直角坐标网有建筑坐标网和测量坐标网两种标注方式。建筑坐标网是以工程范围内的某一点为“零”点，再按一定距离画出网格，水平方向为 B 轴，垂直方向为 A 轴，便可确定网格坐标。测量坐标网是根据造园所在地的测量基准点的坐标，确定网格的坐标，水平方向为 y 轴，垂直方向为 x 轴。坐标网格用细实线绘制。

4. 指北针或风玫瑰

在平面图上注明北方向。

风玫瑰：表示该地区风向情况的示意图，分 16 个方向，根据该地区多年统计的各个方向的风吹次数的百分数绘制的，风玫瑰常与指北针合并画在一起。风玫瑰图中的粗实线表示全年风频情况，最长线表示该地区的主导风向。

5. 比例或比例尺

在平面图上标注图名的同时需要标注比例，依据比例可以得知园林的实际尺度大小，常用的绘图比例为 1∶200、1∶250、1∶500、1∶1 000 等。

平面图与实际尺寸不成整比时，常在图上画出比例尺来表示平面图的比例大小。

6. 图例表

图例表用来说明图中一些自定义的图例的对应含义，常见的图例包括平面树图例及平面图上设计内容的说明。如附图 4 所示的图例及苗木表。

7. 园林景观设计总平面图的绘制步骤

由于规划设计的面积、内容有所不同，我们在绘制总平面图时所采取的方法也不同，面积较小或地形地貌较简单或规划设计内容也较单一时，采取以下绘制步骤：

(1)建立绘图环境。

(2)根据提供的尺寸进行绿地范围放线。

(3)绘制道路广场、建筑小品、山石水体、绿化等造园要素。

(4)标注及景点说明。

(5)添加文字说明、比例、指北针或风玫瑰等细节。

(6)进行打印设置，图纸输出。

对于绿地面积较大、地形地貌较复杂或规划设计程度较深的绿地，可以采取以下绘制步骤：

(1)建立绘图环境。

(2)对于地形地貌较复杂的绿地，如城市绿地规划系统、风景区规划等，当没有 AutoCAD 格式的地形文件可以直接利用时，把地形图扫描后进行矢量化处理，使图上的线条处于可编辑状态，插入 AutoCAD，根据实际尺寸对图形进行缩放，而后进行下一步绘制；对于地形地貌简单或规划内容单一的绿地，如观赏性质的公园绿地规划、居住区绿地规划等，根据资料提供的尺寸进行绿地范围放线，或把地形资料扫描后插入 AutoCAD，在 AutoCAD 中对需要的线条进行描绘，然后根据实际尺寸对描绘的图形进行缩放。

(3)绘制总平面图需要的主要内容，如分区、边界等，以及道路广场、建筑小品、山石水体、绿化等造园要素。

(4)标注及景点说明。

(5)添加文字说明、比例、指北针或风玫瑰等细节。

(6)进行打印设置,图纸输出。

★任务操作

1. 绘制图纸及图符、填写标题栏文字

1.1 复制图纸及图符、填写标题栏文字

利用多重复制(COPY)操作,复制"景观设计总说明"的图纸、图符及标题栏文字。单击修改工具栏中的 ,或者在命令行输入多重复制命令 COPY(CO)并回车,命令行提示及具体操作:

选择对象:选择"景观设计总说明"的图纸、图符及文字

选择对象:↙

当前设置:复制模式=多个

指定基点或[位移(D)/模式(O)]<位移>:(左键拾取图纸的左下角点)指定第二个点或<使用第一个点作为位移>:结合 0°追踪,在适当位置,单击鼠标左键

指定第二个点或[退出(E)/放弃(U)]<退出>:↙

鼠标左键双击图号处的"T1",将其更改为"T2";双击标题栏中的"设计说明",修改成"景观设计总平面",完成图纸及图符的复制,结果如图 3-2-1 所示。

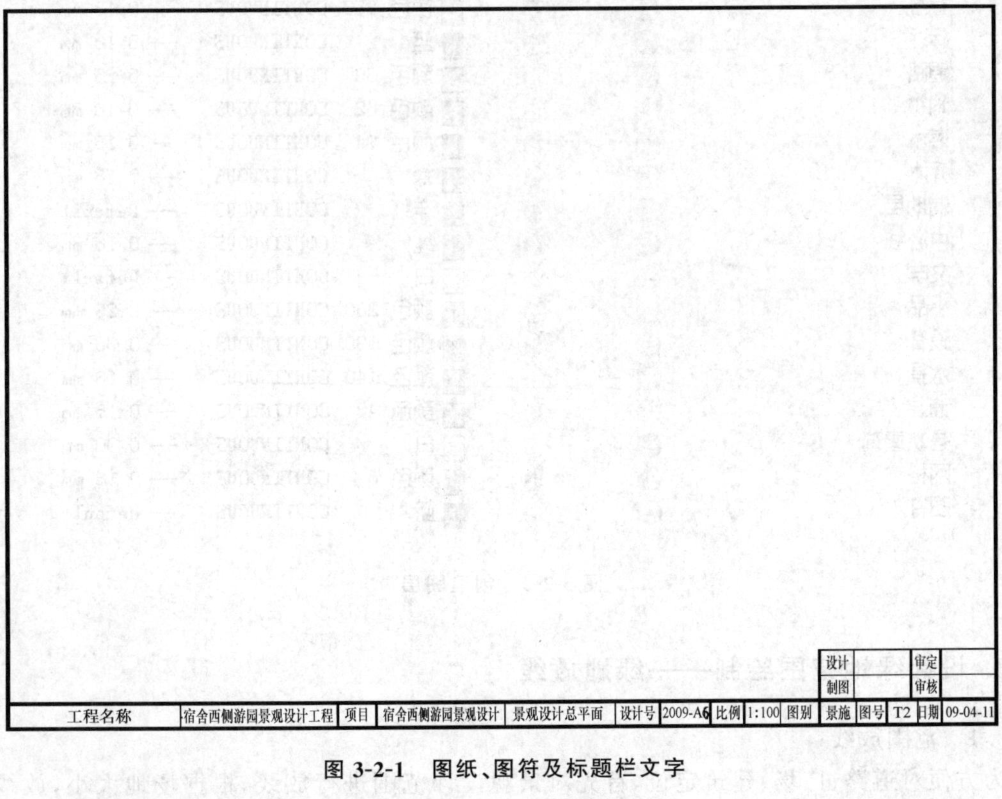

图 3-2-1 图纸、图符及标题栏文字

1.2 根据出图比例缩放图纸及图符、标题栏文字

园林设计总平面图是表现规划范围内所有内容的图纸，尺度比较大，采用的出图比例较小，本例采用 1∶250 的比例出图，上面所复制的图纸是按照 1∶100 的比例出图时的大小，所以要将整个图纸及里面的图符、标题栏文字放大 2.5 倍。

鼠标左键单击修改工具栏中的，或者在命令行中输入缩放命令 SCALE(快捷键为 SC)，命令行提示及操作：

SCALE

选择对象：选择图 3-2-1 内的所有对象

选择对象：↙

指定基点：左键拾取图纸的左下角点

指定比例因子或[复制(C)/参照(R)]<1>：2.5↙

完成图纸及图符、填写标题栏文字的绘制，如图 3-2-1 所示。

2. 创建图层

根据总平面图表达的内容，打开图层特性管理器，创建以下图层：道路、景观建筑、小品、水景、设备、乔木、灌木、地被、标注、中心线、铺装、辅助层，并设置图层的颜色、线型和线宽，如图 3-2-2 所示。

名称	开	在所有...	锁定	颜色	线型	线宽
0				白	Continuous	— Default
标高				颜色 253	CONTINUOUS	— 0.18 mm
标注				蓝	CONTINUOUS	— 0.18 mm
道路				颜色 30	CONTINUOUS	— 0.25 mm
地被				颜色 62	CONTINUOUS	— 0.18 mm
灌木				颜色 94	CONTINUOUS	— 0.18 mm
乔木				绿	CONTINUOUS	— 0.18 mm
辅助层				洋红	CONTINUOUS	— Default
中心线				红	CONTINUOUS	— 0.18 mm
文字				白	CONTINUOUS	— Default
小品				颜色 200	CONTINUOUS	— 0.25 mm
设备				颜色 190	CONTINUOUS	— 0.30 mm
水景				颜色 140	CONTINUOUS	— 0.18 mm
铺装				颜色 43	CONTINUOUS	— 0.18 mm
景观建筑				白	CONTINUOUS	— 0.30 mm
网格				颜色 8	CONTINUOUS	— 0.18 mm
图符				蓝	CONTINUOUS	— Default

图 3-2-2 创建图层

3. 设计绿地范围绘制——绿地放线

3.1 范围放线

为方便对道路、广场、建筑定位，首先对景观设计范围进行放线，根据场地大小，放线网格

设置为 5 000 毫米×5 000 毫米。将网格层置为当前，用直线命令绘制水平线和垂直线，然后用阵列命令，复制出图 3-2-3 所示的网格。

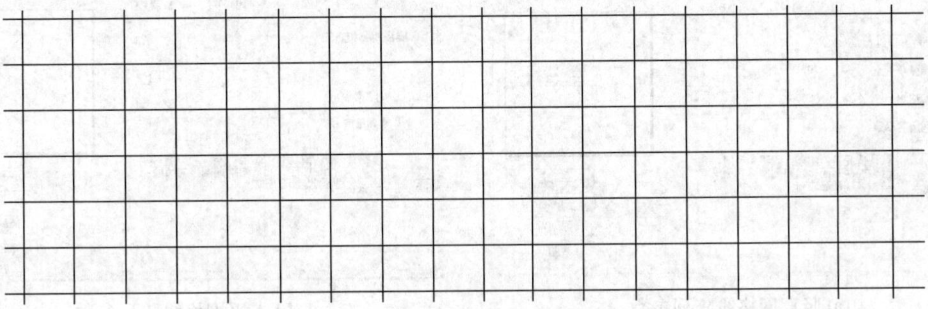

图 3-2-3　网格绘制

单击绘图工具栏的，或在命令行输入直线命令(L)并回车，具体操作如下：

LINE 指定第一点：鼠标左键在图纸左上角适当位置拾取一点

指定下一点或[放弃(U)]：在 270°极轴追踪的提示下(图 3-2-4(a))输入 32 000↙

指定下一点或[放弃(U)]：↙

再次按回车键，重复直线命令，命令行提示及操作：

LINE 指定第一点：鼠标左键在图纸左上角适当位置拾取一点

指定下一点或[放弃(U)]：在 0°极轴追踪的提示下(图 3-2-4(b))，输入 90 000↙

指定下一点或[放弃(U)]：↙

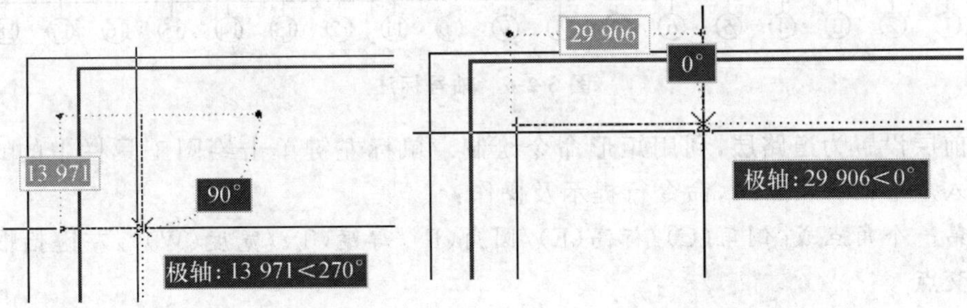

(a) 垂直线绘制　(b) 水平线绘制

图 3-2-4　直线命令绘制网格垂直线和水平线

选择竖直直线，单击修改工具栏的，或在命令行输入阵列命令(快捷键 AR)并回车，打开阵列命令对话框，设置如图 3-2-5(a)所示，完成竖向网格的绘制；选择水平直线，再次阵列，设置如图 3-2-5(b)所示，结果如图 3-2-3 所示。

3.2　绘制轴号

将“标注”层置为当前，绘制轴号。在样式工具栏中，将当前文字样式设置为“说明”，绘制直径为 2 500 毫米的圆，然后利用单行文字输入字高为 1 250 的字母及数字，结果如图 3-2-6 所示。

3.3　绘制绿地边界

设计边界一般用粗实线绘制。

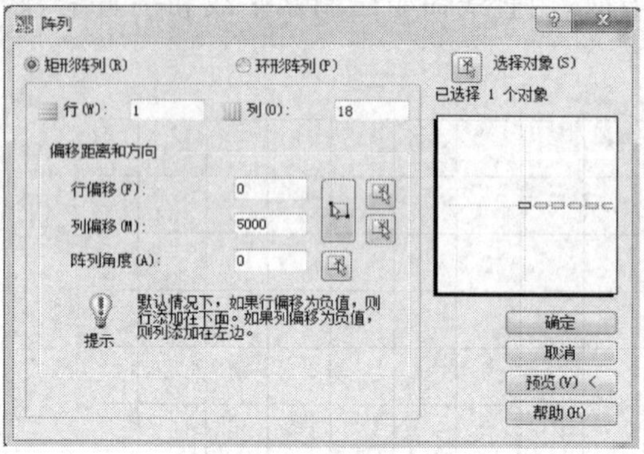

(a) 竖直网格线阵列参数

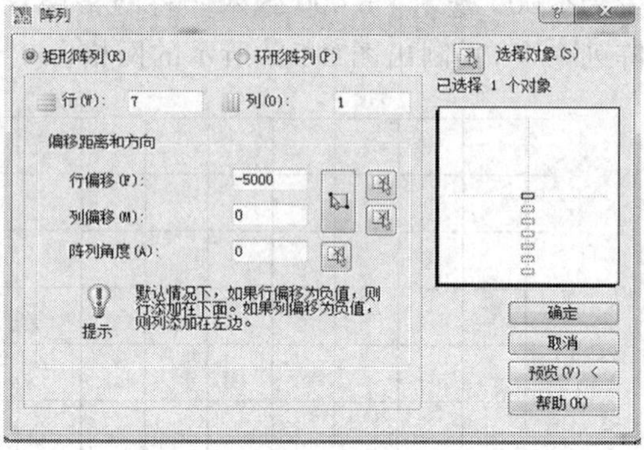

(b) 水平网格线阵列参数

图 3-2-5 阵列参数设置

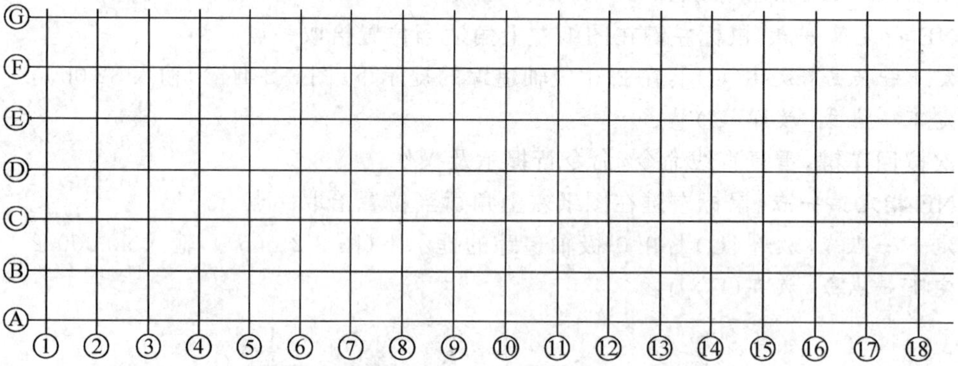

图 3-2-6 轴号标注

将当前层设置为道路层，利用矩形命令绘制。鼠标左键单击绘图工具栏中的□，或者在命令行输入矩形命令(REC)，命令行提示及操作：

指定第一个角点或[倒角(C)/标高(E)/圆角(F)/厚度(T)/宽度(W)]：左键拾取“1 轴”与“A 轴”的交点

指定另一个角点或[面积(A)/尺寸(D)/旋转(R)]：@87000，30320↙

双击矩形，设置其宽度为 175，结果如图 3-2-7 所示。

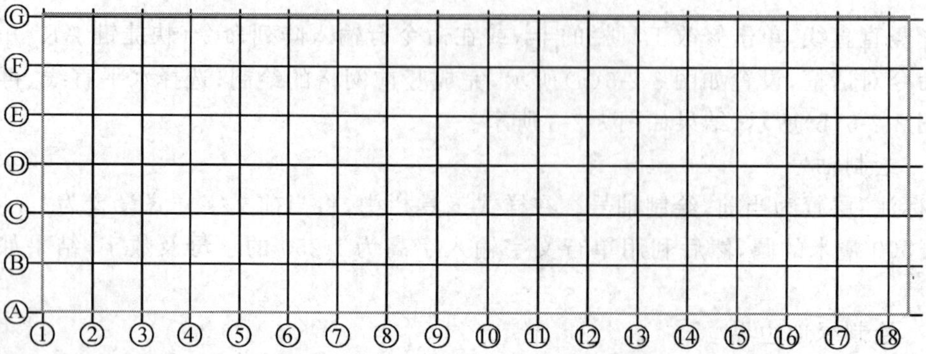

图 3-2-7 绘制绿地边界

4. 周边人行道及广场绘制

将"道路"层置为当前层，打开状态开关中的极轴、对象捕捉、对象追踪、动态 DYN。

4.1　绘制绿地范围周边的人行道

人行道的宽度为 1 500 毫米，利用偏移复制绘制，清晰起见，关掉网格层。

单击修改工具栏中的，或在命令行输入偏移命令(快捷键 O)并回车，命令行提示及操作：

当前设置：删除源＝否　图层＝源　OFFSETGAPTYPE＝0

指定偏移距离或[通过(T)/删除(E)/图层(L)]＜通过＞：1500↙

选择要偏移的对象，或[退出(E)/放弃(U)]＜退出＞：拾取绿地边界

指定要偏移的那一侧上的点，或[退出(E)/多个(M)/放弃(U)]＜退出＞：在绿地范围内部任意位置拾取一点

选择要偏移的对象，或[退出(E)/放弃(U)]＜退出＞：↙

双击复制对象，将其宽度改为 0，结果如图 3-2-8 所示。

图 3-2-8　周边人行道绘制

4.2　绘制广场

4.2.1　绘制各个广场的定位辅助线

(1)绘制各个广场的竖直定位辅助线。将"辅助线"层作为当前层，利用构造线绘制各个广场的中心位置。绘图工具栏单击或在命令行输入构造线命令(XL)并回车，根据命令行提示操作：

xline 指定点或[水平(H)/垂直(V)/角度(A)/二等分(B)/偏移(O)]：V↙

指定通过点：拾取绿地水平边界的中点

指定通过点：↙

利用偏移复制，尺寸参见图 3-2-9，绘制其他广场的中心位置。单击修改工具栏中的，或在命令行输入偏移命令(O)并回车，命令行提示及操作：

指定偏移距离或[通过(T)/删除(E)/图层(L)]＜29310＞：25030↙

选择要偏移的对象，或[退出(E)/放弃(U)]＜退出＞：选择刚刚绘制的竖直构造线

指定要偏移的那一侧上的点，或[退出(E)/多个(M)/放弃(U)]＜退出＞：在构造线的左侧拾取一点

选择要偏移的对象,或[退出(E)/放弃(U)]<退出>:↙

根据图中的尺寸完成其他竖直构造线的绘制,结果如图 3-2-9 所示。

(2)绘制各个广场的水平定位辅助线。将"辅助线"层作为当前层。绘图工具栏单击或在命令行输入构造线命令(XL)并回车,根据命令行提示操作:

xline 指定点或[水平(H)/垂直(V)/角度(A)/二等分(B)/偏移(O)]:H↙

指定通过点:拾取人行道上的 A 点

指定通过点:↙

根据图 3-2-9 中的尺寸,利用偏移复制操作,完成其他水平构造线的绘制,结果如图 3-2-9 所示。图上的 B、C、D、E、F 分别是五个小广场的中心位置。

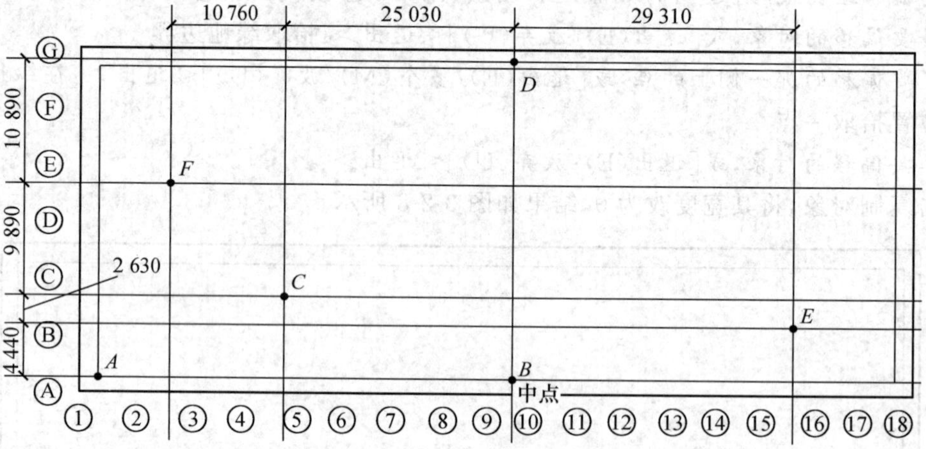

图 3-2-9 广场中心位置确定

4.2.2 绘制广场

(1)绘制入口广场。入口广场为半圆,以图 3-2-9 中的 B 点为中心,利用画圆与修剪命令完成。

将"道路"层置为当前,命令行输入圆命令(C)并回车,或单击绘图工具栏中的,命令行提示及操作:

CIRCLE 指定圆的圆心或[三点(3P)/两点(2P)/相切、相切、半径(T)]:拾取点 B

指定圆的半径或[直径(D)]<200>:5000↙

结果如图 3-2-10(a)所示。

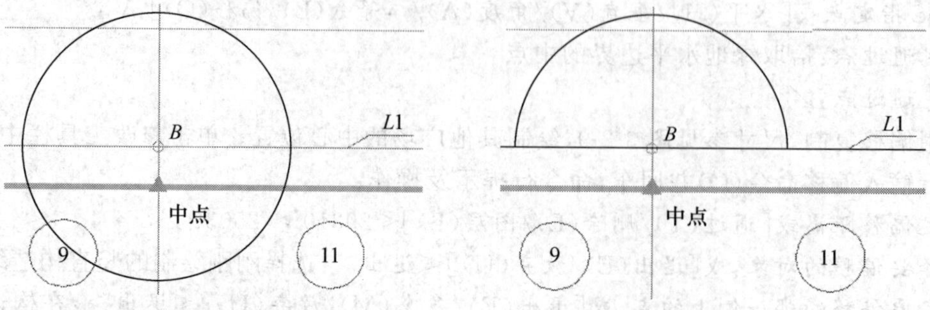

(a) 圆的绘制　　(b) 修剪

图 3-2-10 入口广场绘制过程

单击修改工具栏中的 -/--，或在命令行输入修剪命令（快捷键 TR）并回车，命令行提示及操作：

当前设置：投影＝UCS，边＝无

选择剪切边…

选择对象或＜全部选择＞：左键选择直线 $L1$

选择对象：↙

选择要修剪的对象，或按住 Shift 键选择要延伸的对象，或［栏选（F）/窗交（C）/投影（P）/边（E）/删除（R）/放弃（U）］：选择圆的下半部分，回车结束

完成修剪后的图形如图 3-2-10（b）所示。

（2）绘制水池广场。水池广场为半圆，圆心为图 3-2-9 的 D 点，半径为 12 000，绘制方法同入口广场，利用修剪命令，修剪广场内部的线条，结果如图 3-2-11 所示。

（3）绘制健身广场。健身广场由两部分构成，外围为正四方形，中间为椭圆，长半轴 4 000 毫米，短半轴 2 500 毫米。首先绘制椭圆，命令行输入椭圆命令（EL）并回车，或单击绘图工具栏中的 ⬭，命令行提示及操作：

指定椭圆的轴端点或［圆弧（A）/中心点（C）］：C ↙

指定椭圆的中心点：拾取图 3-2-9 所示的 C 点

指定轴的端点：在 0°极轴追踪提示下，输入 4 000 ↙

指定另一条半轴长度或［旋转（R）］：在 90°极轴追踪提示下，输入 2 500 ↙

结果如图 3-2-12 所示。

利用正多边形命令绘制正方形，单击绘图工具栏中的 ⬠，或在命令行输入正多边形命令（POL）并回车，命令行提示及操作：

_polygon 输入边的数目＜4＞：↙

指定正多边形的中心点或［边（E）］：拾取图 3-2-9 所示的 C 点

输入选项［内接于圆（I）/外切于圆（C）］＜I＞：↙

指定圆的半径：拾取 270°竖直极轴追踪线与 $L1$ 线的交点 G

完成正方形的绘制，结果如图 3-2-12 所示。

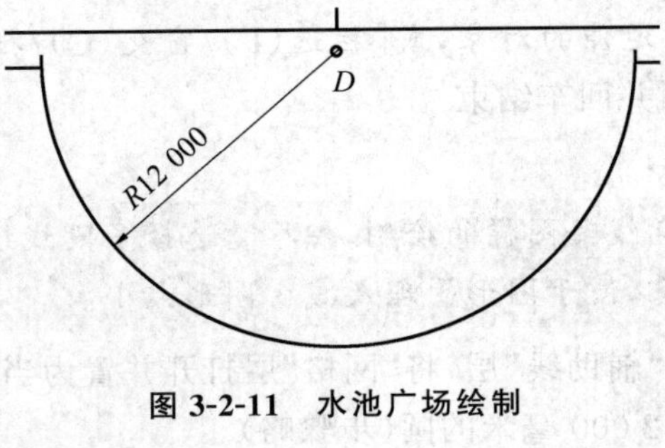

图 3-2-11　水池广场绘制

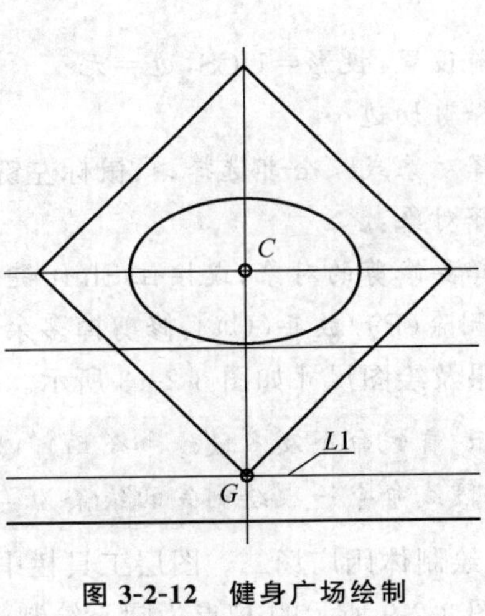

图 3-2-12　健身广场绘制

（4）绘制休闲广场一。休闲广场一由直线与圆弧构成，首先利用圆命令绘制一半径为

4 500毫米的圆，圆心为图 3-2-9 所示的 F 点，然后利用多段线绘制直线部分。

绘制半径为 4 500 毫米的圆(操作步骤略)。

调出隐藏工具栏中的“对象捕捉”工具栏(在已有工具栏上单击鼠标右键，在弹出的快捷菜单上单击 对象捕捉，调出临时捕捉工具栏)，如图 3-2-13 所示。

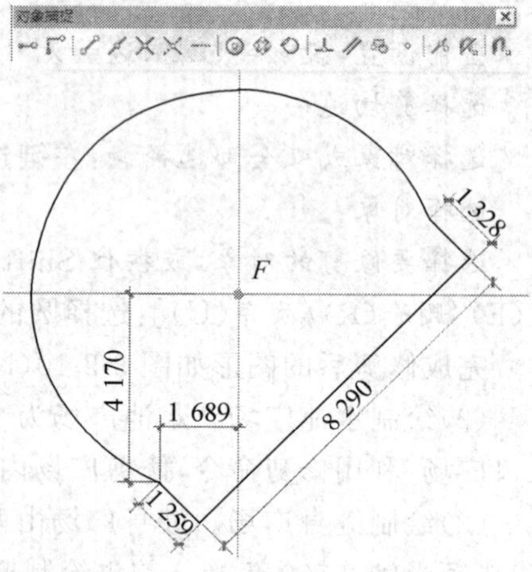

图 3-2-13 休闲广场一绘制

在状态栏中“极轴”按钮上单击鼠标右键，打开草图设置对话框，设置极轴追踪角度为 45°。

单击绘图工具栏中的 ，或在命令行输入多段线命令(PL)并回车，命令行提示及操作：

指定起点：单击对象捕捉工具栏中的“捕捉自”按钮 ，_ from 基点：拾取 F 点＜偏移＞：@-1689，－4 170↙命令行提示“＜偏移＞：”时，输入相对坐标并回车

当前线宽为 70

指定下一个点或[圆弧(A)/半宽(H)/长度(L)/放弃(U)/宽度(W)]：W↙

指定起点宽度＜70＞：0↙

指定端点宽度＜0＞：↙

指定下一个点或[圆弧(A)/半宽(H)/长度(L)/放弃(U)/宽度(W)]：在 315°极轴追踪角度提示下，输入 1 259↙

指定下一个点或[圆弧(A)/半宽(H)/长度(L)/放弃(U)/宽度(W)]：在 45°极轴追踪角度提示下，输入 8 290↙

指定下一点或[圆弧(A)/闭合(C)/半宽(H)/长度(L)/放弃(U)/宽度(W)]：拾取 135°极轴追踪线与圆周的交点

指定下一点或[圆弧(A)/闭合(C)/半宽(H)/长度(L)/放弃(U)/宽度(W)]：↙

单击修改工具栏中的 ，或在命令行输入修剪命令(快捷键 TR)并回车，命令行提示及操作：

当前设置：投影＝UCS，边＝无

选择剪切边…

选择对象或＜全部选择＞：鼠标左键选择圆及多段线

选择对象：↙

选择要修剪的对象，或按住 Shift 键选择要延伸的对象，或[栏选(F)/窗交(C)/投影(P)/边(E)/删除(R)/放弃(U)]：修剪掉多余的圆周并回车结束

结果及绘图尺寸如图 3-2-13 所示。

提示：直线命令及多段线命令均可以完成直线条图样的绘制，但尽量选择多段线绘制，因为用多段线命令一次绘制完的线条为单一对象，便于图形管理及减少图形大小。

(5)绘制休闲广场二。图层工具栏中，关掉“辅助线”层，将“网格”层打开并置为当前层。

如图 3-2-9 所示的 E 点为圆心绘制半径为 2 000 毫米的圆(步骤略)。

在对象特性工具栏将颜色设置为洋红，在“14—17”轴号及“A—C”轴号间绘制间距为

1 000 毫米的网格,以对不规则的圆弧定位,如图 3-2-14(a)所示。

道路层为当前层,利用圆弧命令及样条线绘制广场边界。

单击绘图工具栏中的,或在命令行输入圆弧命令(a)并回车,命令行提示及操作:

ARC 指定圆弧的起点或[圆心(C)]:拾取 3-2-14(a)所示的点 1

指定圆弧的第二个点或[圆心(C)/端点(E)]:拾取 3-2-14(a)所示的点 2

指定圆弧的端点:拾取 45°极轴追踪线与圆周的交点

结果如图 3-2-14(b)所示。

单击绘图工具栏中的,或在命令行输入样条曲线命令(SPL)并回车,命令行提示及操作:

指定第一个点或[对象(O)]:拾取 3-2-14(a)所示的点 3

指定下一点:拾取第一段圆弧中心位置

指定下一点:拾取第一段圆弧结束位置

指定下一点:拾取第二段圆弧中心位置

指定下一点:拾取第二段圆弧结束位置

指定下一点:↙

指定起点切向:110 ↙

指定端点切向:245 ↙

结果如图 3-2-14(b)所示。

利用修剪命令修剪掉人行道与广场重合部分,结果如图 3-2-14(c)所示。

至此,广场绘制完毕,如图 3-2-15 所示。

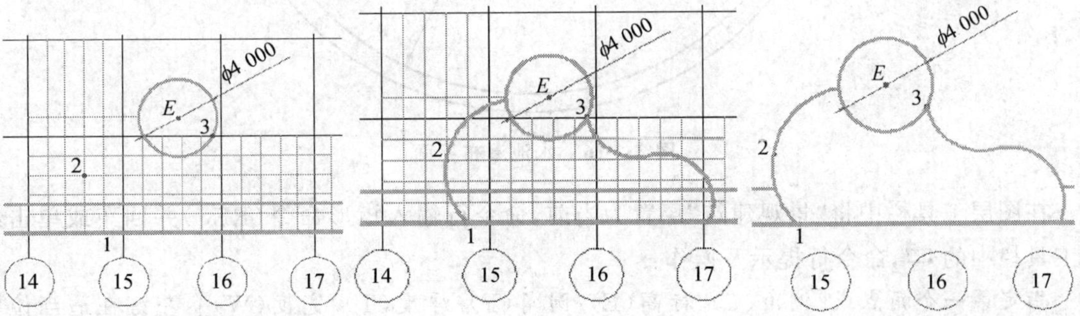

(a)圆及辅助网格　(b)广场边界绘制　(c)广场修剪

图 3-2-14 休闲广场二绘制

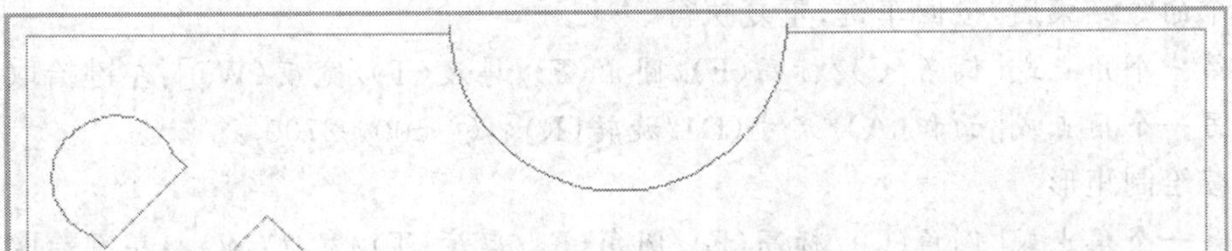

图 3-2-15 广场整体效果

5. 水体绘制

5.1　绘制水池瀑布

水池瀑布由三部分构成，中间是跌水墙，两侧是水池，水池岸及墙体属于园林景观中的构筑物，将其放置在景观建筑层。

5.1.1　绘制跌水墙

跌水墙的尺寸如图 3-2-16 所示。中间大矩形为跌水部分，两侧矩形为挡水墙，利用矩形命令绘制。

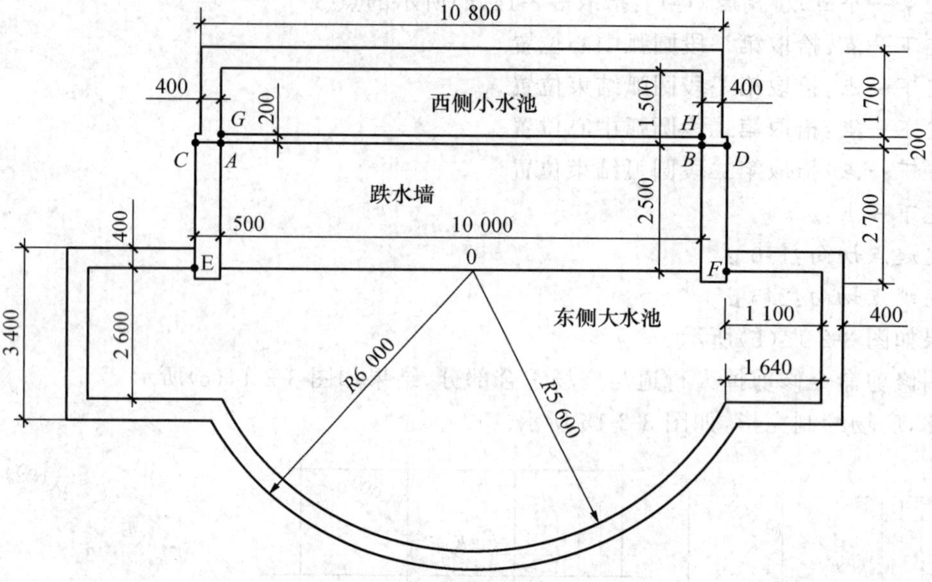

图 3-2-16　水池瀑布平面

在图层工具栏中将“景观建筑”层置为当前，命令行输入矩形命令(REC)并回车或单击绘图工具栏中的，命令行提示及操作：

指定第一个角点或[倒角(C)/标高(E)/圆角(F)/厚度(T)/宽度(W)]：左键在适当位置拾取一点

指定另一个角点或[面积(A)/尺寸(D)/旋转(R)]：@10000,2500↙

↙一个命令结束后，按回车键，重复执行

指定第一个角点或[倒角(C)/标高(E)/圆角(F)/厚度(T)/宽度(W)]：左键拾取点 *A*

指定另一个角点或[面积(A)/尺寸(D)/旋转(R)]：@-500,-2700↙

↙继续绘制矩形

指定第一个角点或[倒角(C)/标高(E)/圆角(F)/厚度(T)/宽度(W)]：左键拾取点 *B*

指定另一个角点或[面积(A)/尺寸(D)/旋转(R)]：@500,－2700↙

至此，完成中间跌水墙及两侧挡水墙的绘制。

提示：当状态工具栏中的 DYN 是打开的，系统默认对于第二个点或后续点的坐标为相对坐标，所以上述输入第二个点坐标时，如果在绘图窗口中输入，可以去掉符号“@”。

5.1.2 绘制西侧小水池

西侧小水池的尺寸及形状如图 3-2-16 所示，利用多段线绘制。

单击绘图工具栏中的 ，或在命令行输入多段线命令(PL)并回车，命令行提示及操作：

指定起点：拾取图中的点 *C*

指定下一个点或[圆弧(A)/半宽(H)/长度(L)/放弃(U)/宽度(W)]：在 90°极轴追踪提示下输入 200↙

指定下一个点或[圆弧(A)/半宽(H)/长度(L)/放弃(U)/宽度(W)]：在 0°极轴追踪提示下输入 100↙

指定下一个点或[圆弧(A)/半宽(H)/长度(L)/放弃(U)/宽度(W)]：在 90°极轴追踪提示下输入 1 700↙

指定下一个点或[圆弧(A)/半宽(H)/长度(L)/放弃(U)/宽度(W)]：在 0°极轴追踪提示下输入 10 800↙

指定下一个点或[圆弧(A)/半宽(H)/长度(L)/放弃(U)/宽度(W)]：在 270°极轴追踪提示下输入 1 700↙

指定下一个点或[圆弧(A)/半宽(H)/长度(L)/放弃(U)/宽度(W)]：在 0°极轴追踪提示下输入 100↙

指定下一个点或[圆弧(A)/半宽(H)/长度(L)/放弃(U)/宽度(W)]：拾取 *D* 点

指定下一个点或[圆弧(A)/半宽(H)/长度(L)/放弃(U)/宽度(W)]：↙

↙(继续绘制多段线)

指定起点：拾取图中的点 *A*

指定下一个点或[圆弧(A)/半宽(H)/长度(L)/放弃(U)/宽度(W)]：在 90°极轴追踪提示下输入 1 500↙

指定下一个点或[圆弧(A)/半宽(H)/长度(L)/放弃(U)/宽度(W)]：在 0°极轴追踪提示下输入 10 000↙

指定下一个点或[圆弧(A)/半宽(H)/长度(L)/放弃(U)/宽度(W)]：在 270°极轴追踪提示下输入 1 500↙

指定下一个点或[圆弧(A)/半宽(H)/长度(L)/放弃(U)/宽度(W)]：↙

↙

指定起点：拾取图中的点 *G*

指定下一个点或[圆弧(A)/半宽(H)/长度(L)/放弃(U)/宽度(W)]：拾取图中的点 *H*

指定下一个点或[圆弧(A)/半宽(H)/长度(L)/放弃(U)/宽度(W)]：↙

至此，完成西侧小水池的绘制。

5.1.3 绘制东侧大水池

大水池大小及形状如图 3-2-16 所示，由直线和圆弧构成，利用多段线完成绘制。

单击绘图工具栏中的 ，或在命令行输入多段线命令(PL)并回车，命令行提示及操作：

指定起点：拾取图中的点 *E*

指定下一个点或[圆弧(A)/半宽(H)/长度(L)/放弃(U)/宽度(W)]：在 180°极轴追踪提示下输入 1 100↙

指定下一个点或[圆弧(A)/半宽(H)/长度(L)/放弃(U)/宽度(W)]：在 270°极轴追踪提

示下输入 2 600 ↙

指定下一个点或[圆弧(A)/半宽(H)/长度(L)/放弃(U)/宽度(W)]:在 0°极轴追踪提示下输入 1 640 ↙

指定下一个点或[圆弧(A)/半宽(H)/长度(L)/放弃(U)/宽度(W)]:A ↙

指定圆弧的端点或[角度(A)/圆心(CE)/闭合(CL)/方向(D)/半宽(H)/直线(L)/半径(R)/第二个点(S)/放弃(U)/宽度(W)]:R ↙

指定圆弧的半径:5600 ↙

指定圆弧的端点或[角度(A)]:在 0°极轴追踪提示下输入 9 920 ↙

指定圆弧的端点或[角度(A)/圆心(CE)/闭合(CL)/方向(D)/半宽(H)/直线(L)/半径(R)/第二个点(S)/放弃(U)/宽度(W)]:L ↙

指定下一点或[圆弧(A)/闭合(C)/半宽(H)/长度(L)/放弃(U)/宽度(W)]:在 0°极轴追踪提示下输入 1 640 ↙

指定下一点或[圆弧(A)/闭合(C)/半宽(H)/长度(L)/放弃(U)/宽度(W)]:在 90°极轴追踪提示下输入 2 600 ↙

指定下一点或[圆弧(A)/闭合(C)/半宽(H)/长度(L)/放弃(U)/宽度(W)]:拾取 *F* 点

指定下一点或[圆弧(A)/闭合(C)/半宽(H)/长度(L)/放弃(U)/宽度(W)]:↙

单击修改工具栏中的，或在命令行输入修改命令(O)并回车，命令行提示及操作：

当前设置:删除源＝否　图层＝源　OFFSETGAPTYPE＝0

指定偏移距离或[通过(T)/删除(E)/图层(L)]＜500＞:400 ↙

选择要偏移的对象，或[退出(E)/放弃(U)]＜退出＞:选择上步绘制的多段线

指定要偏移的那一侧上的点，或[退出(E)/多个(M)/放弃(U)]＜退出＞:在多段线的下面任意位置拾取一点

选择要偏移的对象，或[退出(E)/放弃(U)]＜退出＞:↙

至此，完成东侧大水池的绘制。

5.1.4　移动跌水墙水池

单击修改工具栏中的，或在命令行输入移动命令(M)并回车，命令行提示及操作：

选择对象:选择 5.1.1 至 5.1.3 绘制的跌水墙水池

选择对象:指定对角点:找到 57 个

选择对象:↙

指定基点或[位移(D)]＜位移＞:拾取跌水墙水池中的 *O* 点

指定基点或[位移(D)]＜位移＞:指定第二个点或＜使用第一个点作为位移＞:拾取图 3-2-9中的水池广场中心 *D* 点

利用修剪命令修剪掉水池内部的人行道，结果如图3-2-17(a)所示。

5.1.5　绘制人行道水池两侧的排水沟

当前层仍然是景观建筑层，利用直线命令绘制排水沟，具体操作：

命令:L ↙

LINE 指定第一点:拾取图 3-2-17(a)中的 *A* 点

指定下一点或[放弃(U)]:拾取 180°角极轴追踪线与园界的交点

指定下一点或[放弃(U)]:↙

↙

LINE 指定第一点:拾取图 3-2-17(a)中的 *B* 点

指定下一点或[放弃(U)]:拾取 180°角极轴追踪线与园界的交点

指定下一点或[放弃(U)]:↙

同理,依次以图 3-2-17(a)中 *C*、*D* 点为第一点,绘制另一侧排水沟,结果如图 3-2-17(b)所示。

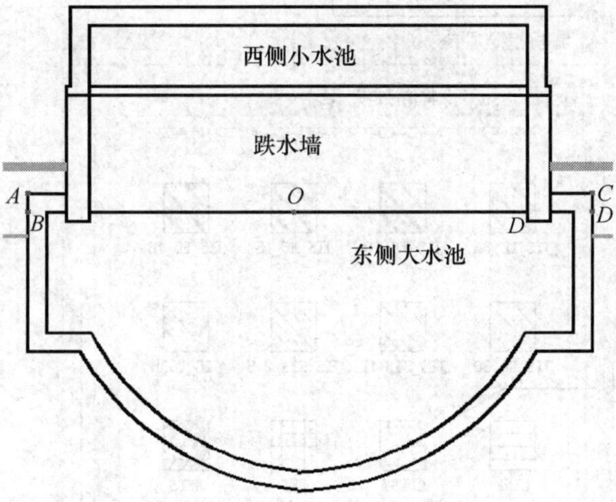

(a) 水池位置

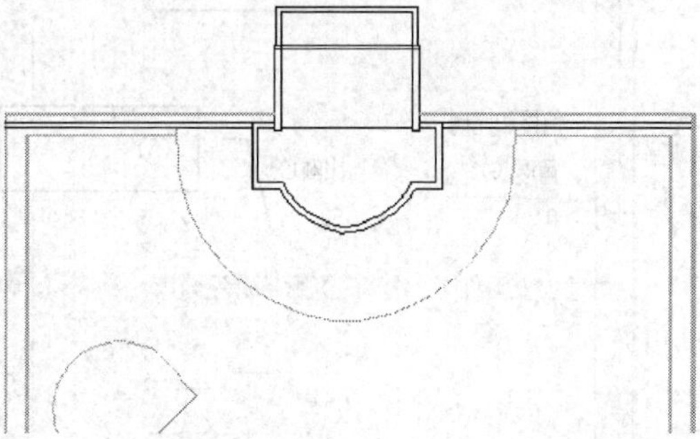

(b) 排水沟绘制

图 3-2-17　水池及两侧排水沟绘制

5.1.6　绘制水池内部的水

水池内部的水主要通过波纹来表示,水波纹采用填充命令绘制,或者利用直线命令绘制,此处采用填充命令。命令行输入填充命令(H)或单击绘图工具栏的▦,打开图 3-2-18 所示的图案填充对话框,执行以下六步:

依次执行①、②、③、④。

命令行提示:"拾取内部点或[选择对象(S)/删除边界(B)]:"左键依次在填充边界内部拾取,结束拾取后按回车键,返回到图案填充对话框

结合预览,调整比例(S)大小,在⑤处输入 50。

填充结果如图 3-2-19 所示。

5.2　绘制自然水体

绘制自然水体时,一般在初步设计阶段采用样条线绘制,但在施工图绘制阶段,一般采用多段线绘制,多段线容易标注尺寸,本例即采用先绘制放线网格,然后利用多段线绘制水体驳岸。

5.2.1　绘制方格网

图层工具栏中,将"辅助线"层置为当前,在"4—8"轴号与"C—G"轴号间绘制间距为 1 000 毫米的方格网,如图 3-2-20 所示,采用直线命令与偏移复制命令绘制(绘制步骤略)。

5.2.2　绘制自然水体驳岸

将"水景"层置为当前,在命令行输入多段线命令(PL)并回车,命令行提示及操作:

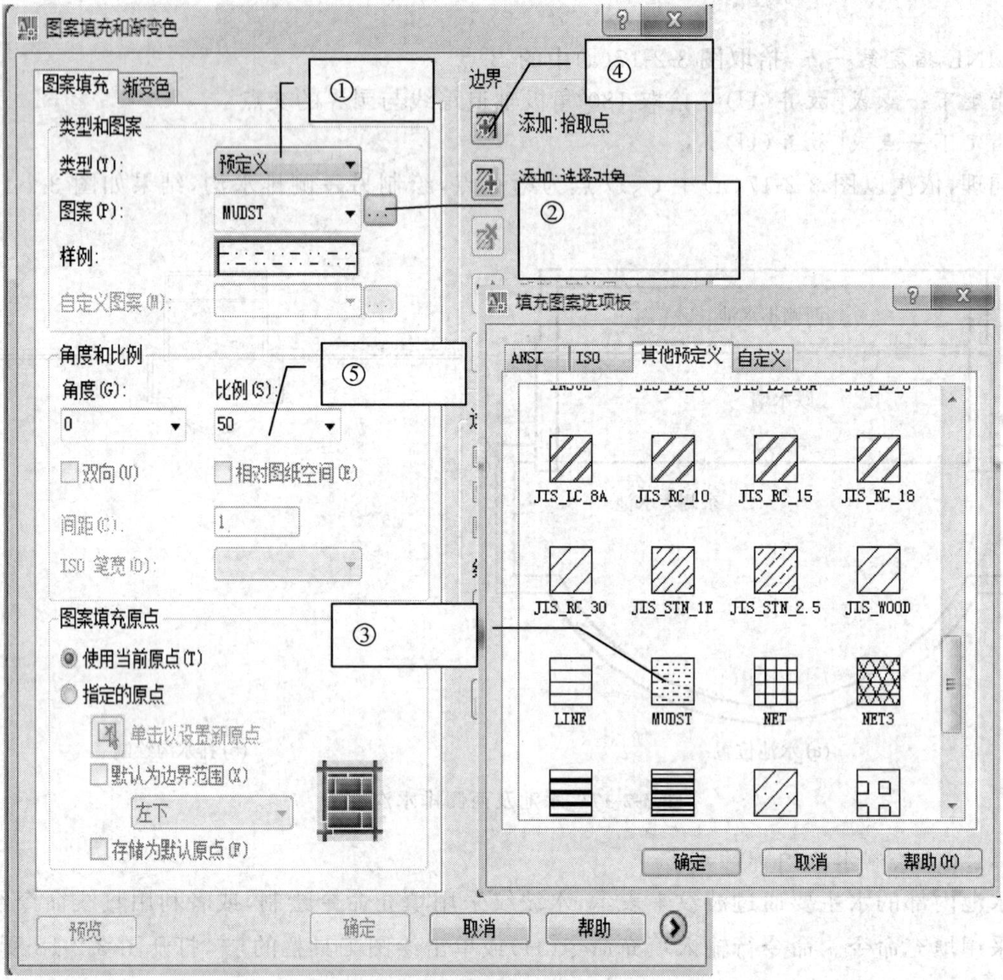

图 3-2-18　图案填充步骤

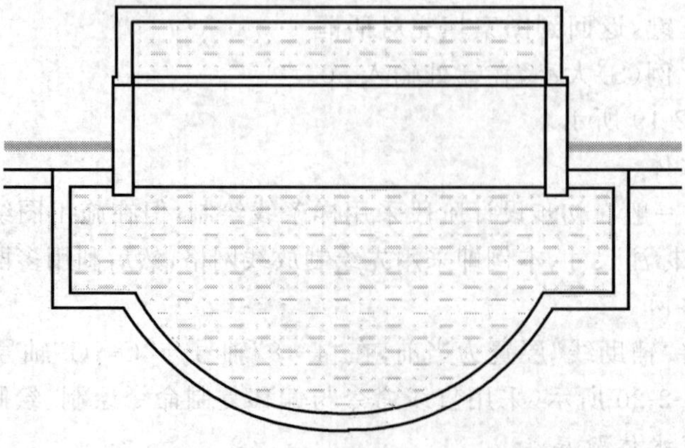

图 3-2-19　水池填充效果

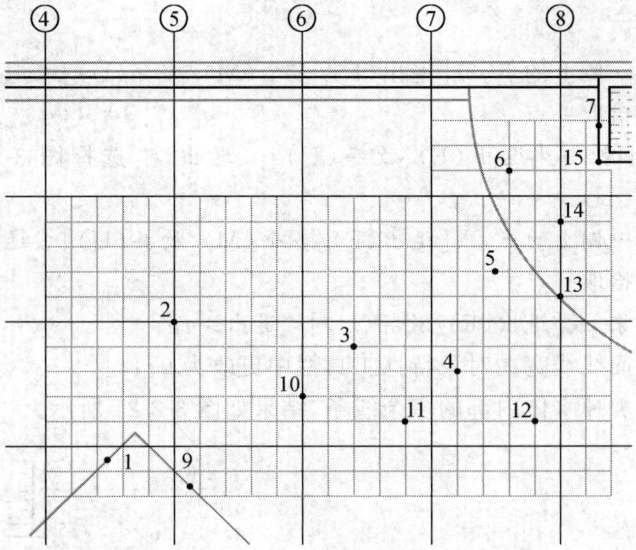

图 3-2-20 自然水体定位方格网绘制

指定起点:拾取图 3-2-20 中的点 1

指定下一个点或[圆弧(A)/半宽(H)/长度(L)/放弃(U)/宽度(W)]:A↙

指定圆弧的端点或[角度(A)/圆心(CE)/方向(D)/半宽(H)/直线(L)/半径(R)/第二个点(S)/放弃(U)/宽度(W)]:S↙

指定圆弧上的第二个点:拾取图 3-2-20 中的点 2

指定圆弧的端点:拾取图 3-2-20 中的点 3

指定圆弧的端点或[角度(A)/圆心(CE)/方向(D)/半宽(H)/直线(L)/半径(R)/第二个点(S)/放弃(U)/宽度(W)]:S↙

指定圆弧上的第二个点:拾取图 3-2-20 中的点 4

指定圆弧的端点:拾取图 3-2-20 中的点 5

指定圆弧的端点或[角度(A)/圆心(CE)/方向(D)/半宽(H)/直线(L)/半径(R)/第二个点(S)/放弃(U)/宽度(W)]:S↙

指定圆弧上的第二个点:拾取图 3-2-20 中的点 6

指定圆弧的端点:拾取图 3-2-20 中的点 7

指定圆弧的端点或[角度(A)/圆心(CE)/方向(D)/半宽(H)/直线(L)/半径(R)/第二个点(S)/放弃(U)/宽度(W)]:↙

双击绘制的驳岸线,在对象特性工具栏中将其线宽改为 0.5。

同理,利用多段线中的圆弧绘制另外一条驳岸,圆弧经过图 3-2-20 中的 9～15,结果如图 3-2-21所示。

5.2.3 绘制自然水体的水面线

单击修改工具栏中的,或在命令行输入偏移复制命令(O)并回车,命令行提示及操作:

指定偏移距离或[通过(T)/删除(E)/图层(L)]<29310>:200↙

选择要偏移的对象,或[退出(E)/放弃(U)]<退出>:选择图 3-2-21 中的 1～7 驳岸线

指定要偏移的那一侧上的点,或[退出(E)/多个(M)/放弃(U)]<退出>:在驳岸线的下侧任意位置单击左键拾取一点

选择要偏移的对象,或[退出(E)/放弃(U)]<退出>:选择图 3-2-21 中的 9～15 驳岸线

指定要偏移的那一侧上的点,或[退出(E)/多个(M)/放弃(U)]<退出>:在驳岸线的上侧任意位置单击左键拾取一点。

选择要偏移的对象,或[退出(E)/放弃(U)]<退出>:↙

将偏移复制的水面线线宽在对象特性工具栏中更改为 0.18。

利用修剪命令修剪掉水体内部的多余线条,结果如图 3-2-21 所示。

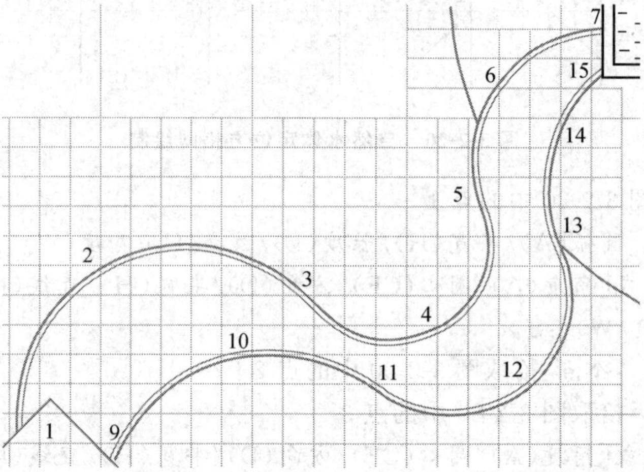

图 3-2-21 自然水体驳岸线及水面线绘制

5.2.4 绘制自然水体的水波纹

加载线型:单击【格式】菜单中的【线型(N)…】,打开"线型管理器"单击 加载(L)... ,加载线型"ZIGZAG";单击"线型管理器"中的 显示细节(D) ,将"详细信息"选项中的"全局比例因子"改为 10。

"水景"层置为当前。利用直线命令(L)结合多重复制(CO)绘制动态水波纹,结果如图 3-2-22所示。

6. 道路绘制

6.1 绘制主入口道路

主入口道路的尺寸如图 3-2-23 所示。

图层工具栏中将道路层置为当前,利用构造线、偏移复制、修剪命令绘制。

命令行输入构造线命令或单击绘图工具栏中的 ,命令行提示及操作:

_xline 指定点或[水平(H)/垂直(V)/角度(A)/二等分(B)/偏移(O)]:V↙

指定通过点:结合对象捕捉,拾取入口广场圆弧的上象限点

指定通过点:↙

命令行输入偏移命令(O)并回车或单击修改工具栏中的,命令行提示及操作:

当前设置:删除源=否 图层=源 OFFSETGAPTYPE=0

指定偏移距离或[通过(T)/删除(E)/图层(L)]<200>:900↙

选择要偏移的对象,或[退出(E)/放弃(U)]<退出>:拾取刚刚绘制的垂直构造线。

指定要偏移的那一侧上的点,或[退出(E)/多个(M)/放弃(U)]<退出>:构造线的左侧拾取一点

选择要偏移的对象,或[退出(E)/放弃(U)]<退出>:拾取上一步绘制的垂直构造线

指定要偏移的那一侧上的点,或[退出(E)/多个(M)/放弃(U)]<退出>:构造线的右侧拾取一点

选择要偏移的对象,或[退出(E)/放弃(U)]<退出>:↙

利用偏移复制操作将刚刚偏移复制的构造线再向左右两侧偏移复制,距离为500。

利用修剪操作,修剪掉入口广场及水池广场之外的部分,删除掉中间的构造线,结果如图3-2-23所示。

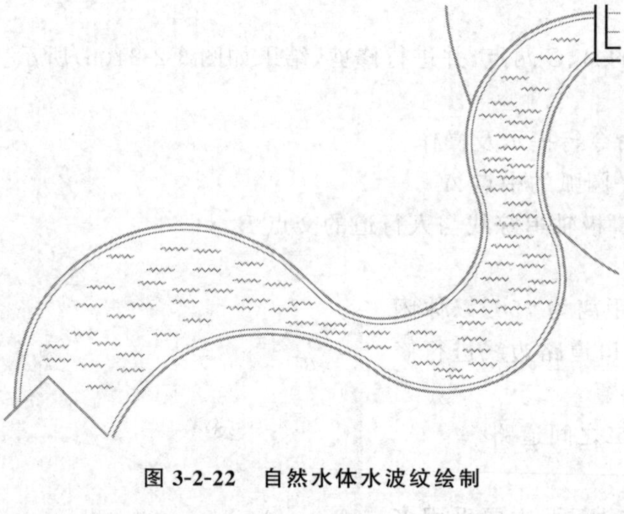

图 3-2-22 自然水体水波纹绘制

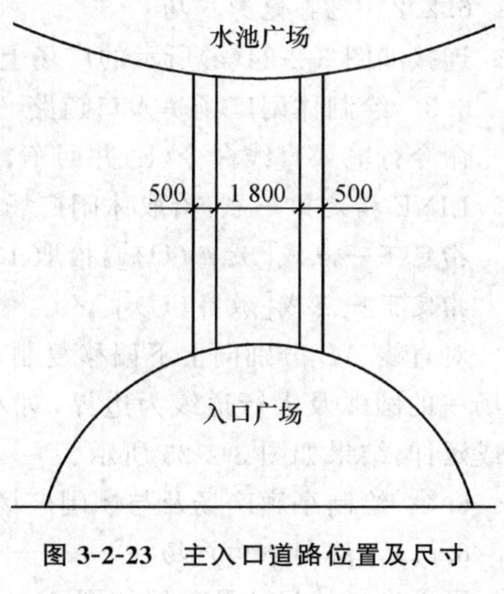

图 3-2-23 主入口道路位置及尺寸

6.2 绘制健身广场入口道路

6.2.1 绘制如图 3-2-24(a)所示的两侧的道路

命令行输入直线命令(L)并回车,命令行提示及操作:

line 指定第一点:捕捉如图 3-2-24 的 *B* 点并追踪,在 45°极轴追踪提示下输入 1 630↙

指定下一点或[放弃(U)]:拾取 225°极轴追踪线与园界的交点 *D*

指定下一点或[放弃(U)]:↙

将 *AD* 直线向左侧偏移 1 200,并延伸至园界 *F*,得到园路的另一条直线 *EF*。

将左侧园路进行镜像得到另一侧。命令行输入镜像命令(MI)并回车,或单据修改工具栏中的,命令行提示及操作:

_mirror

选择对象:拾取刚绘制的园路 *ADEF*

选择对象:↙

指定镜像线的第一点:拾取图中的 *B* 点

指定镜像的第二点:在 270°极轴追踪提示下,任意拾取一点

要删除源对象吗?[是(Y)/否(N)]<N>:↙

将道路中间的线条修剪掉,结果如图 3-2-24(a)所示。

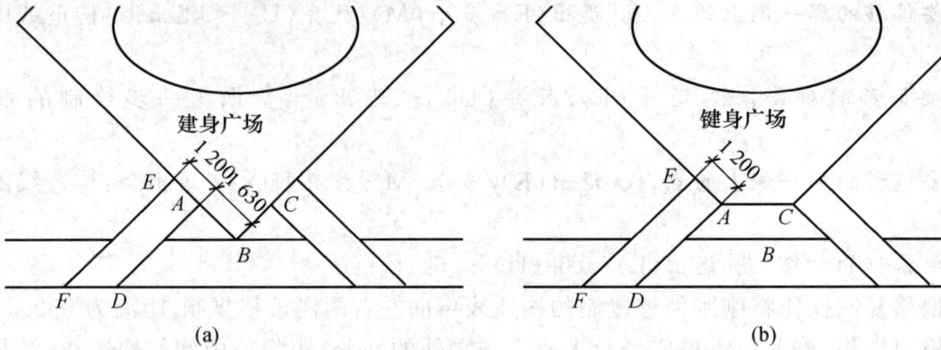

图 3-2-24　健身广场入口道路绘制

6.2.2　完善健身广场

连接如图 3-2-24(a)所示的广场上的 *A*、*C* 两点,并进行修剪,结果如图 3-2-24(b)所示。

6.3　绘制休闲广场一入口道路

命令行输入直线命令(L)并回车,命令行提示及操作:

LINE 指定第一点:拾取休闲广场一圆弧的中点 *A*

指定下一点或[放弃(U)]:拾取 135°极轴追踪线与人行道的交点 *B*

指定下一点或[放弃(U)]:↙

对直线 *AB* 分别向上下偏移复制,距离为 750,以休闲广场一的圆弧及人行道线为边界,对入口道路边线进行修剪或延伸,结果如图 3-2-25 所示。

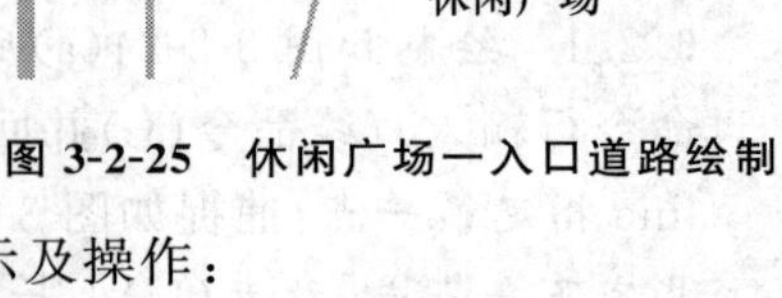

图 3-2-25　休闲广场一入口道路绘制

6.4　绘制亭廊广场及与休闲广场二之间道路

6.4.1　绘制亭廊广场

亭廊广场的尺寸及位置如图 3-2-26 所示,主要采用多段线绘制。

状态栏中,在极轴按钮上单击鼠标右键,在快捷菜单中单击"设置",打开"草图设置"对话框,将极轴增量角设置为 30。在命令行输入多段线命令(PL)并回车,命令行提示及操作:

指定起点:捕捉图 3-2-26 中的水池广场与入口道路的交点 *A*,在 270°极轴追踪提示下输入 2810,得到点 *E*

当前线宽为 0

指定下一个点或[圆弧(A)/半宽(H)/长度(L)/放弃(U)/宽度(W)]:在 0°极轴追踪提示

下输入 3 700↙

指定下一个点或[圆弧(A)/半宽(H)/长度(L)/放弃(U)/宽度(W)]：在 270°极轴追踪提示下输入 400↙

指定下一个点或[圆弧(A)/半宽(H)/长度(L)/放弃(U)/宽度(W)]：在 0°极轴追踪提示下输入 7 754↙

指定下一个点或[圆弧(A)/半宽(H)/长度(L)/放弃(U)/宽度(W)]：在 30°极轴追踪提示下输入 5 054↙

指定下一个点或[圆弧(A)/半宽(H)/长度(L)/放弃(U)/宽度(W)]：在 120°极轴追踪提示下输入 2 400↙

指定下一个点或[圆弧(A)/半宽(H)/长度(L)/放弃(U)/宽度(W)]：在 90°极轴追踪提示下输入 3 000↙

指定下一个点或[圆弧(A)/半宽(H)/长度(L)/放弃(U)/宽度(W)]：捕捉 180°极轴追踪线与水池广场圆弧的交点 *B*

指定下一个点或[圆弧(A)/半宽(H)/长度(L)/放弃(U)/宽度(W)]：↙

至此，亭廊广场绘制结束，如图 3-2-26 所示。

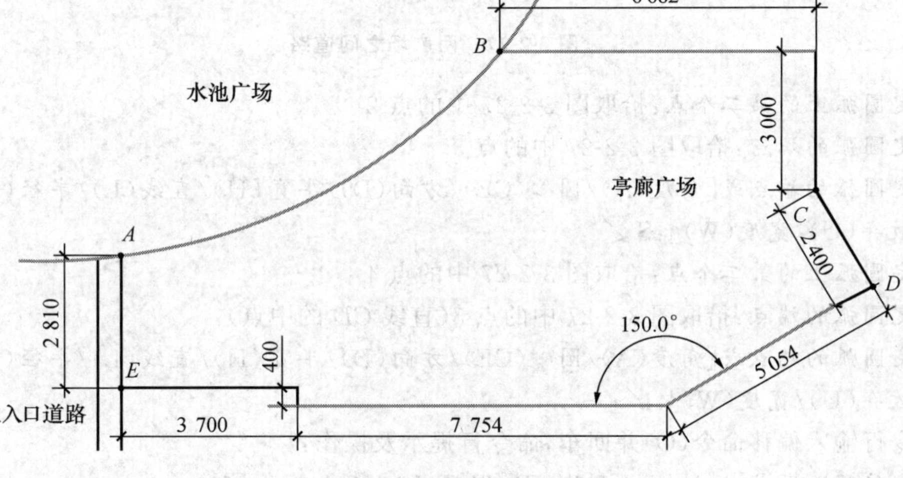

图 3-2-26　亭廊广场

6.4.2　绘制亭廊广场与休闲广场二之间道路

在“图层工具栏”中将方格网层打开，并将“辅助线”层置为当前，在休闲广场二与亭廊广场之间绘制间距为 1 000 的网格，如图 3-2-27 所示。

在“草图设置”对话框中将对象捕捉中的“象限点”勾选，在“图层工具栏”中将“道路”层置为当前，在命令行输入多段线命令(PL)并回车，命令行提示及操作：

指定起点：拾取图 3-2-27 中休闲二广场圆周的上象限点 1

当前线宽为 0

指定下一个点或[圆弧(A)/半宽(H)/长度(L)/放弃(U)/宽度(W)]：A↙

指定圆弧的端点或[角度(A)/圆心(CE)/方向(D)/半宽(H)/直线(L)/半径(R)/第二个点(S)/放弃(U)/宽度(W)]：S↙

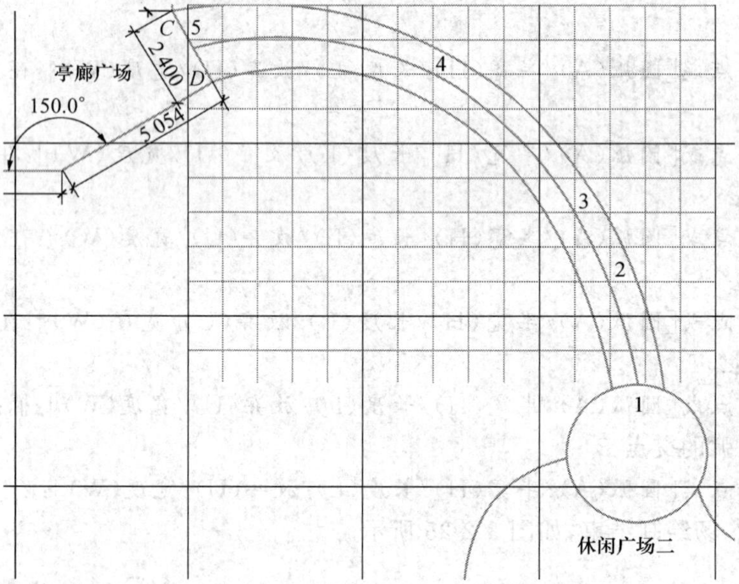

图 3-2-27 两广场之间道路

指定圆弧上的第二个点:拾取图 3-2-27 中的点 2

指定圆弧的端点:拾取图 3-2-27 中的点 3

指定圆弧的端点或[角度(A)/圆心(CE)/方向(D)/半宽(H)/直线(L)/半径(R)/第二个点(S)/放弃(U)/宽度(W)]:S↙

指定圆弧上的第二个点:拾取图 3-2-27 中的点 4

指定圆弧的端点:拾取图 3-2-27 中的点 5(直线 *CD* 的中点)

指定圆弧的端点或[角度(A)/圆心(CE)/方向(D)/半宽(H)/直线(L)/半径(R)/第二个点(S)/放弃(U)/宽度(W)]:↙

命令行输入偏移命令(O)并回车,命令行提示及操作:

指定偏移距离或[通过(T)/删除(E)/图层(L)]<1000>:750↙

选择要偏移的对象,或[退出(E)/放弃(U)]<退出>:选择曲线 1~5

指定要偏移的那一侧上的点,或[退出(E)/多个(M)/放弃(U)]<退出>:在曲线 1~5 左侧拾取一点

选择要偏移的对象,或[退出(E)/放弃(U)]<退出>:选择曲线 1~5

指定要偏移的那一侧上的点,或[退出(E)/多个(M)/放弃(U)]<退出>:在曲线 1~5 右侧拾取一点

选择要偏移的对象,或[退出(E)/放弃(U)]<退出>:↙

结果如图 3-2-28 所示。

对偏移复制的曲线利用夹点编辑将 6 点拉伸到 *C* 点,7 点拉伸到 *D* 点;利用延伸操作将 8 点、9 点延伸到休闲广场二的圆周上,完成结果如图 3-2-27 所示,辅助线 1~5,完成两广场之间道路的绘制。

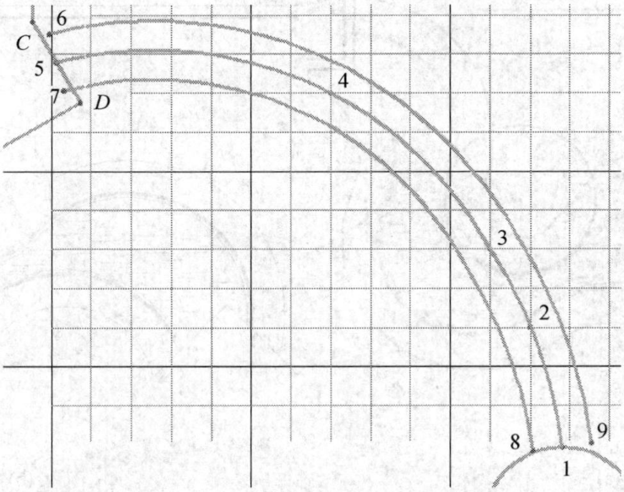

图 3-2-28 道路偏移复制结果

6.5 绘制自然水体两侧道路

利用偏移复制、修剪、延伸命令完成两侧道路绘制，结果如图 3-2-29(b)所示。

命令行输入偏移命令(O)并回车，命令行提示及操作：

指定偏移距离或[通过(T)/删除(E)/图层(L)]<750>：L↙

输入偏移对象的图层选项[当前(C)/源(S)]<源>：C↙

指定偏移距离或[通过(T)/删除(E)/图层(L)]<750>：1500↙

选择要偏移的对象，或[退出(E)/放弃(U)]<退出>：选择驳岸线

指定要偏移的那一侧上的点，或[退出(E)/多个(M)/放弃(U)]<退出>：在水体外侧任意位置拾取一点(得到道路线 L_1)

选择要偏移的对象，或[退出(E)/放弃(U)]<退出>：选择另一条驳岸线

指定要偏移的那一侧上的点，或[退出(E)/多个(M)/放弃(U)]<退出>：在水体外侧任意位置拾取一点(得到道路线 L_2)

选择要偏移的对象，或[退出(E)/放弃(U)]<退出>：↙

将偏移复制的道路线 $L1$、$L2$ 的线宽设置为随层。结果如图 3-2-29(a)所示。

命令行输入修剪命令(TR)并回车，命令行提示及操作：

当前设置：投影＝UCS，边＝无

选择剪切边…

选择对象或<全部选择>：选择复制的道路线 L_1、L_2 及健身广场的正四边形、水池广场

选择对象：↙

选择要修剪的对象，或按住 Shift 键选择要延伸的对象，或[栏选(F)/窗交(C)/投影(P)/边(E)/删除(R)/放弃(U)]：修剪掉水池广场内部的线条，按住"shift"键将 L_1、L_2 延伸到健身广场边界，回车结束

结果如图 3-2-29(b)所示。

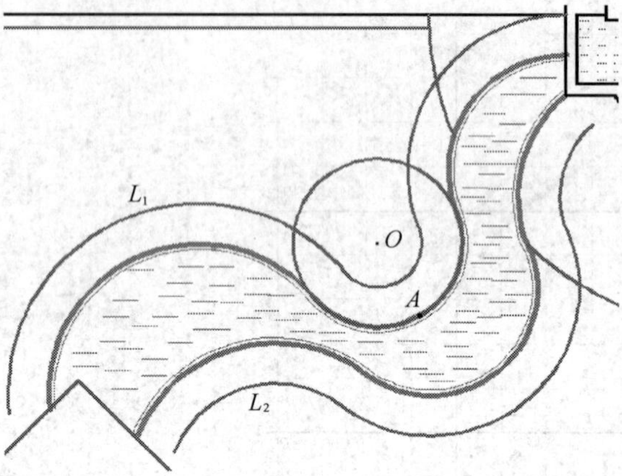

(a)

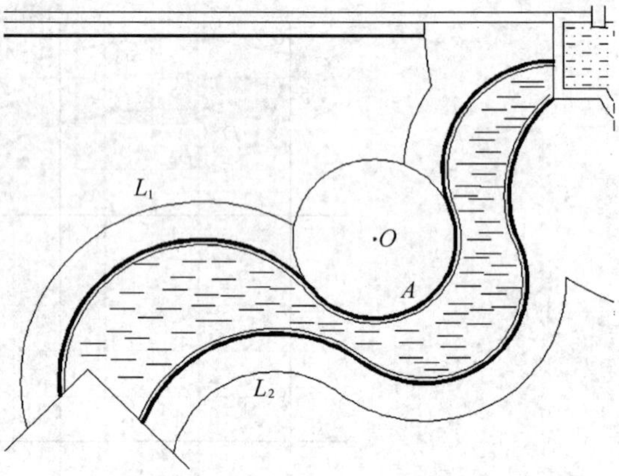

(b)

图 3-2-29　自然水体两侧道路绘制

绘制自然水体西侧的圆形小广场：以驳岸的相应部分圆弧的圆心(O)为圆心，以 OA 为半径(A 为驳岸圆弧的象限点)。

将 L_1 与圆周相交部分修剪掉。

结果如图 3-2-29(b)所示。

6.6　绘制汀步

汀步，又称步石、飞石，在形式上有圆形、长方形、不规则形及仿生形(荷叶、树桩)，材质上有木质的、石质的，应用在园林中的草坪及浅水中，质朴自然，别有情趣。汀步的绘制方法：一般将汀步个体定义为块，然后利用"点"命令中的"定距等分"来绘制。

6.6.1　绘制休闲广场与健身广场间的汀步

确认当前图层为道路层，绘制尺寸为 300×1 000 的矩形，绘制步骤略。

6.6.2　定义汀步块

命令行输入创建块命令(B)并回车，或单击绘图工具栏中的 ，打开"块定义"对话框，"名称"选项中输入"汀步"，单击选择对象按钮 ，返回到绘图窗口，命令行提示"选择对象"，选择矩形并回车，再次回到"块定义"对话框，单击"基点"选项中的拾取点按钮 ，返回到绘图窗口，命令行提示"指定插入基点"，利用辅助绘图工具极轴、对象捕捉、对象捕捉追踪拾取矩形的中心点，再次回到"块定义"对话框，如图 3-2-30 所示设置，单击【确定】按钮，结束块的定义。

6.6.3　绘制汀步路线

设置"极轴追踪"中的"增量角"为 45°。命令行输入直线命令(L)并回车，命令行提示及操作：

LINE 指定第一点：捕捉端点 1，在"端点：距离<45°"极轴追踪提示下，输入 500 ↙得到点 2

指定下一点或[放弃(U)]：捕捉 315°极轴追踪线与"健身广场"的交点 3，得到汀步路线 23

结果如图 3-2-31(a)所示。

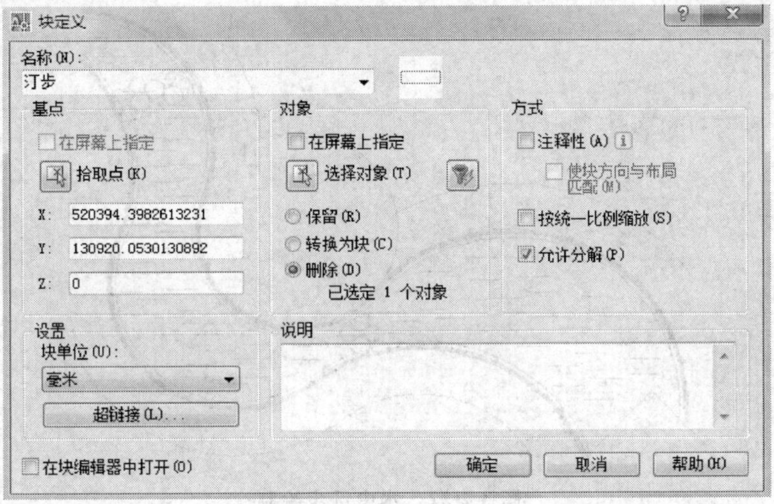

图 3-2-30

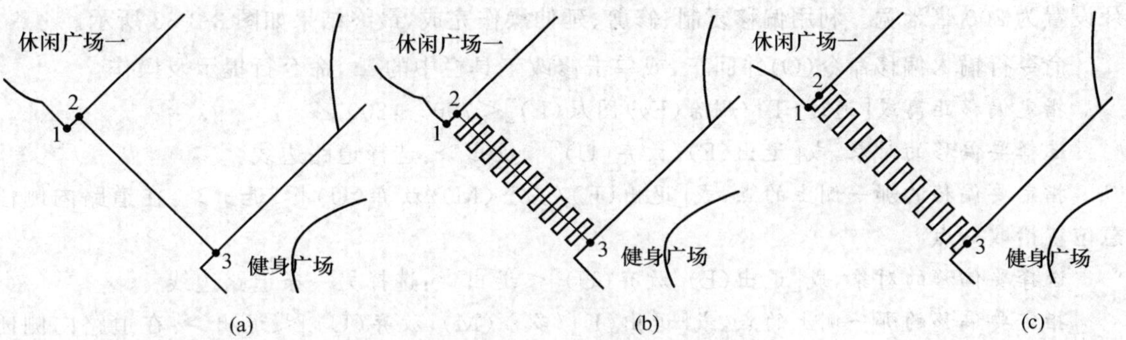

图 3-2-31　汀步绘制

6.6.4　绘制汀步

单击【绘图】菜单中【点】中的 定距等分(M)，命令行提示及操作：

选择要定距等分的对象：选择上一步骤中绘制的直线 23

指定线段长度或[块(B)]：B↙

输入要插入的块名：汀步↙

是否对齐块和对象？[是(Y)/否(N)]＜Y＞：↙

指定线段长度：600↙

结果如图 3-2-31(b)所示。

绘制广场与汀步的连接部分，利用多重复制操作，复制汀步，放置在与广场连接部分(绘制步骤略)，并删除直线 23，结果如图 3-2-31(c)所示。

6.7　绘制水中汀步

本例将其绘制为圆形，分别绘制半径为 250、300 的圆，并放置在图 3-2-32 中所示的位置。

6.8　绘制广场与道牙

道牙分立道牙和平道牙两种形式，立道牙又叫侧石，平道牙又叫缘石。道牙能保护路面，

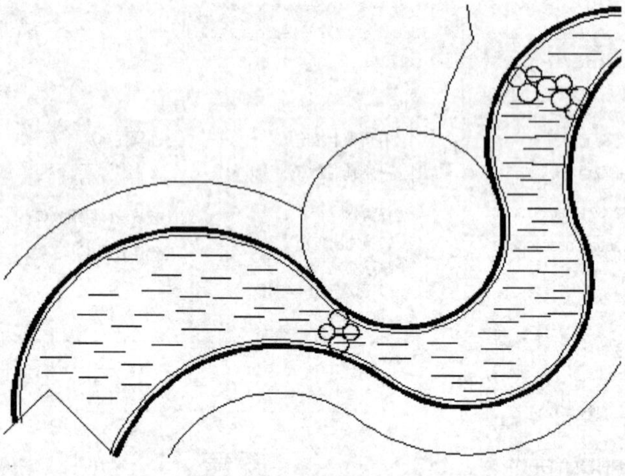

图 3-2-32 水中汀步绘制

便于排水，其规格随材料及道路尺寸的不同而不同，没有统一的标准。本例为方便，全部将道牙设置为 200 毫米宽。利用偏移复制、修剪、延伸操作完成，最终结果如图 3-2-33 所示。

命令行输入偏移命令(O)并回车，或单击修改工具栏中的，命令行提示及操作：

指定偏移距离或[通过(T)/删除(E)/图层(L)]<750>：200↙

选择要偏移的对象，或[退出(E)/放弃(U)]<退出>：选择道路边线

指定要偏移的那一侧上的点，或[退出(E)/多个(M)/放弃(U)]<退出>：在道路内侧任意位置拾取一点

选择要偏移的对象，或[退出(E)/放弃(U)]<退出>：选择另一条道路边线

指定要偏移的那一侧上的点，或[退出(E)/多个(M)/放弃(U)]<退出>：在道路内侧任意位置拾取一点

依次完成所有的道路及广场道牙的绘制。

命令行输入修剪命令(TR)并回车，或单击修改工具栏中的，依据命令行提示完成多余部分的修剪，或者在按住“Shift”键的同时，完成相应部分的延伸操作，结果如图 3-2-33 所示。

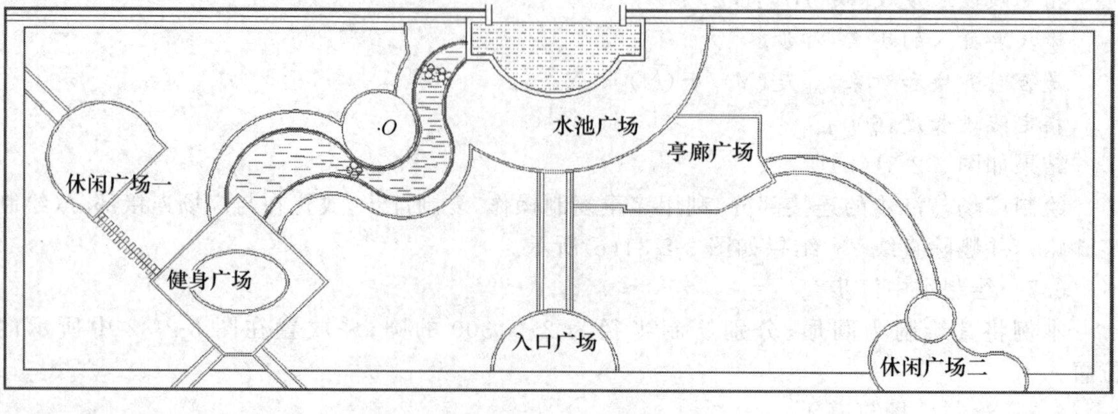

图 3-2-33 道牙绘制

提示：在修剪或延伸操作中，当边界对象与修剪对象不相交，或者边界对象与要延伸对象的延长线不相交，可以将修剪或延伸操作中的边模式设置为延伸模式，具体设置为：当命令行提示"选择要延伸的对象，或按住 Shift 键选择要修剪的对象，或[栏选(F)/窗交(C)/投影(P)/边(E)/放弃(U)]："时，输入"E"回车，命令行提示"输入隐含边延伸模式[延伸(E)/不延伸(N)]<不延伸>："，输入"E"回车。

7. 建筑及小品绘制

7.1 绘制亭廊之亭

如图 3-2-44 所示亭廊的尺寸，本例中的亭廊为钢筋混凝土材料，亭为坡屋顶，用粗实线画出外轮廓，用细实线画出屋面，具体绘制如图 3-2-34 所示。

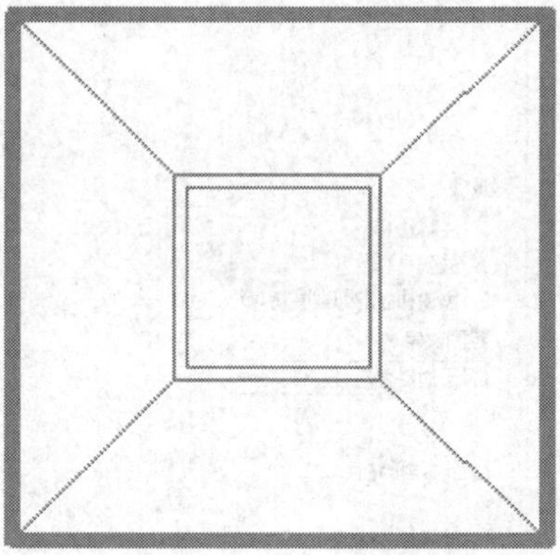
(a)

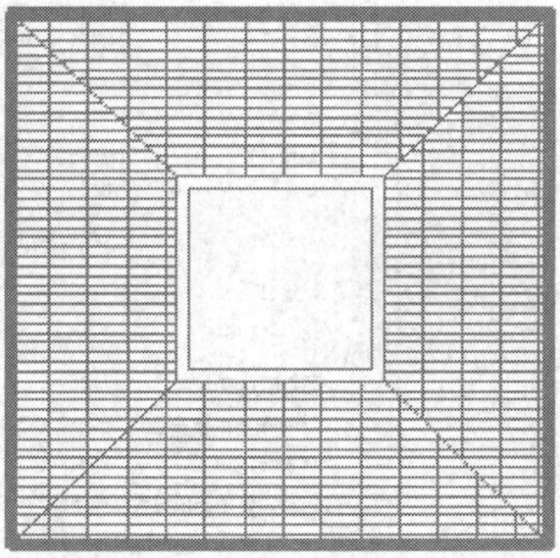
(b)

图 3-2-34 亭平面绘制

"图层"工具栏中将"小品"层置为当前层。首先绘制亭的外轮廓线，命令行输入矩形命令(REC)并回车，或者单击绘图工具栏中的▭，命令行的提示及操作如下：

指定第一个角点或[倒角(C)/标高(E)/圆角(F)/厚度(T)/宽度(W)]：左键在绘图窗口的适当位置拾取一点

指定另一个角点或[面积(A)/尺寸(D)/旋转(R)]：@4400,4400↙

命令行输入偏移命令(O)并回车，或者单击修改工具栏中的⧋，命令行的提示及操作如下：

指定偏移距离或[通过(T)/删除(E)/图层(L)]<200>：1350↙

选择要偏移的对象，或[退出(E)/放弃(U)]<退出>：选择上一步绘制的矩形

指定要偏移的那一侧上的点，或[退出(E)/多个(M)/放弃(U)]<退出>：在矩形内部拾取一点

选择要偏移的对象，或[退出(E)/放弃(U)]<退出>：↙

↙

指定偏移距离或[通过(T)/删除(E)/图层(L)]<1350>：100↙

选择要偏移的对象，或[退出(E)/放弃(U)]<退出>：选择上一步偏移复制的矩形

指定要偏移的那一侧上的点，或[退出(E)/多个(M)/放弃(U)]<退出>：在偏移复制的

矩形内部拾取一点

选择要偏移的对象,或[退出(E)/放弃(U)]<退出>:↙

结合对象捕捉,用直线连接最外侧两个矩形的相应顶点,并将最外矩形的宽度改为 0.5(本例中粗实线的宽度为 0.5),如图 3-2-34(a)所示。

绘制亭的屋面。利用图案填充绘制屋面,命令行输入图案填充命令(H)并回车,或者单击绘图工具栏中的图案填充按钮,打开图案填充对话框,进行如图 3-2-35 所示设置,以"拾取点"的方式拾取内部点,逐一地完成亭子四个屋面的填充,结果如图 3-2-34(b)所示。

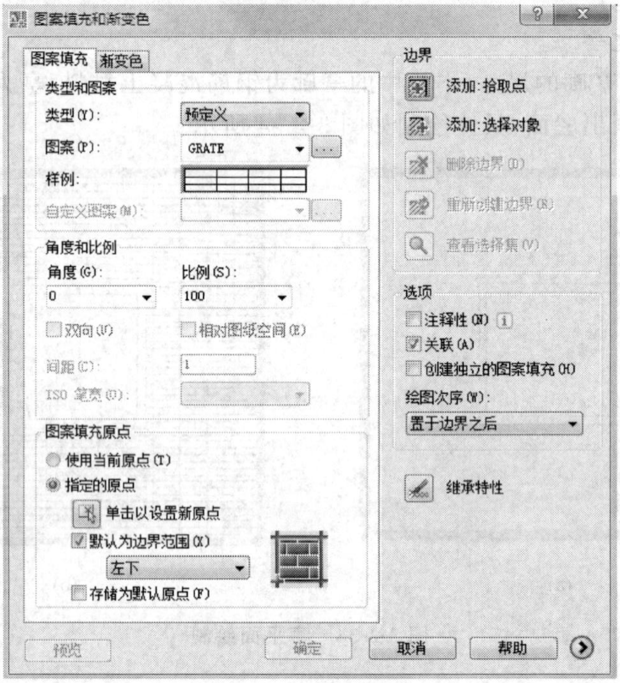

图 3-2-35 亭屋面填充图案设置

7.2 绘制亭廊之廊

廊的绘制比较复杂,分别绘制游廊的轴线、立柱、横梁、纵梁、格条。

7.2.1 绘制游廊轴线

将"中心线"层置为当前,设置极轴增量角为 30°,利用多段线绘图命令,在绘图窗口适当位置绘制如图 3-2-36 所示的多段线 1,将多段线 1 向上偏移(快捷键(O))2000,得到另一条轴线 2。

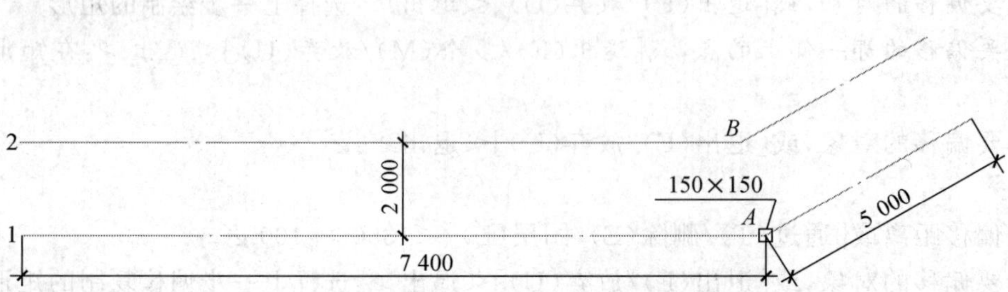

图 3-2-36 廊轴线及单柱绘制

7.2.2　绘制游廊立柱

将“景观建筑”层置为当前，在绘图窗口的适当位置绘制边长为150的正方形，并将其移至A点，如图3-2-36所示。利用两次阵列命令得到其他的立柱。

命令行输入阵列命令(AR)并回车，或单击修改工具栏中的，进行如图3-2-37所示的设置，结果如图3-2-38(a)所示。在B处删除掉一根多余立柱，将另外一根立柱的中心放置在B点，并以B点为中心，逆时针旋转15°；点A处的立柱同样绕其中心旋转逆时针15°；点C、D、E、F处的立柱绕其中心逆时针旋转30°，结果如图3-2-38(b)所示。

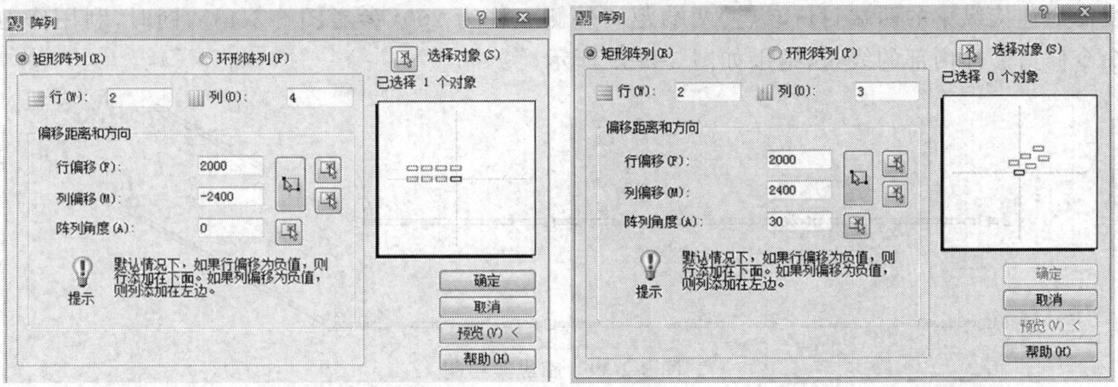

(a) 水平立柱阵列参数设置　　　(b) 倾斜立柱阵列参数设置

图3-2-37　立柱阵列参数设置

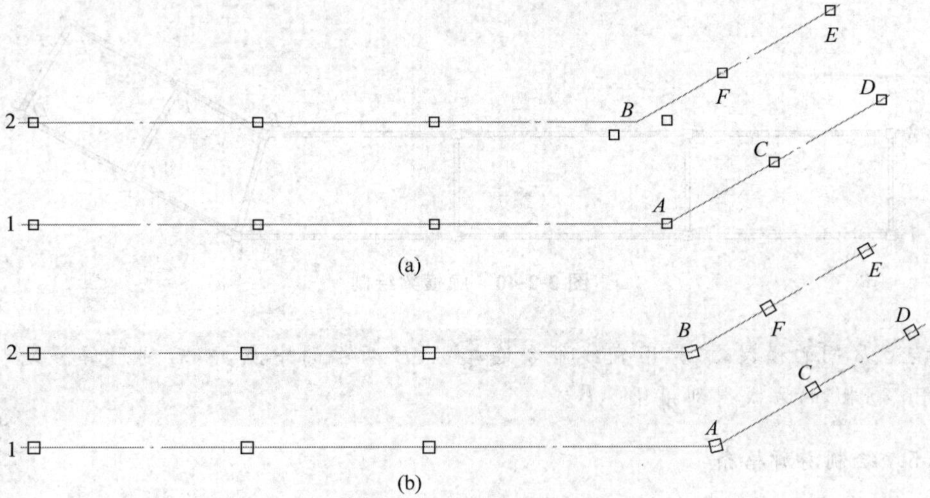

图3-2-38　廊立柱绘制

7.2.3　绘制游廊纵梁

将“景观建筑”层置为当前，通过对中轴线偏移复制得到纵梁。命令行输入偏移命令(O)并回车，或单击修改工具栏中的，命令行提示及操作如下：

当前设置：删除源＝否　图层＝源　OFFSETGAPTYPE＝0

指定偏移距离或［通过(T)/删除(E)/图层(L)］＜50＞：L↙

输入偏移对象的图层选项［当前(C)/源(S)］＜源＞：C↙

指定偏移距离或［通过(T)/删除(E)/图层(L)］＜50＞：50↙

选择要偏移的对象，或［退出(E)/放弃(U)］＜退出＞：选择轴线 1

指定要偏移的那一侧上的点，或［退出(E)/多个(M)/放弃(U)］＜退出＞：在轴线的上侧拾取一点

依据命令行提示，再次将轴线 1 向下偏移复制 50，轴线 2 分别向上、向下偏移 50。利用直线命令连接纵梁的两端封口，纵梁两端距离外侧立柱为 200(参考图 3-2-43)，同时，利用修剪命令修剪立柱内部的线条，结果如图 3-2-39 所示。

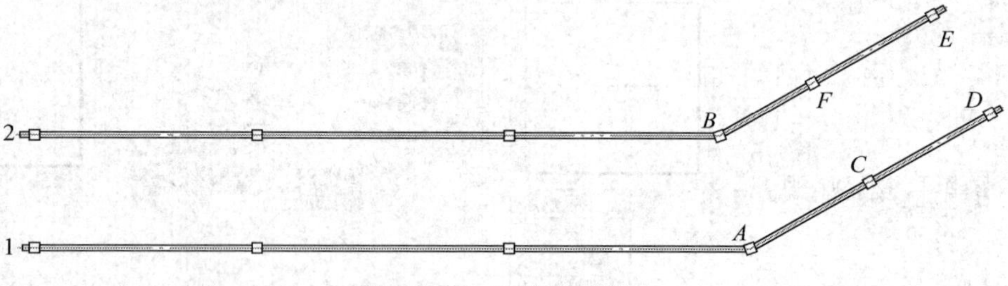

图 3-2-39　廊纵梁绘制

7.2.4　绘制游廊横梁

横梁的宽度为 100 毫米，结合中点捕捉及极轴追踪(30°)，利用直线命令及多重复制命令(CO)绘制横梁，结果如图 3-2-40 所示。

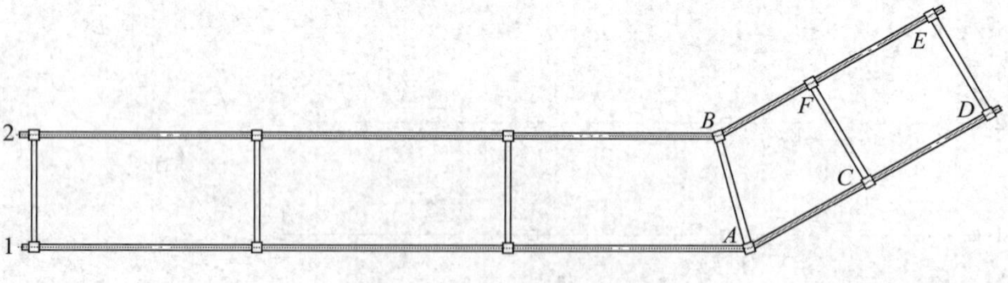

图 3-2-40　廊横梁绘制

提示：*A*、*B* 间的横梁，首先用直线命令连接 *A*、*B* 两柱的中点，然后利用偏移复制(偏移距离为 50 毫米)的方式得到横梁 *AB*。

7.2.5　绘制游廊格条

在窗口的空白处绘制尺寸为 60 毫米×2 700 毫米的矩形，根据图中尺寸提示，结合辅助绘图工具，利用移动命令放置在如图所示 3-2-41 所示位置。

利用阵列命令，绘制水平格条。阵列参数为 1 行 12 列，行距为 0，列距为 600。

将格条 12 以 *AB* 梁的中心线为镜像轴镜像复制，得到格条 13，结果如图 3-2-41 所示。

利用阵列命令绘制倾斜的格条，阵列参数为 1 行 8 列，行距为 0，列距为 600，阵列角度为 30°，阵列对象为格条 13，结果如图 3-2-41 所示。

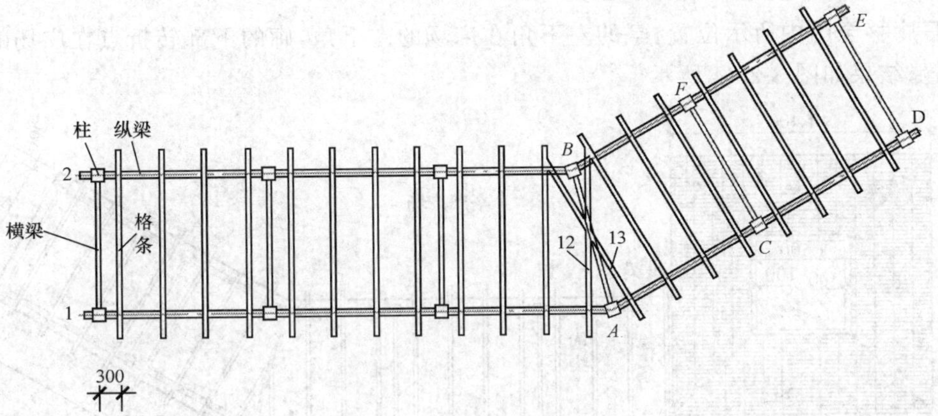

图 3-2-41 游廊格条阵列复制

对 12、13 格条修剪，并用直线连接端部；修剪掉所有格条内部的梁，结果如图 3-2-42 所示。

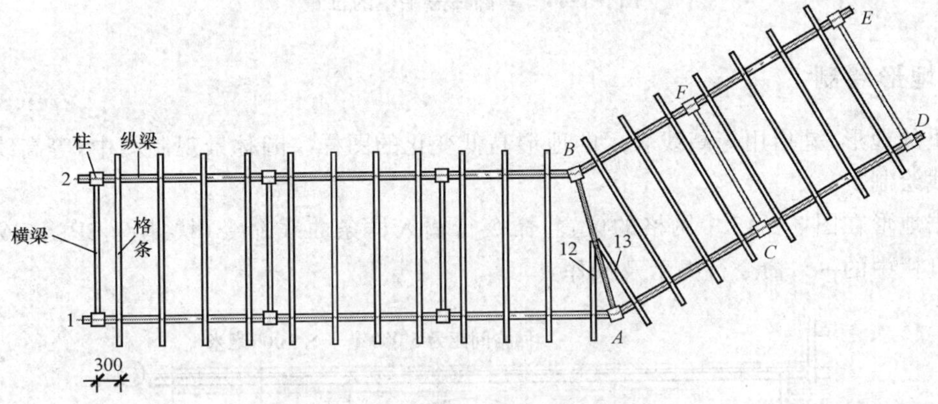

图 3-2-42 游廊格条绘制结果

7.2.6 绘制游廊地坪

根据图中所示尺寸，将纵梁的轴线向外侧偏移复制 200，用直线命令连接端部，并将格条内部的地坪线条修剪掉，结果如图 3-2-43 所示。

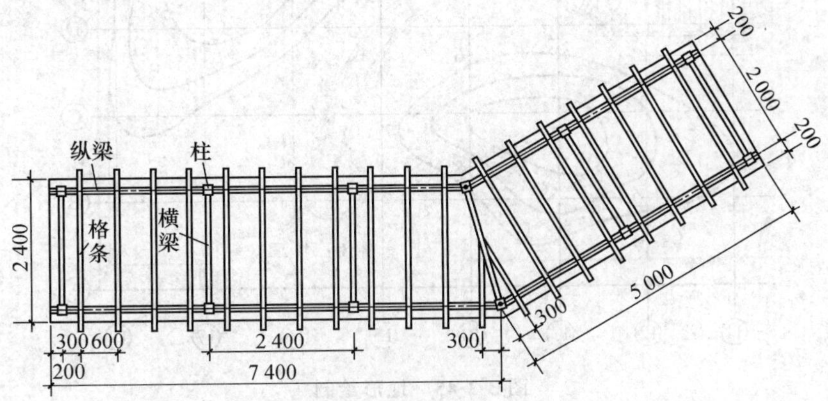

图 3-2-43 游廊地坪绘制

7.2.7 亭廊移至总平中所示位置

将亭廊移至图中所示位置,亭的左下角在广场的左下角,廊的下部转折点在广场的相应转折点位置,结果如图 3-2-44 所示。

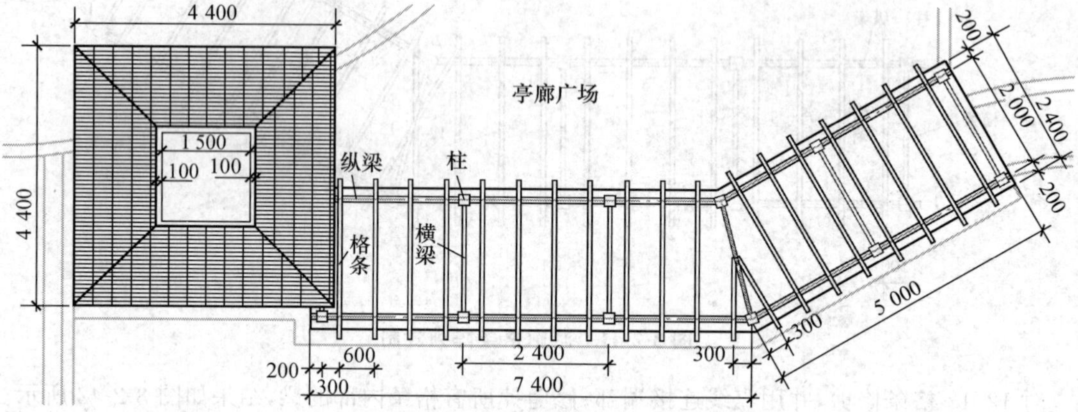

图 3-2-44 亭廊在总平中的位置

8. 地形绘制

这里的地形,是指用等高线表示的地形高低变化的图样。园林景观制图中,等高线通常用样条曲线绘制。

根据地形在图 3-2-45 中网格的位置,命令行输入样条曲线命令(快捷键 SPL),或者单击绘图工具栏中的 ,命令行提示及操作:

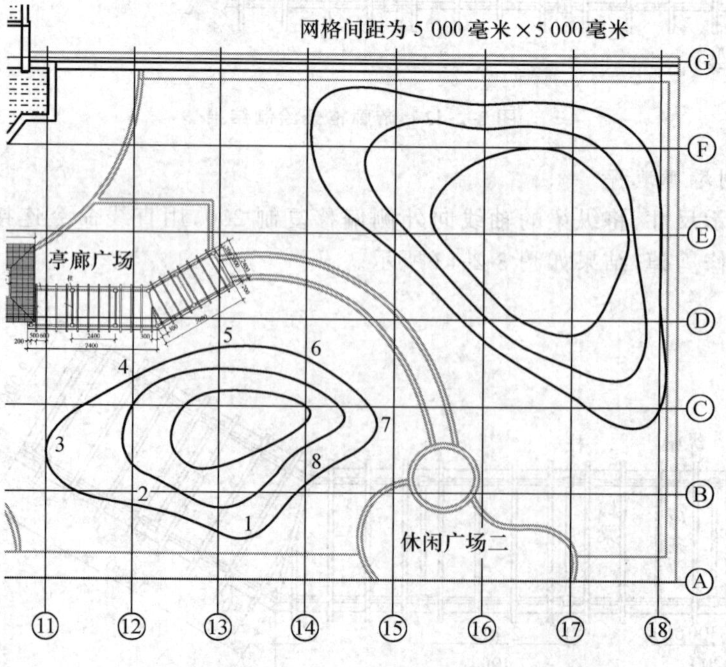

图 3-2-45 地形绘制

指定第一个点或[对象(O)]:在如图 3-2-45 所示的参考位置拾取点 1

指定下一点:地形变化处拾取点 2

指定下一点或[闭合(C)/拟合公差(F)]<起点切向>:地形变化处拾取点 3

指定下一点或[闭合(C)/拟合公差(F)]<起点切向>:地形变化处拾取点 4

指定下一点或[闭合(C)/拟合公差(F)]<起点切向>:地形变化处拾取点 5

指定下一点或[闭合(C)/拟合公差(F)]<起点切向>:地形变化处拾取点 6

指定下一点或[闭合(C)/拟合公差(F)]<起点切向>:地形变化处拾取点 7

指定下一点或[闭合(C)/拟合公差(F)]<起点切向>:地形变化处拾取点 8

指定下一点或[闭合(C)/拟合公差(F)]<起点切向>:C↙

指定切向:鼠标左键在屏幕上拾取一点,使得整个曲线比较光滑

同样,绘制出所有地形等高线,结果如图 3-2-45 所示。

9. 山顶休闲亭及园路绘制

山顶休闲亭的绘制方法同亭廊广场中的亭类似,这里不再绘制,直接从素材库中粘贴一休闲亭的图块,如图 3-2-46 所示。

绘制汀步园路,方法同休闲广场一与健身广场之间的汀步绘制(见本任务 6.6.4),即利用绘制点命令中的"定距等分"来绘制。步骤略,结果如图 3-2-46 所示。

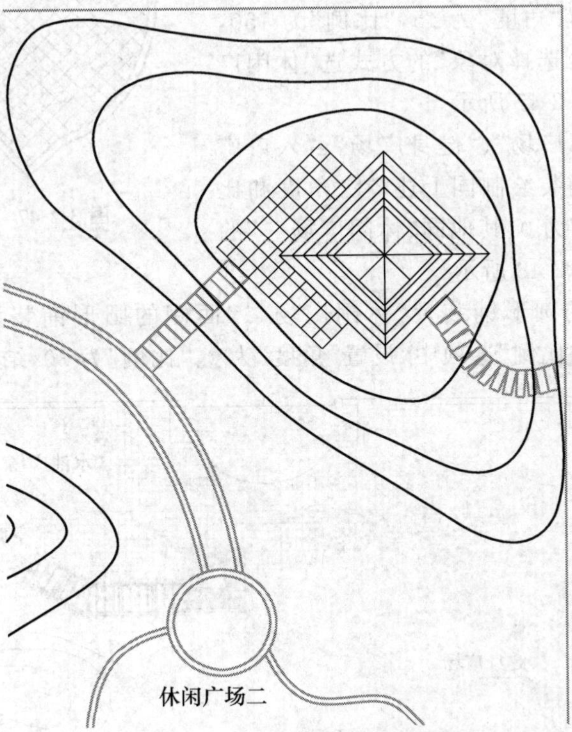

图 3-2-46　休闲亭及园路绘制

10. 园林铺装绘制

园林铺装,按园林术语可称之为"景园铺装",是景园中使用频率最高的地方,园林铺装有

时可以决定整个设计的成败，不容忽视。总平面图中的园林铺装主要指道路与广场处的铺装，采用绘图命令中的图案填充命令，或者利用 CAD 的绘图与修改操作绘制造型复杂的铺装图案。

由于总平面图比较复杂，在利用图案填充命令绘制铺装，选择铺装区域时，最好以选择对象（围成封闭区域的直线或曲线）的方式进行，如果所选对象不能围成封闭区域，一般利用多段线绘制一封闭区域，本例即是采用这样的方法。

10.1　绘制广场铺装

本例中所有大的广场铺装均采用 400 毫米×400 毫米的青石板。

10.1.1　绘制广场铺装边界

当铺装边界不闭合时，需要利用多段线绘制以闭合边界，本例中，水池广场、亭廊广场、休闲广场二、入口广场均需绘制铺装边界。

图层工具栏中，将“铺装”层置为当前，命令行输入多段线命令（PL），或单击绘图工具栏中的，按照命令行提示，完成上述广场边界的绘制。

10.1.2　绘制广场铺装

单击会绘图工具栏中的，或者在命令行输入图案填充命令（快捷键 H）并回车，打开图案填充对话框，单击图案（P）后的...，选择图案“NET”，在“角度和比例”选项中，设置“角度”为 45，“比例”为 150，“边界”选项中以“添加：选择对象”的方式选“休闲广场一”边界，结果如图 3-2-47 所示。

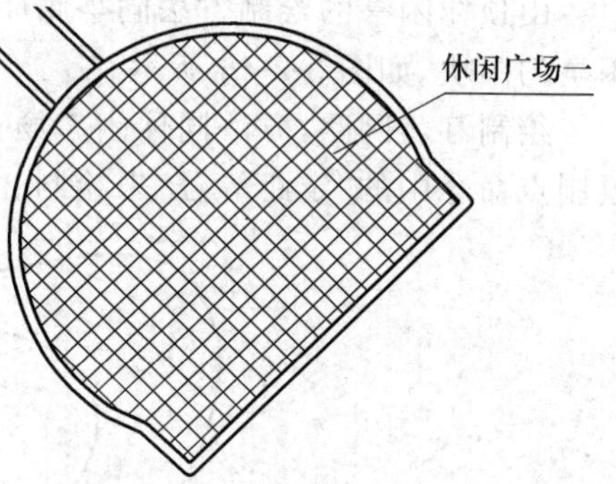

图 3-2-47　休闲广场一铺装

“水池广场”、“亭廊广场”、“健身广场”、“入口广场”、“休闲广场二”的铺装绘制同上述，在“角度和比例”选项中，设置“角度”为 0，其他同“休闲广场一”的图案设置。结果如图 3-2-48 所示。

“自然水体西侧”的圆形铺装及“休闲广场二”西侧的圆形铺装为木板铺装，选择图案“DOLMIT”，在“角度和比例”选项中，设置“角度”为 0，“比例”为 30，结果如图 3-2-48 所示。

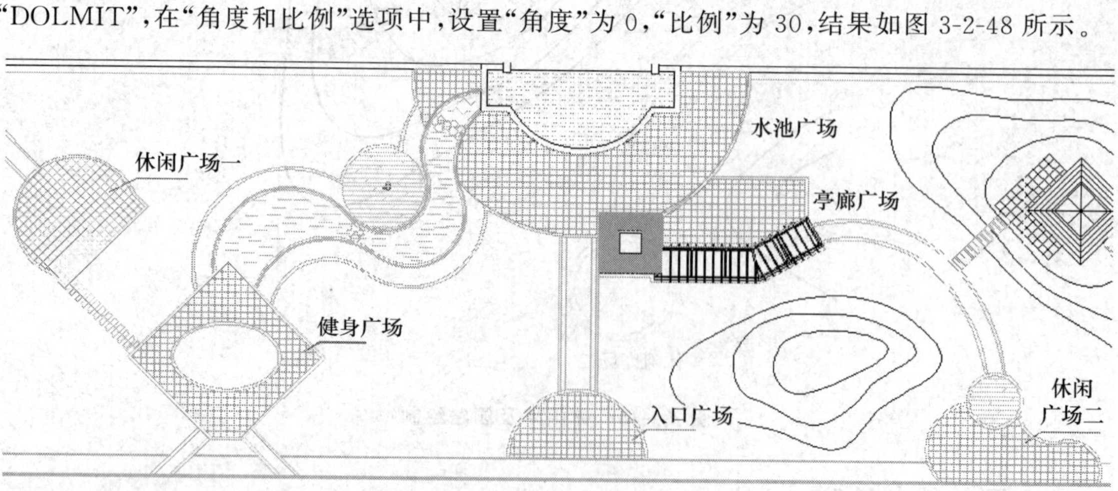

图 3-2-48　游园广场整体铺装

10.2　绘制园路铺装

园路铺装的方法与广场相似，一般先绘制或调整好铺装边界，然后选择合适图案及比例尺进行填充。

10.2.1　主入口道路铺装

主入口道路是游园中主要道路，采用两种图案铺装，两侧为冰裂纹式铺装，中间青石板。

边界绘制：主入口两侧均为广场，铺装边界不闭合，利用多段线绘制三个边界（中间及两侧）。

两侧铺装：单击会绘图工具栏中的▦，或者在命令行输入图案填充命令（快捷键 H）并回车，打开图案填充对话框，在“类型和图案”选项中，选择“自定义”类型，单击自定义图案（M）后的…，选择图案“卵石 3”，在“角度和比例”选项中，设置“角度”为 0，“比例”为 500，“边界”选项中以“添加：选择对象”的方式选两侧边界，结果如图 3-2-49 所示。

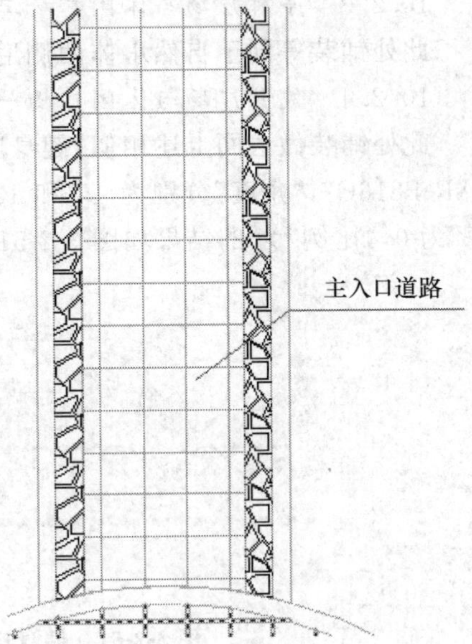

图 3-2-49　主入口道路铺装绘制

中间部分铺装：操作方法同广场铺装，选择图案“NET”，在“角度和比例”选项中，设置“角度”为 0，“比例”为 150，结果如图 3-2-49 所示。

提示：由于园路或广场铺装种类繁多，软件中给定的图案不能满足要求，本书给定了一部分，也可以从网上下载一些，这些图案的扩展名为“.PAT”，可以直接拷贝在软件安装目录下的“SUPPORT”文件夹下，图案填充时，选择“自定义”类型就可以找到所安装的图案。

10.2.2　自然水体两侧道路铺装

铺装方法同主入口道路，首先绘制边界，然后选择“自定义”图案类型，选择图案“卵石 3”，在“角度和比例”选项中，设置“角度”为 0，“比例”为 500，“边界”选项中以“添加：选择对象”的方式选所绘边界，结果如图 3-2-50 所示。

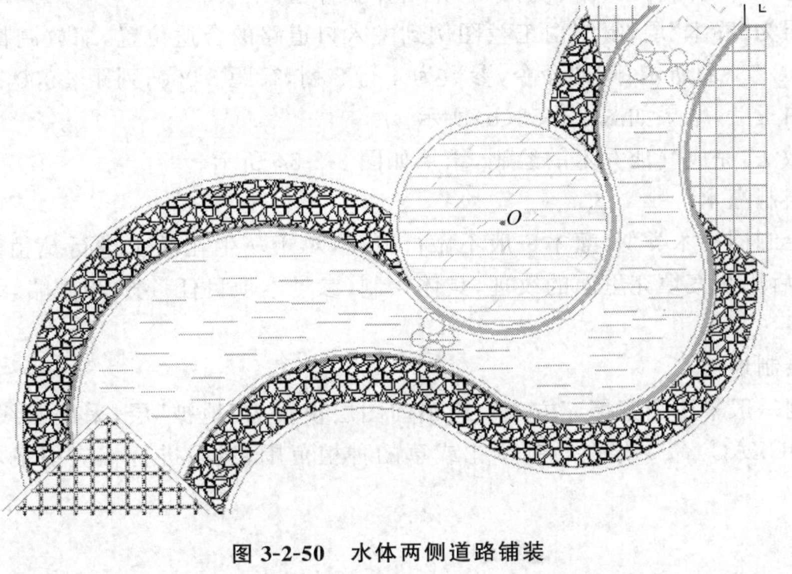

图 3-2-50　水体两侧道路铺装

10.2.3 亭廊广场与休闲广场二之间道路铺装

此处铺装等同于自然水体两侧道路铺装，操作略。

10.2.4 健身广场与休闲广场一入口道路以及人行道铺装

此处铺装做法同上述相似，健身广场与休闲广场一入口道路所选择图案为“预定义”中的“AR-B816C”，“角度”分别为 45°和 135°，“比例”为 1；人行道选择图案为“AR-HBONE”，“角度”为 0，“比例”为 2，结果如图 3-2-51 所示。

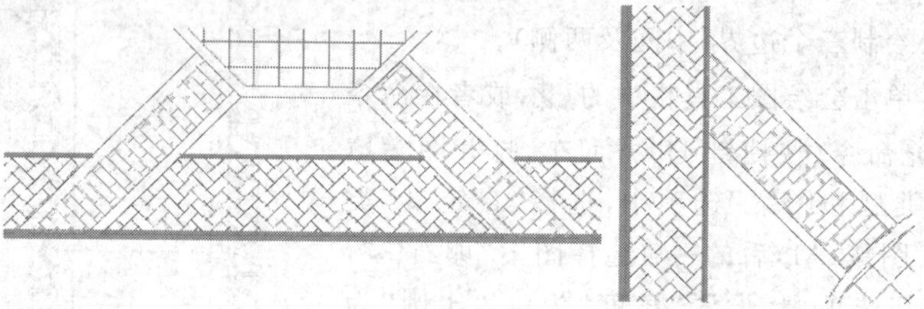

图 3-2-51 健身广场入口、休闲广场一入口及人行道铺装

11. 植物种植绘制

在园林景观中，植物的种植设计是指以乔木和灌木为主，配置成具有各种功能的树木群落。绘制植物时，根据设计要求，首先将所需植物定义成图例图块，并绘制植物图例表，如图 3-2-52 所示，然后利用多重复制、阵列复制、缩放等绘图命令，根据植物的生长特性和艺术手法将其种植到游园的合适位置，为便于后期植物种植设计图绘制，应该分别将乔木、灌木、地被放置在相应的图层上。

11.1 绘制乔木

绘制植物时，一般首先绘制好乔木，乔木是园林景观的骨架，包括行道树、孤植树及主景树。下面以主入口道路行道树绘制为例，介绍乔木种植。

当前图层为“乔木”层，复制白玉兰图例到主入口道路的合适位置，缩放调整其冠幅大小为 2 500，如图 3-2-53(a)所示；阵列命令，参数为 4 行 2 列，行距 3 000，列距 4 000，根据亭的位置，去掉多余的白玉兰，结果如图 3-2-53(b)所示。

同样的做法，完成其他乔木的绘制，结果如图 3-2-54 所示。

11.2 绘制灌木

灌木的绘制同乔木类似，灌木一般不做行道树，对于丛生花灌木进行丛植时，首先绘制其种植范围，然后用图案填充里面的纹理，具体绘制(参见本项目任务 5)步骤略，结果如图3-2-55 所示。

11.3 绘制地被

地被绘制一般采用图案填充方式。将当前图层设置为“地被”层，采用云线命令或者多段线(线型为 ZIGZAG)命令分别绘制草花或草的种植范围，然后进行相应图案填充，结果如图 3-2-56 所示。

图例表

		数量	规格				图例	序号	名称	数量	规格	图例
			高	胸径	冠幅	净干高						
1	白皮松	4	4～6 m		3～5 m	1.2～1.8 m		11	榆叶梅	10	高 1.2 ～ 1.5 m 从生冠幅 1.2 ～ 1.5 m 主分枝 5 ～ 7	
2	垂柳		2.5～3 m	5 cm	2.5～3 m			12	红瑞木	7	高 1.2 ～ 1.5 m 从生冠幅 1.2 ～ 1.5 m 主分枝 5 ～ 7	
3	五角枫	27	2.5～3 m	8～10 cm	2.5～3 m			13	樱花	15	地径 4 ～ 5 cm	
4	龙爪槐	13	2.5～3 m	8～10 cm	2.5～3 m	1.5～2 m		14	迎春	50	条长 4 ～ 1.5 cm	
5	法桐	18	2.5～3 m	10～12 cm	3～4.5 m	2.5～3 m		15	棣棠	30	高 1.5 ～ 1.7 m 从生主分枝 5 ～ 7	
6	白玉兰	10	2～2.5 m	6～8 cm	2～2.5 m	1.2～1.5 m		16	沙地柏	80	株高 0.8 cm　地径 2 cm　蓬径 60 cm	
7	紫藤	20	三年生条长 2 m					17	草花		播种	
8	珍珠梅	12	高1.2～1.5 m从生冠幅1.2～1.5 m主分枝5～7					18	白三叶	1 750	播种	
9	碧桃	10	1.8～2 m	4～6 m	1.5～2 m			19	照明	庭院灯：　跌水照明：　水下射灯：		
10	紫薇	15	高1.2～1.5 m从生冠幅1.2～1.5 m主分枝5～7					20	服务设施	石桌凳：　健身器材：　垃圾桶：		

图 3-2-52　图例表

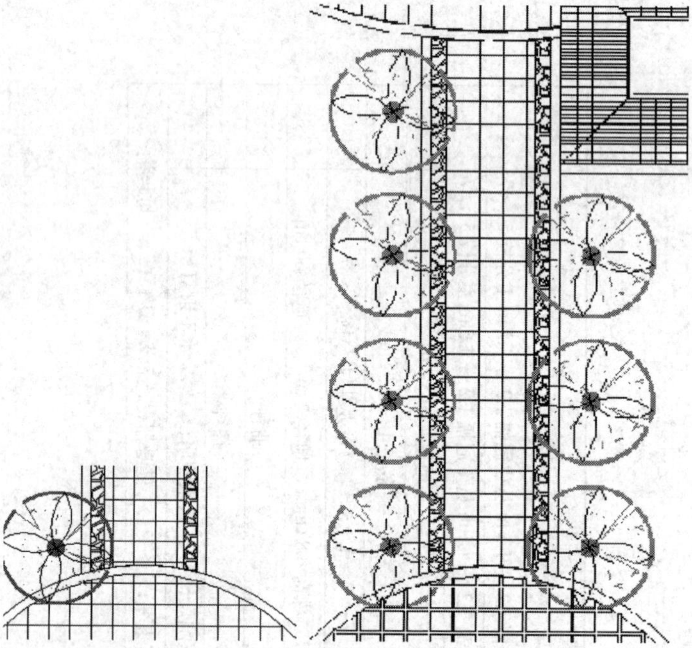
(a) (b)

图 3-2-53　主入口行道树绘制

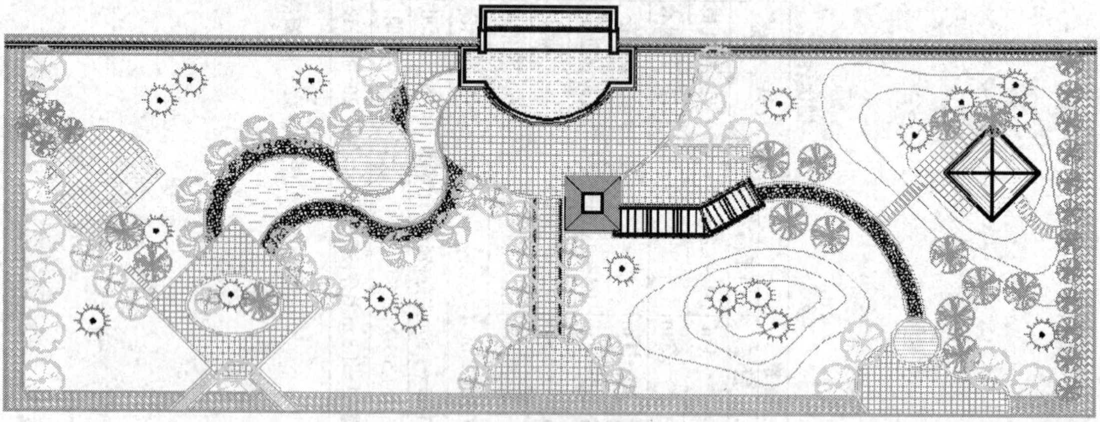
图 3-2-54　游园乔木绘制

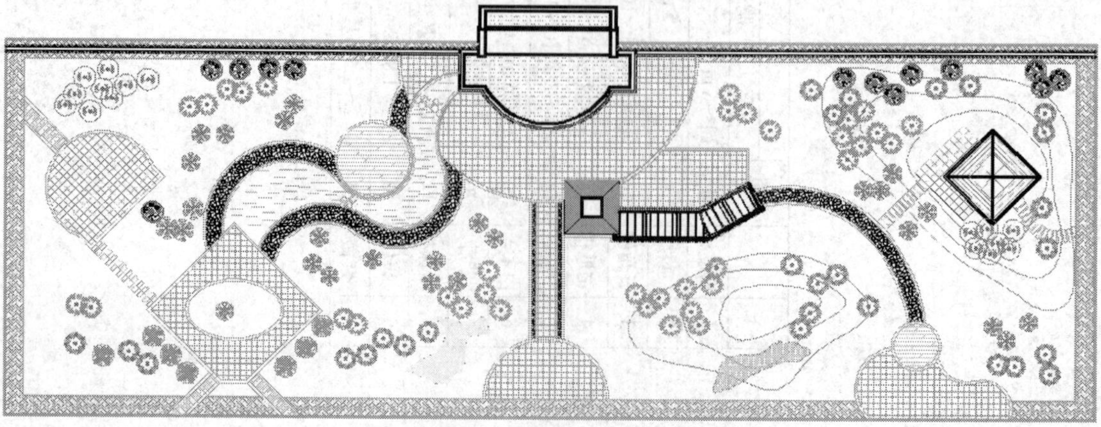
图 3-2-55　游园灌木绘制

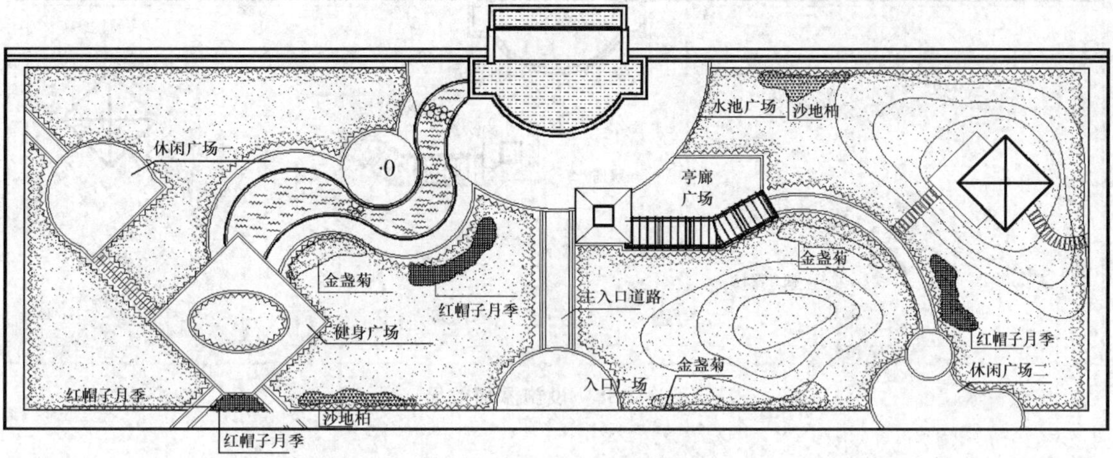

图 3-2-56　游园地被绘制

提示：绘制草坪时，沿着道路与建筑周边的草比较密集，中间的草比较稀疏，方法是首先绘制不同边界，然后填充不同比例的图案，即靠近道路与建筑的图案比例尺小，中间图案的比例尺大，详见项目2任务4的讲解。

11.4　绘制藤本植物

藤本植物的绘制方法同地被绘制相同，在此不再赘述。所有植物绘制的最终效果如图3-2-57所示。

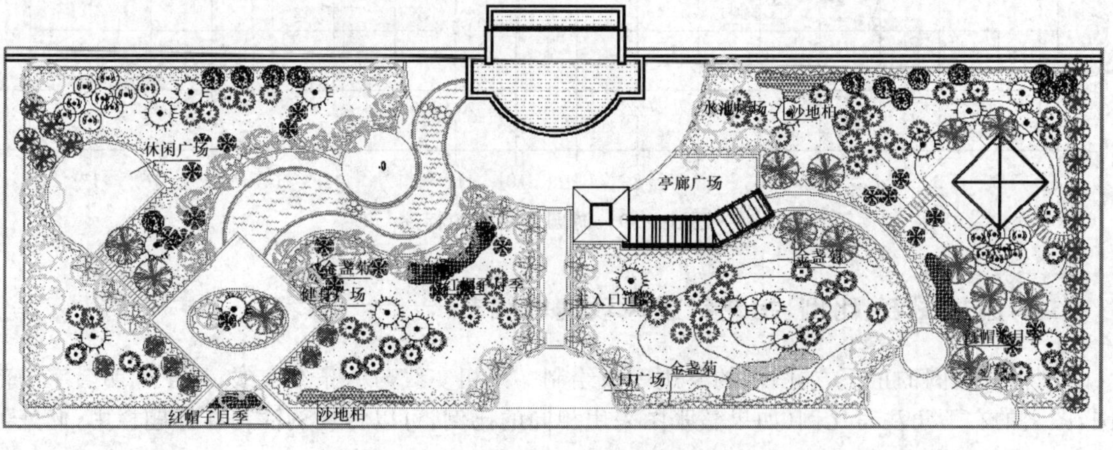

图 3-2-57　游园植物种植效果

12. 添加设施

设施的添加方法与植物的添加方法类似，首先绘制好设施的图例图块，然后以复制、阵列命令绘制添加。设施添加结果如图3-2-58所示。

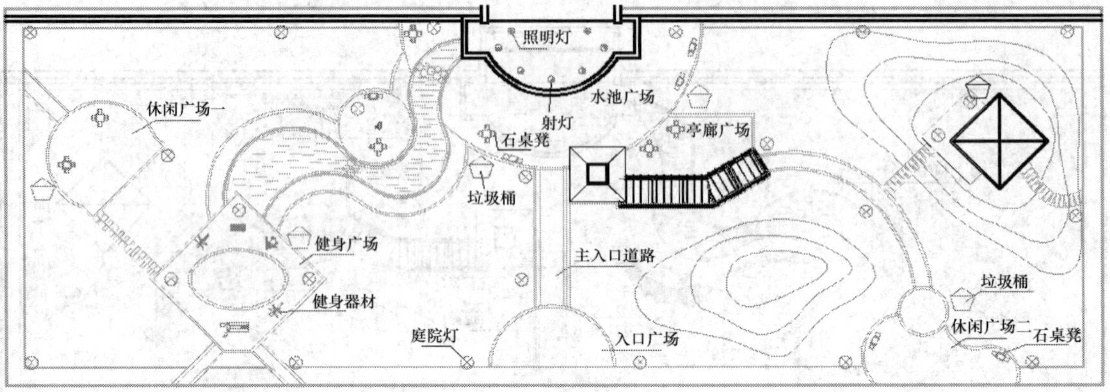

图 3-2-58　设施添加效果

13. 标注

由于总平面的比例较小，尺寸标注一般采用方格网方式，并用文字注解方式标注图样中主要景点的名字，结果如图 3-2-59 所示。

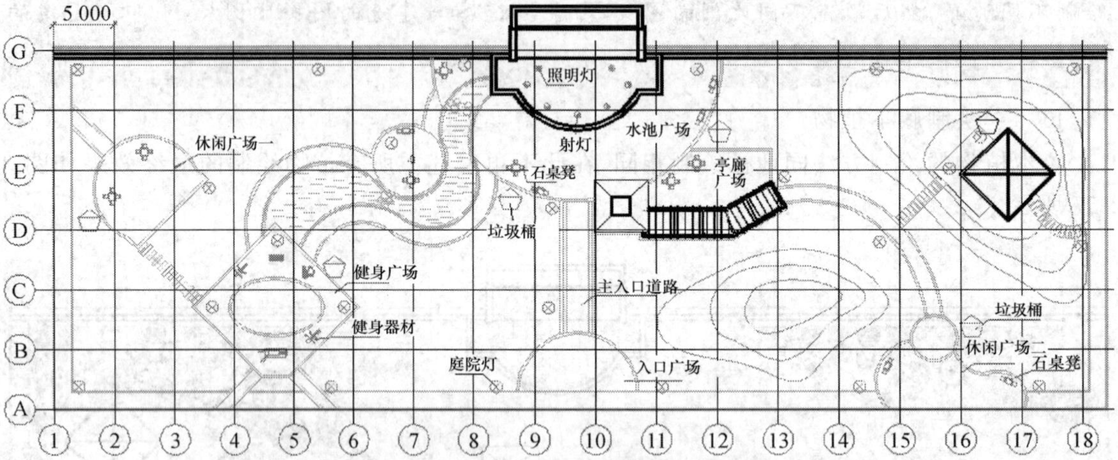

图 3-2-59　游园总平面的标注

14. 添加图名、比例、指北针或风玫瑰等细节

图名位于图的正下方，图名的下边一般绘制一条粗实线与一条细实线，用于标明名字的范围，图名的右下角注写比例（如果整张图采用相同的比例，可以将比例注写在标题栏中，此处可以省略），比例数字的底线与图名的底线取平。

指北针绘制在图纸右上角位置，位于标注层，利用圆与多段线绘制，具体绘制步骤如下：

C↙

指定圆的圆心或[三点(3P)/两点(2P)/相切、相切、半径(T)]：图纸右上角拾取一点

指定圆的半径或[直径(D)]：3000↙

PL↙

指定起点：拾取圆的左象限点

当前线宽为 0

指定下一个点或[圆弧(A)/半宽(H)/长度(L)/放弃(U)/宽度(W)]：W↙

指定起点宽度＜0＞：750↙

指定端点宽度＜750＞：0↙

指定下一个点或[圆弧(A)/半宽(H)/长度(L)/放弃(U)/宽度(W)]：拾取圆的右象限点

指定下一点或[圆弧(A)/闭合(C)/半宽(H)/长度(L)/放弃(U)/宽度(W)]：↙

标注文字"北"或"N"表示北向，结果如图 3-2-60 所示。

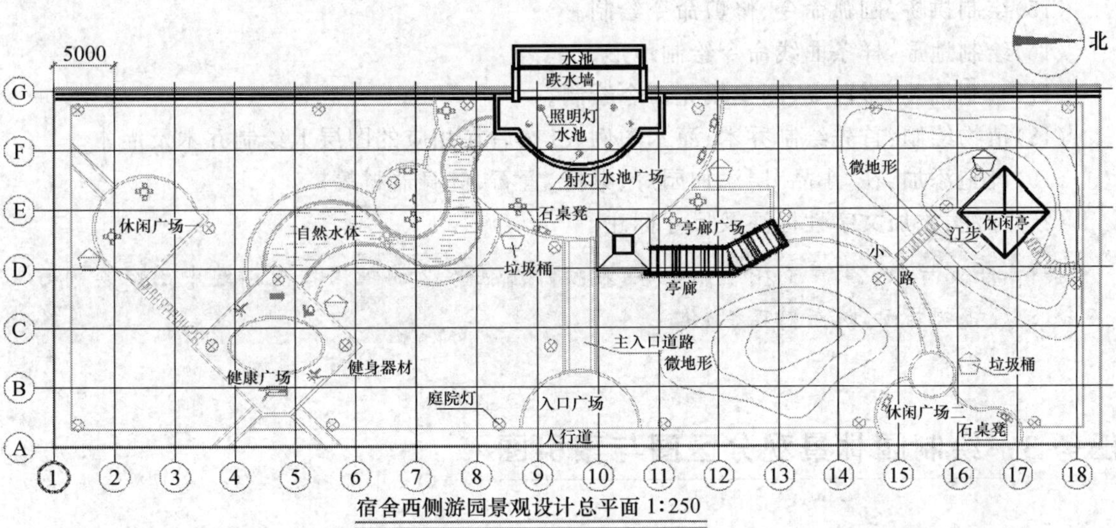

图 3-2-60　添加图名等细节

★巩固技能训练

绘制如图 2-1-30 所示"河北隆尧奎山锦官城景观绿化施工图"中的总平(详细图样参照光盘内容中的"技能拓展"文件中的"景观施工图——总平")。

绘图步骤提示(任务 2 中已经建立的图层可以直接使用)：

(1)打开参考底图。

(2)建立图层：新建设计图层，建议建立"网格"层、"建筑小品"层、"道路"层、"铺装"层、"水体"层、"微地形"层、"乔木"层、"灌木"层、"地被"层，其他应用底图中的相应图层。

(3)绘制参考坐标网格 4、绘制广场一：多段线命令、圆命令、修剪、偏移等操作。

(4)绘制广场二：圆命令、多段线、修剪等操作。

(5)绘制水体：样条线命令、偏移、多段线操作绘制水体，水体置石驳岸绘制采用多段线或者云线、或插入置石图块。

(6)绘制林荫广场：多段线、偏移操作。

(7)绘制小路一、小路二：多段线或样条线、偏移、修剪命令完成。

(8)绘制水体右侧的嵌草铺装及绿地：首先绘制右下角圆弧形绿地及铺装(圆命令、偏移、修剪)，然后利用椭圆命令、圆弧命令、偏移命令(偏移命令绘制道牙)绘制椭圆状绿地及弧形绿地，最后利用样条线命令、偏移命令绘制各个不规则绿地或嵌草铺装范围。

(9)绘制健身区:样条线、偏移命令绘制。

(10)绘制小路三及步石:样条线命令(或者圆弧命令)、矩形命令、偏移命令。

(11)绘制园林建筑:绘制花架一、花架二、花架三、花架四。利用圆命令、偏移、矩形、阵列、修剪等操作完成。

(12)绘制喷泉:圆命令、偏移命令、直线命令、阵列命令。

(13)绘制六角亭:圆命令及正多边形。

(14)绘制树池、种植池等小品:矩形命令、偏移命令、阵列命令。

(15)绘制拱桥:圆弧命令、修剪命令绘制。

(16)绘制地形:样条曲线命令绘制地形。

(17)绘制铺装:多段线、图案填充命令绘制。

(18)植物绘制:首先绘制乔木、灌木图例表,然后在相应的图层上绘制乔木及灌木。

(19)设施添加:在"小品"层添加园灯、桌椅、置石、健身器材等。

(20)标注:添加文字性标注及尺寸标注。

提示:此处旨在说明平面图绘制步骤,在项目2任务2的巩固技能训练中已经绘制好大部分,此处根据提示,进行整理、细化。

任务3 绘制园林景观分区图与索引图

学习领域

1. 分区图的形成及作用。
2. 索引图作用。
3. 索引符号绘制。

工作领域

1. 分区图的绘制。
2. 索引图的绘制。
3. 索引符号的绘制。

行动领域

1. 绘制分区图。
2. 绘制索引图。

★任务知识讲解

1. 分区图的形成及作用

园林施工图中,除了尺寸标注和文字标注外,还需要进行图纸的分区及索引的标注等工作,这些符号的绘制都有一定的要求,本章节就分区图及索引图的绘制进行讲解。

分区图是园林工程施工图中重要的一部分，尤其在面积较大的项目中，分区图是必不可少的一项内容。其产生的主要原因是各类图纸对其比例有严格的要求。诸如绿化种植对比例要求一般为 1∶300，较大项目中，一张图纸无法完全容下所有内容，故对其进行分区，分区的符号多选择大写字母 A、B、C、D 或罗马数字 Ⅰ、Ⅱ、Ⅲ、Ⅳ 等。

分区图多以总图为底图，绿化、灌溉、环境等图做分区标准，一套图中各分部工程基本采用统一分区方法，以便工程的开展。

2. 索引图的作用

园林景观施工图要表达的内容比较多，为了介绍及方便查找各个景点的位置，一般需绘制总索引图。索引图中所包含的内容为：景点的名称、景点的位置。

★任务操作

1. 分区图绘制

因本书所引项目较小，在施工图绘制中并不需要进行分区，仅以此为例进行分区图的绘制。本例将其划分为两个分区：A 区、B 区，具体绘制步骤：

1.1　绘制图纸及图符、填写标题栏文字

打开文件“××宿舍西侧游园景观设计图”，复制“景观设计总平”的图纸、图符及标题栏文字，将标题栏文字中的“T2”修改成“T3”。

1.2　修改景观设计总平

将总图中多余的填充、文字等删除。

1.3　绘制分区

按照各分部工程中所需要的比例对其进行分区的划分。

将“标注”层置为当前，使用多段线将其范围划分。打开对象捕捉(勾选“中点”)、极轴与对象捕捉追踪，并对其进行设置。

命令：pl↙

指定起点：利用对象捕捉追踪，捕捉东侧园界的左右中点，在 270°极轴追踪提示下，在园界外适当拾取一点

指定下一个点或[圆弧(A)/半宽(H)/长度(L)/放弃(U)/宽度(W)]：W↙

指定起点宽度＜0＞：300↙

指定端点宽度＜300＞：↙

指定下一个点或[圆弧(A)/半宽(H)/长度(L)/放弃(U)/宽度(W)]：在 90°极轴追踪提示下，在园界另一侧适当位置拾取一点

指定下一个点或[圆弧(A)/半宽(H)/长度(L)/放弃(U)/宽度(W)]：↙

选中绘制的多段线，利用对象特性，将颜色改为红色，线型修改为虚线“ACAD_ISO02W100”，并调整线型显示比例为 120，如图 3-2-1 所示。

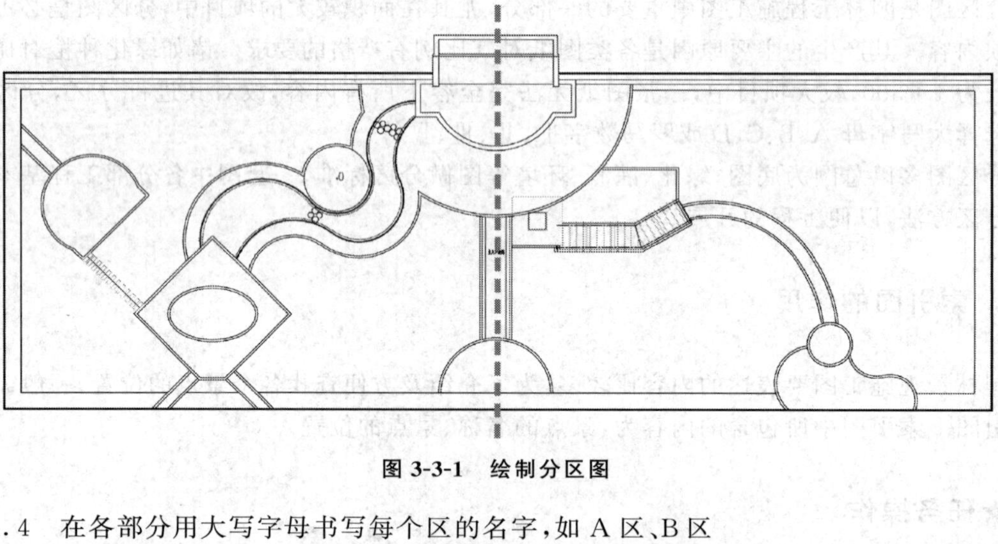

图 3-3-1　绘制分区图

1.4　在各部分用大写字母书写每个区的名字，如 A 区、B 区

命令行输入文字命令(T)或单击绘图工具栏中的 A，按命令行提示指定多行文字的输入角点，在多行文字对话框中输入文字“A 区”，文字高度 2 500，点击确定；同理，输入文字“B 区”。

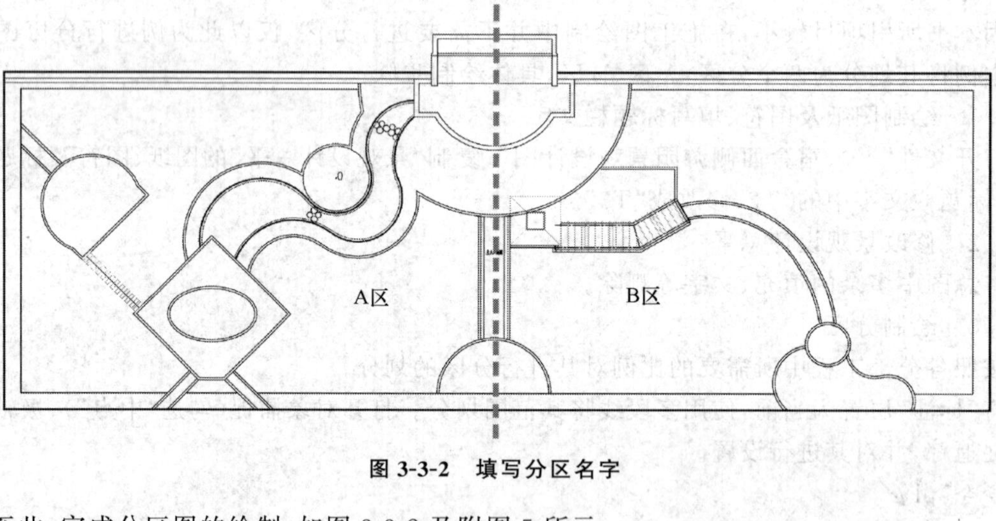

图 3-3-2　填写分区名字

至此，完成分区图的绘制，如图 3-3-2 及附图 5 所示。

2. 索引图绘制

2.1　绘制索引符号

索引符号由 4 个部分组成：圆、详图位置、图纸名称和引线。如图 3-3-3 中 HS-01 表示该做法在 HS-01 这张图上，第二个索引符号中横线代表该做法就在绘制索引图的这张图纸上。1、2 表示第一个做法和第二个做法。故第一个索引图就可以理解为该做法在 HS-01 图上的第一个做法。

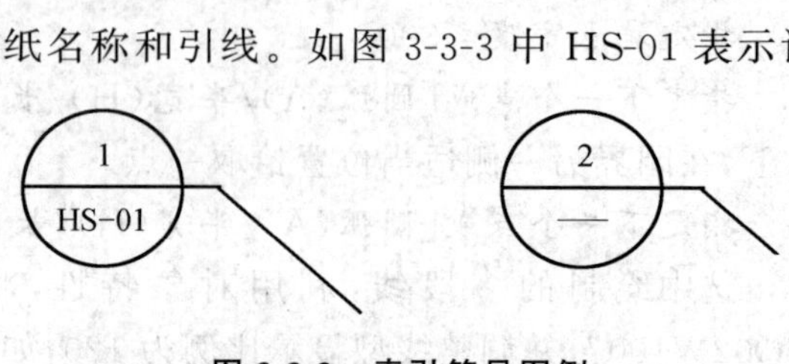

图 3-3-3　索引符号图例

2.2 绘制完整索引符号

下面以第一个索引符号为例来进行索引符号的绘制：

(1)输入圆命令(C)，绘制半径为1 250圆(针对出图比例为1：250)。

(2)打开正交及对象捕捉绘制直线(L)，将圆分为两个相等的半圆。

(3)绘制文字1和HS-01，注意修改文字至合适大小。

(4)绘制斜线连接索引符号及该做法在图纸上的位置。

2.3 绘制本项目索引图

打开文件"××宿舍西侧游园景观设计图"，复制"景观设计总平面"的图纸及图符、标题栏文字，将文字"T2"修改为"T4"。

关掉植物图层、网格层，复制"景观设计总平面"图样。

索引图样绘制，旨在说明各景点详细表达的位置，可以用索引符号表示详图与被索引图样的关系，但如果要表达的内容在分项施工图中有索引，也可以用文字说明的方式标记详图与被索引图样的位置关系。本例即是采用文字说明的方式。

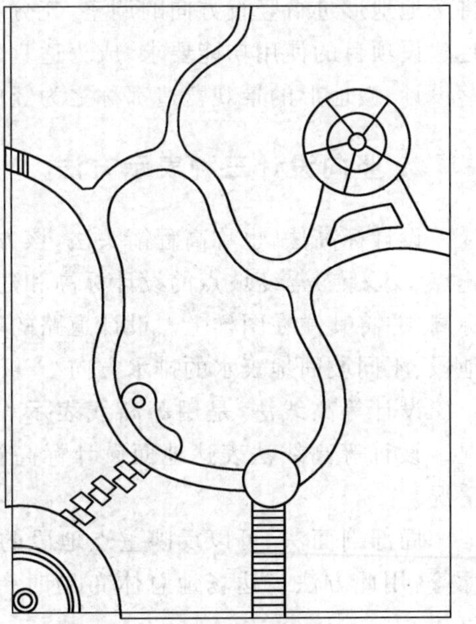

图3-3-4 巩固技能训练

将"标注"层置为当前，"标注"文字作为当前文字样式。

利用多段线绘制被索引部分。

利用单行文字(DT)注写景点的详细位置。

最终结果如附图6所示。

★巩固技能训练

1. 以图3-3-4为例，绘制其分区图与索引图。

2. 绘制"河北隆尧奎山锦官城景观绿化施工图"中的索引图，详细图样参照光盘内容中的"技能拓展"文件中的"景观施工图——索引及竖向"。

任务4 绘制园林景观竖向变化高程图

学习领域

1. 竖向设计。
2. 等高线。
3. 高程点。
4. 竖向设计图绘制。

工作领域

1. 绘制竖向设计图。
2. 关键高程点的控制。

行动领域

1. 学会使用 CAD 软件进行竖向设计的三种方法的绘制。

2. 绘制完整竖向设计图。

★任务知识讲解

1. 竖向设计内容

竖向设计主要是指对项目平面进行高程确定设计，形成的竖向空间。建设用地的自然地形往往不能满足建、构筑物对场地布置的要求，在场地设计过程中必须进行场地的竖向设计，将场地地形进行竖直方向的调整，充分利用和合理改造自然地形，合理选择设计标高，使之满足建设项目的使用功能要求，成为适宜建设的景观。比如道路的上下起伏设计、地面的高低差落设计、微地形的景观营造都称之为竖向设计。

2. 竖向设计三种表示方法

设计标高法，也称高程箭头法，该方法根据地形图上所指的地面高程，确定道路控制点（起止点、交叉点）与变坡点的设计标高和建筑室内外地坪的设计标高，以及场地内地形控制点的标高，并将其注在图样上。设计道路的坡度及坡向，反映为以地面排水符号（即箭头）表示不同地段、不同坡面地表水的排水方向。

设计等高线法，是用等高线表示设计地面、道路、广场、停车场和绿地等的地形设计情况。设计等高线法表达地面设计标高清楚明了，能较完整地表达任何一块设计用地的高程情况。

局部剖面法，可以反映重点地段的地形情况，如地形的高度、材料的结构、坡度、相对尺寸等，用此方法表达场地总体布局时台阶分布、场地设计标高及支挡构筑物设置情况最为直接。

园林景观竖向设计中，多使用第一种和第二种竖向设计的方法。

★任务操作

1. 绘制高程点

在园林工程竖向设计中，主要进行高程点、等高线及坡度的绘制。下面先进行高程点的绘制。

高程点是指图样上某一部位的高度，用标高符号表示，分相对标高和绝对标高，其表示方法不同，如图 3-4-1 和图 3-4-2 所示。

图 3-4-1 绝对标高符号

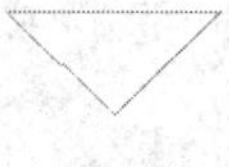

图 3-4-2 相对标高符号

绘制标高具体操作步骤如下（以 1∶250 比例出图为例）：

输入直线命令（L）或多段线（PL），打开正交（F8），绘制长为 1 500 毫米的水平直线。

输入快捷键 L 或 PL，打开对象捕捉，并选择中点，从中点绘制长度 750 毫米的竖直直线。

输入快捷键 L 或 PL，打开对象捕捉，选择端点，进行连接。

删除中点所引的 750 毫米辅助线，即可获得相对标高符号，如图 3-4-3 所示。

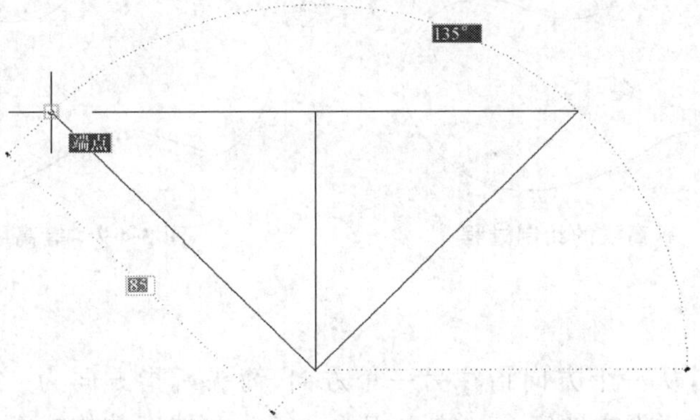

图 3-4-3　绘制相对标高符号

输入 BH，使用“Solid”图案，将相对标高符号内部填充为黑色，即可得到绝对标高符号，如图 3-4-4 所示。

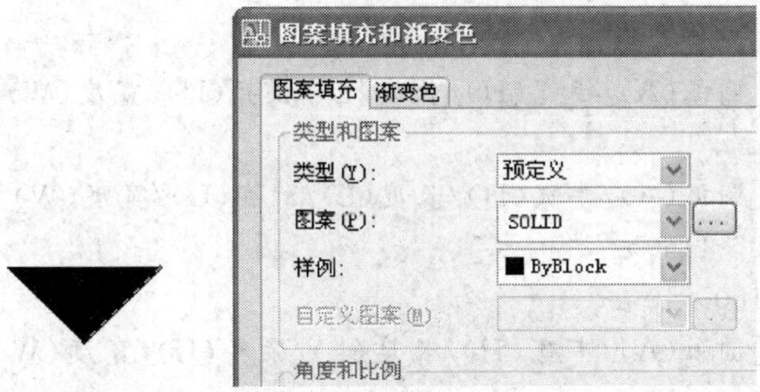

图 3-4-4　绘制绝对标高符号

在标高符号上绘制相应引线及数字即为该点高程点的标注，如图 3-4-5 所示。

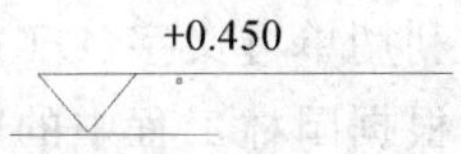

图 3-4-5　高程点标注

2. 绘制等高线

等高线是表示高程的必不可少的一个部分，在园林景观工程施工图纸中，表示山坡、谷底等多需要用等高线来表示。纯粹的等高线没有办法表示标高，除等高线外，还需要标注标高值。

下面就以本项目中的一个山坡为例进行等高线的绘制（详细绘制方法参见教材项目 2 任务 3）。

命令行输入样条曲线命令 Spl 或点击 ，命令行提示及操作：

指定第一个点或[对象（O）]：在设计位置拾取第一点

指定下一点或[闭合（C）/拟合公差（F）]<起点切向>：在曲率变化处拾取第二点

按照设计需要，依次点击各点，并在最后输入 C，闭合该样条曲，如图 3-4-6 所示。

利用打断命令将等高线打断，并在打断处输入文字，如图 3-4-7 中的高程数字“0.50”，即完成该等条高线的绘制。

依次完成其他等高线。

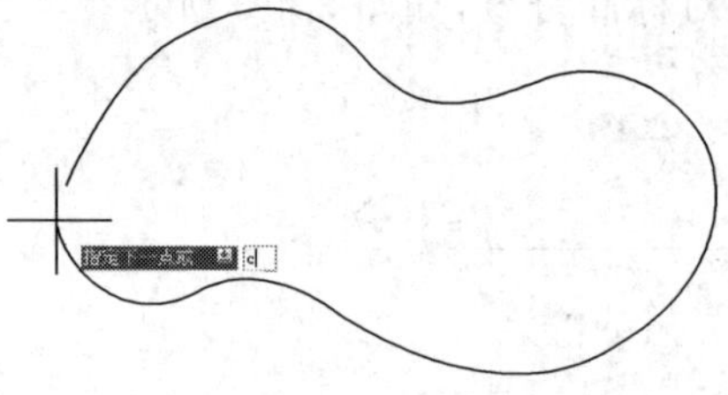

图 3-4-6 等高线的绘制过程

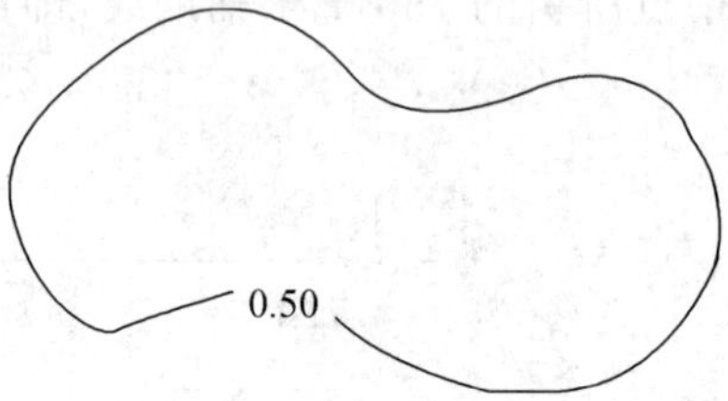

图 3-4-7 等高线标注

3. 绘制坡度

坡度具有指向性，从一个方向指往另一个方向，箭头所指方向为较低点，园林景观工程建设中坡度多与排水相关。箭头和坡度数构成了完整的坡度表示方法，如图 3-4-8 所示。

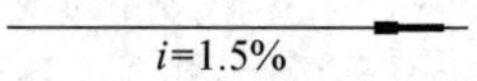

图 3-4-8 坡度表示方法

坡度的绘制方法相对比较简单，现就图 3-4-8，针对“××宿舍西侧游园景观设计图”的出图比例，进行坡度表示方法的绘制：

命令：pl↙

指定起点：左键在起点处点击

指定下一个点或[圆弧(A)/半宽(H)/长度(L)/放弃(U)/宽度(W)]：3500↙ 0°极轴追踪提示下，输入 3500↙

指定下一个点或[圆弧(A)/半宽(H)/长度(L)/放弃(U)/宽度(W)]：w↙

指定起点宽度<0>：150↙

指定端点宽度<150>：0↙

指定下一个点或[圆弧(A)/半宽(H)/长度(L)/放弃(U)/宽度(W)]：600↙ 0°极轴追踪提示下输入 600↙

指定下一个点或[圆弧(A)/半宽(H)/长度(L)/放弃(U)/宽度(W)]：↙

利用单行文字(DT)，输入文字：i=1.5%，完成图 3-4-8 的绘制。

根据园林工程中的竖向设计等计算出各相应点标高，绘制好各高程点，等高线及坡度即可获得竖向设计图，完成标题栏等相关内容，即完成最终竖向设计图。

4. 绘制园林景观竖向设计图

打开××宿舍西侧游园景观设计图。

4.1 竖向设计要考虑的因素

(1)水景的营造及水系的落差。

(2)广场坡度及其排水问题。

(3)道路排水问题。

(4)微地形高程。

(5)道路和绿地之间关系。

4.2 本例竖向设计方案

(1)确定相对标高,本案以外部道路为准,设计为±0.00。

(2)所有广场均设置1%～1.5%的坡度,将雨水排向绿地。

(3)园路较绿地高出0.1米。

(4)设置水景墙高度为8.5米。

(5)绿地较小,微地形不适合设置过高,故最高点亭子站人处设置为1.2米。

(6)水系不宜太深,设置为最低点较最高点0.3米高差。

4.3 绘制竖向设计图

4.3.1 复制图纸及图符、指北针,修改标题栏文字

利用多重复制(CO)操作,复制"景观设计总平面"的图纸、图符及标题栏文字。

鼠标左键双击图号处的"T2",将其更改为"T5";双击标题栏中的"景观设计总平面",修改成"竖向设计",完成图纸及图符的绘制。

4.3.2 复制总平面图

将图层"乔木"、"灌木"、"地被"、"铺装"、"辅助线"、"小品"层关掉,复制关掉图层后的总平到"竖向设计"中。

4.3.3 绘制与标注高程及坡度

将"标高"层置为当前。

依据"任务操作1～3"及"4.2本例竖向设计方案",本竖向设计图的绘制最终结果如附图7所示。

提示:利用多重复制、旋转等完成。

★巩固技能训练

1. 以"××宿舍西侧游园景观设计图"例,外部道路设置高程点为-0.2米,进行竖向设计图纸的绘制。

2. 绘制"河北隆尧奎山锦官城景观绿化施工图"中的竖向设计图,图样参照光盘内容中的"技能拓展"文件中的"景观施工图——索引及竖向"。

任务5 绘制园林植物种植设计平面图

学习领域

1. 乔灌木。
2. 植物种植表。
3. 种植说明。
4. 植物图例表示方法。
5. CAD中的块。

工作领域

1. 进行植物图例的制作。

2. 植物统计表的绘制。

3. 进行数量的统计及规格等部分说明。

行动领域

1. 绘制植物图例表。

2. 编制植物种植设计图。

3. 填写苗木统计表。

4. 植物标注。

★任务知识讲解

植物按照其生态习性和园林布局要求,一般分为:乔木、灌木、花卉、草坪及垂直绿化种类。合理配置园林中各类植物,以发挥它们的园林功能和观赏特性,能够为园林工程的建设增色许多,所以园林植物配置是园林工程中一项非常重要的环节。

1. 植物种类的选择

园林植物的基本要求应是具备一定的观赏价值,或者是叶、茎、干、果,或者是花,或者是同种植物在不同季节所变现出来的特点。进行植物选择时,要因地制宜,以保证园林植物有正常的生长发育条件,并反映出各个地区的植物风格。

2. 植物配置的应用形式

自然式种植和规则式种植,是园林绿化中常用的方法,除此之外还细分为:

孤植,主要显示树木的个体美,常作为园林空间的主景。对孤植树木的要求是:姿态优美,色彩鲜明,体型略大,寿命长,最好具备地方特色。周围其他植被,应保持合适的观赏距离。在珍贵的古树名木周边,不可栽植其他乔木和灌木,以保持其独特风姿。

对植,对称的种植,多用于院门,建筑物入口,广场或桥头的两旁。两侧数量或绝对相等或大致相等。

列植,顾名思义,成行成带的栽植,多用于街道和公路两侧,或规则式广场的周围,或用作园林景物的背景或隔离措施。

丛植,三五成群,不同的树种进行搭配。可做主景也可做配景,配置自然。

群植,相同的树种的群体组合,树木数量较多,体现群体美,如"白桦林"。

3. 单株植物绘制

园林植物是园林设计中最为重要的元素,不同的植物有着不同的形态,其画法也不尽相同,国家也没有出台相关的行业标准,多根据其不同的植物特征,使用"约定俗成"的图例来表现。大家可以从各个渠道获得别人做好的乔、灌、花等图例,对于这些已经完成的图例,大家大可以直接拿来使用。

对于单株栽植的乔灌木,在图样中,一般以图例表示,乔、灌木图例绘制方法是一致的,只是冠幅大小不同，如图 3-5-1 所示，从左至右在本项目中依次表示白玉兰、红瑞木、白皮松。图例一般定义为图块，减少图样大小，外部图块，可以被重复使用，减少工作的重复性，提高工作效率。图例图块的制作参见项目 2 任务 4。绘图过程略。

图 3-5-1　植物图例（白玉兰、红瑞木、白皮松）

4. 片植植物绘制

对于株数较多的乔灌木花卉，如丛植、群植以及花卉种植等，由于数量过大，无法按照一株一株种植，故采用绘制植物轮廓线的方法来进行绘制。通常使用多段线和云线来进行轮廓线的绘制，如图 3-5-2、图 3-5-3 所示。

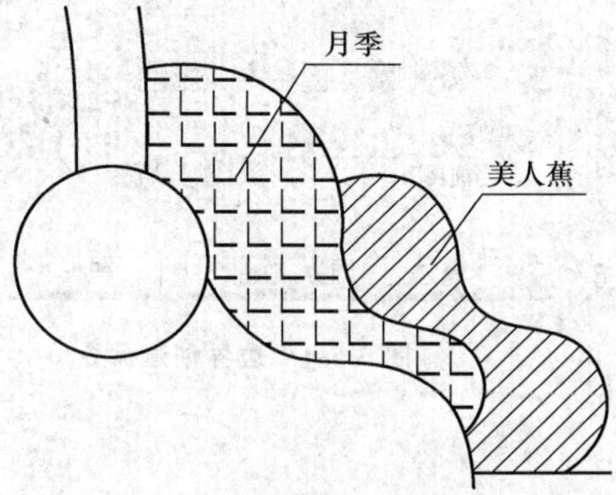

图 3-5-2　多段线绘制植物轮廓

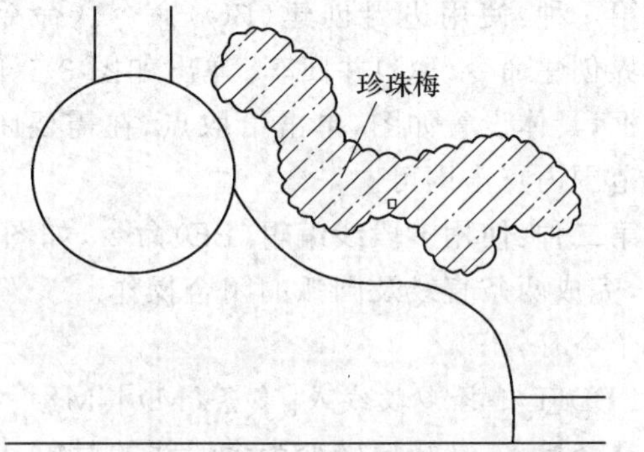

图 3-5-3　云线绘制植物轮廓

4.1　使用多段线绘制植物轮廓线

命令行输入 PL，并回车，命令行提示及操作：

指定起点：结合对象捕捉，在需要表达的位置拾取目标点

指定下一个点或[圆弧(A)/半宽(H)/长度(L)/放弃(U)/宽度(W)]：A↙

指定圆弧的端点或[角度(A)/圆心(CE)/闭合(CL)/方向(D)/半宽(H)/直线(L)/半径(R)/第二个点(S)/放弃(U)/宽度(W)]：S↙

指定圆弧上的第二个点：结合对象捕捉，拾取第二个点

指定圆弧的端点：拾取圆弧的端点

逐一画出植物轮廓线。

使用填充命令(BH)，对轮廓线围合的部分进行植物图案填充。

绘制引线，输入文字说明，如图 3-5-2 中的“月季”、“美人蕉”等，即完成该任务。

4.2　使用云线绘制植物轮廓线

使用云线绘制植物轮廓线如图 3-5-3 所示。

点击绘图工具栏中的，命令行提示及操作：

指定起点或[弧长(A)/对象(O)/样式(S)]＜对象＞：A↙

指定最小弧长＜300＞：600↙

指定最大弧长：900↙

指定起点或[弧长(A)/对象(O)/样式(S)]：沿云线路径引导十字光标，绘制好轮廓线

使用填充命令(BH)，对轮廓线围合的部分进行填充。

绘制引线，输入文字说明，如图 3-5-3 中的“珍珠梅”，即完成该任务。

5. 草坪绘制

草坪的绘制较为简单，对其进行简单填充即可，比较大的工作量在绿地的闭合和统计上，下面就其任务进行讲解。

设计师在进行方案设计时，并没有对绿地、道路等内容进行线条的闭合处理，这需要我们在绘制施工图时来完成，以更方便的填充草坪和计算面积。通常有以下三种方法：边界创建命令、多段线编辑命令、利用多段线重新描绘边界。

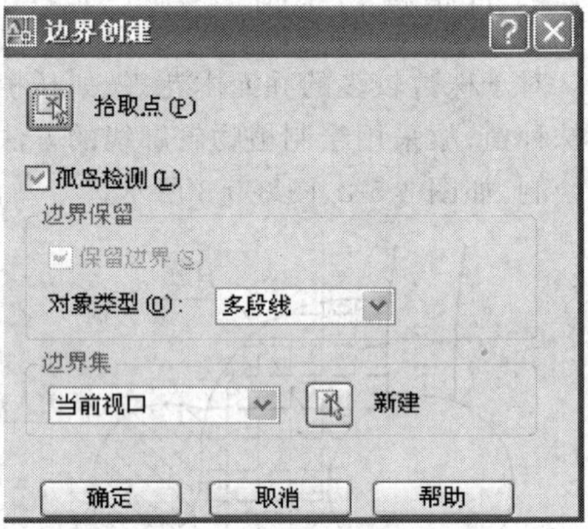

图 3-5-4 边界创建命令

第一种：使用边界创建(BO)命令。命令行输入边界创建命令(BO)并回车，弹出如图 3-5-4 所示对话框，具体设置如图，单击拾取点，在需要闭合的图纸范围内点击即可。

第二种：使用多段线编辑(PE)命令，如图 3-5-5 所示，完成两条直线及圆弧的闭合操作。

命令行：PE↙

PEDIT 选择多段线或[多条(M)]：M↙

选择对象：选择要转变为多段线的对象

选择对象：↙

输入选项[闭合(C)/打开(O)/合并(J)/宽度(W)/拟合(F)/样条曲线(S)/非曲线化(D)/线型生成(L)/放弃(U)]：J↙

输入模糊距离或[合并类型(J)]＜0.0000＞：1↙

完成多段线的闭合任务。

第三种：使用多段线(PL)进行重新描绘边界，如图 3-5-6 所示，这里不阐述其绘制过程了。

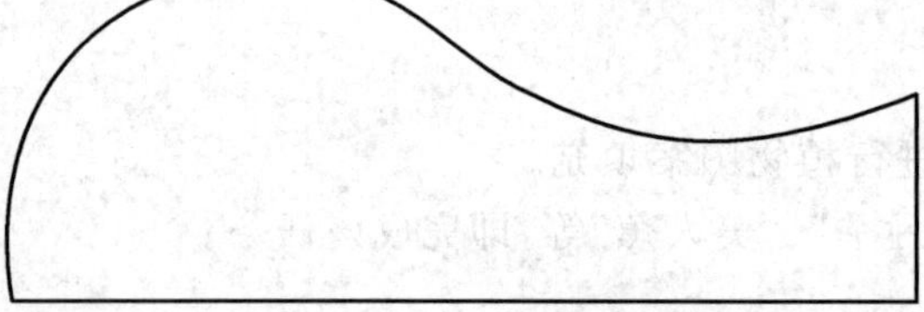

图 3-5-5 PE 命令闭合面域

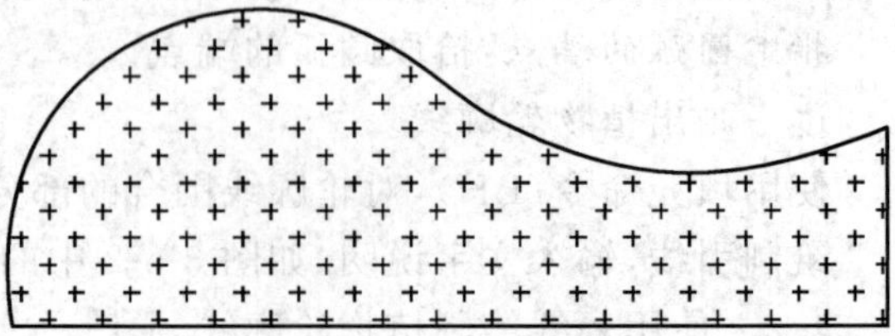

图 3-5-6 绘制草坪

使用以上三种办法将边界闭合后，即可使用 AREA(AA)命令进行面积的计算，使用 BH 命令进行模纹或草坪的填充。

★任务操作

打开文件“××宿舍西侧游园景观设计图”。复制总平的图纸、图符及标题栏文字，并将图名改成“植物设计平面图”，图号改成“ZZ”。

1. 绘制草坪

新建图层，该名称为草坪种植，颜色设置为绿色，并置为当前图层。图 3-5-7 在总平中已经建立好了“地被”层，这里将“地被”改名为“草坪种植”。

将绿地部分面域闭合，如图 3-5-8 所示。

图 3-5-7 新建图层界面

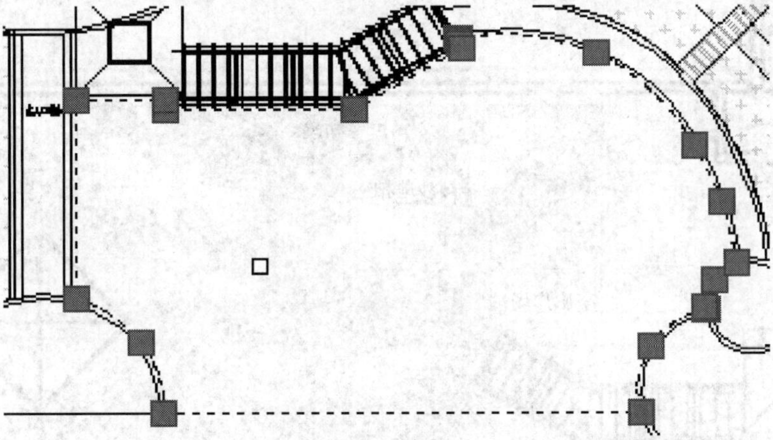

图 3-5-8 闭合后的绿地

使用图案填充命令(BH)，比例设置为合适比例，对绿地依次进行填充，如图 3-5-9 所示。

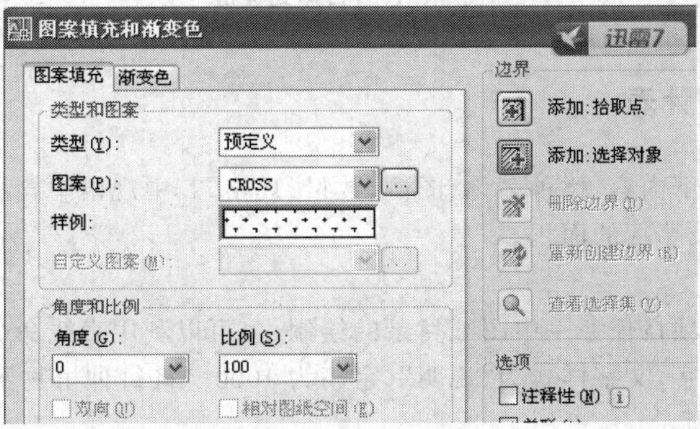

图 3-5-9 绿地填充界面

2. 绘制花卉

新建图层,改图层名称为“花卉”。

使用云线进行花卉轮廓线的绘制。

在已完成的轮廓线内使用填充命令 BH 进行图案填充。

填充后修改其颜色及绘制引线,输入文字说明,结果如图 3-2-56 游园地被绘制。

3. 绘制乔灌木

根据前面的方法,依次绘制出各植物图例,同时定义成图块。

新建图层“乔灌木”(已经建立好时,将其置为当前),并置为当前图层。

使用矩形阵列命令进行规则式乔灌木的种植,如图 3-2-53(b)所示。

使用复制(CO)命令,依次将所需要的乔灌木进行合理的配置,如图 3-5-10 所示,即得到乔灌木种植图。种植总图如附图 8 所示。

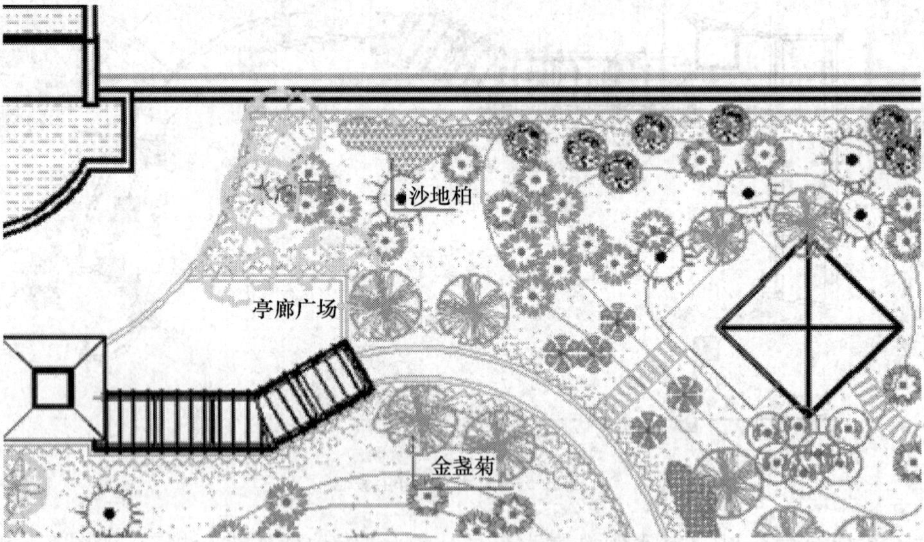

图 3-5-10 自然式种植

4. 绘制苗木统计表

苗木统计表含以下内容:树种名称、图例、数量、规格,其中规格中含株高、胸径、冠幅、枝下高等,同时还含花卉及草坪的面积。

4.1 绘制表格

表格绘制参见本项目任务一中图纸目录的绘制,也可以利用直线命令、阵列或偏移命令绘制。文字采用单行文字,文字样式为“说明”,字高为 1000。将每种植物图例绘制好以后,填入表格中,如图 3-5-11 所示。

苗木统计表

序号	名称	数量	规格				图例	序号	名称	数量	规格	图例
			高	胸径	冠幅	净干高						
1	白皮松	18	4～6 m		3～5 m	1.2～1.8 m		10	紫薇	35	高 1.2 ～ 1.5 m 丛生冠幅 1.2 ～ 1.5 m 主分枝 5 ～ 7	
2	垂柳	12	2.5～3 m	5 cm	2.5～3 m			11	榆叶梅	27	高 1.2 ～ 1.5 m 丛生冠幅 1.2 ～ 1.5 m 主分枝 5 ～ 7	
3	五角枫	14	2.5～3 m	8～10 cm	2.5～3 m			12	红瑞木	16	高 1.2 ～ 1.5 m 丛生冠幅 1.2 ～ 1.5 m 主分枝 5 ～ 7	
4	龙爪槐	17	2.5～3 m	8～10 cm	2.5～3 m	1.5～2 m		13	樱花	7	地径 4 ～ 5 cm	
5	法桐	16	2.5～3 m	10～12 cm	3～4.5 m	2.5～3 m		14	迎春	50	条长 1～1.5 cm	
6	白玉兰	18	2～2.5 m	6～8 cm	2～2.5 m	1.2～1.5 m		15	棣棠	面积14 m^2	高 1.5 ～ 1.7 m 丛主分枝 5 ～ 7	
7	紫藤	20	三年生条长 2 m					16	沙地柏	面积17 m^2	株高 0.8 cm 地径 2 cm 蓬长 60 cm	
8	珍珠梅	13	高1.2～1.5 m丛生冠幅1.2～1.5 m主分枝5～7					17	红帽子月季	面积25 m^2	播种	
9	碧桃	26	1.8～2 m 4～6 m 1.5～2 m					18	金盏菊	面积31 m^2	播种	

图 3-5-11 苗木统计表

4.2 统计草坪面积

草坪面积的统计，基于前面草坪的绘制方法来进行，对于闭合的绿地块，使用命令 AREA (AA)即可。

方法一

命令：AA↙

指定第一个角点或[对象(O)/加(A)/减(S)]：O↙

选择对象：拾取图 3-5-12 中绿地边界的各点

面积=259960716 周长=74885

该绿地的面积即为 259.9 米²。依次计算出其他绿地，即可得到总草坪面积，同时，多块绿地也可以叠加计算。

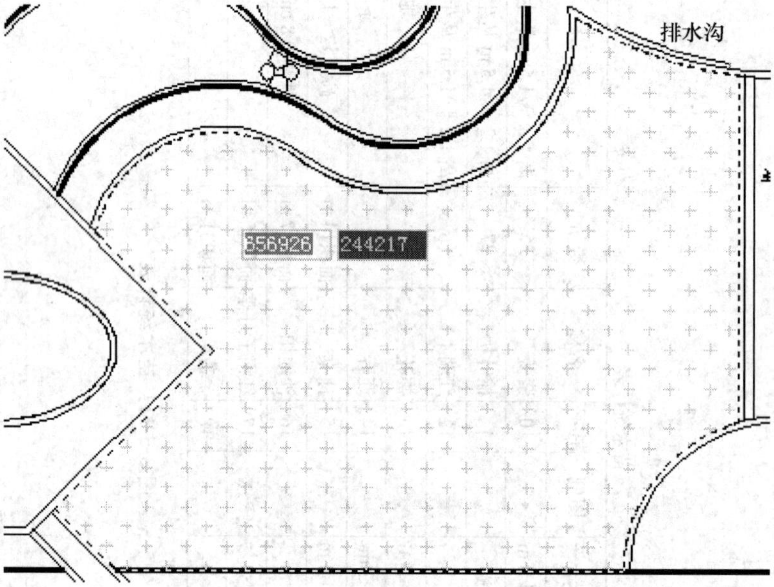

图 3-5-12 已完成的草坪种植图

方法二

命令：AA↙

指定第一个角点或[对象(O)/加(A)/减(S)]：A↙ 进行叠加计算

指定第一个角点或[对象(O)/减(S)]：O↙

("加"模式)选择对象：拾取要加的对象

面积=259960716 周长=74885

总面积=259960716

("加"模式)选择对象：拾取要加的对象

面积=339572553 周长=77522

总面积=599533269

("加"模式)选择对象：拾取要加的对象

面积=516814795 周长=110666

总面积=1116348064

从上可以看出我们计算以上绿地总面积为 1 116.3 米^2。通过此方法可计算出草坪总面积。

除以上两种方法外,还可用特性查看来计算面积

方法三

点击【修改】/【特性】,调出特性栏工具栏,点击需要计算的闭合绿地,即可在特性栏面积中找到该绿地面积。依次找到各绿地,再相加即可。

通过以上三种方法,我们可以得到该项目草坪面积为 1 490.3 米^2。

4.3　统计花卉面积

花卉面积计算与草坪面积计算是完全一致的,在此我们就不赘述了,得到最终如下:

红帽子月季 25 米^2。

沙地柏 17 米^2。

金盏菊 31 米^2。

4.4　统计乔灌木数量

前面的教学中,我们给大家演示了植物图例的制作过程,要求大家在最后的工作中将制作好的植物定义为块,并且清楚命名,在此基础上,乔灌木的数量统计就会非常简单、快捷。主要使用的命令即为特性中的快速选择命令。

下面我们以白皮松为例,进行乔灌木数量统计任务。

点击【修改】/【特性】,调出特性栏工具栏,如图 3-5-13 所示,单击特性栏中的快速选择按钮,得到快速选择对话框,如图 3-5-14 所示,在对象类型中点击下拉三角,选择“块参照”,如图 3-5-15 所示,在“特性”中选择“名称”,如图 3-5-16 所示,“值”选择“白皮松”,如图 3-5-17 所示,命令行提示“已选定 19 个项目”,再减掉苗木表中的图例,“白皮松”的数量为 18 个。依次使用此方法得到其他乔木、灌木的数量,并填入到苗木表中。

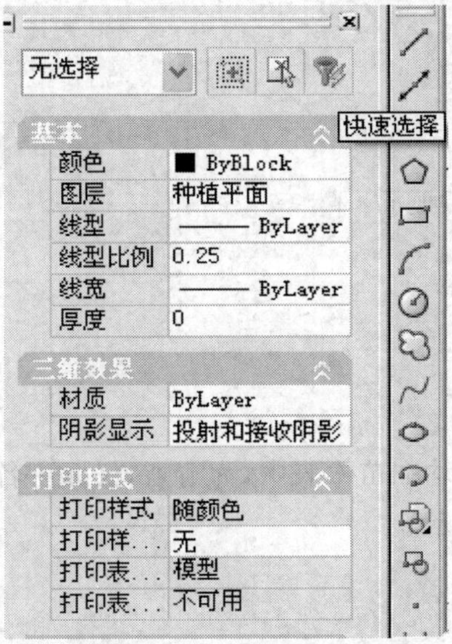

图 3-5-13　快速选择按钮位置

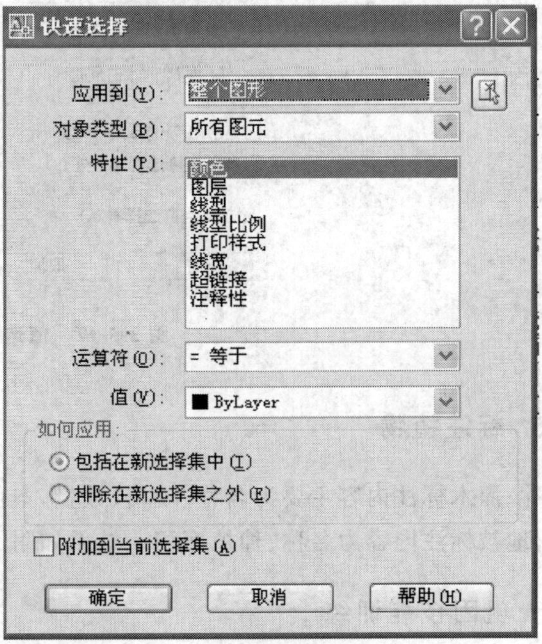

图 3-5-14　快速选择对话框

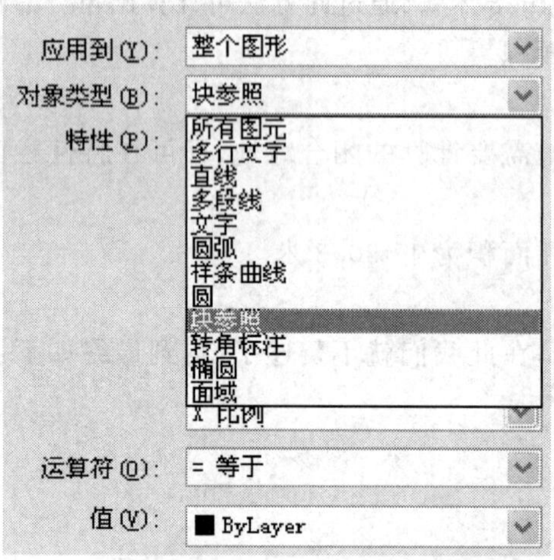

图 3-5-15　选择块参照

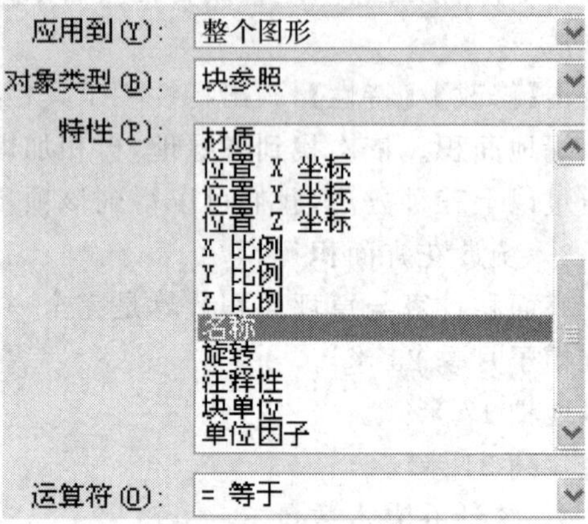

图 3-5-16　选择名称

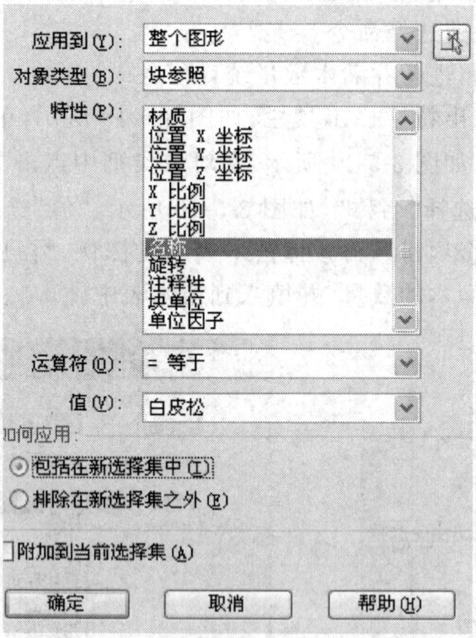

图 3-5-17　值选择白皮松

5. 标注植物

乔、灌木标注内容主要为名称、规格、数量，本例规格均在苗木表中，为清晰，仅标注名称及数量；地被标注内容为名称、种植面积。结果如附图 8 所示。

★巩固技能训练

绘制“河北隆尧奎山锦官城景观绿化施工图”中的植物种植设计平面图，图样参照光盘内容中的“技能拓展”文件中的“景观施工图——植物种植设计”。

任务 6　绘制园林景观建筑施工图

学习领域

1. 园林小品。
2. 亭廊组合。
3. 基础设施。
4. 景墙。

工作领域

1. 基础设施的绘制。
2. 亭廊组合的绘制。
3. 景墙的绘制。

行动领域

园林建筑及小品的绘制。

★任务知识讲解

1. 园林建筑类型

园林建筑是指提供休息、装饰、照明、展示和为园林管理及方便游人之用的小型建筑设施。一般设有内部空间，规模较小，富有一定的观赏性。园林建筑在园林中既能美化环境，丰富景观，又能为游人提供休息和公共活动的场所。

园林建筑按其使用功能可分为以下四类：

游憩性建筑，供游人休息、游赏用的建筑，它既有简单的使用功能，又有优美的建筑造型，如亭廊、花架、舫、阁等形式。

文化娱乐性建筑，供园林开展各种活动的建筑。这类多归置到建筑内。

园林小品，一些小型的建筑或者设施，可以装饰远景、增添趣味，如景墙等。

服务性建筑及小品，如电话亭、栏杆、垃圾箱、坐凳等。

★任务操作

下面我们就常见的园林建筑予以示范绘制，为更好地进行示范讲解，部分建筑小品不属于本项目内容。

1. 普通坐凳施工图绘制

下面我们以最常见坐凳为例，讲述坐凳的施工图绘制。

1.1 新建文件

新建一个文件，模板选择项目 1 任务 3 中制作的 A3 模板，并将其保存为“坐凳施工图”；修改标注样式“园林景观制图”中基础样式中的调整选项，将“标注特征比例”中的“使用全局比例”修改为 10，本图的出图比例为 1∶10；同时，将标题栏中的“图名”修改为“坐凳施工图”，在比例栏中填入比例 1∶10，见附图 9。

1.2 新建图层

根据绘图要求，分别新建“中心线”、“小品”，其中，“中心线”的线型为“CENTER2”，线型比例为 20，线宽为 0.18，“小品”层线宽为默认，线型为默认。并将“小品”层置为当前。

1.3 绘制坐凳立面图

坐凳立面图绘制，如图 3-6-1 所示。

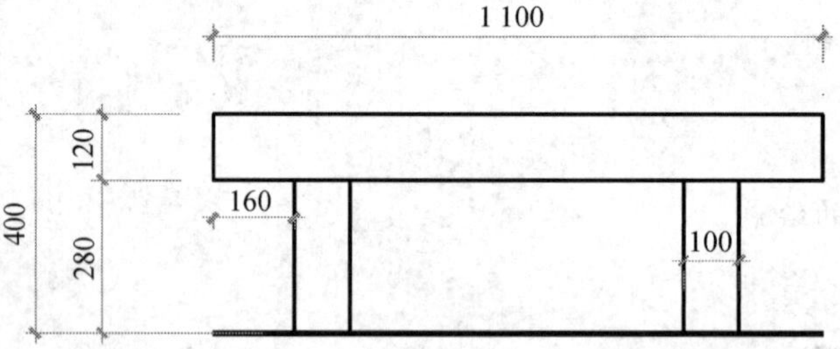

图 3-6-1 坐凳正立面图

1.3.1 绘制凳面

绘制全局宽度为 5，长为 1 100 的多段线。命令行输入多段线命令(PL)并回车，或者单击绘图工具栏中的 ，命令行提示及操作：

指定起点：左键在图纸左上角适当位置拾取一点

指定下一个点或［圆弧(A)/半宽(H)/长度(L)/放弃(U)/宽度(W)］：w↙

指定起点宽度 ＜0＞：5↙

指定端点宽度 ＜0＞：5↙

指定下一个点或［圆弧(A)/半宽(H)/长度(L)/放弃(U)/宽度(W)］：1100↙ 在 0°追踪提示下输入 1100

命令行输入偏移命令(O)并回车，或者单击修改工具栏中 ，命令行提示及操作：

当前设置：删除源＝否 图层＝源 OFFSETGAPTYPE＝0

指定偏移距离或［通过(T)/删除(E)/图层(L)］＜通过＞：120↙ 输入偏移距离

选择要偏移的对象，或［退出(E)/放弃(U)］：选择上一步绘制的多段线

指定要偏移的那一侧上的点，或［退出(E)/多个(M)/放弃(U)］＜退出＞：在多段线下方拾取一点

选择要偏移的对象，或［退出(E)/放弃(U)］：↙

坐凳的上下两条轮廓线已经绘制好了，然后使用 pl 线将两端连接，如图 3-6-2 所示。

1.3.2　绘制凳腿

使用偏移命令将坐凳两端的小短线偏移 160 距离，以偏移后直线为起点绘制长 280 的竖直多段线，并将其向右偏移 100 的距离。

使用镜像命令或点击，将 280 长线以坐凳面中线为中心进行镜像，完成另一侧，如图 3-6-3 所示。

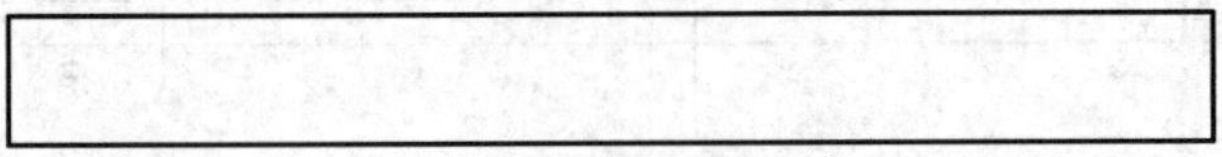

图 3-6-2　坐凳面立面

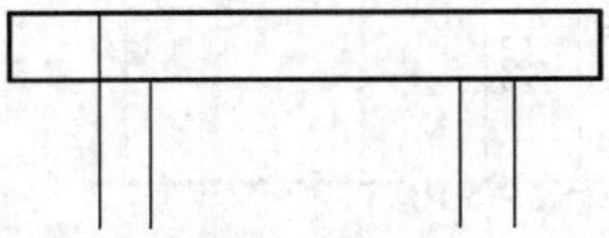

图 3-6-3　坐凳腿绘制

同样使用偏移命令将绘制出地面，删除辅助线。结束坐凳立面图绘制。

1.3.3　尺寸标注

“标注”层置为当前，打开尺寸标注工具栏，将“园林景观制图”标注样式置为当前。单击标注工具栏中的线性标注按钮，命令行提示及操作：

命令：_dimlinear

指定第一条尺寸界线原点或 ＜选择对象＞：拾取凳面的左上端点

指定第二条尺寸界线原点：拾取凳面的右上端点

指定尺寸线位置或[多行文字(M)/文字(T)/角度(A)/水平(H)/垂直(V)/旋转(R)]：140↙　捕捉凳面右上端点，在 90°追踪提示下，输入 140

标注文字＝1 100

↙　重复进行线性尺寸标注

命令：_dimlinear

指定第一条尺寸界线原点或 ＜选择对象＞：拾取凳面的左上端点

指定第二条尺寸界线原点：拾取凳面的左下端点

指定尺寸线位置或[多行文字(M)/文字(T)/角度(A)/水平(H)/垂直(V)/旋转(R)]：140↙　捕捉凳面左上端点，在 180°追踪提示下，输入 140

标注文字＝120

单击标注工具栏中的，进行连续标注，命令行提示及操作：

命令：_dimcontinue

指定第二条尺寸界线原点或 [放弃(U)/选择(S)] ＜选择＞：拾取地面的左端点

标注文字＝280

指定第二条尺寸界线原点或 [放弃(U)/选择(S)] ＜选择＞：↙

使用同样的标注方法，分别标注坐凳立面的其他尺寸，结果如图 3-6-1 所示。

提示：标注尺寸时，对于两个以上在同一位置的尺寸标注(如图 3-6-1 所示的 120 及 280 两个尺寸)，尽量使用连续标注，尺寸标注快捷、简单。当需要编辑尺寸时，选中要编辑的尺寸，单击鼠标右键，选择“标注文字位置”，调整文字的位置。

使用同样绘制与尺寸标注方法得到坐凳侧立面图及平面图，如图 3-6-4 和图 3-6-5 所示。

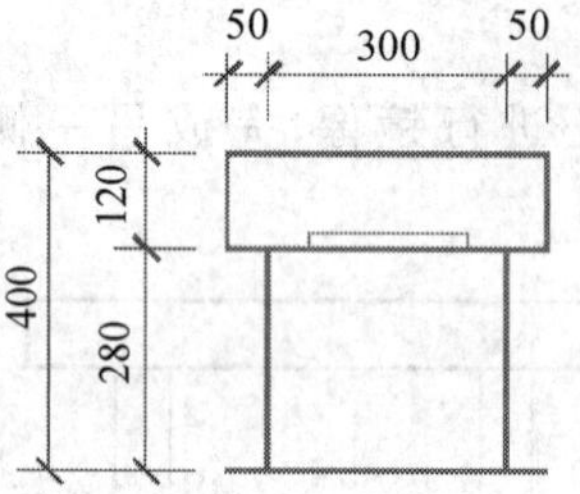

图 3-6-4 坐凳侧立面图

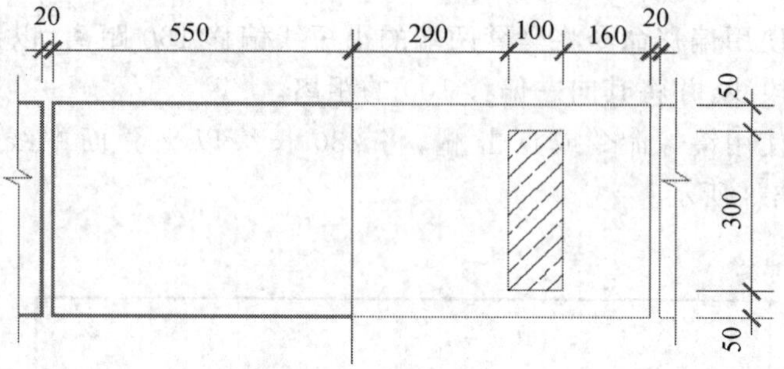

图 3-6-5 坐凳平面图

1.4 绘制坐凳节点大样图

1.4.1 绘制坐凳局部

"小品"层置为当前,使用上述方法绘制出坐凳局部(矩形命令绘制凳面,尺寸为640×120,线宽为 5,如图 3-6-6 所示;多段线绘制凳腿,线宽为 5,坐凳腿尺寸如图 3-6-7 所示)。

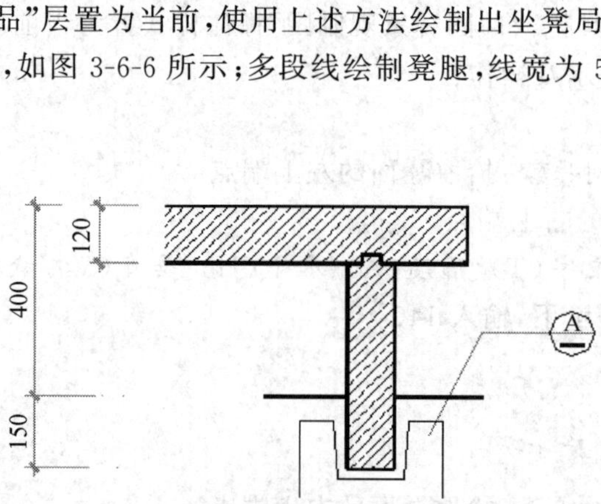

图 3-6-6 坐凳剖面图

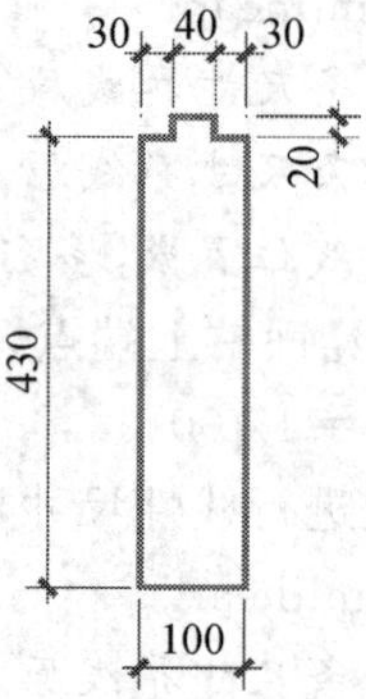

图 3-6-7 坐凳腿尺寸图

1.4.2 绘制地面

按照图 3-6-6 所示,利用多段线绘制地面,线宽为 5。

1.4.3 绘制基础

在适当位置绘制长为 140,宽为 5 的多段线 AB,将其移动(移动基点为多段线的中点)到坐凳腿底线下距离为 20 的位置;将表示地面的线条分别向下偏移 50 和 370 的距离,得到直线 1、直线 2。

从坐凳腿中心点向下引直线做适当长度的辅助直线 3,并将其向左偏移复制 150 距离,得到直线 4。将极轴增量角设置为 15°,从 A 点开始做多段线,线宽为 5,捕捉 105°极轴追踪线与直线 1 的交点。

使用修剪与延伸命令连接各线条。

以直线 3 为镜像轴,镜像复制基础的左端,用直线连接基础与腿之间的空隙,删除辅助线 3,完成基础的绘制,绘制过程如图 3-6-8 所示。

使用填充(BH)进行填充,使用标注命令,对其进行标注,并绘制详图符号。结果如图 3-6-9 所示,剖面图如图 3-6-6 所示,总体结果如附图 9 所示。

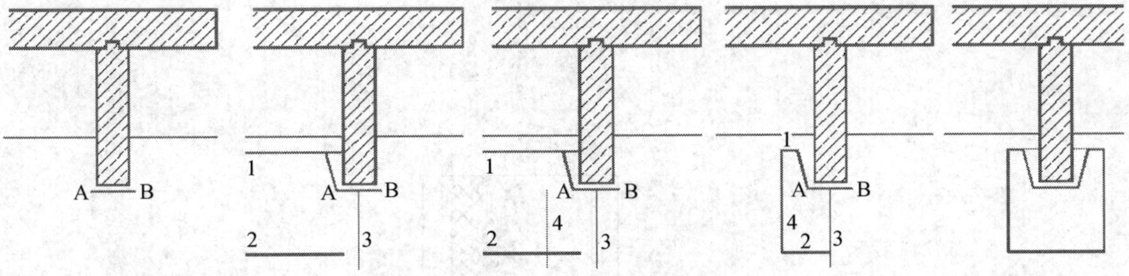

图 3-6-8 坐凳基础绘制过程

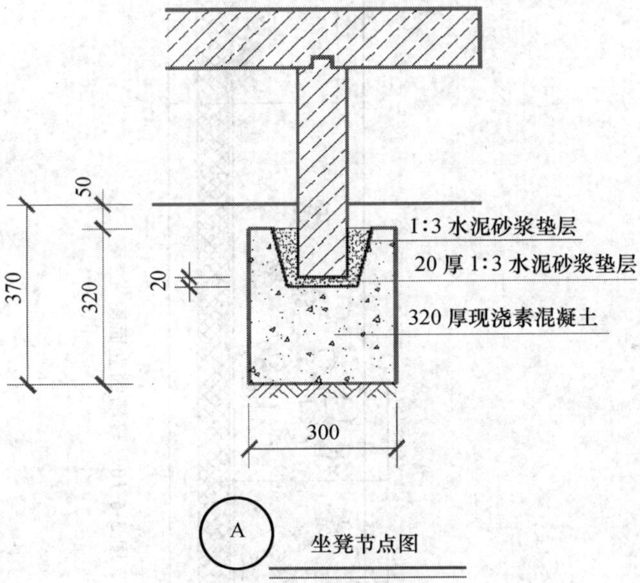

图 3-6-9 节点大样图

2. 景墙的立面图绘制

景墙是园林中常见的小品，其形式不拘一格，功能因需而设，材料丰富多样。除了人们常见的园林中作障景、漏景以及背景的景墙外，近年来，很多城市更是把景墙作为城市文化建设、改善市容市貌的重要方式。而“文化墙”这一概念更是把景墙在城市文化建设中的特殊作用做了概念性总结。

园墙在园林中起划分内外范围、分隔内部空间和遮挡劣景的作用。精巧的园墙还可装饰园景，园林中的墙有分隔空间、组织导游、衬托景物、装饰美化或遮蔽视线的作用，是园林空间构图的一个重要因素。墙的形式有云墙（波形墙）、梯形墙、漏明墙、白粉墙、钢筋混凝土花格墙、虎皮石墙、竹篱笆墙等。其建造材料丰富，施工简便。《园冶》中说：“宜石宜砖，宜漏宜磨，各有所制”。

见图 3-6-10 景墙的立面图，从该景墙框架上来看较为简单大方，以横竖线条为主，主要使用绘制直线命令和偏移命令基本就可以完成。

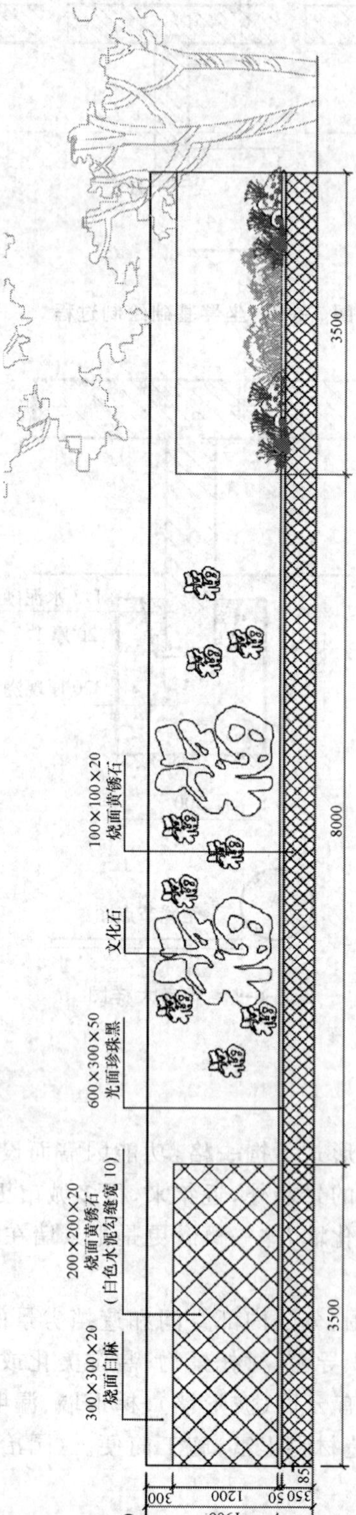

图 3-6-10 景墙的立面图

2.1　新建文件

新建文件，样板选择“A3”，将文件保存为“景墙立面图”，并设置绘图环境（参照项目 2 任务 1 的任务操作）。

2.2　绘制“福”字

此景墙取“百福临门”之意，自然少不了福字，下面我们进行“福”字的绘制。

(1)新建图层。取名“墙面装饰”，并置为当前图层。寻找较好的福字一个，做成 Jpg 模式。

(2)插入“福”字的光栅图像。点击插入/光栅图像参照，如图 3-6-11 所示，找到“福”字，如图 3-6-12 所示，缩放至合适比例，插入 CAD 界面中。

(3)使用徒手画工具进行描图，并进行调整与复制。

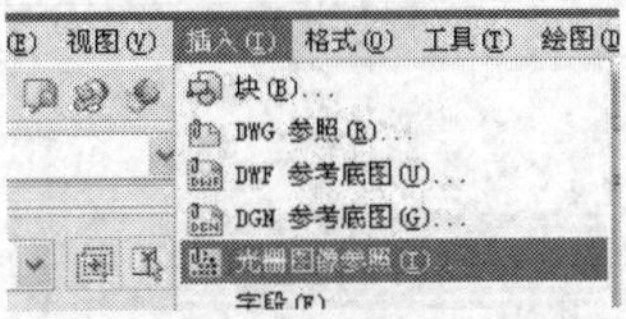

图 3-6-11　插入光栅图像参照

图 3-6-12　插入福字

命令：sketch↙

记录增量 <0>:0.1↙

徒手画画笔(P)/退出(X)/结束(Q)/记录(R)/删除(E)/连接(C)。<笔 落><笔 提>

随福字外缘移动即可

绘制完成后，删除 Jpg 文件，保留 CAD 文件即可。

将绘制完成福字做成块。取名“1”。

使用缩放命令(SC)将其缩放至合适大小。

使用复制命令(CO)将其复制至合适位置。

重复上两步，即可得到“百福临门”。

2.3　绘制植物

“墙面装饰”层为当前层，植物图例大家可以从各个渠道获得，网上也有很多人给大家共享。

可以使用圆弧命令绘制草叶，也可以使用多段线绘制草叶，使用云线和圆绘制花朵，可以使用徒手画命令(SKETCH)绘制各种各样的植物。

做好的植物绘制用写块命令(WB)写成块，保存好，用插入块(I)命令来调入到当前文件中。

2.4　绘制景墙

新建图层，命名为“景墙”，线宽为 0.5。

绘制 15 000 直线或者多段线，如图 3-6-13 所示的直线 AB。

向上依次偏移复制 350、50、1 200、300。

左右两侧用直线连接，得到直线 AD、直线 BE。

偏移复制直线 AD、直线 BE，分别向右、向左偏移 3 500 距离，使用修剪命令(TR)进行修剪。

距离直线 AB 为 350 及 400 的两条直线为景墙的装饰线脚，周边以半径为 25 的半圆连接，距离墙外宽度为 60，用直线与圆弧绘制装饰线脚，如图 3-6-13 所示。

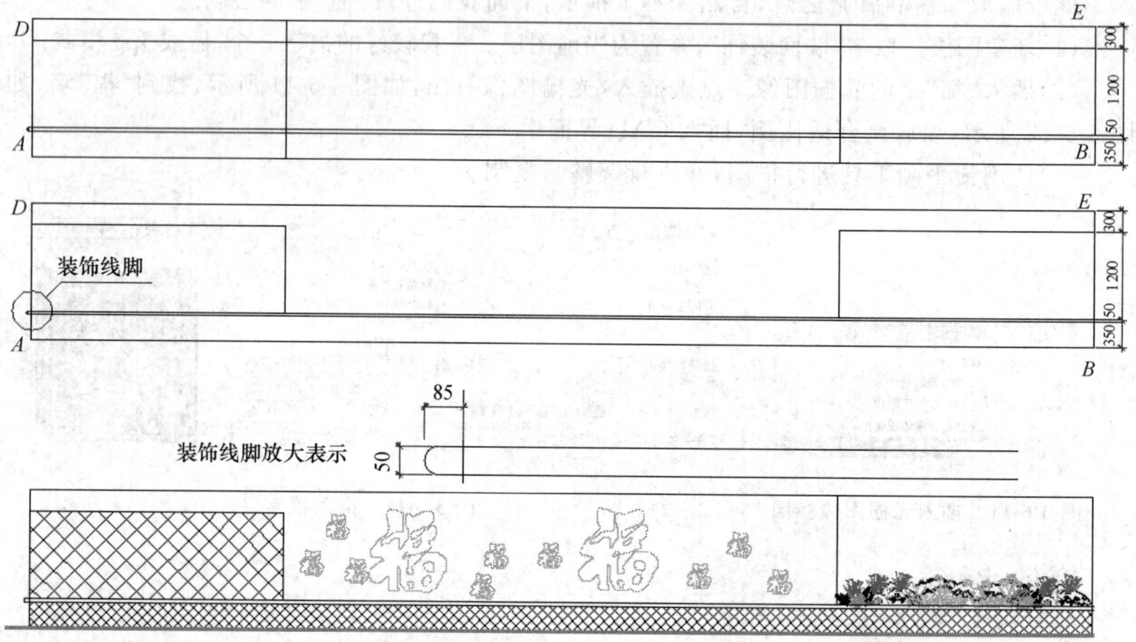

图 3-6-13 景墙绘制过程

新建图层“填充”，使用填充命令(BH)进行如图 3-6-10 所示的图案填充。

将做好的“福”字，做好的植物块复制至合适的位置。

使用标注命令进行标注，即得到景墙立面图。

3. 亭廊组合绘制

亭廊组合在景观上提供了虚实相间的景观特色，可框景、可隔景、也可借景，形态多样，轻巧活泼，结合各种园林环境，增加了园林景致的画意。其功能上可休息、防日晒、避雨淋、消暑纳凉、亭下观景、廊下漫步，满目的惬意。

本章节就案例中所绘制的亭廊组合为例进行施工图的绘制。亭廊组合施工图参见附图 10、附图 11。

3.1 绘制亭廊组合平面图

本图绘制在 A2 图纸上，出图比例为 1∶50。

3.1.1 设置绘图环境

新建一个文件，文件模板选择自己制作的 A2 样板，或者选择“ACADISO”，并设置绘图环境、绘制图纸、图符，填写标题栏文字，其中的图号为“JS-1.1”将文件保存为“亭廊组合施工图”，如附图 10 所示。

设置绘图单位为毫米；定义两种文字样式，分别为“标注”、“说明”；定义标注样式，设置样式中【调整】选项中的“标注特征比例”，勾选“使用全局比例”，设置为 50；新建图层“标注”、“凳子”、“地坪”、“格条”、“梁”、“文字”、“屋顶”、“柱子”、“板”、“轴线”，其中“轴线”的线型为“CENTER2”，线型比例为 30，其他设置如图 3-6-14 所示。

名称	开	在所有...	锁定	颜色	线型	线宽
0				白	CONTINUOUS	— Default
DEFPOINTS				白	CONTINUOUS	— Default
板				颜色 30	CONTINUOUS	— 0.30 mm
标注				白	CONTINUOUS	— 0.18 mm
凳子				绿	CONTINUOUS	— 0.25 mm
地坪				青	CONTINUOUS	— 0.30 mm
格条				洋红	CONTINUOUS	— 0.18 mm
梁				黄	CONTINUOUS	— 0.30 mm
文字				白	CONTINUOUS	— Default
屋顶				颜色 8	CONTINUOUS	— 0.18 mm
轴线				红	CENTER2	— 0.18 mm
柱子				蓝	CONTINUOUS	— 0.30 mm

图 3-6-14　图层设置

3.1.2　绘制亭廊顶平面图

绘制过程参见本项目中任务 2 的任务操作“7. 建筑及小品绘制”，如图 3-6-15 所示。

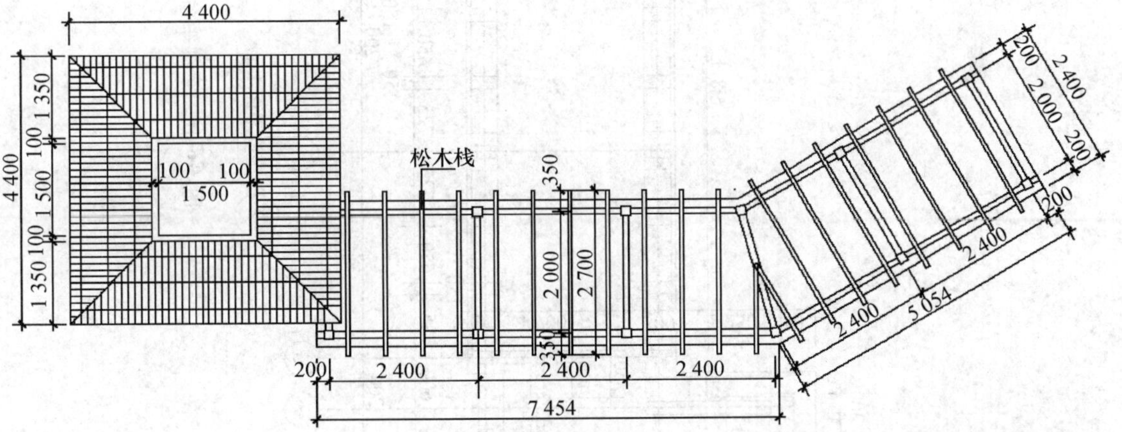

图 3-6-15　亭廊组合顶平面图

提示：标注尺寸时，标注总数字 4 400 时使用线性标注，标注内部细节时先使用线性标注，然后其他的使用连续标注。

3.2　绘制亭廊组合平面图

亭廊组合平面图绘制，如图 3-6-16 所示。

3.2.1　绘制柱网

绘制水平轴网：将“轴线”层置为当前，绘制轴网，命令行输入直线命令，在图纸空白处，亭廊顶平面图的下面绘制轴线 D、C、B、A，其中 D、B 轴长度为 5 000，C、A 轴长度为 13 000，C、A 轴倾斜部分长度为 4 800，与水平方向的夹角为 30°，如图 3-6-17 所示。

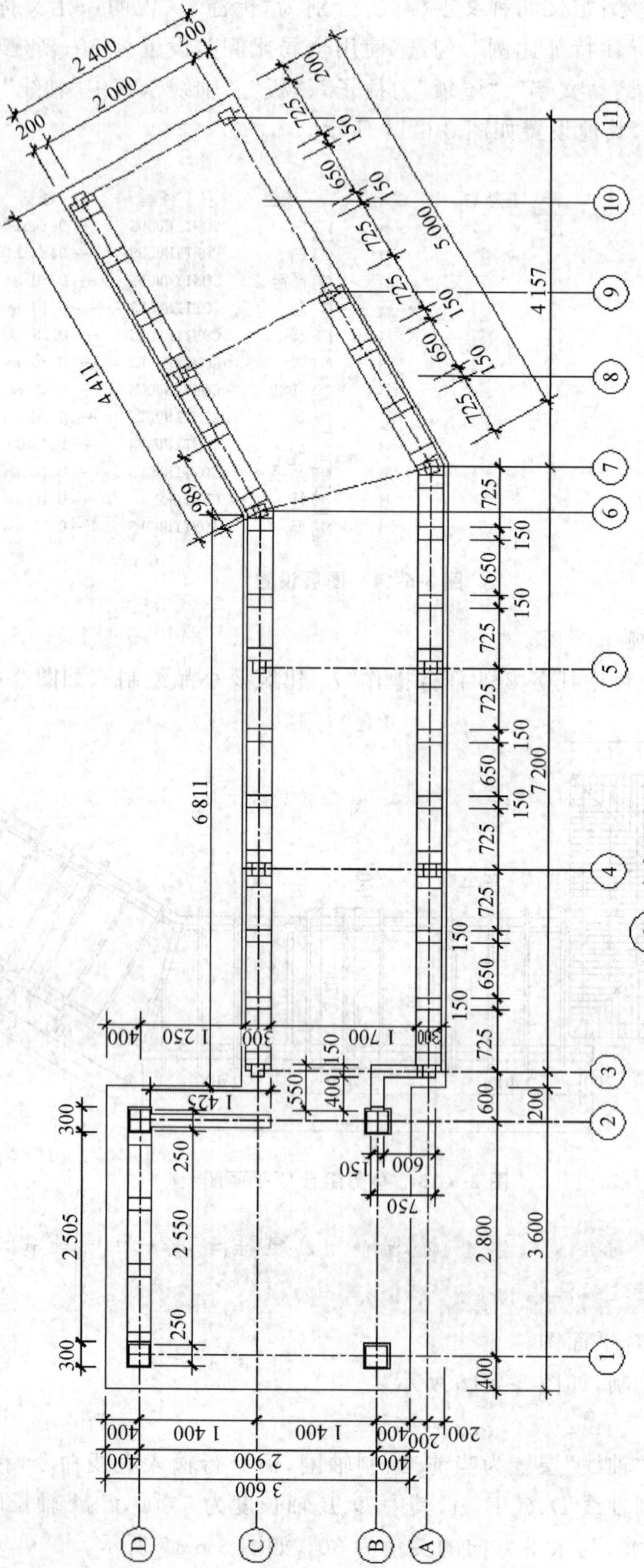

图 3-6-16 亭廊组合平面图

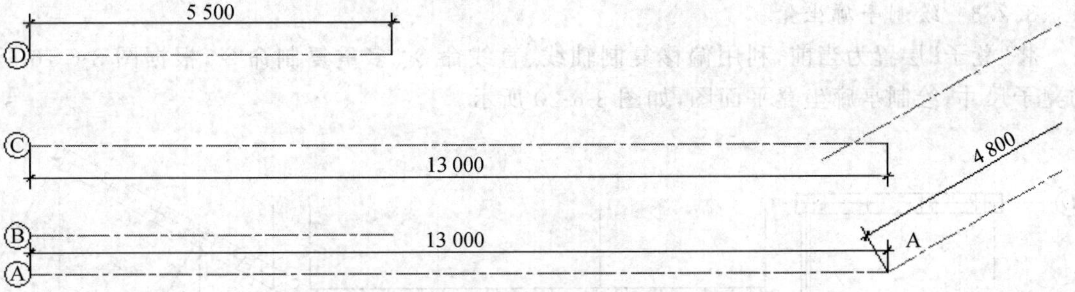

图 3-6-17　水平轴网绘制

绘制竖直轴网：结合亭廊顶平面图中廊柱的位置，绘制亭廊的竖直轴网。绘制时可以先经过图 3-6-17 所示的 *A* 点绘制轴线 7，参考长度为 5 400，利用偏移复制的方式得到轴线 1、2、3、4、5、6，偏移复制距离见图 3-6-18 所示。8、9 轴间及 10、11 轴间的轴线，利用 30°极轴追踪及对象捕捉追踪绘制，结果如图 3-6-18 所示。

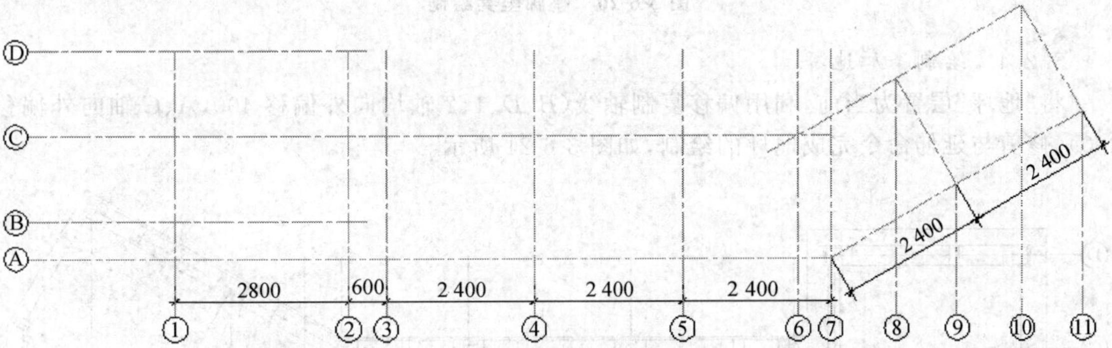

图 3-6-18　竖直轴网绘制

3.2.2　绘制亭廊柱

将“柱”层置为当前，如图 3-6-16 所示亭柱尺寸为 250×250，柱子基础的尺寸为 300×300，使用矩形命令绘制边长为 250 的矩形，并将其向外偏移复制，距离为 25，然后将其移至图中 1、*D* 轴的交点处，阵列得到其他亭柱。

廊柱尺寸为 150×150，其绘制方法与亭廊顶平面图中廊柱的绘制相同，如图 3-6-19 所示。

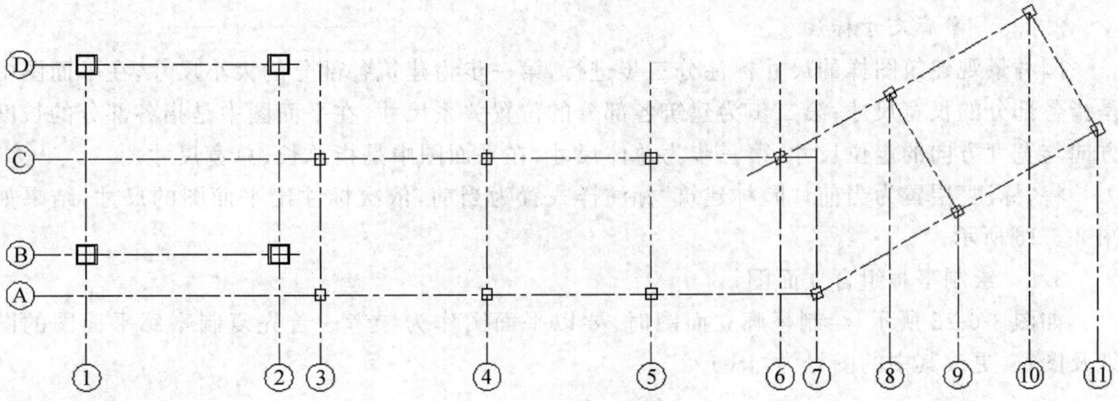

图 3-6-19　亭廊柱的绘制

3.2.3 绘制亭廊坐凳

将“凳子”层置为当前，利用偏移复制轴线、直线命令、多重复制命令，根据图 3-6-16 所示的凳子尺寸，绘制亭廊坐凳平面图，如图 3-6-20 所示。

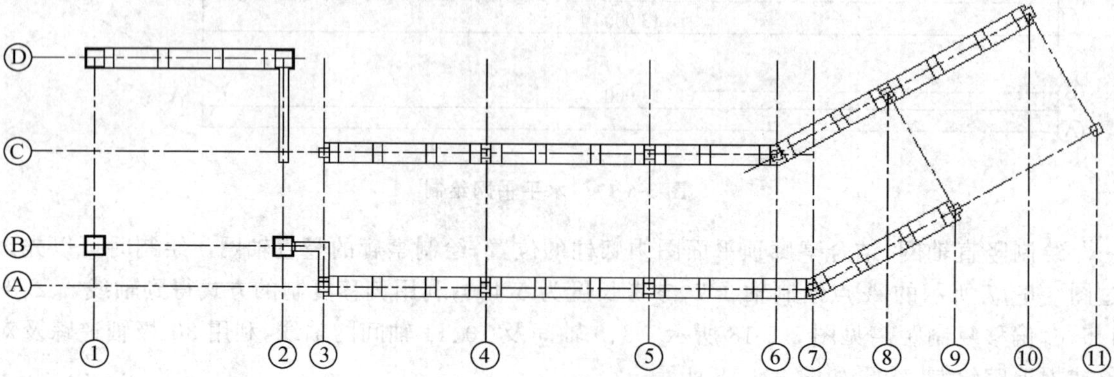

图 3-6-20 亭廊坐凳绘制

3.2.4 绘制亭廊地坪

将“地坪”层置为当前，利用偏移复制轴线（B、D、1、2 轴均向外偏移 400，A、C 轴向外偏移 200）、修剪与延伸命令完成地坪的绘制，如图 3-6-21 所示。

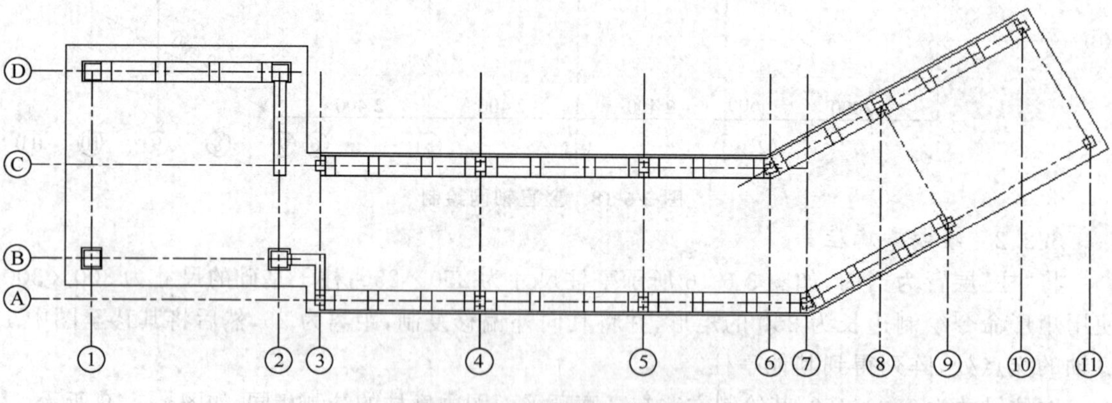

图 3-6-21 亭廊地坪绘制

3.2.5 亭廊尺寸标注

园林景观建筑图样的尺寸标注分三步进行，第一步为建筑各部分的大小尺寸，在平面图中是指各部分的长宽尺寸；第二步为建筑各部分的位置关系尺寸，在平面图中是指各部分的长度方向与宽度方向的定位尺寸；第三步为总体尺寸，在平面图中是指总长、总宽尺寸。

将“标注”层置为当前，“园林建筑”标注样式置为当前，依次标注出平面图的尺寸，结果如图 3-6-16 所示。

3.3 绘制亭廊组合立面图

如图 3-6-22 所示，绘制亭廊立面图时，要以平面图作为参考。首先复制亭廊平面图的图纸及图符，更改其中的图号为“JS-1.2”。

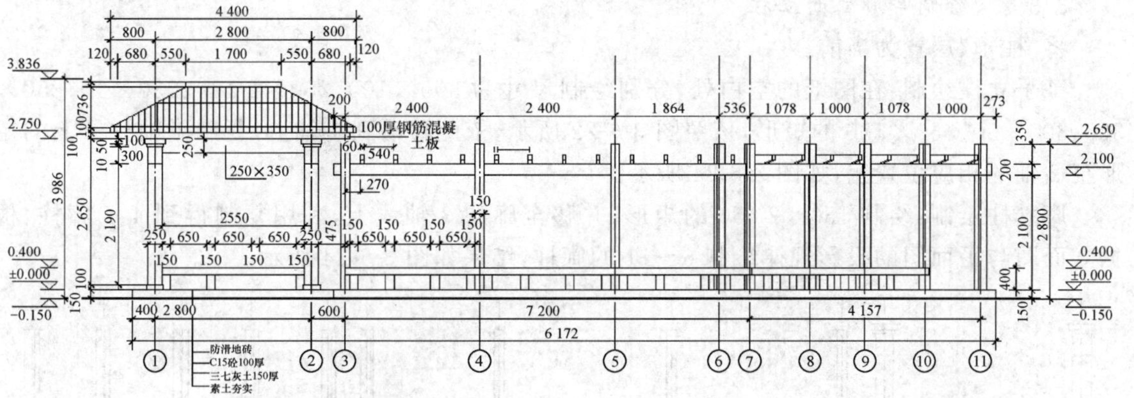

图 3-6-22　亭廊组合立面图

3.3.1　绘制亭廊立面轴线

复制亭廊平面图中水平的 11 根轴线，粘贴到图号为“JS-1.2”的图纸上部。

3.3.2　绘制亭廊立面地坪

绘制地坪线：将“地坪”层置为当前，在轴线下端适当位置绘制长为 17500，宽为 25 的多段线，作为地坪线。

绘制亭廊内部地面：结合平面图，绘制高度为 150，长度为 15430 的矩形，并绘制亭廊地坪的交线及廊地坪拐角处的交线，结果如图 3-6-23 所示。

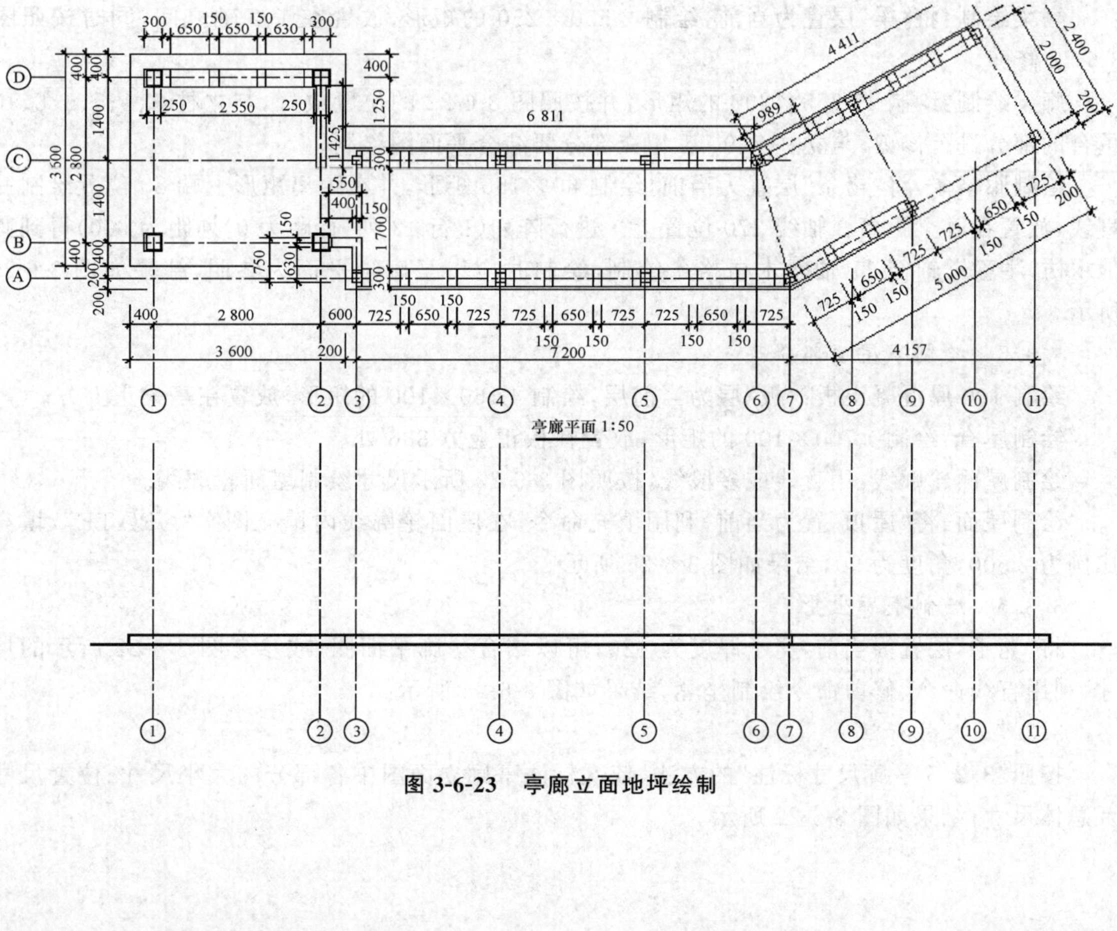

图 3-6-23　亭廊立面地坪绘制

3.3.3 绘制亭廊立面立柱

将“柱子”层置为当前。

亭子立柱绘制：在图纸的空白处，分别绘制尺寸为 300×100、250×2 190、230×10、250×300、300×50、360×100 的矩形，依照图 3-6-22 所示，依此移动到 1 轴上，复制 1 轴柱子上的矩形至 2 轴的相应位置上，如图 3-6-24 所示。

廊立柱绘制：绘制 150×2 650 的矩形，并移至廊的 3 轴线上，利用复制得到 4、5 廊柱，根据立面图与平面图的投影规律绘制 6～11 的廊柱，结果如图 3-6-24 所示。

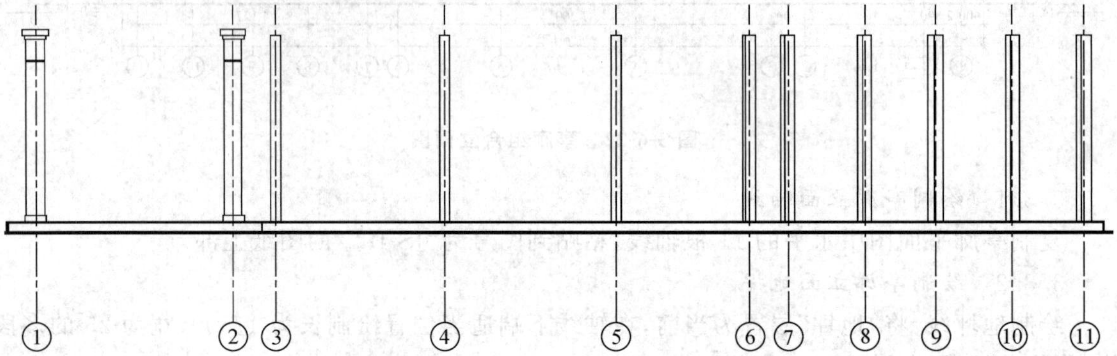

图 3-6-24 亭廊立面立柱绘制

3.3.4 绘制亭廊立面梁及格条

亭梁绘制：将“梁”层置为当前，绘制 2 550×250 的矩形，放置在 1、2 轴之间，同时按照图 3-6-22 修剪。

廊梁绘制：绘制 11 755×200 的矩形，并按照图 3-6-22 的位置放好，与立柱 3、4、5、6、8、10 重合的部分进行修剪；与立柱 7、9、11 相交部分要结合平面图绘制。

绘制廊格条：将“格条”层置为当前，绘制 60×150 矩形，并在距离矩形上端 80 位置绘制一直线，放置在廊梁距离 3 轴线 270 位置上。进行阵列(1 行 12 列，行距为 0，列距为 600)得到其他木枋，注意 7 轴至 11 轴间木枋格条绘制，绘制时应以亭廊顶平面为参照，结果如图 3-6-25 所示。

3.3.5 绘制亭屋顶部分

绘制 100 厚混凝土板：“板”层为当前层，绘制 4 160×100 的矩形，放置在亭梁正上方。

绘制屋脊：绘制 1 700×100 的矩形，放置在板正上方 836 处。

绘制屋面轮廓线：用直线或多段线，按照图 3-6-22 所示尺寸绘制屋面轮廓线。

绘制屋面：将“屋顶”置为当前，利用填充命令，在屋面轮廓线内填充图案“GRATE”，填充比例为 2 500，角度为 90，结果如图 3-6-25 所示。

3.3.6 绘制亭廊坐凳

将“凳子”层置为当前，凳子厚度为 120，可以结合亭廊平面图，或参考图 3-6-22 所示的尺寸，利用直线命令、修剪命令绘制坐凳，结果如图 3-6-25 所示。

3.3.7 尺寸标注

按照“3.2.5 亭廊尺寸标注”的方法，依次标注亭廊立面图中各部分的大小尺寸、位置尺寸及总体尺寸，结果如图 3-6-22 所示。

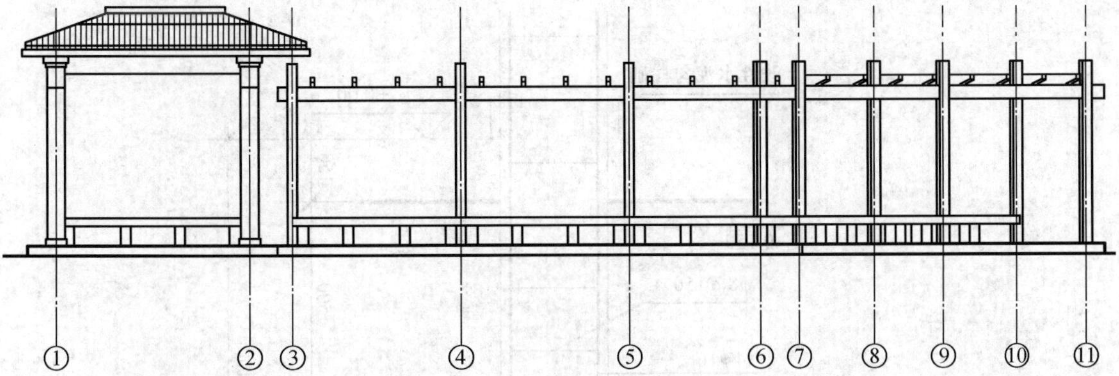

图 3-6-25　亭廊立面绘制

3.4　绘制亭廊西立面

其绘制方法，与正立面绘制方法类似，步骤略。

3.5　绘制廊架剖面图

廊架剖面绘制方法等同于立面图绘制，廊架的剖切位置一般选择在两个格条之间，并按剖面图的规定画法表达。如图 3-6-26 所示。绘制方法等同于立面图，步骤略。

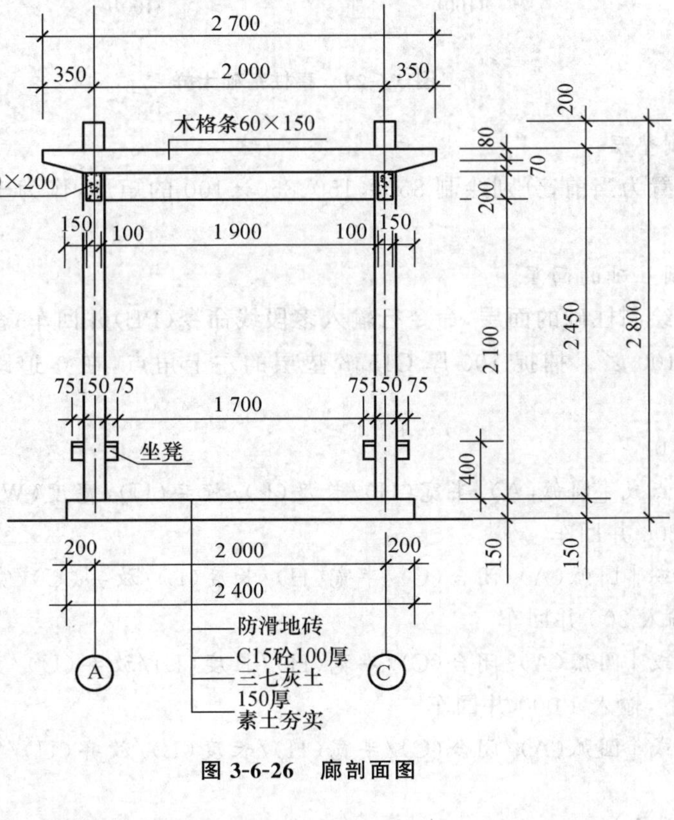

图 3-6-26　廊剖面图

3.6　绘制亭廊施工大样图

为了清除表达建筑细部构造，需要采用比原图放大的比例，较详细地绘制出其细部构造。下面以亭柱基础大样为例，如图 3-6-27 所示，介绍施工大样图绘制。

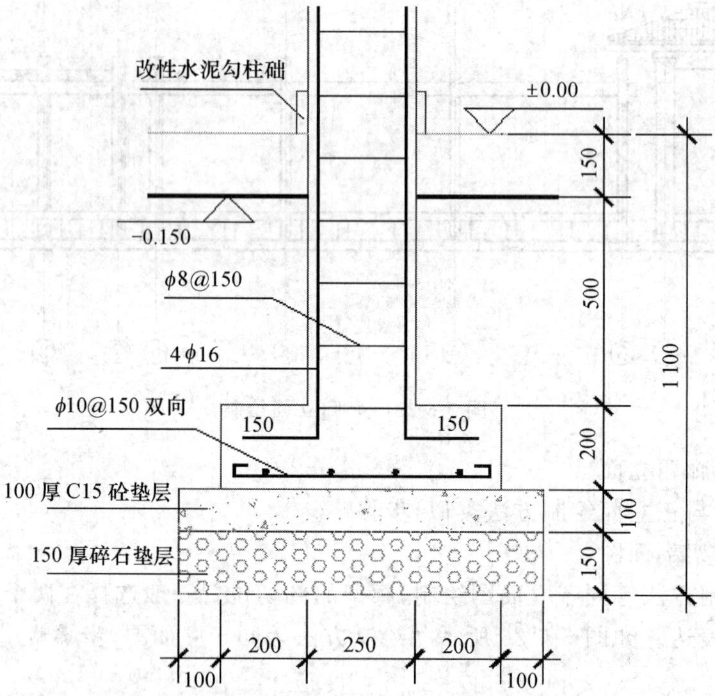

图 3-6-27 亭柱基础大样

3.6.1 绘制垫层

将"柱子"层置为当前，分别绘制 850×150、850×100 的矩形，作为 150 厚碎石垫层及 100 厚 C15 砼垫层。

3.6.2 绘制柱础的面层

利用多段线绘制柱础的面层，命令行输入多段线命令(PL)并回车，命令行提示及操作：

指定起点：100↙ 捕捉 100 厚 C15 砼垫层的左上角点，在 0°追踪提示下，输入 100 并回车

当前线宽为 0

指定下一个点或［圆弧(A)/半宽(H)/长度(L)/放弃(U)/宽度(W)］：200↙ 在 90°追踪提示下，输入 200 并回车

指定下一点或［圆弧(A)/闭合(C)/半宽(H)/长度(L)/放弃(U)/宽度(W)］：200↙ 在 0°追踪提示下，输入 200 并回车

指定下一点或［圆弧(A)/闭合(C)/半宽(H)/长度(L)/放弃(U)/宽度(W)］：1 000↙ 在 90°追踪提示下，输入 1 000 并回车

指定下一点或［圆弧(A)/闭合(C)/半宽(H)/长度(L)/放弃(U)/宽度(W)］：↙ 结束绘制

利用镜像操作，得到另一侧的柱础面层。

3.6.3 绘制钢筋

绘制 4Φ16 的钢筋。利用多段线绘制，命令行输入多段线命令，命令行提示及操作：

指定起点：30↙ 捕捉上一步绘制的柱础表面的左上角点，在0°追踪提示下，输入30并回车

当前线宽为0

指定下一个点或［圆弧(A)/半宽(H)/长度(L)/放弃(U)/宽度(W)］：W↙ 指定线宽

指定起点宽度 <0>：16↙

指定端点宽度 <16>：↙

指定下一点或［圆弧(A)/闭合(C)/半宽(H)/长度(L)/放弃(U)/宽度(W)］：1050↙ 在270°追踪提示下，输入1050并回车

指定下一点或［圆弧(A)/闭合(C)/半宽(H)/长度(L)/放弃(U)/宽度(W)］：150↙ 在180°追踪提示下，输入150并回车

指定下一点或［圆弧(A)/闭合(C)/半宽(H)/长度(L)/放弃(U)/宽度(W)］：↙ 结束绘制

以柱中心为对称轴镜像复制，得到另一侧的钢筋。

绘制箍筋Φ8@150。利用多段线及阵列操作完成。多段线宽度为8，阵列行距为150。

绘制分布筋Φ10@150双向。命令行输入多段线，命令行提示及操作：

指定起点：在空白处适当位置拾取一点

当前线宽为8

指定下一个点或［圆弧(A)/半宽(H)/长度(L)/放弃(U)/宽度(W)］：W↙ 指定线宽

指定起点宽度 <8>：10↙

指定端点宽度 <10>：↙

指定下一点或［圆弧(A)/闭合(C)/半宽(H)/长度(L)/放弃(U)/宽度(W)］：30↙ 在0°追踪提示下，输入30并回车

指定下一点或［圆弧(A)/闭合(C)/半宽(H)/长度(L)/放弃(U)/宽度(W)］：26↙ 在270°追踪提示下，输入26并回车

指定下一点或［圆弧(A)/闭合(C)/半宽(H)/长度(L)/放弃(U)/宽度(W)］：593↙ 在180°追踪提示下，输入593并回车

指定下一点或［圆弧(A)/闭合(C)/半宽(H)/长度(L)/放弃(U)/宽度(W)］：26↙ 在90°追踪提示下，输入26并回车

指定下一点或［圆弧(A)/闭合(C)/半宽(H)/长度(L)/放弃(U)/宽度(W)］：30↙ 在0°追踪提示下，输入30并回车

指定下一点或［圆弧(A)/闭合(C)/半宽(H)/长度(L)/放弃(U)/宽度(W)］：↙ 结束绘制

绘制直径为10的圆，并填充图案"SOLID"，复制4个，间距为150，然后放置在上一步绘制的Φ10钢筋的表面上。

将Φ10@150双向钢筋放置在柱础下面距离砼垫层为30的位置上。

3.6.4 绘制室内外地坪

结合其他图样，在"地坪"层绘制亭的室内外地面。

3.6.5 标注

如附图11所示，亭柱基础大样图的出图比例为1∶20，而位于同一张图纸中的亭廊立面图、侧面图等出图比例为1∶50，所以当绘制完亭柱基础图样后，将其放大2.5倍，这样整张图纸的出图比例均为1∶50。

建立标注样式“园林建筑 20”,样式的设置方式大部分与“园林建筑”相同,但亭柱基础图样被放大了 2.5 倍,所以将“标注样式”中【主单位】选项中“测量单位比例因子”设置为 0.4。

将“标注”层置为当前,将标注样式中的“园林建筑 20”置为当前,根据图 3-6-27 所示,分别进行尺寸标注及文字标注。

其他大样图的绘制方法类似,此处略。

至此,亭廊施工图绘制完毕,如附图 10、附图 11 所示。

★巩固技能训练

1. 绘制花架施工图

花架是与植物一起造景的,是最接近于自然的园林小品了。花架的形式有:廊式花架——最常见的形式,片版支承于左右梁柱上,游人可入内休息;片式花架——片版嵌固于单向梁柱上,两边或一面悬挑,形体轻盈活泼;独立式花架——以各种材料作空格,构成墙垣、花瓶、伞亭等形状,用藤本植物缠绕成型,供观赏用。

绘制图 3-6-28 所示的花架施工图,其绘制过程提示如下:

新建一个文件,样板文件选择 A3 模板,并将其放大 100 倍。

建立图层:景观建筑、尺寸标注。

1.1 绘制花架平面图

1.1.1 绘制花架纵梁(长 7 200,宽 80)

将“景观建筑”层置为当前,使用 PL 线绘制 7 200 距离直线,并使用偏移命令偏移出 2 100 距离,将以上两条线分别向上、向下各偏移出 40,删除最初两条 7 200 直线。并用直线连接纵梁左右两端。

1.1.2 绘制花架木格条

使用矩形命令(REC)绘制出 80×3 200 矩形。移至距离梁左端 600 位置。

使用阵列命令 AR,选择矩形阵列(1 行 13 列,行偏移为 0,列偏移为 500),结果如图3-6-29所示。

1.1.3 绘制柱子

使用矩形命令绘制 400×400 的矩形。使用复制命令,结合对象捕捉或者做辅助线,完成其他柱子的绘制任务,使用修剪命令将多余线修剪掉,如图 3-6-30 所示。

1.1.4 标注

建立相应的标注样式,进行尺寸与文字标注,完成平面图绘制。

1.2 绘制花架立面图

根据该图复杂程度,先绘制花架的柱子,如图 3-6-31 所示。图中所用柱子做法较为复杂,仅凭立面图还无法绘制,还需其节点大样图,如图 3-6-32 所示。

根据立面图和节点大样图我们就可以进行立面图的绘制,在进行立面图的绘制时,一定要参考立面图的大样图中的尺寸,两个图进行结合读图才能绘制出最终的立面图。

1.2.1 绘制柱子基部

首先绘制柱子的中心线,中心线间距为 3 000。然后绘制地坪。

绘制两个矩形:460×80 和 360×40,使用移动命令,以中点为捕捉点,将两个矩形重叠,如图 3-6-32 所示放好。

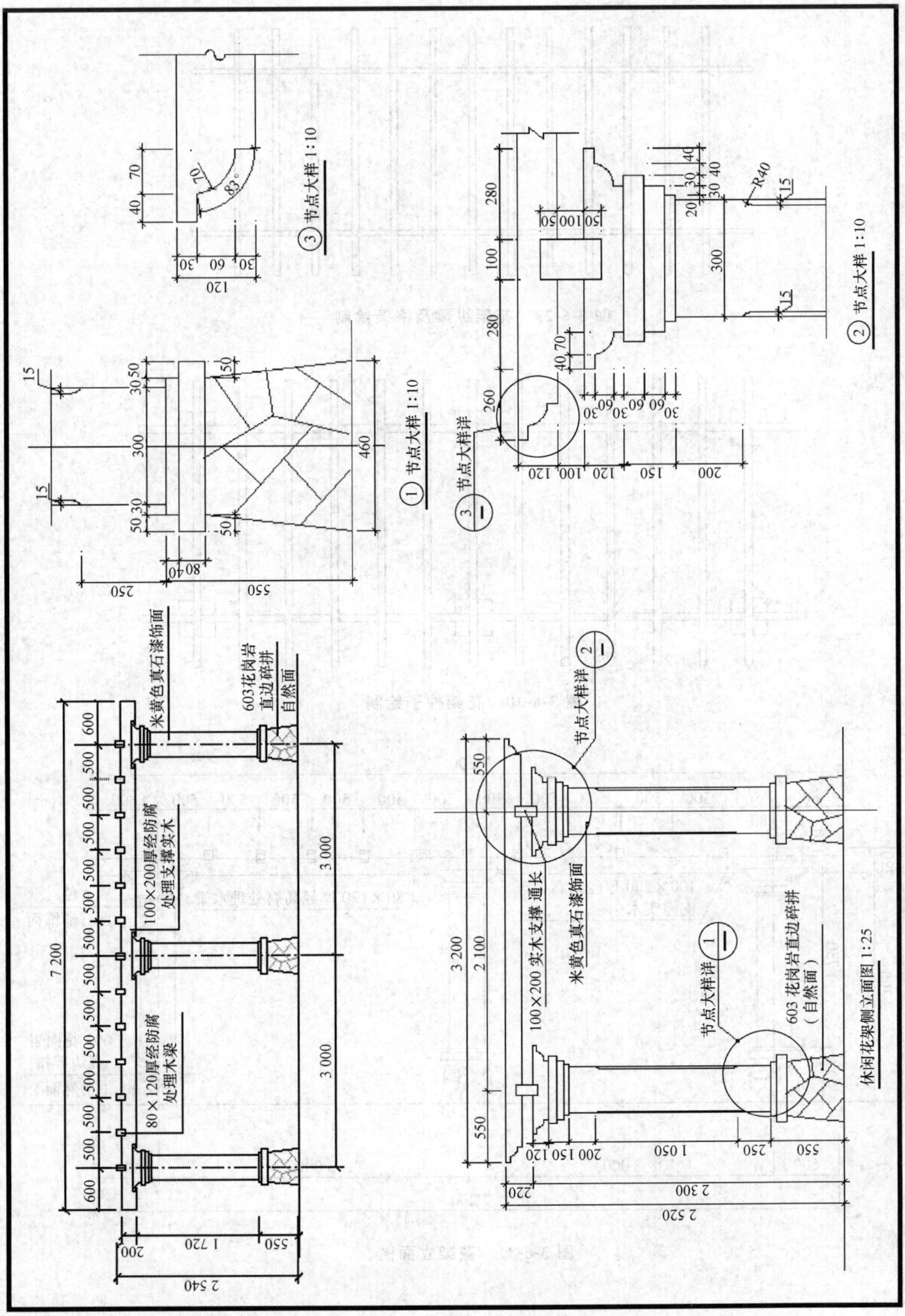
米黄色真石漆饰面
603花岗岩直边碎拼自然面
100×200厚经防腐处理支撑实木
80×120厚经防腐处理木梁
节点大样 1:10
节点大样详
节点大样 1:10
节点大样 1:10
节点大样详
100×200 实木支撑 通长
米黄色真石漆饰面
节点大样详
603 花岗岩直边碎拼（自然面）
休闲花架侧立面图 1:25
7 200
3 000
3 000
2 540
2 520
2 300
3 200
2 100

图 3-6-28　花架施工图

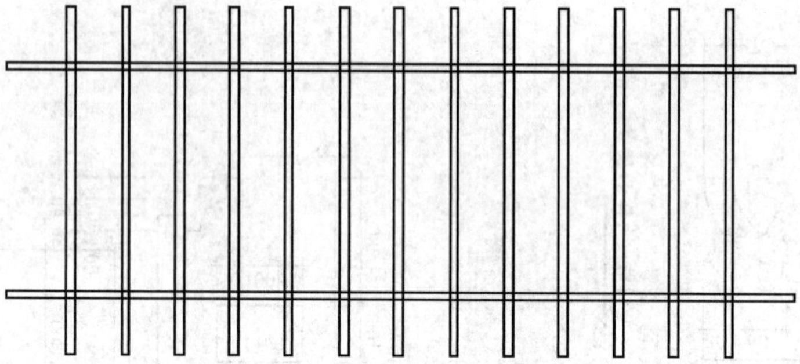

图 3-6-29　花架纵梁及格条绘制

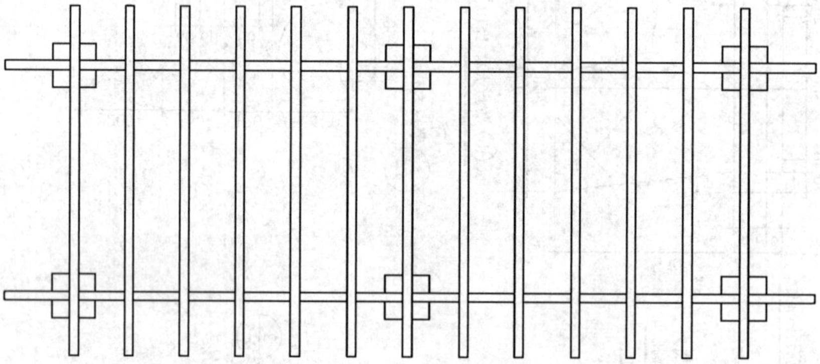

图 3-6-30　花架柱子绘制

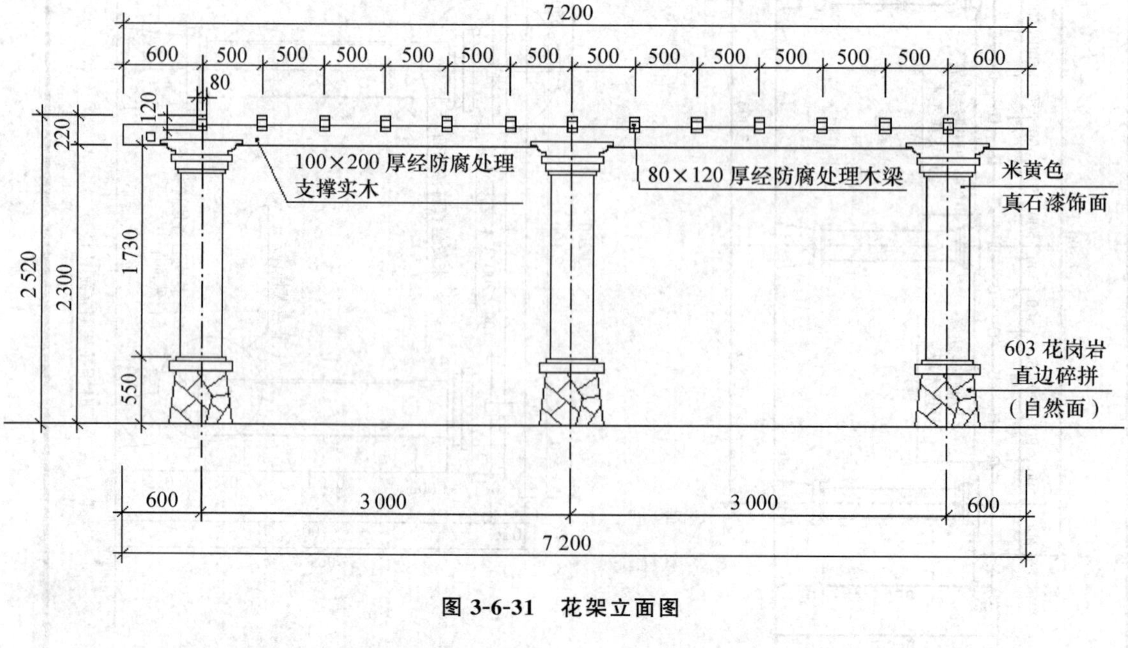

图 3-6-31　花架立面图

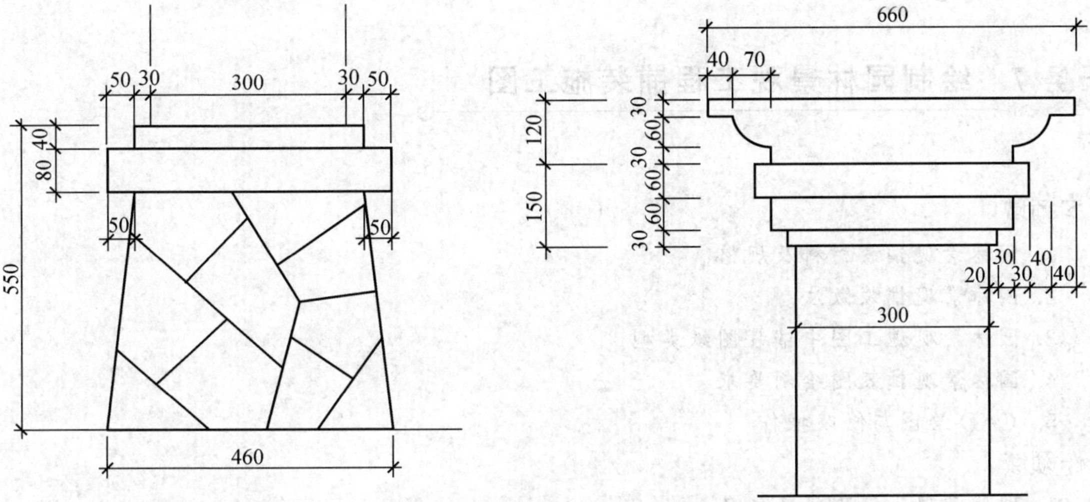

图 3-6-32 柱子节点大样图

利用多段线或者直线完成下部绘制，并进行图案填充。

绘制标注及多行文字，即可得到该柱子底部大样。

1.2.2 绘制柱子顶部

绘制矩形 340×30、400×60、460×60 各一个，将其以中点为基点叠加，如图 3-6-32 所示放好。

多段线绘制柱子顶部最上面部分：结合图 3-6-28 所示的节点详图②，先做辅助线，确定各点位置，然后利用多段线绘制。

绘制标注及多行文字，即可得到该柱子顶部大样。

将顶部与底部及柱体相连，即可得到一根完整的柱子，其过程较为简单，在此我们不多行叙述。

1.2.3 绘制梁

纵梁绘制：绘制 7 200×200 的矩形，按照图 3-6-31 所示的位置放好。

横梁（木格条）绘制：绘制 80×120 的矩形，按照图 3-6-31 花架立面图所标注的尺寸放好，然后阵列复制得到其他的木格条。

1.2.4 尺寸标注

标注如图 3-6-31 所示尺寸。

1.3 绘制花架侧立面图

为了清晰表达细部尺寸，花架侧立面出图比例为 1：25，首先按照 1：1 比例绘制好，立柱可以复制立面图的，并稍作修改即可，参照详图②绘制木横梁及纵梁，绘制步骤略。

至此，花架施工图绘制完毕。

2. 绘制“河北隆尧奎山锦官城景观绿化施工图”中的园林建筑施工图

绘制“河北隆尧奎山锦官城景观绿化施工图”中的景观桥或拱桥、六角亭，图样参照光盘内容中的“技能拓展”文件中的建筑部分。

任务 7 绘制园林景观工程铺装施工图

学习领域

1. 园林景观铺装材料及规格。
2. 园林景观铺装做法。
3. 园林景观施工图中铺装图纸类型。
4. 园林景观铺装图绘制要求。
5. CAD 绘图与修改操作。

工作领域

1. 园林景观设计阶段及任务。
2. 园林景观铺装图设计与绘制。

行动领域

1. 绘制园林景观铺装总图。
2. 绘制园林景观铺装放线图。
3. 绘制园林景观铺装大样图。
4. 绘制园林景观铺装做法图。

★任务知识讲解

1. 园林景观铺装材料及规格

常用园林景观铺装材料有石材、砖、水洗石、木材及其他材料。石材常用的有花岗岩、大理石、毛石、板岩、砂岩、卵石几大类；砖从材料上有黏土砖、水泥砖，从形式上有仿古青砖、广场砖、植草砖等；水洗石随加入的颜料不同而呈多种颜色；木材一般用于临水平台、木栈道以及各种园林建筑小品下面，最好是防腐木；另外，园林中有很多材料也可以用于铺装设计中，增加设计特色，例如玻璃、贝壳、不锈钢条、彩色沥青、混凝土压膜、彩色安全橡胶地垫等。

花岗岩常用规格为 300 毫米×300 毫米，400 毫米×200 毫米，500 毫米×250 毫米(500 毫米)，600 毫米×300 毫米，600 毫米×600 毫米，人行路为 30 毫米厚，车行路为 40 毫米厚；常用颜色为浅灰色、深灰色、黄色、红色、绿色、黑色、金锈石；面层分为机切、自然面、抛光、烧毛、凿毛、荔枝面、机刨、剁斧等；当作为汀步时，一般使用规格为 600 毫米×300 毫米，800 毫米×400 毫米，或者为边长 300～800 毫米的不规则花岗岩，厚度为 50～60 毫米，面层下不做基础，直接放置于绿地内。

水泥砖常用规格为 200 毫米×100 毫米，400 毫米×200 毫米，也可以使用 200 毫米×200 毫米，300 毫米×150 毫米，300 毫米×300 毫米，原则上水泥砖可以根据设计要求定制成任何规格，厚度一般为 60 毫米厚，也有 50 毫米厚；常用颜色为浅灰色、深灰色、黄色、红色、棕色、咖啡色等。

混凝土透水砖常用规格为200毫米×100毫米，300毫米×150毫米，230毫米×115毫米；常用厚度为60毫米；常用颜色为浅灰色、中灰色、深灰色、红色、黄色、咖啡色。

卵石常用规格为Φ10～30毫米、Φ30～50毫米，如特殊需要，可以使用大规格卵石，但不宜超过Φ200毫米；天然河卵石颜色比较杂乱，大部分为灰色系；机制卵石颜色比较单一，一般有黑色、灰色、白色、红色和黄色。

盲道砖常用规格为200毫米×200毫米，250毫米×250毫米；花岗岩盲道砖可使用500毫米×500毫米；厚度为60毫米厚，市政人行道中的通常用黄色。盲道的宽度一般为400～600毫米，盲道砖必须是齐缝铺设。

道牙，按照原材料不同，分为混凝土道牙和花岗岩道牙。常用规格：立道牙为500毫米×100毫米(150毫米)×300毫米；平道牙为500毫米×100毫米×200毫米，500毫米×60毫米×200毫米(此规格适用于小园路)。原则上道牙可以根据设计要求定制成任何规格。混凝土道牙常用颜色为灰色系；花岗岩道牙常用颜色同花岗岩。

青砖规格为240毫米×120毫米×60毫米，颜色为青色。

嵌草砖，一般根据市场和厂家的产品封样确定，厚度一般为80毫米厚，颜色一般为灰色系。

安全胶垫，厚度一般为25毫米厚，颜色多样，分为现浇和成品铺设两种施工方式。

2. 园林景观常见铺装做法

人行道石材做法：从上至下依次为30毫米厚面层、30毫米厚1∶3干硬性水泥砂浆、100毫米厚C15垫层、150毫米厚3∶7灰土、素土夯实。

车行道石材铺装做法：从上至下依次为50毫米厚面层、30毫米厚1∶3干硬性水泥砂浆、150毫米厚C15垫层、300毫米厚3∶7灰土、素土夯实(夯实系数大于0.95)。

混凝土砖做法：从上至下依次为60毫米(车行80毫米)厚混凝土砖，粗砂扫缝、30毫米厚粗砂垫层、150毫米(车行300毫米)厚3∶7灰土、素土夯实。

植草砖做法：从上至下依次为80毫米厚混凝土植草砖、最少50毫米厚砂垫层、150毫米厚石屑、300毫米厚3∶7灰土、素土夯实(夯实系数大于0.95)。

水洗石做法：从上至下依次为20毫米厚饰面，颗粒直径8～10毫米或5～8毫米；80毫米厚C15素混凝土垫层；150毫米厚3∶7灰土；素土夯实(夯实系数大于0.95)。

安全地垫做法：从上至下依次为20毫米厚安全橡胶地垫、20毫米厚1∶3水泥砂浆、150毫米厚C15混凝土垫层、150毫米厚3∶7灰土、素土夯实。

3. 园林景观施工图铺装图纸类型

园林景观铺装是指用各种材料进行的地面铺砌装饰，其中包括园路、广场、活动场地、建筑地坪等。园林景观铺装不仅具有组织交通和引导游览的功能，还为人们提供良好的休息、活动场地，同时还直接创造优美的地面景观，给人以美的享受，增强了园林艺术效果。

园林景观铺装图纸是用来指导园林道路、广场、建筑地坪等施工的技术图样，反映园林路网、广场布局、活动场地布局及材料、施工方法和要求等，一般包括铺装总平面图、铺装分区平面、铺装分区平面放线图、铺装大样图、铺装详图、做法说明等，若工程内容简单，可将总平、分区平面及放线图合并，或者与总图索引图合并；但当工程内容比较复杂时，应分别绘制。

4. 园林景观铺装图绘制要求

铺装总平面图：在总平面图中用图例详细标注各区域内硬质铺装材料材质及其规格，材料设计选用说明、铺装材料图例、铺装材料用量统计表（按面积计），绘制指北针，图纸比例：1∶2 000、1∶1 500、1∶1 000、1∶500 或 1∶800、1∶600。

铺装分区平面图：详细绘制各分区平面内的硬质铺装花纹，详细标注各铺装花纹的材料材质及规格，绘制指北针。图纸比例：1∶1 000、1∶500、1∶250、1∶200、1∶100 或 1∶800、1∶600、1∶300 。

铺装分区平面放线图：在铺装分区平面图的基础上（隐藏材料材质及材料规格的标注）标注铺装花纹的控制尺寸。图纸比例：1∶1 000、1∶500、1∶250、1∶200、1∶100 或 1∶800、1∶600、1∶300。

铺装大样图：详细绘制铺装花纹的大样图，标注详细尺寸及所用材料的材质、规格。图纸比例：1∶50、1∶25、1∶20、1∶10，或 1∶30、1∶15。

铺装详图：室外各类铺装材料的详细剖面工程做法图、台阶做法详图、坡道做法详图等。图纸比例：1∶25、1∶20、1∶10、1∶5，或 1∶30、1∶15、1∶3。

★任务操作

打开××宿舍西侧游园景观设计图。

1. 绘制铺装总平面图

由于本例工程内容简单，工程面积小，省略分区图绘制，将铺装放线图合并在铺装总图中绘制。

1.1　复制图纸及图符、指北针、修改标题栏文字

利用多重复制操作，复制“景观设计总平面”的图纸、图符及标题栏文字。单击修改工具栏中的 ，或者在命令行输入多重复制命令（CO）并回车，命令行提示及具体操作：

选择对象：选择“景观设计总平面”的图纸、图符及文字

选择对象：↙

当前设置：复制模式＝多个

指定基点或［位移(D)/模式(O)］＜位移＞：(左键拾取图纸的左下角点)指定第二个点或＜使用第一个点作为位移＞：结合极轴水平向右追踪，在适当位置，单击鼠标左键

指定第二个点或［退出(E)/放弃(U)］＜退出＞：↙

鼠标左键双击图号处的“T2”，将其更改为“P－01”；双击标题栏中的“景观设计总平面”，修改成“景观设计铺装总平面图”，完成图纸及图符的复制，结果如图 3-7-1 所示。

提示：在同一个文件中复制对象采用“多重复制”，不同文件之间也可以复制对象，一般采用“带基点复制”，选中要复制的对象，单击鼠标右键，在右键快捷菜单中单击即可。

1.2　复制修改总平面图

铺装总平面是总平面的一部分，在绘制铺装总平面时，一般不会重复地绘制与总平相同部

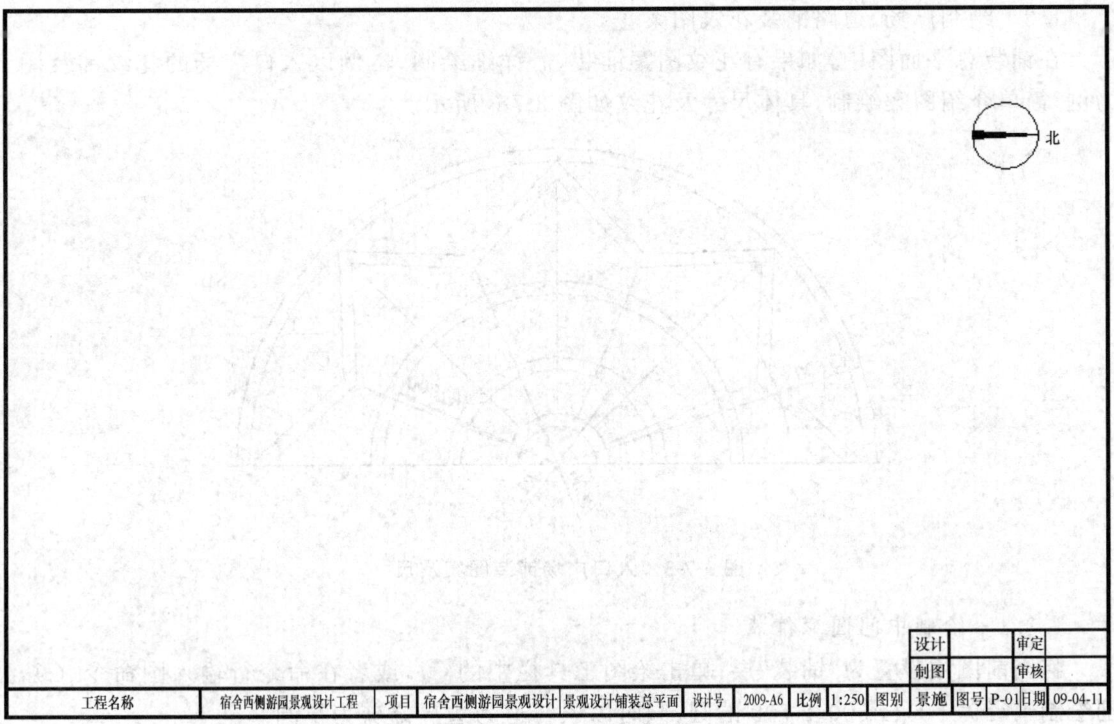

图 3-7-1　图纸、图符等绘制

分，而是采用复制总平相关内容，并进行必要的修改、标注完成。

1.2.1　关闭相关图层

在图层工具栏中，关掉“地被”层、“辅助线”层、“乔木”层、“灌木”层、“小品”层。

1.2.2　复制并修改总平面图

利用多重复制的方式，将关闭图层后的总平面图复制到铺装总平面图的图符中，删除掉小品的标注，操作步骤(略)。结果如图 3-7-2 所示。

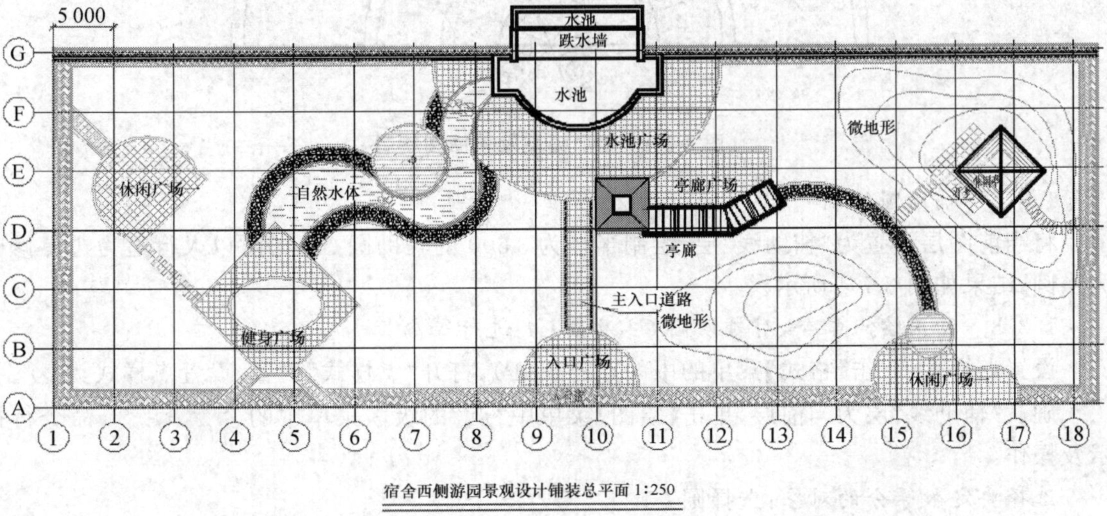

图 3-7-2　复制并修改总平

1.3 绘制广场、道路铺装花纹图案

在铺装总平面图中，如果有花纹图案铺装，需详细绘制，本例以入口广场的花纹铺装图案为例，简单介绍图案绘制，具体尺寸及花纹如图 3-7-3 所示。

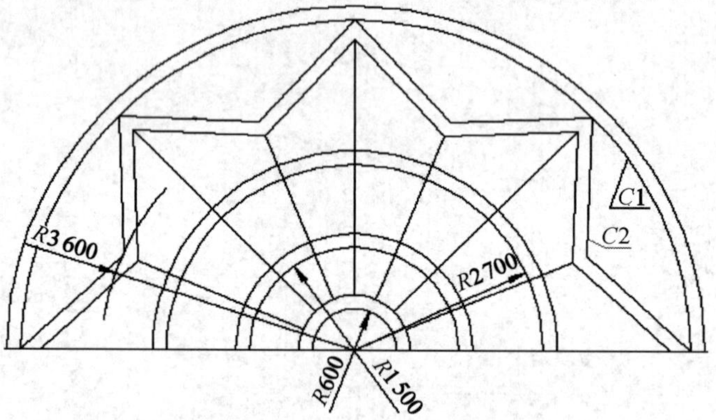

图 3-7-3 入口广场铺装图案及尺寸

1.3.1 绘制中间圆形铺装

将当前图层设置为"铺装"层，单击绘图工具栏中的 ，或者在命令行输入圆命令(C)，分别绘制半径为 600、1 500、2 700 的圆，同时以人行道为边界修剪为半圆。

对上一步绘制的圆，利用偏移复制的方式向外偏移 200，结果如图所示 3-7-4 所示。

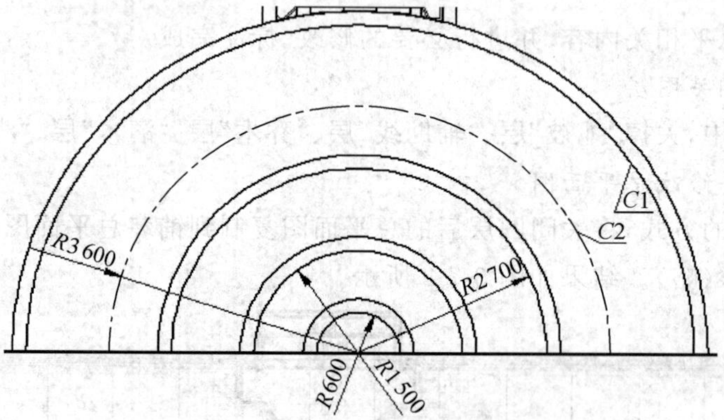

图 3-7-4 圆形铺装及辅助圆绘制

1.3.2 辅助圆绘制

将当前图层设置为"辅助线"层，绘制半径为 3 600 的辅助圆 C2，同时以人行道为边界修剪为半圆，结果如图 3-7-4 所示。

1.3.3 利用绘点命令，对辅助圆 C2 及圆 C1 进行等分

设置点样式：单击【格式】菜单的中的点样式(P)，打开"点样式"设置，设置点样式为 。

确认"辅助线"层为当前层，单击【绘图】菜单中"点"的级联菜单中的 定数等分(D)，命令行提示及操作：

选择要定数等分的对象：选择圆 C1

输入线段数目或［块(B)］：4↙

↙

选择要定数等分的对象：选择圆 $C2$

输入线段数目或［块(B)］：8↙

结果如图 3-7-5 所示。

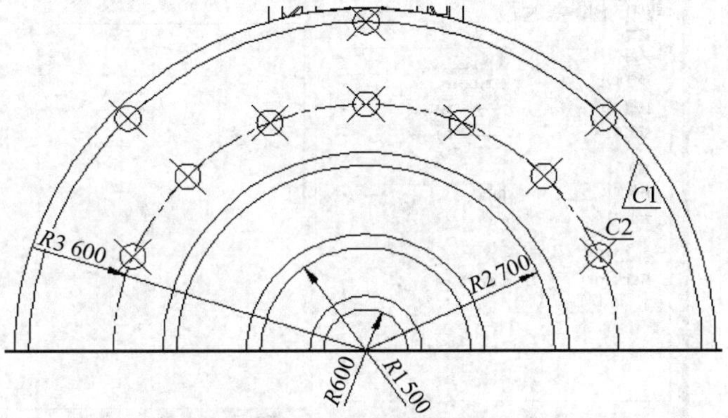

图 3-7-5 圆的定数等分

1.3.4 绘制其余部分

将当前图层设置为“铺装”层，在“草图设置”对话框中的“对象捕捉”选项中，勾选“节点”捕捉，结合其他捕捉模式，利用多段线及偏移(偏移距离为 200)绘制铺装中的折线部分，利用直线命令绘制直线部分，结果如图 3-7-6 所示。

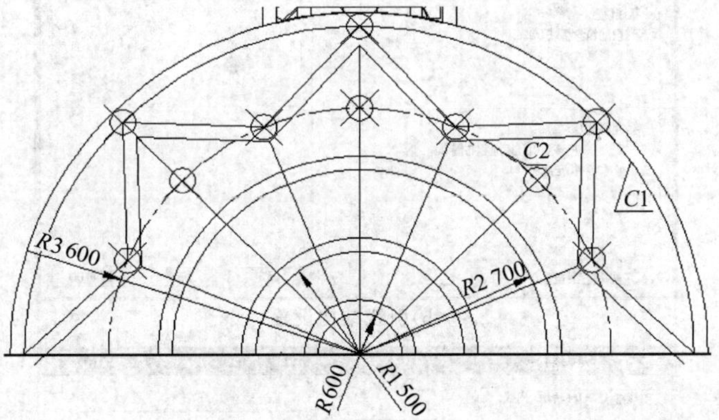

图 3-7-6 折线部分铺装的绘制

对图 3-7-6 多余部分修剪，同时删除点及辅助线，结果如图 3-7-3 所示。

其他花纹图案不再详细绘制，与总平面图相同。

1.4 铺装总平面图标注

总平面图尺寸标注，主要标注道路、广场、地坪的大小尺寸及铺装图案的花纹尺寸。

关掉图层“网格”，将“尺寸标注”层置为当前层，确保“园林景观制图”标注样式为当前标注样式(“园林景观制图”标注样式的创建参见项目 1 任务 3 中任务操作)，修改“园林景观制图”中“调整”的“使用全局比例”，更改为 250，将“说明”文字样式置为当前。

1.4.1 休闲广场一尺寸标注、材料规格标注

尺寸标注：标注广场一的半径、周边的长度、道牙尺寸；标注入口道路尺寸，即两侧长度及

宽度尺寸，如图 3-7-8 所示。

材料标注：标注材料可以采用多重引线标注，单击样式工具栏中的，打开多重引线样式管理器，具体引线标注样式的设置如图 3-7-7 所示。

(a)引线格式设置

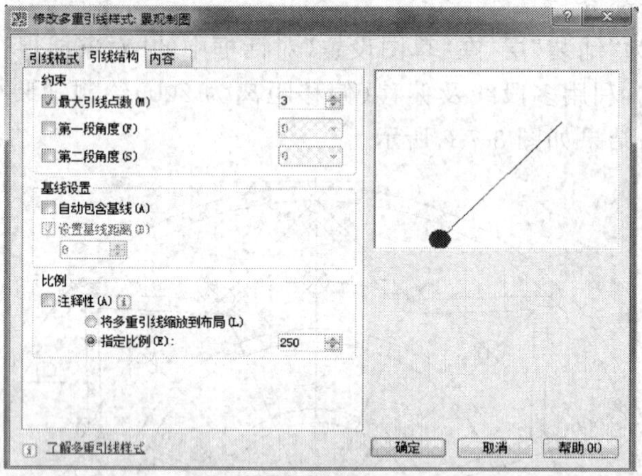

(b)引线结构设置

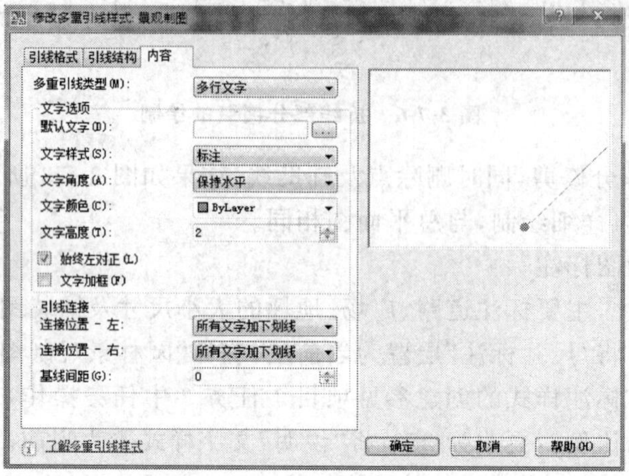

(c)引线内容设置

图 3-7-7　引线标注设置

打开多重引线标注工具栏，进行引线标注，以休闲广场一的引线标注为例，简单说明引线标注使用：单击多重引线标注工具栏中的 ，命令行提示及操作：

指定引线箭头的位置或［引线基线优先(L)/内容优先(C)/选项(O)］＜选项＞：在铺装区域拾取一点

指定下一点：在铺装区域之外的适当位置拾取一点

指定引线基线的位置：在水平极轴追踪提示下，拾取一点，同时打开多行文字对话框，输入相应文字，单击【确定】按钮，结束标注

索引标注：建立铺装总图与铺装大样图之间的对应关系，索引符号为直径 10 毫米的细实线圆，分子表示详图编号，分母表示详图所在的图纸编号。

注意：索引符号的尺寸是指图纸上的尺寸，CAD 软件绘制图样是采用 1∶1 比例绘图的，打印时才设置相应的比例，比如本例打印比例为 1∶250，所以绘制索引符号时，其直径应为 10×250。

休闲广场一及道路标注如图 3-7-8 所示。

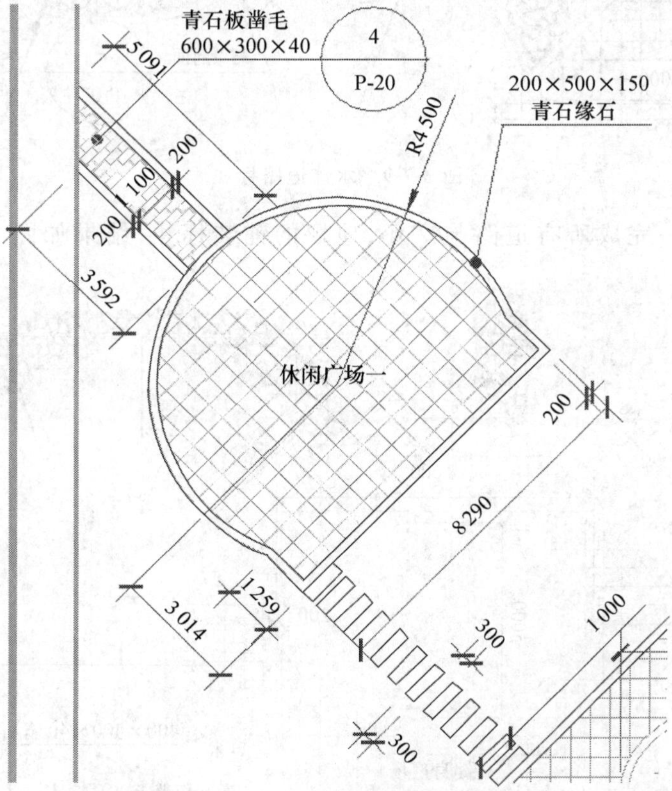

图 3-7-8　休闲广场一及道路标注

1.4.2　水体道路标注

水体道路尺寸标注：水体道路为自然曲线，只标注半径及角度，其他细部通过放线图来体现。

材料标注：多重引线标注相应材料。

索引标注：索引道路及小广场两处标注，如图 3-7-9 所示。

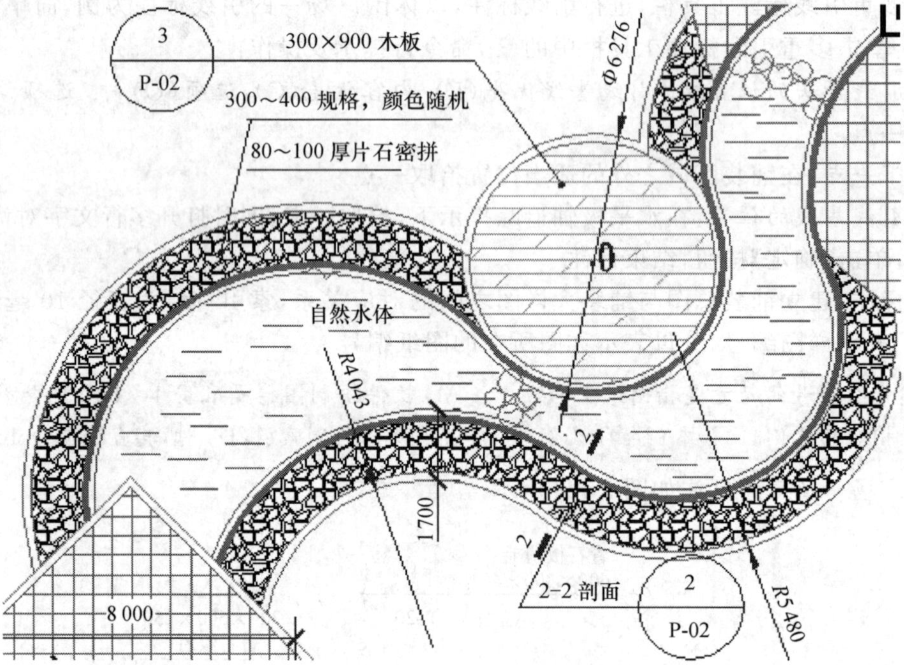

图 3-7-9　水体道路标注

依此类推，逐一完成所有道路与广场、地坪的铺装标注，结果如图 3-7-10 至图 3-7-12 所示。

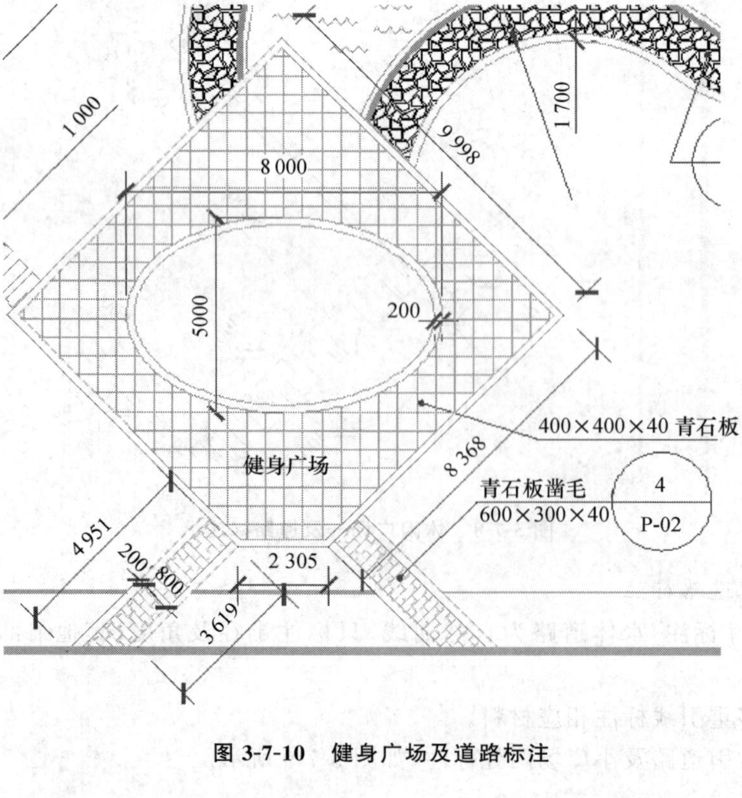

图 3-7-10　健身广场及道路标注

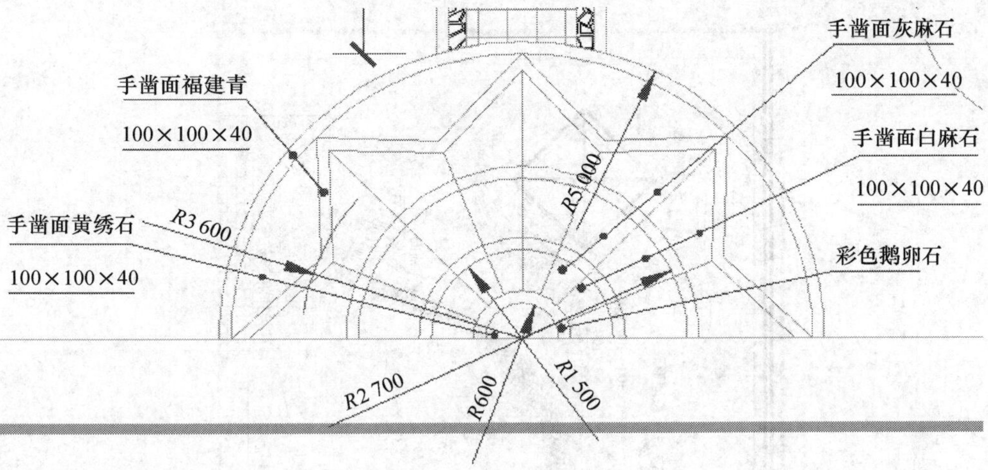

图 3-7-11　入口广场及标注

2. 绘制铺装总平面放线图

打开复制铺装平面图，修改图名及标题栏，删除材料材质及材料规格的标注，绘制 5 米×5 米的方格网，标注铺装花纹的控制尺寸，操作步骤略，结果如图 3-7-13 所示，详见附图 13。

3. 绘制铺装大样图

3.1　复制图纸、图符，修改图名及标题栏名字

复制“景观设计总说明”的图纸、图符及标题栏，修改“图名”为“景观铺装大样图”，将“图号”修改为“P-02”。

由于大样图的出图比例较大，本图为 1∶20，所以将复制的图纸等缩小 5 倍。

3.2　绘制详图编号为“1”的大样图

详图编号为“1”的详图包含了休闲广场一、休闲广场二、健身广场、水池广场、亭廊广场、微地形上的休闲亭室内外地坪。

编号为“1”的平面大样如图 3-7-14 所示。具体绘制步骤为：

将铺装层置为当前层，绘制边长为 3200 的正方形，并分解为单一的直线。

利用偏移复制命令，偏移距离为 400，复制得到其他线条，如图 3-7-15 所示。

绘制边长为 800×800 的矩形，并填充图案（选择“预定义”中的“LINE”，填充比例为 50，角度为 45°），为了清晰起见，将图案的颜色更改为红色，将矩形及填充图案移动到边长为 3 200 的正方形的左上角，如图 3-7-16 所示。

对 800×800 的矩形及图案进行多重复制，结果如图 3-7-14 所示。

提示：当铺装大样图图案较简单时，可以缩小出图比例，图 3-7-14 可以看到，详图“1”的平面出图比例为 1∶40，而整张图纸的出图比例为 1∶20，所以，将详图“1”的平面缩小 2 倍，既可以满足出图比例为 1∶40 的要求。

标注尺寸：以园林景观制图为基础，新建一个名为“景观制图 20”的，且适合出图比例为 1∶20 的标注样式，将“标注样式管理器”中 “标注特征比例”的“使用全局比例”更改为 20。将尺寸标注层置为当前，标注如图 3-7-14 的单元格花纹。

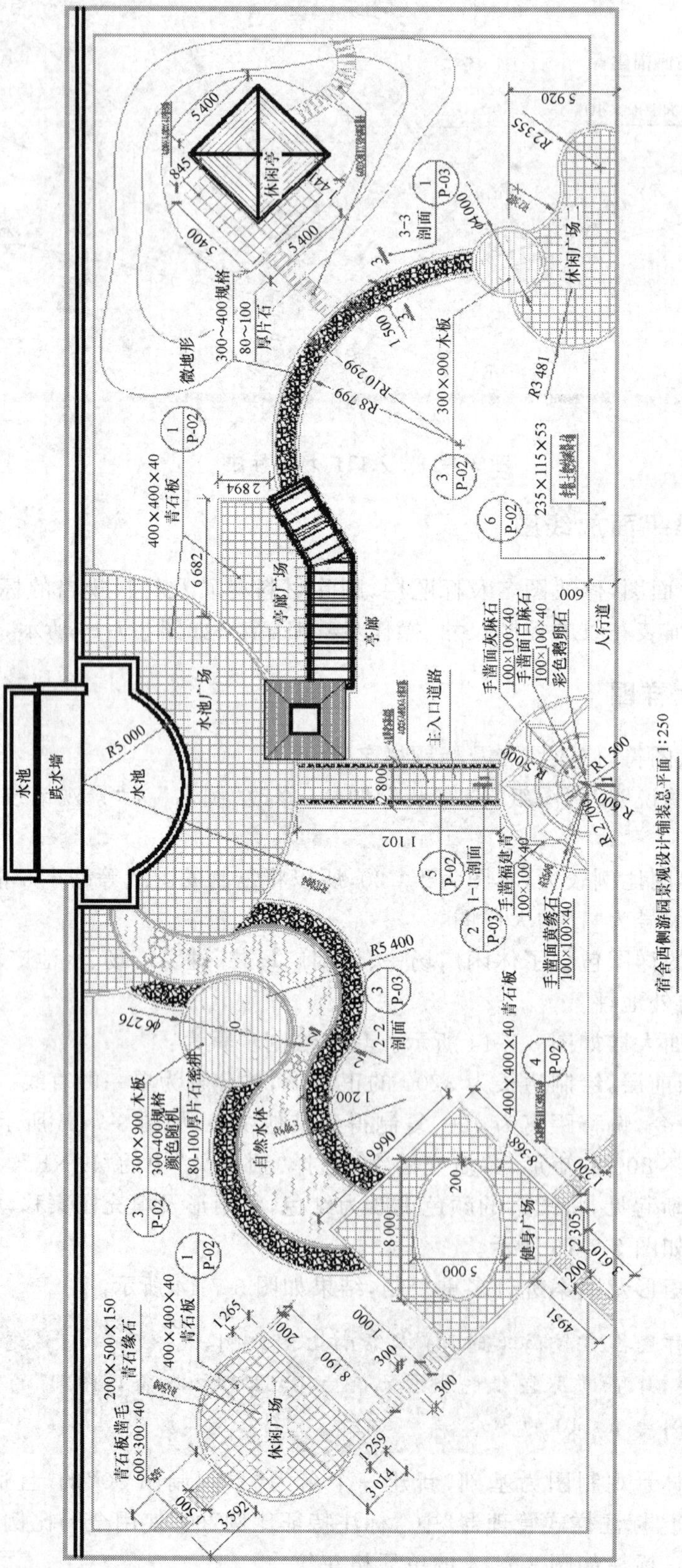

水池
跌水墙
水池
R5 000
水池广场
亭廊广场
亭廊
主入口道路
休闲亭
5 400
5 400
5 400
微地形
300～400规格
80～100
厚片石
R10 299
R8 799
1 500
300×900 木板
3-3
剖面
1
P-03
φ4000
R2 355
5 920
休闲广场二
R3 481
3
P-02
235×115×53
6
P-02
400×400×40
青石板
1
P-02
6 682
2 894
600
人行道
手凿面灰麻石
100×100×40
手凿面白麻石
100×100×40
彩色鹅卵石
R1 500
R5 000
R 600
R 2 700
1 102
800
5
P-02
1-1 剖面
2
P-03
手凿面福建青
100×100×40
手凿面黄锈石
100×100×40
R5 400
3
P-03
φ6 276
2-2
剖面
400×400×40 青石板
4
P-02
300×900 木板
300-400规格
颜色随机
80-100厚片石蓄排
3
P-02
1 200
自然水体
9 990
8 368
200
8 000
5 000
健身广场
2 305
3 610
1 200
1 200
4951
1
P-02
200×500×150
青石缘石
400×400×40
青石板
1 265
200
1 000
8 190
300
300
青石板凿毛
600×300×40
休闲广场
1 259
3 014
3 592
1 500
600
宿舍西侧游园景观设计铺装总平面 1:250

图 3-7-12 铺装总平面

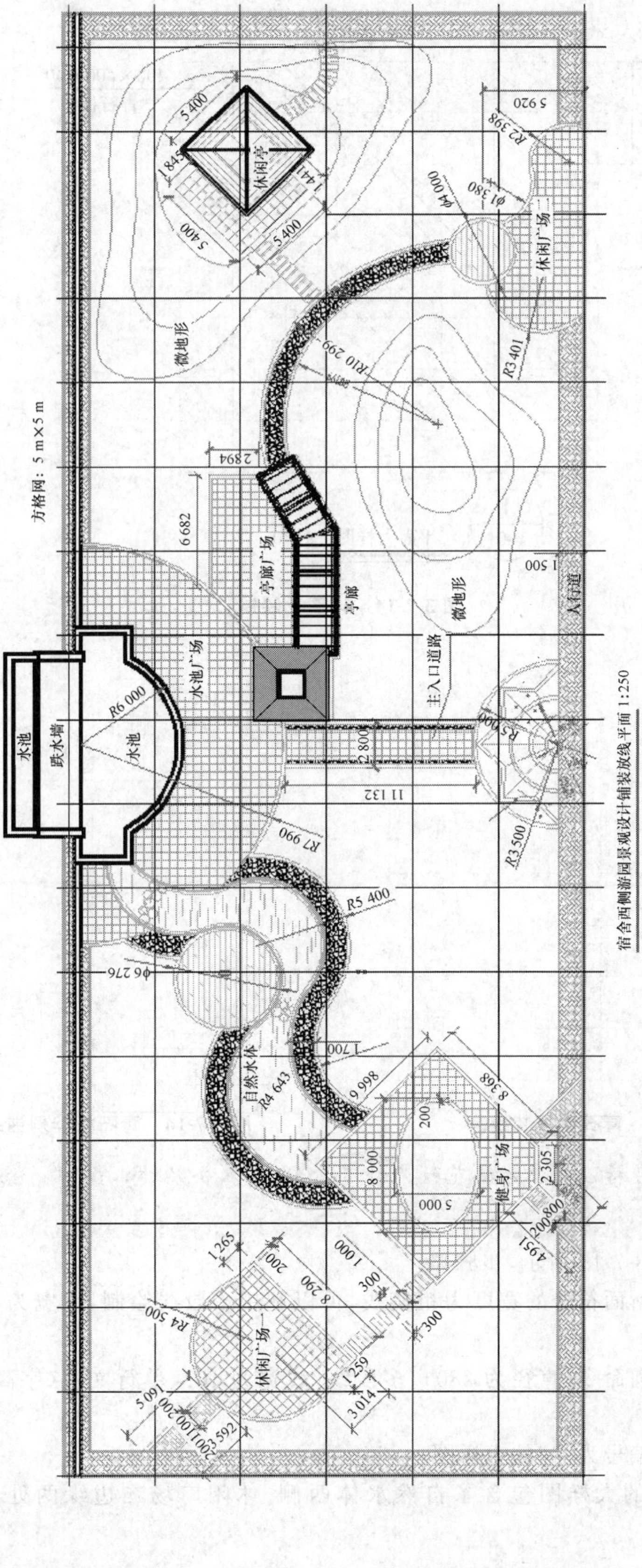

图 3-7-13　铺装总平面放线图

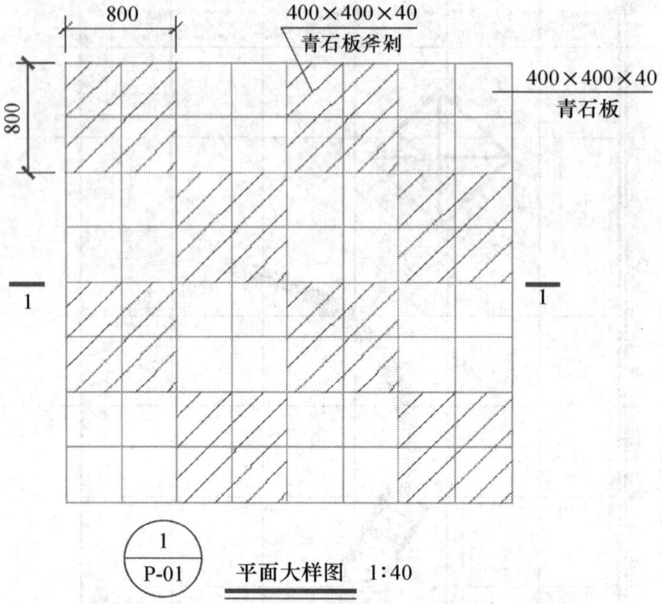

图 3-7-14 详图 1 绘制

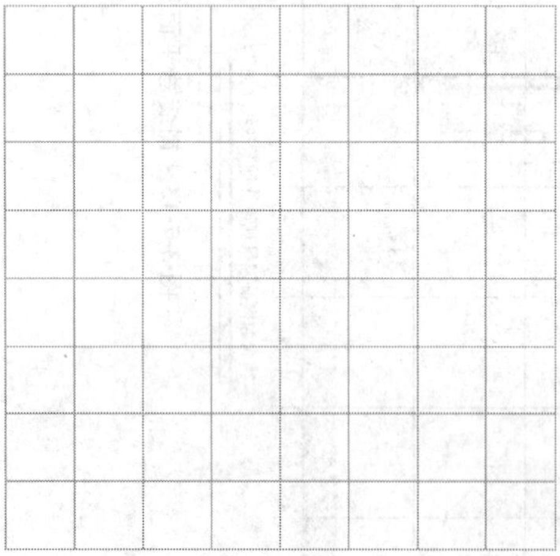

图 3-7-15 青石板铺装绘制

图 3-7-16 青石板斧剁铺装绘制

注意：上一步实际标注的单元格花纹尺寸为 400，应双击尺寸，打开"对象特性"，将尺寸数字修改为 800。

标注材料：如图 3-7-14 所示，步骤略。

断面符号标注：断面符号的宽度为粗实线，可以利用多段线绘制，线宽为 10（出图后的宽度为 0.5）。

图名标注：利用圆命令（直径为 280）、多段线（线宽为 10）、单行文字（字高为 100）标注如图 3-7-14 所示。

3.3 绘制详图编号为"3"的大样图

详图编号为"3"的大样图包含了自然水体西侧、休闲广场二边缘两处，其大样图如图

3-7-17所示。具体绘制步骤：

“道路”层置为当前，绘制适当半径的圆(此处半径为1 000)，对圆向内侧偏移复制200，得到两个同心圆。

“铺装”层置为当前，对内部圆进行图案填充，选择自定义中的“拼花地板1”图案，填充比例为600。

“标注”层置为当前，利用多段线，绘制一条水平折断线，折断线的线宽为0，如图3-7-17所示。

绘制剖切符号，利用多段线绘制剖切符号，线宽为10，长度为120。

标注材料：如图3-7-17所示的300×900×30木板。

图名标注：可以复制详图“1”的图名，然后将其修改为详图“3”的图名。

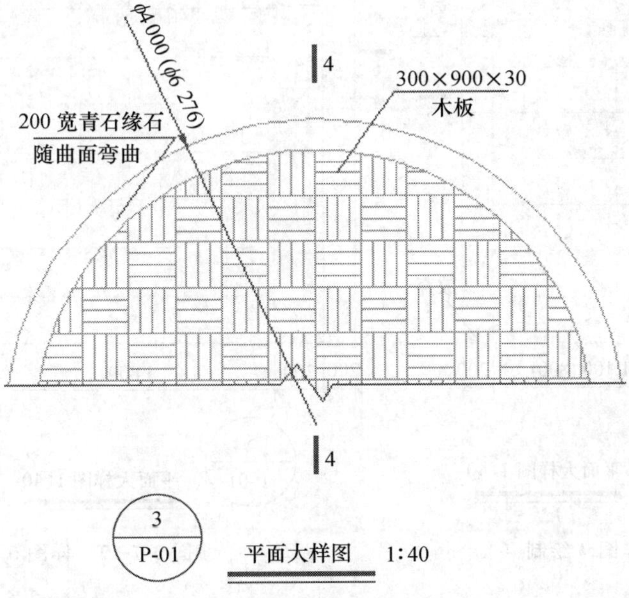

图3-7-17　详图3绘制

3.4　绘制详图编号为“4”的大样图

详图编号为“4”的大样图包含了健身广场入口的两条小路(道路宽1 200)、休闲广场一入口的一条小路(道路宽1 500)，其大样图如图3-7-18所示。具体绘制步骤：

“道路”层置为当前，在图纸的空白处绘制一条长为1 500的竖直线。将竖直线利用偏移命令，分别向左侧偏移100、650、750(比原尺寸缩小2倍绘制)。

“铺装”层置为当前，绘制铺装图案或进行图案填充，图案的规格为600×300。

“标注”层置为当前，标注剖切符号、材料及尺寸、图名，操作步骤略，结果如图3-7-18所示。

3.5　绘制详图编号为“5”的大样图：主入口道路

大样图见图3-7-19所示。

“道路”层置为当前，在图纸的空白处绘制一条长为1 500的竖直线。将竖直线利用偏移命令，分别向左侧偏移100、250、1 150、1 300、1 400(比原尺寸缩小2倍绘制)。

"铺装"层置为当前，绘制青石板铺装图案或进行图案填充，图案的规格为 600×300；绘制 40 厚青石板冰裂，用直线绘制或图案填充（选择自定义图案卵石 3，填充比例为 350～400）。

"标注"层置为当前，标注剖切符号、材料及尺寸、图名，操作步骤略，结果如图 3-7-19 所示。

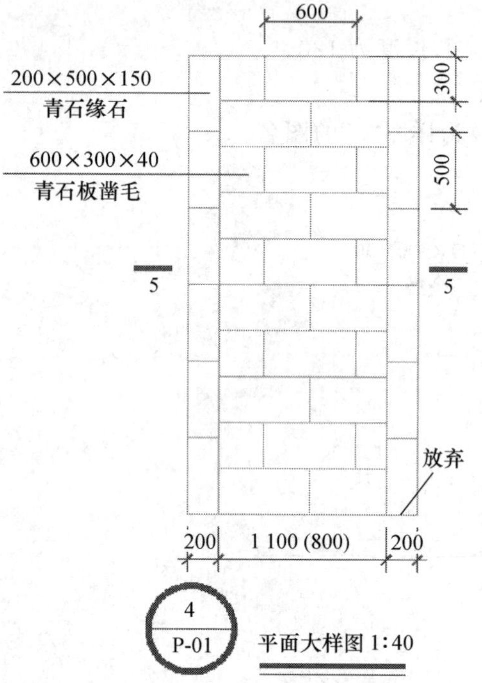

图 3-7-18 详图 4 绘制

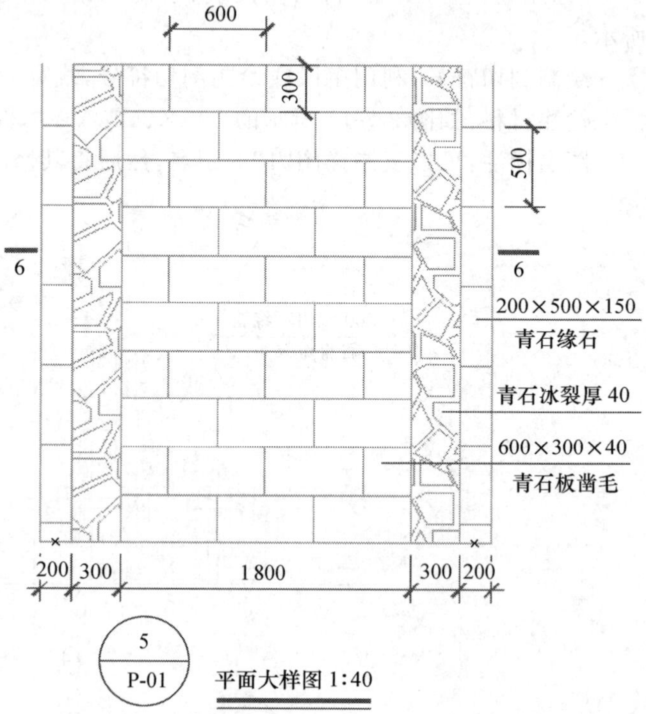

图 3-7-19 详图 5 绘制

3.6 绘制详图编号为"6"的大样图：人行道

具体绘制方法同上，步骤略，结果如图 3-7-20 所示。

4. 绘制铺装做法详图

做法详图就是结构的细部构造图，采用的比例尺一般为 1∶20。设计或作图时必须要参考标准图集的做法，关于铺装的标准图集为《国家建筑标准设计图集 03J012—1》，即《环境景观室外工程细部构造》。

4.1 绘制休闲广场的结构大样

休闲广场大样图，即 1-1 断面图，同时也为 5-5、6-6 断面图，如图 3-7-21 所示。

绘图方法与其他图样的绘制方法类似，但是铺装大样主要在于表现结构做法，表达的是内部构造，所以要用到图案填充，绘制每层结构时，可以利用多段线绘制为封闭的多边形，图案填充后，再根据表达的需要去掉部分边界。

"铺装"层置为当前，根据图 3-7-22 所示的尺寸绘制矩形或者利用多段线绘制多边形。

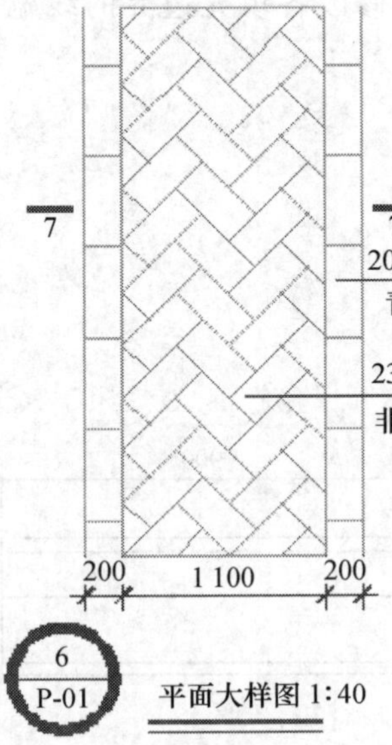

图 3-7-20

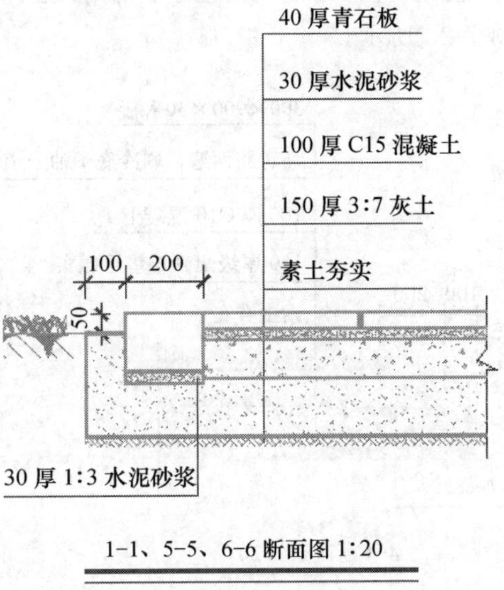

图 3-7-21 1-1、5-5、6-6 断面图绘制

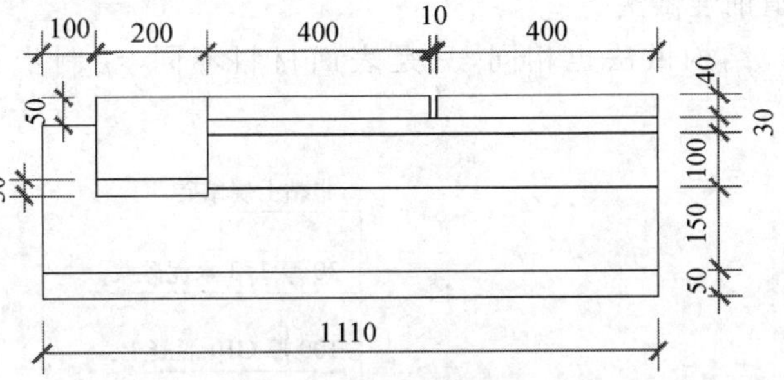

图 3-7-22 绘制填充边界

“铺装”层置为当前，对各个封闭图形进行图案填充，自下向上的图案依次为“EARTH”（比例为 3，角度为 45）、“AR-SAND”（比例为 1，角度为 0）、“AR-CONC”（比例为 0.5，角度为 0）、“AR-SAND”（比例为 0.25，角度为 0）。删除素土夯实的矩形，结果如图 3-7-21 所示。

“标注”层置为当前，在构造的右侧利用多段线绘制折断线，表示结构的部分做法，同时，修剪掉多余部分（注意：折断线不要绘制在材料的边缘）。

“标注”层置为当前，标注材料、相关尺寸及图名。结果如图 3-7-21 所示。

“铺装”层置为当前，插入光盘提供的种植土壤图块，结果如图 3-7-21 所示。

修改线宽，利用对象特性，或者双击多段线，修改填充边界的线宽为 5，结果如图 3-7-21 所示。

4.2 绘制木铺装做法

绘制木铺装做法，如图 3-7-23 所示。

绘图步骤同 4.1，绘制如图 3-7-24 所示的矩形及多边形；“铺装”层置为当前，绘制木板上的木纹，其他进行图案填充，图案自下向上分别为“EARTH”（比例为 3，角度为 45）、“石料-6”（角度为 45，比例 100）、“AR-SAND”（比例为 0.25，角度为 0）、“AR-CONC”（比例为 0.5，角度为 0)；“标注”层置为当前，标注尺寸、材料说明、图名、折断线；修改各填充边界的线宽为 5，结果如图 3-7-23 所示。

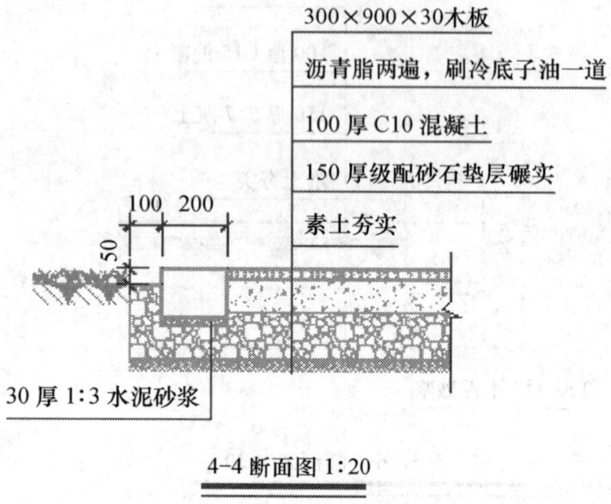

图 3-7-23 木铺装做法

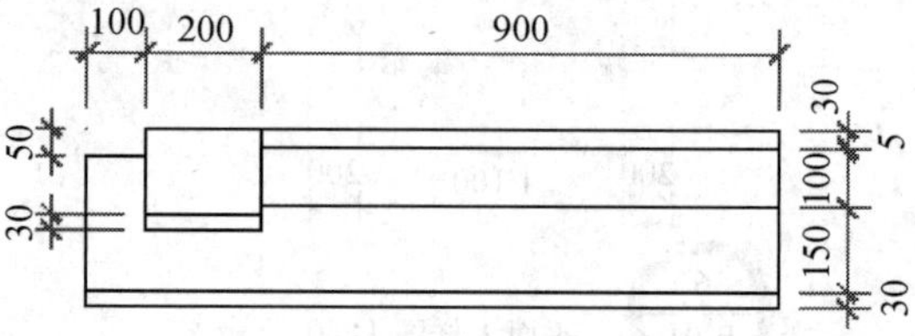

图 3-7-24 绘制填充边界

4.3 绘制人行道铺装做法

绘制方法同 4.1，结构做法也相同，只是表面材料不同，绘制步骤略，结果如图 3-7-25 所示。

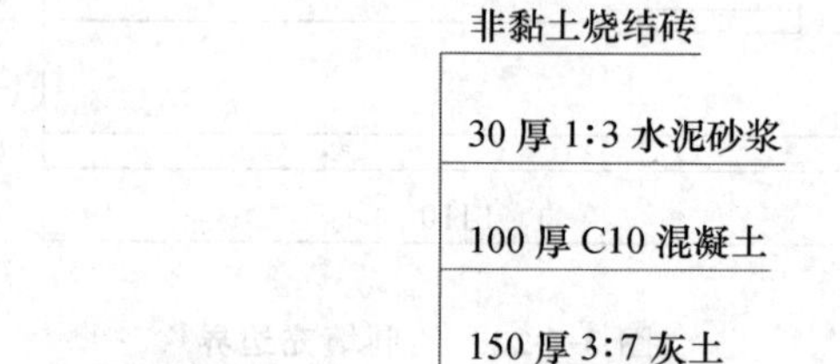

图 3-7-25 人行道铺装做法

4.4 绘制主入口广场等其他铺装大样

复制图纸“P-02”，修改其“图号”为“P-03”。

在图纸“P-03”上绘制其他大样图，见图 3-7-26，绘制步骤略。

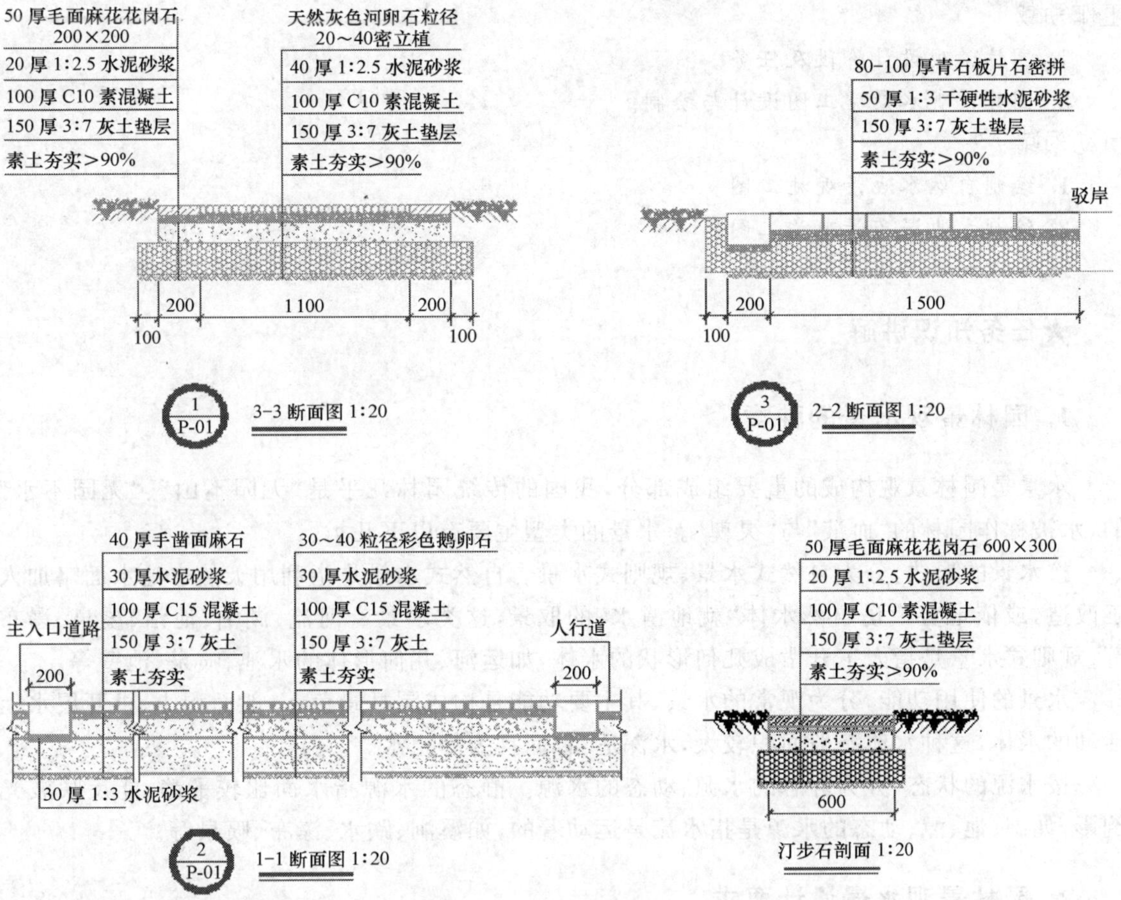

图 3-7-26　其他铺装做法绘制

★巩固技能训练

绘制“河北隆尧奎山锦官城景观绿化施工图”中的铺装，图样参照光盘内容中的“技能拓展”文件中的“景观施工图-铺装 T4、景观施工图-铺装 T5”。本例图中，铺装总平面及铺装索引与总平的索引图样绘制在一张图纸上，请根据铺装大样图与详图绘制铺装总平、铺装放线总平；根据给定的大样图与做法详图，绘制铺装大样及详图。

任务 8　绘制园林景观水景工程施工图

学习领域

1. 园林景观水景的种类。
2. 园林景观水景设计要求。
3. 园林景观水景施工图绘制要求。
4. CAD 绘图与修改操作。

工作领域

1. 园林景观设计阶段及任务。

2. 园林景观水景施工图设计与绘制。

行动领域

1. 绘制自然水池景观施工图。

2. 绘制水池瀑布景观施工图。

★任务知识讲解

1. 园林景观水景的种类

水景是园林景观构成的重要组成部分，我国的传统园林几乎是“无园不山”、“无园不水”的，水被称作园林的“血液”与“灵魂”。水景的类型主要有以下几类：

按水景的形式，分为自然式水景、规则式水景。自然式水景是指利用天然水池水面略加人工改造，或依地势模仿自然水体“就地凿水”的取景，这类水景有河流、湖泊、池沼、溪泉、瀑布等；规则式水景是指人工开凿成几何形状的水体，如运河、几何形体的水池、喷泉、池壁等。

水景的使用功能，分为观赏的水景，其主要功能是构成园林景色，一般面积小；供开展水上活动的水体，这种水体一般面积较大，水深适当，而且为静止水。

按水源的状态，分为静态的水源、动态的水源。静态的水源指水面比较平静，能反映波光倒影，如湖、池、潭；动态的水源是指水流是运动着的，如溪涧、跌水、瀑布、喷泉等。

2. 园林景观水景设计要求

水景工程由建筑工程和驳岸工程两部分组成，湖、河、池塘等水体工程，除土方外，均为驳岸施工加底部防水层铺设，而立体建筑物（如跌水、喷泉等）的施工则为建筑施工加防水层铺设。

2.1　生态水池

生态水池是适于水下动植物生长，又能美化环境、调节小气候供人观赏的水景，一般深度在 0.3～1.5 米，不足 0.3 米的浅水池，池底可做艺术处理，池底与池畔宜设隔水层，池底隔水层上覆盖 0.3～0.5 米厚土，种植水草。

2.2　人工溪流

溪流以曲折幽深为妙，溪流水岸宜采用散石和块石，可涉入式溪流的水深应小于 0.3 米，同时水底应做防滑处理，不可涉入式溪流宜种养适应当地气候条件的水生动植物。普通溪流的坡度宜为 0.5%，急流处 3%左右，缓流处不超过 1%。溪流的宽度宜在 1～2 米，水深一般为 0.3～1 米，超过 0.4 米时，应在溪流边加设防护栏杆等。

2.3　人工瀑布

人工瀑布设计宜模仿自然景观，采用天然石材或仿石材设置瀑布的背景和引导水的流向，应对落水口处山石做卷边处理，或对墙面做坡面处理，落水口的水流量和落水高差的控制为设计的关键参数，居住区的人工瀑布落差宜在 1 米以下。

2.4 跌水

跌水是呈阶梯式的多级跌落瀑布，其梯阶宽高比宜在3∶2至1∶1之间，梯面宽度宜在0.3～1.0米。

2.5 游泳池

泳池根据功能需要，分为成人泳池和儿童泳池，成人泳池深度为1.2～2米，儿童泳池深度以0.6～0.9米为宜，一般将儿童泳池放在较高位置，水经过阶梯式或斜坡式跌水流入成人泳池，既保证了安全又可丰富水池的造型。池岸必须做圆角处理，铺设软质渗水底面或防滑地砖。泳池周围植多种灌木和乔木，并提供休息和遮阳设施，有条件的可设计更衣室及其他娱乐设施。

3. 园林景观水景施工图绘制要求

3.1 水体平面图

按比例绘制水体的平面形态、标注详细尺寸，旱地喷泉要绘出地面铺装图案及水篦子的位置、形状，标注材料材质及材料规格。绘制指北针。图纸比例为1∶500、1∶250、1∶200、1∶100、1∶50或1∶300、1∶150。

3.2 水体剖面图

详细表达剖面上的工程构造、作法及高程变化，标注尺寸、常水位、池底标高、池顶标高。图纸比例为1∶100、1∶50、1∶25、1∶20或1∶30、1∶15。

3.3 喷泉设备平面图

在水体平面图中详细绘出喷泉设备位置，标注设备型号，详细标注设备布置尺寸、设备图例、材料用量统计表，绘制指北针。图纸比例：1∶500、1∶250、1∶200、1∶100、1∶50或1∶300、1∶150。

3.4 喷泉给排水平面图

在喷泉设备平面中布置喷泉给排水管网，标注管线走向、管径、材料用量统计表，绘制指北针。图纸比例为1∶500、1∶250、1∶200、1∶100、1∶50或1∶300、1∶150。

3.5 水景详图

绘制主要水景的平、立面图，标注水景类型，水景的宽度、长度、高度。用文字说明水景水型设计的意境及变化特征。

3.6 给排水设计总平面图

在总平面图中(隐藏种植设计)详细标出给水系统与外网给水系统的接入位置、水表位置、检查井位置、闸门井位置，标出排水系统的雨水口位置、水体溢-排水口位置、排水管网及管径、给排水图例、给水系统材料表、排水系统材料表，绘制指北针。图纸比例为1∶2 000、1∶1 500、1∶1 000、1∶500或1∶800、1∶600。

★任务操作

打开××宿舍西侧游园景观设计图。

1. 绘制自然水池景观施工图

自然水池施工图样包括平面图、剖面图、做法详图及放线图。

1.1 复制图纸及图符、指北针、修改标题栏文字

利用多重复制操作，复制“景观设计总说明”的图纸、图符及标题栏文字。单击修改工具栏中的 ，或者在命令行输入多重复制命令(CO)并回车，命令行提示及具体操作：

选择对象：选择“景观设计总说明”的图纸、图符及文字

选择对象：↙

当前设置：复制模式＝多个

指定基点或［位移(D)/模式(O)］＜位移＞：(左键拾取图纸的左下角点)指定第二个点或＜使用第一个点作为位移＞：结合极轴水平向右追踪，在适当位置，单击鼠标左键

指定第二个点或［退出(E)/放弃(U)］＜退出＞：↙

鼠标左键双击图号处的“T1”，将其更改为“S-01”；双击标题栏中的“设计说明”，修改成“自然水池施工图”，完成图纸及图符的复制，同时参见前面相关章节，绘制指北针，结果如图 3-8-1 所示。

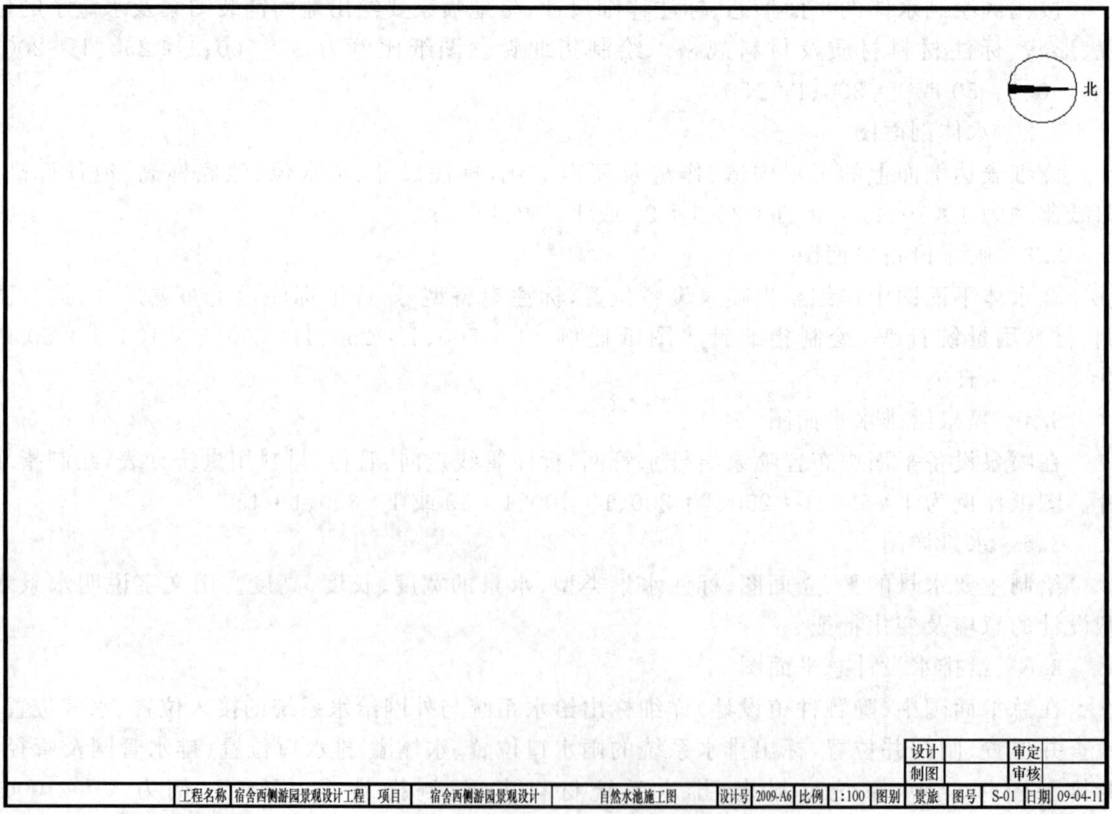

图 3-8-1 图纸、图符等绘制

1.2 复制修改总平面图中的自然水池

水池平面是总平面的一部分，在绘制平面图时，一般不会重复的绘制与总平面图相同部分，而是采用复制总平面相关内容，并进行必要的修改、标注完成。

1.2.1 关闭相关图层

在图层工具栏中，关掉“地被”层、“辅助线”层、“乔木”层、“灌木”层、“小品”层、“铺装”层、

"标注"层。

1.2.2　复制并修改

利用多重复制的方式，将关闭图层后总平面图中的自然水池复制到自然水池施工图的图符中，结果如图 3-8-2 所示。

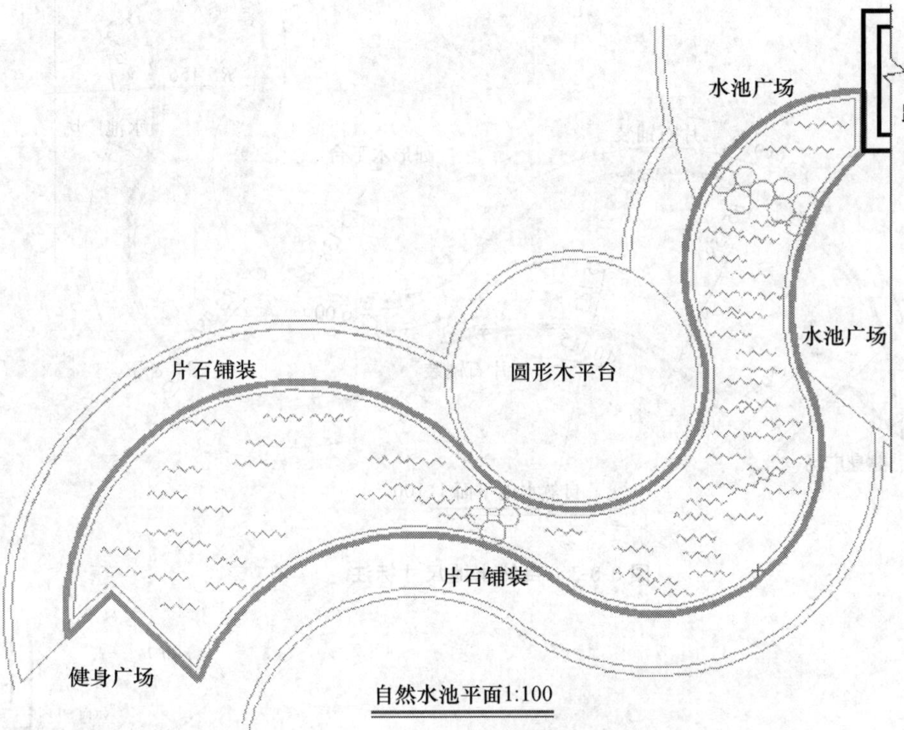

图 3-8-2　复制的自然水池

1.3　平面图标注

1.3.1　尺寸标注

自然水池在造型上以曲折多变为特点，尺寸标注有多种形式，标注半径、弧长、线性尺寸及网格标注，如图 3-8-3 所示。

1.3.2　竖向标注

主要是标高标注，包括池底标高、水面标高、驳岸标高，如图 3-8-4 所示。

1.3.3　符号标注

主要标注索引符号、剖切符号、设备符号及做法，如图 3-8-5 所示。

1.4　绘制自然水池的平面放线图

为了对自然水池的各点进行准确定位，绘制放线图，放线基点取在跌水瀑布的一个角点上，网格尺寸为 1 000 毫米×1 000 毫米，如图 3-8-6 所示。具体绘制方法参见前面相关章节。

1.5　绘制自然水池剖面图：1-1 剖面、2-2 剖面

这两个剖面的做法完全相同，只是尺寸及水底标高不同，绘制方法利用多段线、偏移命令、图案填充、尺寸与文字标注完成，如图 3-8-7 及图 3-8-8 所示。

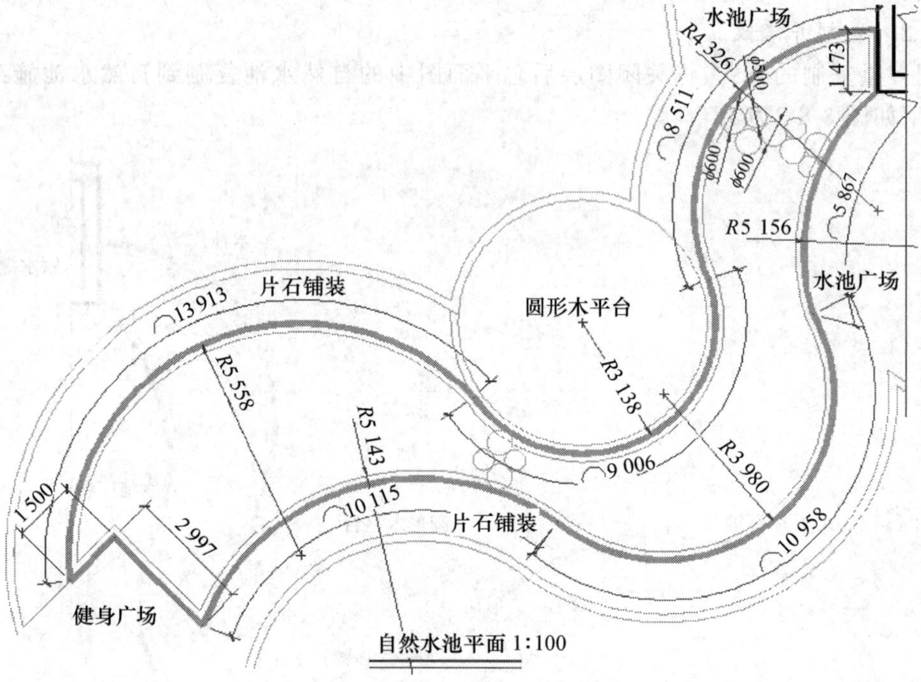

图 3-8-3 自然水池尺寸标注

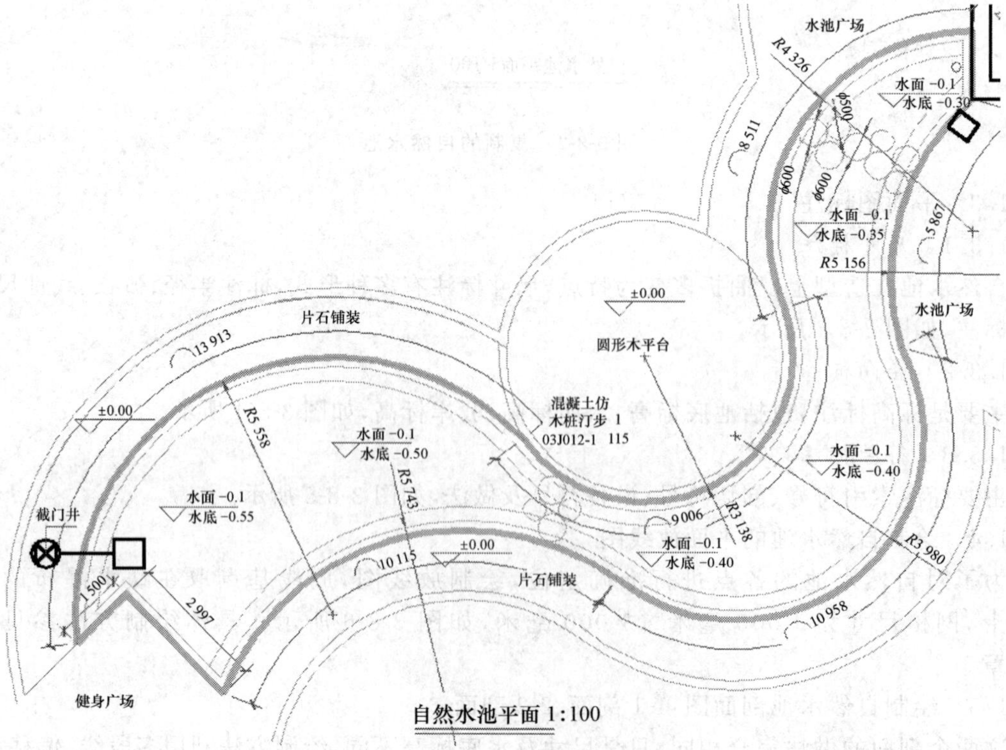

图 3-8-4 自然水池竖向标注

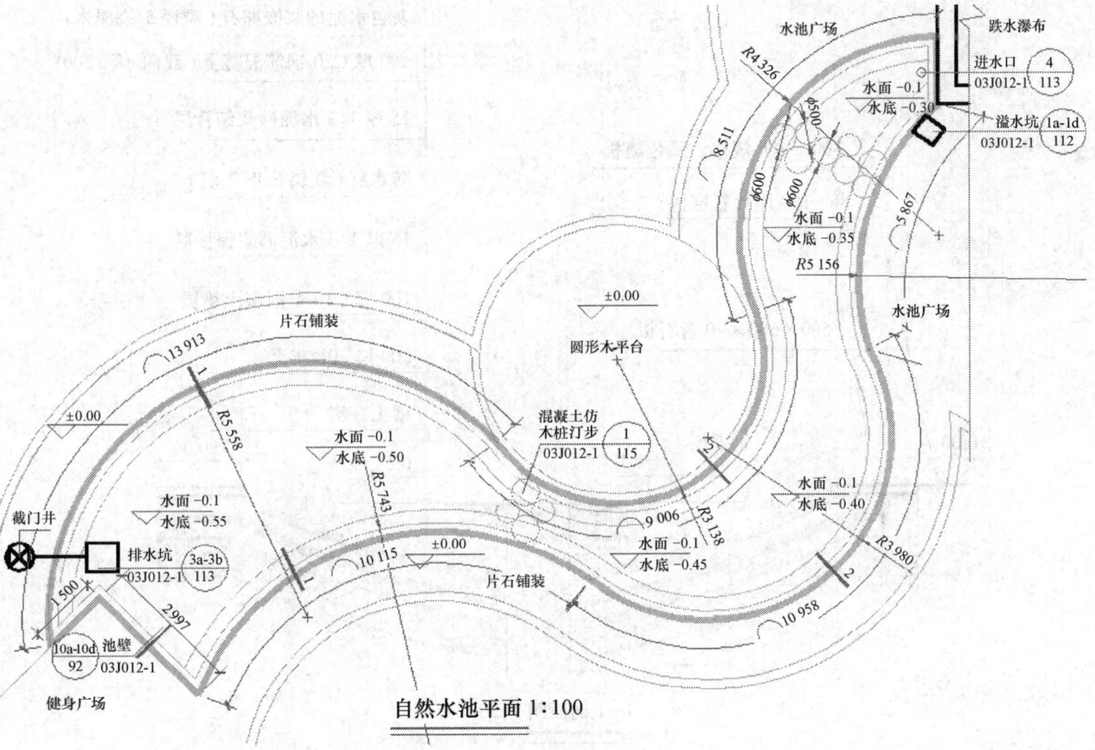

图 3-8-5 自然水池符号标注

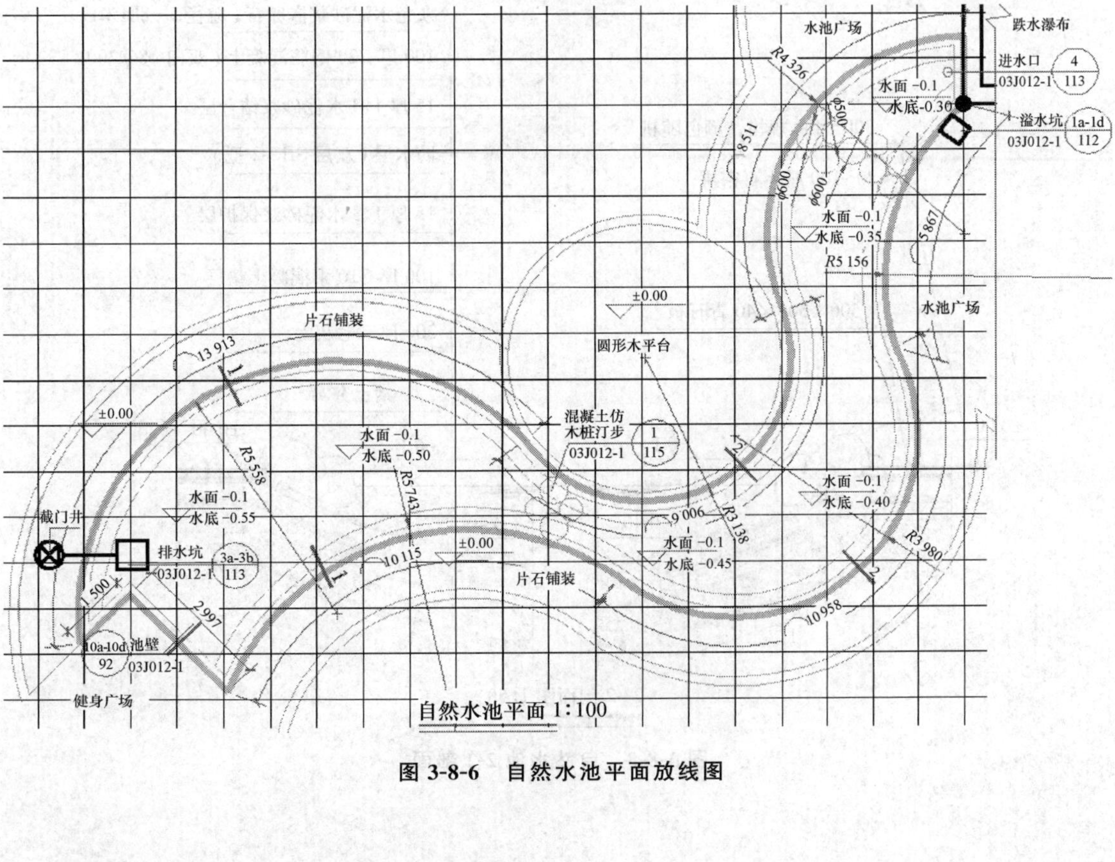

图 3-8-6 自然水池平面放线图

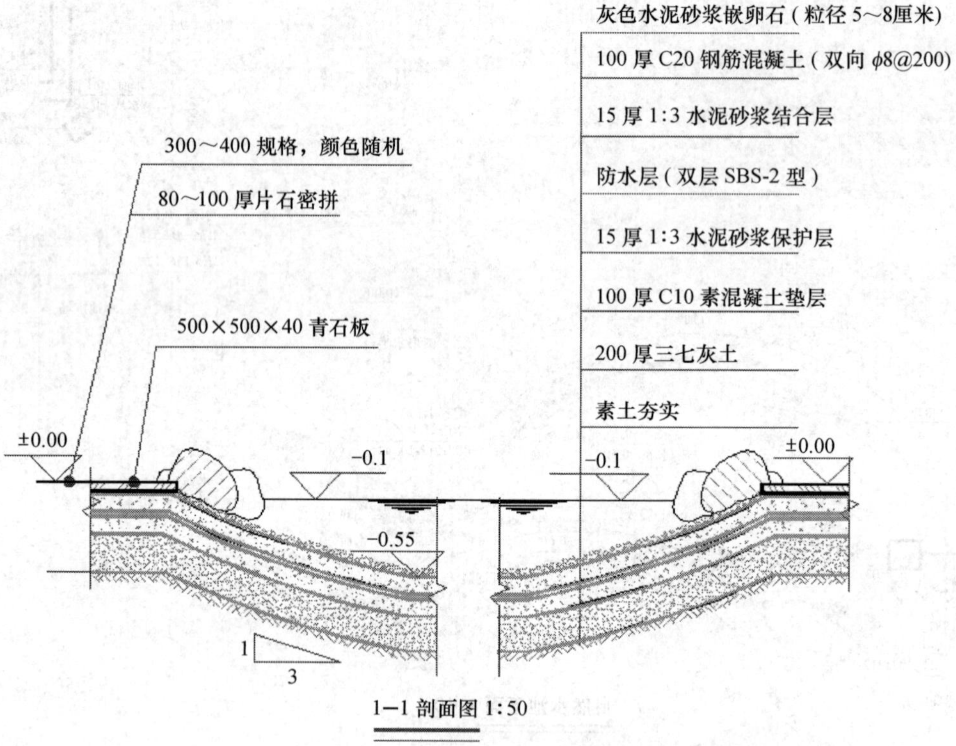

图 3-8-7　自然水池 1-1 剖面

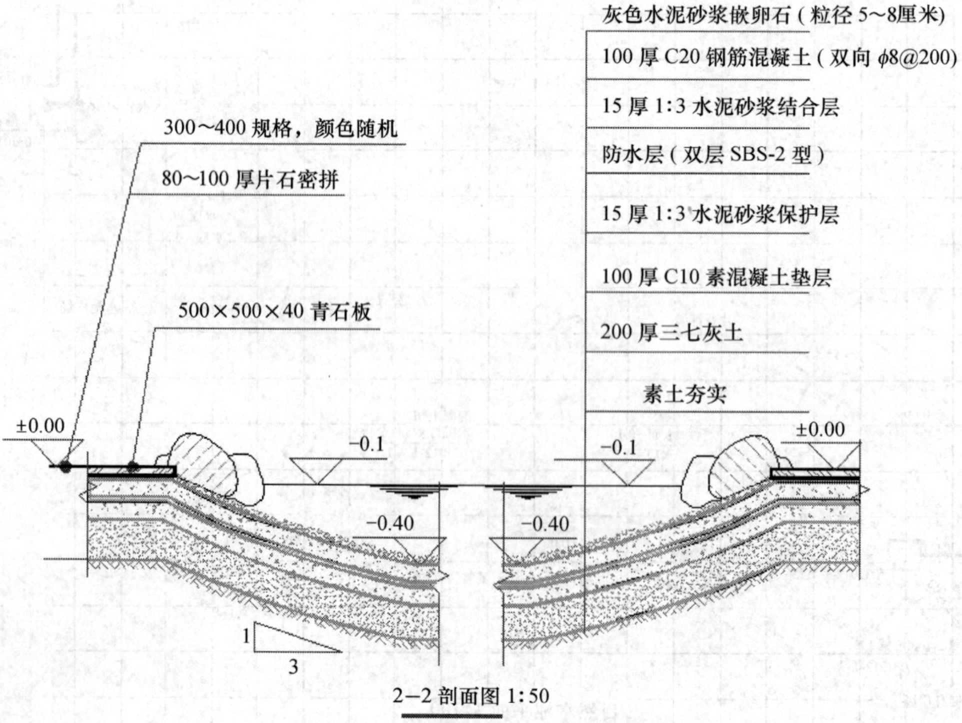

图 3-8-8　自然水池 2-2 剖面

2. 绘制水池瀑布景观施工图

水池瀑布属于另一类型水景观工程，其工程施工图主要包括平面图、立面图、剖面图及做法详图。

2.1　绘制水池瀑布景观平面图

2.1.1　复制图纸及图符、指北针、修改标题栏文字

利用多重复制(CO)操作，复制“自然水池施工图”的图纸、图符及标题栏文字，将图纸名称更改为“水池瀑布景观施工图”，“图号”更改为“S-02”。结果如图3-8-9所示。

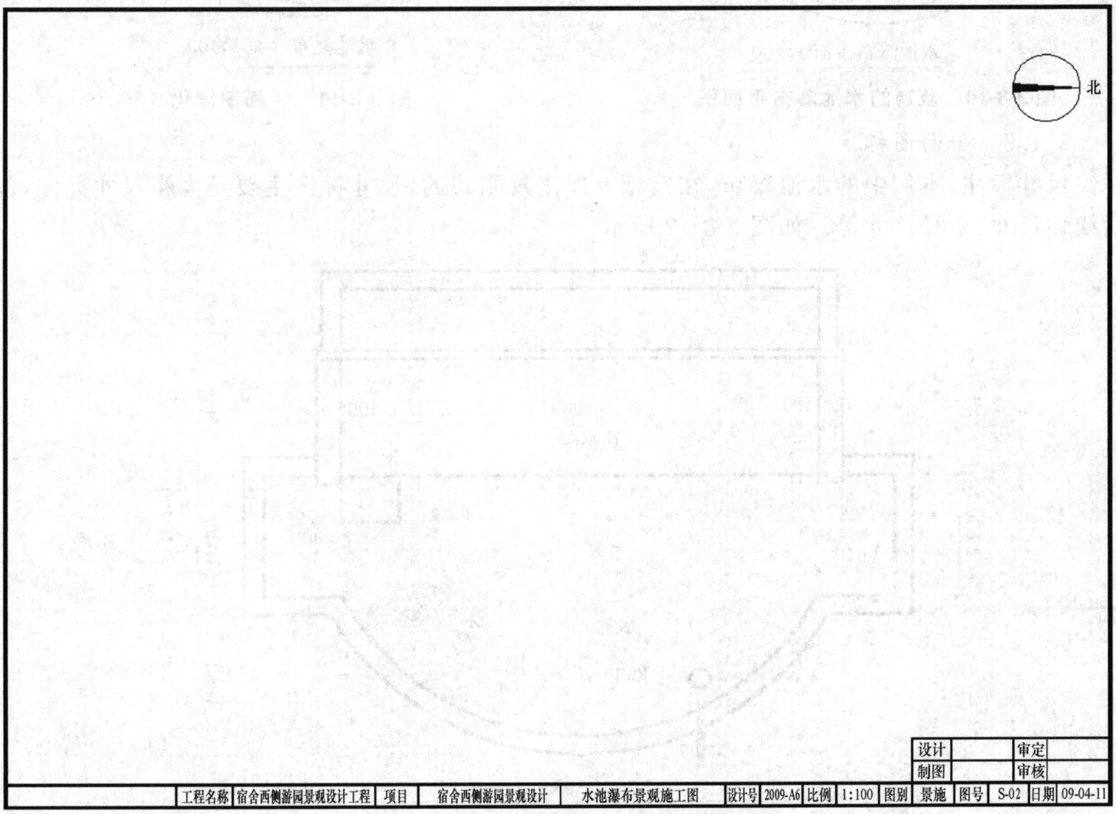

图3-8-9　水池瀑布图纸、图符等

2.1.2　复制修改总平面中的水池瀑布

水池瀑布平面是总平面的一部分，在绘制平面图时，一般不会重复的绘制与总平面相同部分，而是采用复制总平面相关内容，并进行必要的修改、标注完成。

在图层工具栏中，关掉“地被”层、“辅助线”层、“乔木”层、“灌木”层、“小品”层、“铺装”层、“标注”层。

利用多重复制的方式，将关闭图层后的总平面图中的水池瀑布复制到水池瀑布景观施工图的图符中，结果如图3-8-10所示。

对所复制的平面图进行细化，此处需要添加“泵坑”、“溢水口”、“进水口”，绘制步骤略，结果如图3-8-11所示。

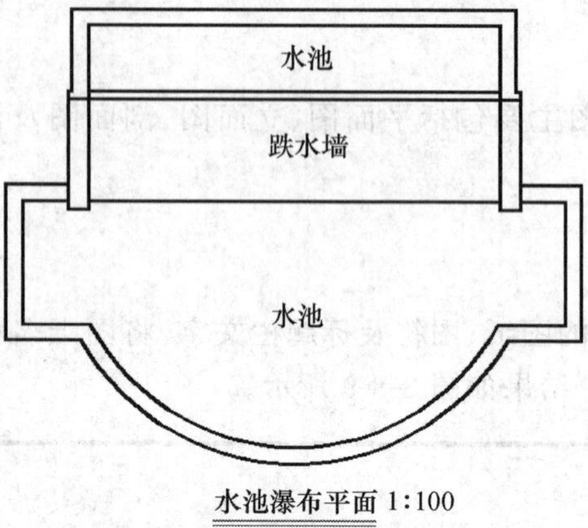

图 3-8-10 复制的水池瀑布平面图

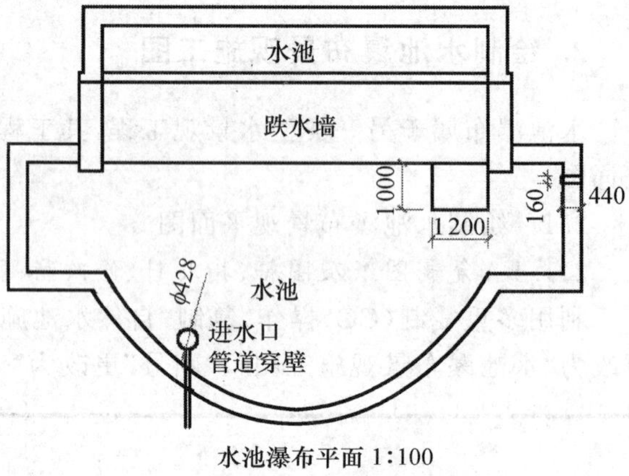

图 3-8-11 平面图细化

2.1.3 平面图标注

尺寸标注：本例中的水池瀑布，在造型上属于规则式的，尺寸标注主要是大小尺寸标注，包括线性尺寸、半径尺寸等。如图 3-8-12 所示。

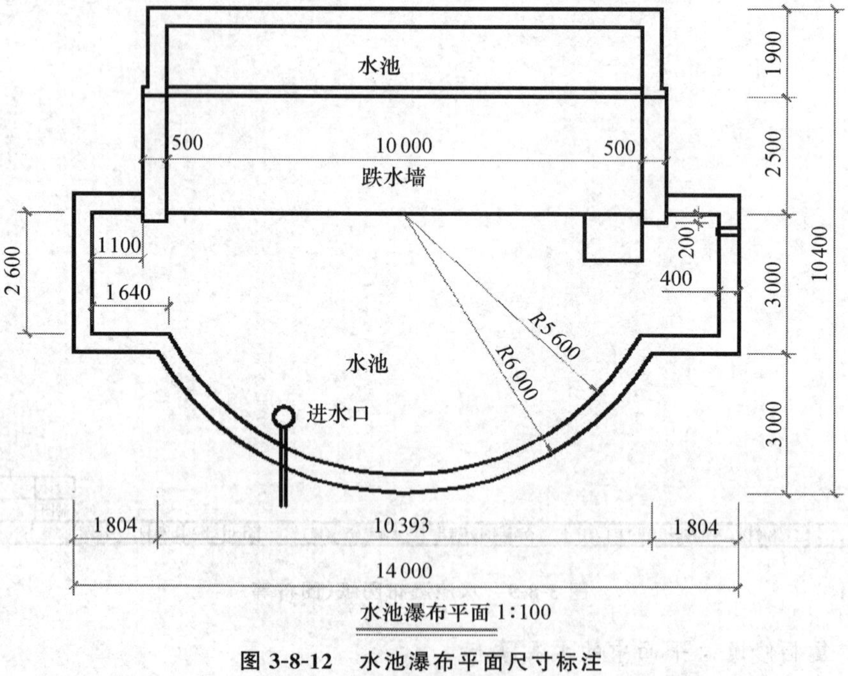

图 3-8-12 水池瀑布平面尺寸标注

符号标注：主要标注索引符号、剖切符号、设备符号及做法。如图 3-8-13 所示。

提示：本例中的详图均见标准图集 03J012-1 中的相关图样，这要求我们在做设计时，尺寸、做法尽量参照标准图集去设计，既可以增加我们的设计速度，又可以使我们的工程做法更合理，有理可依。

2.2 绘制水池瀑布正立面图

图 3-8-14 为水池瀑布正立面图投影图，绘制正立面图时，尽量使图配置在平面图之上，符合制图中三视图投影规律，同时便于绘图。具体绘制步骤如下：

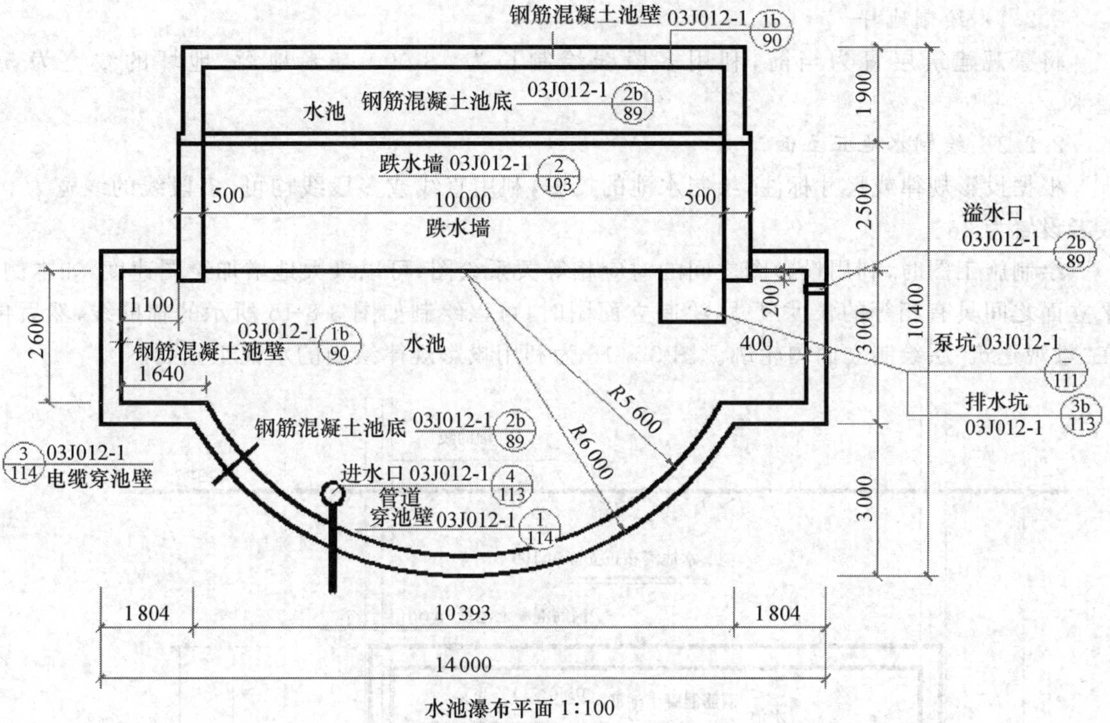

图 3-8-13　水池瀑布平面符号标注

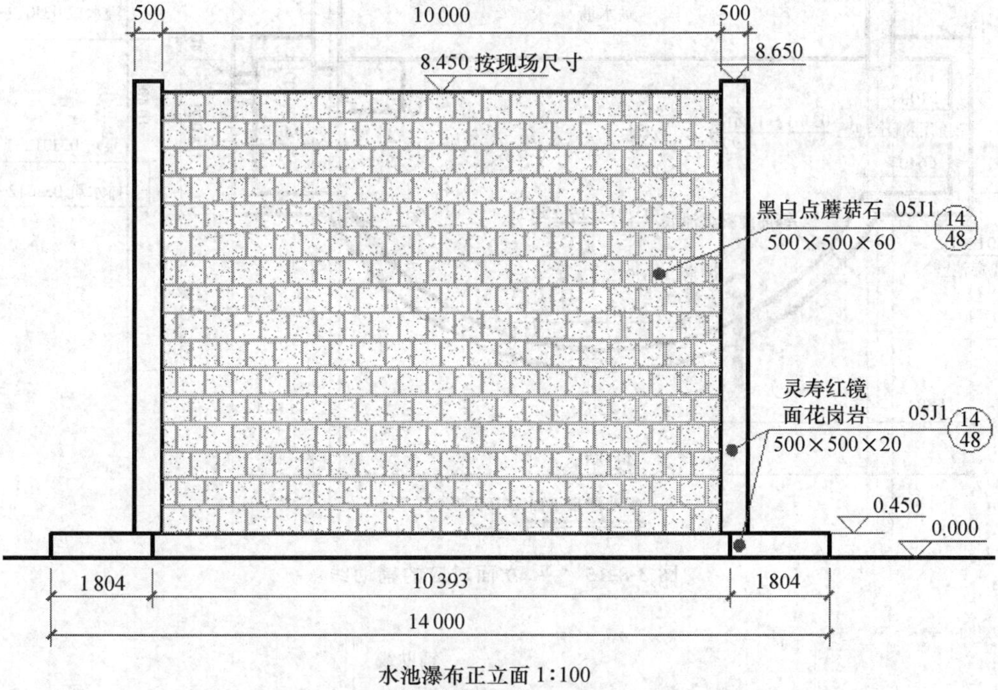

图 3-8-14　水池瀑布正立面

2.2.1 绘制地坪

将景观建筑层置为当前，利用多段线绘制长为 18 000 毫米地坪，地坪的线宽为 50 毫米。

2.2.2 绘制水池正立面

根据投影规律或尺寸标注，绘制水池的投影，利用直线或多段线均可，多段线的线宽为 0，或者设置为 25。

绘制施工图时，利用投影图之间的对应相等关系绘图，可以极大地增加绘图速度，如本例，平立面之间具有相等的长度尺寸，绘制立面图时，可以绘制如图 3-8-15 所示的辅助线，然后再在“景观建筑”层绘制立面图轮廓。图 3-8-16 为利用投影规律绘制的水池正立面。

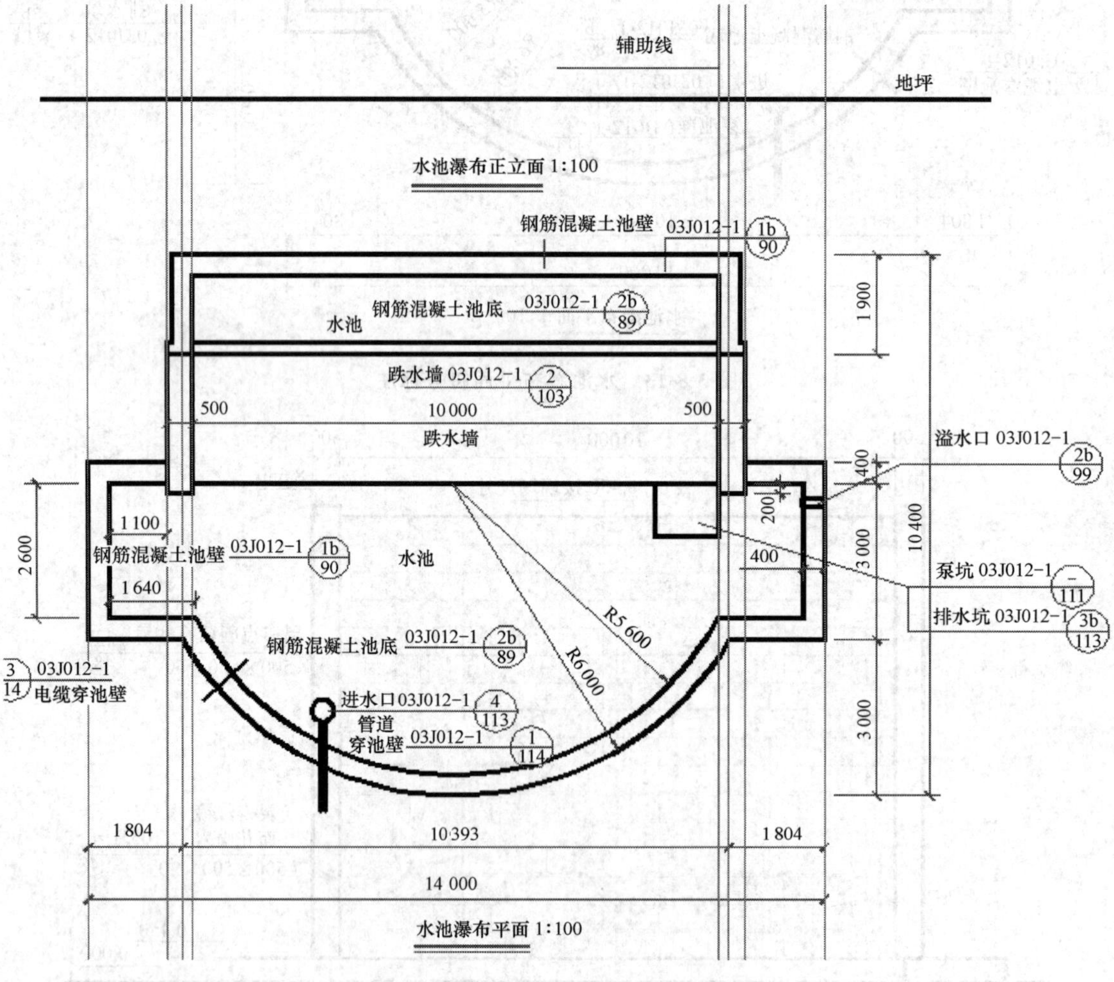

图 3-8-15 平、立面对应的辅助线

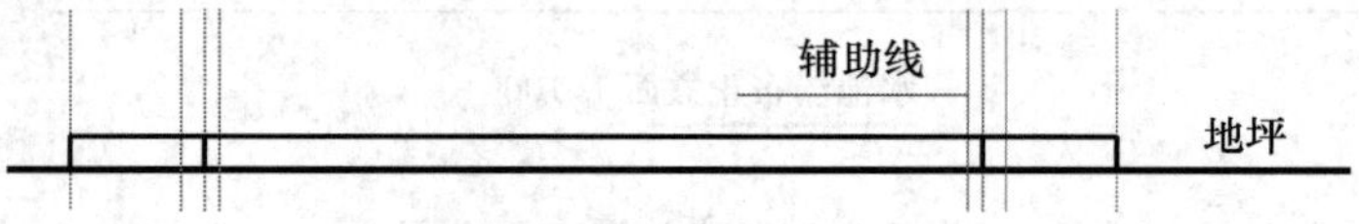

图 3-8-16 水池正立面

2.2.3 绘制瀑布正立面

绘制跌水墙两侧高 8 200 毫米的矩形(标高为 8.650),利用矩形命令或者直线命令均可。

绘制跌水墙的中间部分,高度为 8 000 毫米(标高为 8.450),结果如图 3-8-17 所示。

2.2.4 绘制瀑布正立面表面装饰材料

将“辅助线”层关掉,或者删除辅助线。将“铺装”层置为当前,将跌水墙的正立面填充为“自定义”中的“方品字形”图案,填充“比例”为 250,以及“预定义”中的“AR-SAND”,“比例”为 5。结果如图 3-8-18 所示。

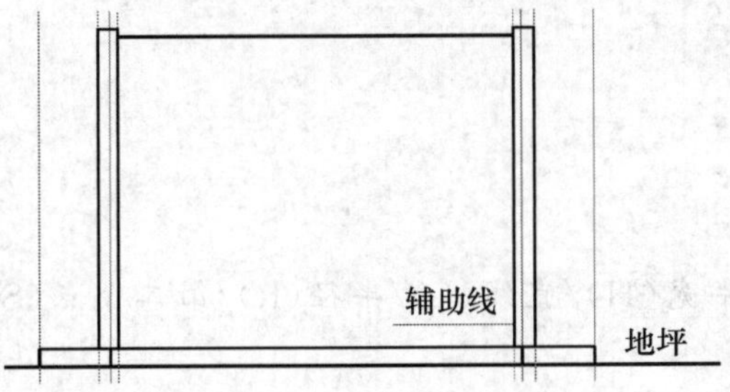

图 3-8-17 瀑布正立面

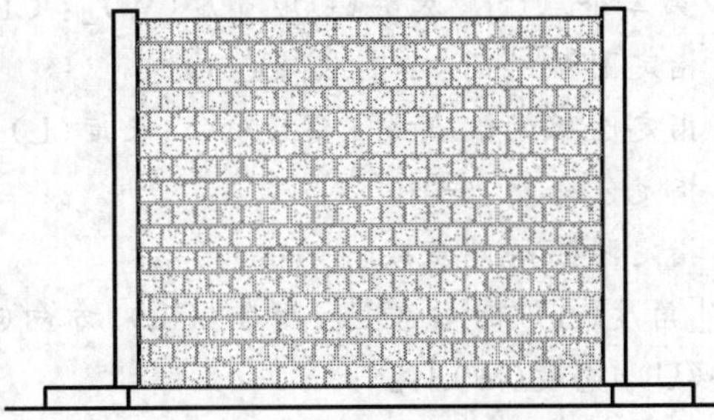

图 3-8-18 正立面装饰材料

2.2.5 尺寸及装饰材料标注

立面图的尺寸标注包括线性尺寸标注及标高标注,装饰材料要标注材料的规格。结果如图 3-8-14 所示。

2.3 绘制喷泉安装平面

2.3.1 复制水池瀑布平面图

图 3-8-19 为喷泉安装平面。首先复制水池瀑布的平面图至图纸的右上角,然后绘制两个潜水泵的示意图,如图 3-8-20 所示。

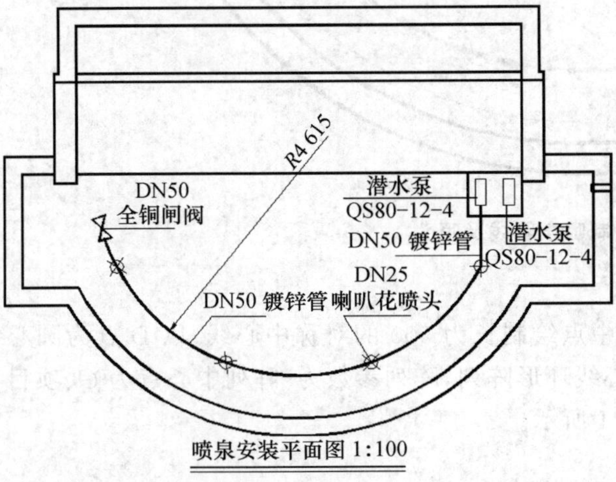

图 3-8-19 喷泉安装平面

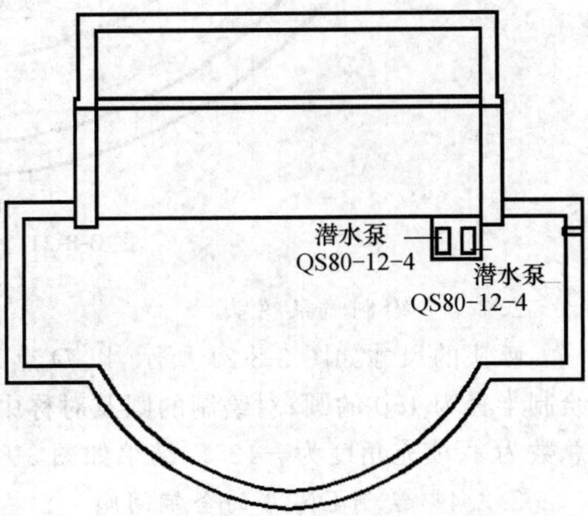

图 3-8-20 潜水泵绘制

2.3.2 绘制喷泉管线示意图

如图 3-8-21 所示,首先绘制两条辅助线,将水池圆弧圆心 O 分别与水池内壁圆弧的 A、B 两点相连,连线的夹角为 125°。利用多段线绘制管线,将“设备”层置为当前(如果之前没有建立“设备”层，此时可以新建一个图层“设备”)，输入多段线命令(PL)，命令行提示及操作：

指定起点：拾取潜水泵的中点

当前线宽为 50

指定下一个点或［圆弧(A)/半宽(H)/长度(L)/放弃(U)/宽度(W)］：拾取 *D* 点

指定下一点或［圆弧(A)/闭合(C)/半宽(H)/长度(L)/放弃(U)/宽度(W)］：A↙

指定圆弧的端点或［角度(A)/圆心(CE)/闭合(CL)/方向(D)/半宽(H)/直线(L)/半径(R)/第二个点(S)/放弃(U)/宽度(W)］：CE↙

指定圆弧的圆心：拾取圆心 O

指定圆弧的端点或［角度(A)/长度(L)］：A↙

指定包含角：－134↙

指定圆弧的端点或

［角度(A)/圆心(CE)/闭合(CL)/方向(D)/半宽(H)/直线(L)/半径(R)/第二个点(S)/放弃(U)/宽度(W)］：↙

结束喷泉管线的绘制。

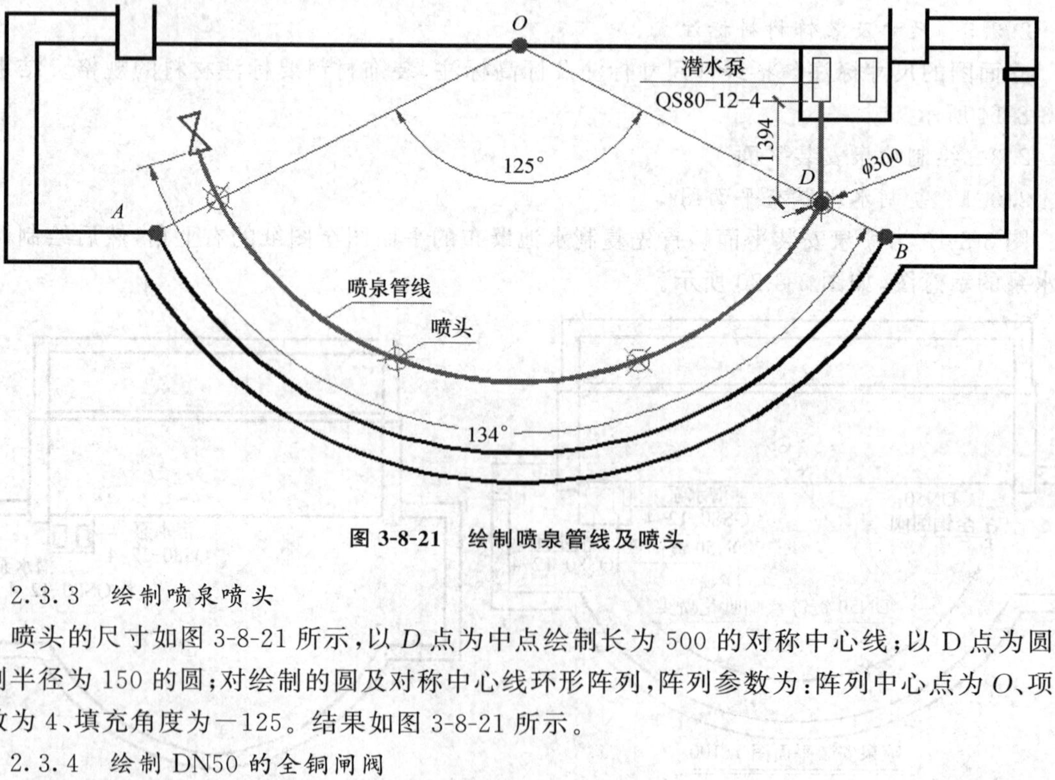

图 3-8-21 绘制喷泉管线及喷头

2.3.3 绘制喷泉喷头

喷头的尺寸如图 3-8-21 所示，以 *D* 点为中点绘制长为 500 的对称中心线；以 D 点为圆心绘制半径为 150 的圆；对绘制的圆及对称中心线环形阵列，阵列参数为：阵列中心点为 *O*、项目总数为 4、填充角度为－125。结果如图 3-8-21 所示。

2.3.4 绘制 DN50 的全铜闸阀

利用多段线命令绘制图 3-8-19 所示的铜闸阀。

2.3.5 标注

对喷泉平面图中的管线、喷头、闸阀的材料及规格进行标注，结果如图 3-8-19 所示。

至此，喷泉安装平面绘制完毕。

2.4 绘制喷泉立管安装示意图

"设备"层置为当前，示意性的绘制喷泉立管安装示意图。结果如图 3-8-22 所示。

参照尺寸如图 3-8-23 所示，绘图命令为直线、偏移、圆命令、文字标注与尺寸标注，绘图步骤略。

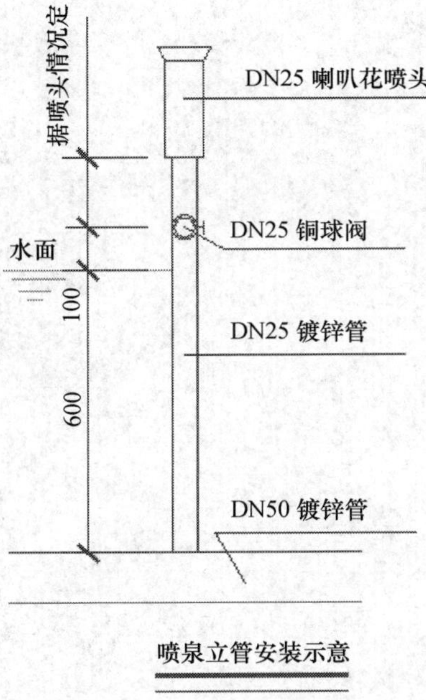

图 3-8-22 喷泉立管安装示意

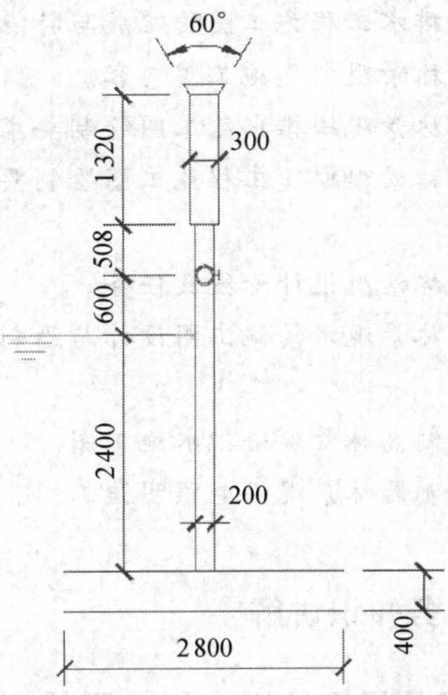

图 3-8-23 喷泉立管参照尺寸

2.5 书写说明

文字层置为当前，用"说明"文字书写水池施工做法说明，如图 3-8-24 所示。

说明：

1. 本图中水池做法要求冬季排水出池；
2. 池壁中 A=300，水深 600，钢筋混凝土为120 厚 C25，双层双向 ϕ8@150 钢筋；内面贴天蓝色瓷砖，外面贴 20 厚 300×200 黑白点花岗岩；
3. 池底贴天蓝色陶瓷地面砖；钢筋混凝土为 120 厚 C25，双层双向上 ϕ8@200 下 ϕ8@150 钢筋；
4. 瀑布面层采用 500×500×60 蘑菇石，高度随现场尺寸；
5. 排水坑做在泵坑内。

图 3-8-24 水池施工做法说明

至此，水景施工图绘制完毕。

★巩固技能训练

绘制"河北隆尧奎山锦官城景观绿化施工图"景观施工图中的水景施工图，图样参照光盘内容中的"技能拓展"文件中的"景观施工图——喷泉 T10、景观施工图——水池 T12"。

任务 9　绘制园林景观工程水、电管线设计施工图

学习领域

1. 给排水工程施工图的组成与特点。
2. 园林景观电气施工图内容。
3. 园林景观给排水施工图绘制要求。
4. 园林景观电气工程施工图绘制要求。

工作领域

1. 园林景观设计阶段及任务。
2. 园林景观水景施工图设计与绘制。

行动领域

1. 绘制园林景观给排水施工图。
2. 绘制园林景观供电照明施工图。

★任务知识讲解

1. 园林景观给排水施工图的组成与特点

给排水施工图一般由基本图和详图组成，基本图包括管道平面布置图、剖面图、系统轴测图、原理图及说明等，详图表示详细施工要求。

给排水的设备装置和管道、线路多采用国家标准规定的统一图例符号表示，因此，在阅读时，要首先熟悉常用的给排水施工图的图例符号所代表的内容，表 3-9-1 所示为常用的给排水图例符号。

表 3-9-1　常用的给排水图例符号

序号	设备名称	符号	规格	材质	备注
1	取水器	◎	3/4 寸	工程塑料	
2	补水口、布水口	○			
3	止回阀		De75	UPVC	
4	球阀	⋈	De50/ De25	UPVC	
5	普通钢制水表		DN63		
6	给水阀门井	⊗		砖砌	
7	园林水表井				国标图集 5SS02P43

续表 3-9-1

序号	设备名称	符号	规格	材质	备注
8	给水管	━━━━━	De75/De50/ De32/De25	UPVC	公称压力≥0.25 MPa
9	排水管	- - - - - - - - -		UPVC	公称压力≥0.65 MPa 05S502 P16～23
10	水泵				

2. 园林景观电气工程施工图

电气工程施工图是电气施工的主要依据,包括电气平面图、电气系统图。

电气平面图是电气安装的重要依据,一般包括变配电平面图、动力平面图、照明平面图等。

照明施工图是在电气照明分布图上标有电源实际进线位置、配电箱位置、配电线路走向等的图样。

电气系统图标明配电系统的主回路和各分支回路的配电装置及用途,开关电器与导线的型号规格、导线的敷设方式、相序等。

3. 园林景观给排水施工图绘制要求

园林景观给排水施工图主要是指给排水平面图绘制,在平面图中应详细标明管道走向、管径、喷头位置及型号、快速取水器位置、逆止阀位置、泄水阀位置、检查井位置等,标明材料图例、材料用量统计表,包含指北针,图纸比例 1∶500、1∶250、1∶200、1∶100 或者 1∶300、1∶150。

一些细部做法需要详尽的设计说明,例如给排水系统说明、给排水管道说明等。

4. 园林景观电气工程施工图绘制要求

4.1 电气设计说明及设备表

详细的电气设计说明;详细的设备表,标明设备型号、数量、用途。

4.2 电气系统图

详细的配电柜电路系统图(室外照明系统、水下照明系统、水景动力系统、室内照明系统、室内动力系统、其他用电系统、备用电路系统),电路系统设计说明,标明各条回路所使用的电缆型号、所使用的控制器型号、安装方法、配电柜尺寸。

4.3 电气平面图

在总平面图基础上标明各种照明用、景观用灯具的平面位置及型号、数量,线路布置,线路编号、配电柜位置,图例符号。包含指北针。图纸比例为 1∶2 000、1∶1 500、1∶1 000、1∶500,或 1∶800、1∶600。

4.4 动力系统平面图

在总平面图基础上标明各种动力系统中的泵、大功率用电设备的名称、型号、数量、平面位置、线路布置，线路编号、配电柜位置，图例符号。包含指北针。图纸比例为 1∶2 000、1∶1 500、1∶1 000、1∶500，或 1∶800、1∶600。

4.5 水景电力系统平面图

在水体平面中标明水下灯、水泵等的位置及型号，标明电路管线的走向及套管、电缆的型号，材料用量统计表。包含指北针。图纸比例为 1∶500、1∶250、1∶200、1∶100、1∶50 或 1∶300、1∶150。

★任务操作

打开××宿舍西侧游园景观设计图。

1. 绘制园林景观给排水施工图

1.1 复制图纸及图符、指北针、修改标题栏文字

利用多重复制(CO)操作，复制“宿舍西侧游园景观设计总平面”的图纸、图符及标题栏文字。鼠标左键双击图号处的“T2”，将其更改为“S-03”；双击标题栏中的“景观设计总平面”，修改成“景观设计给排水平面图”，完成图纸及图符的绘制。

1.2 复制总平面图

将图层“乔木”、“灌木”、“地被”、“铺装”、“辅助线”、“小品”层关掉，复制关掉图层后的总平面到“景观设计给排水平面图”中，结果如图 3-9-1 所示。

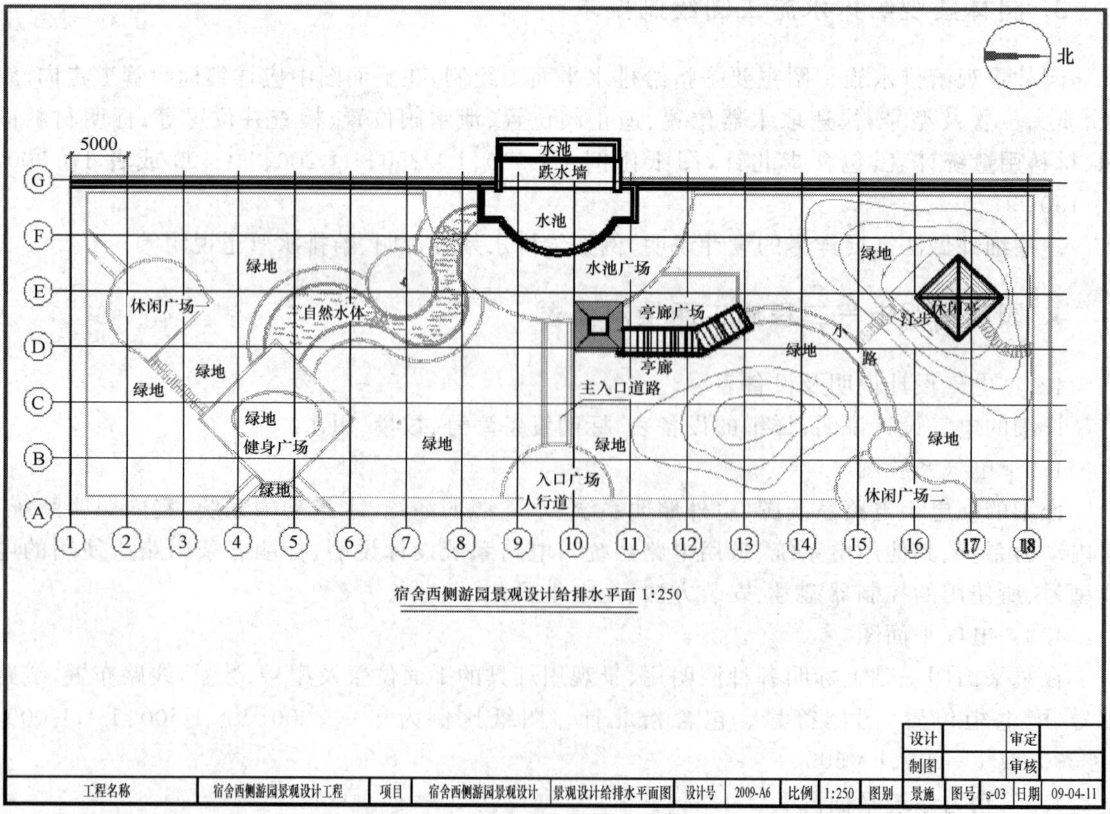

图 3-9-1 复制部分总平底图

1.3 绘制给水管网

根据管网的定位图 3-9-2 绘制给水管网。将“设备”层置为当前，利用多段线绘制，多段线的线宽为 50，具体绘制方法：命令行输入多段线命令(PL)并回车，或者单击绘图工具栏中的 ，命令行提示及操作：

指定起点：捕捉“9”轴与园界的交点，在 0°极轴追踪提示下输入 1 328↙

当前线宽为 0

指定下一个点或[圆弧(A)/半宽(H)/长度(L)/放弃(U)/宽度(W)]：W↙

指定起点宽度 <0>：50↙

指定端点宽度 <50>：↙

指定下一点或[圆弧(A)/闭合(C)/半宽(H)/长度(L)/放弃(U)/宽度(W)]：拾取“水池瀑布”出水口圆心 *B*

指定下一点或[圆弧(A)/闭合(C)/半宽(H)/长度(L)/放弃(U)/宽度(W)]：@5554<159

指定下一点或[圆弧(A)/闭合(C)/半宽(H)/长度(L)/放弃(U)/宽度(W)]：↙

命令：↙

指定起点：单击“对象捕捉”工具栏中的 ——命令行提示：_from 基点：拾取“2”轴与“*B*”轴的交点 *C*，命令行提示<偏移>，输入极坐标“@2000,3053”↙(得到点 *D*)

当前线宽为 50

指定下一点或[圆弧(A)/闭合(C)/半宽(H)/长度(L)/放弃(U)/宽度(W)]：在 0°极轴追踪提示下输入 74 487↙

指定下一点或[圆弧(A)/闭合(C)/半宽(H)/长度(L)/放弃(U)/宽度(W)]：↙

依次完成所有管网的绘制，并利用夹点编辑调整点 *A* 处的给水管长度。

1.4 绘制主要给水设备

1.4.1 绘制阀门井

阀门井符号如图 3-9-2 所示，具体绘制步骤：

绘制圆，圆心位置在距离 *A* 点 5 259 位置，半径为 750。

绘制符号 ，利用多段线绘制，多段线的宽度为 0，极轴追踪角度设置为 45，符号的水平线长度为 750，将符号的中心放置在圆心上。

1.4.2 绘制喷灌喷头

喷头为圆形喷头，圆的直径为 750，两条十字交叉线倾斜角度为 45°及 135°，长度为 1 000。利用多重复制，根据图 3-9-2 所示的位置放置喷头，结果如图 3-9-3 所示。

1.5 给水标注

将“标注”层置为当前，“园林景观制图”标注样式置为当前，“标注”文字样式置为当前，对给水图进行文字注解标注、尺寸标注、设备规格标注，结果如图 3-9-2 所示。

1.6 绘制排水网

排水网绘制方法同给水网绘制。本工程排水采用地表排水，水体排水直接排入排水沟，具体见相关水景详图。

排水网标注与给水网标注相似，结果如图 3-9-4 所示。

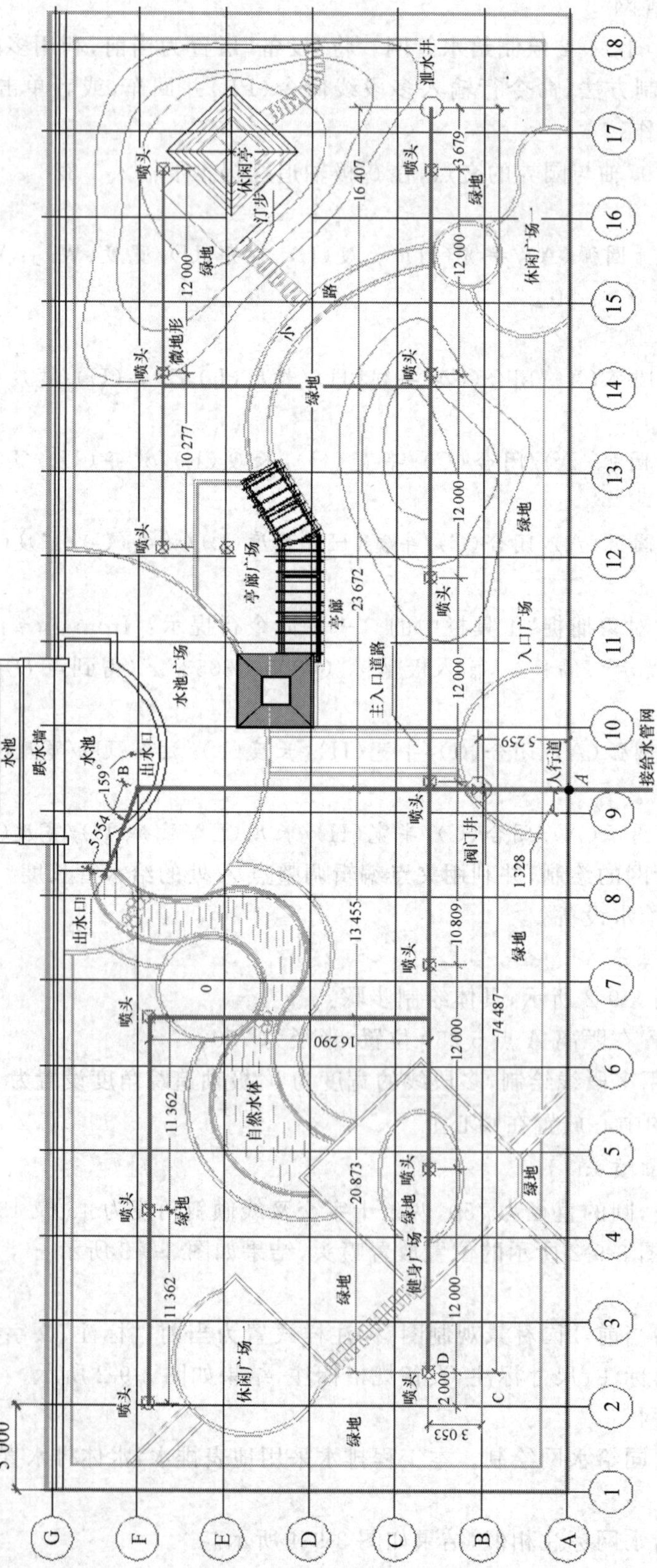

泄水井
休闲亭
汀步
微地形
小路
亭廊广场
亭廊
水池广场
主入口道路
入口广场
水池
跌水墙
出水口
阀门井
人行道
接给水管网
自然水体
健身广场
休闲广场
绿地
喷头

图 3-9-2 给水管网绘制

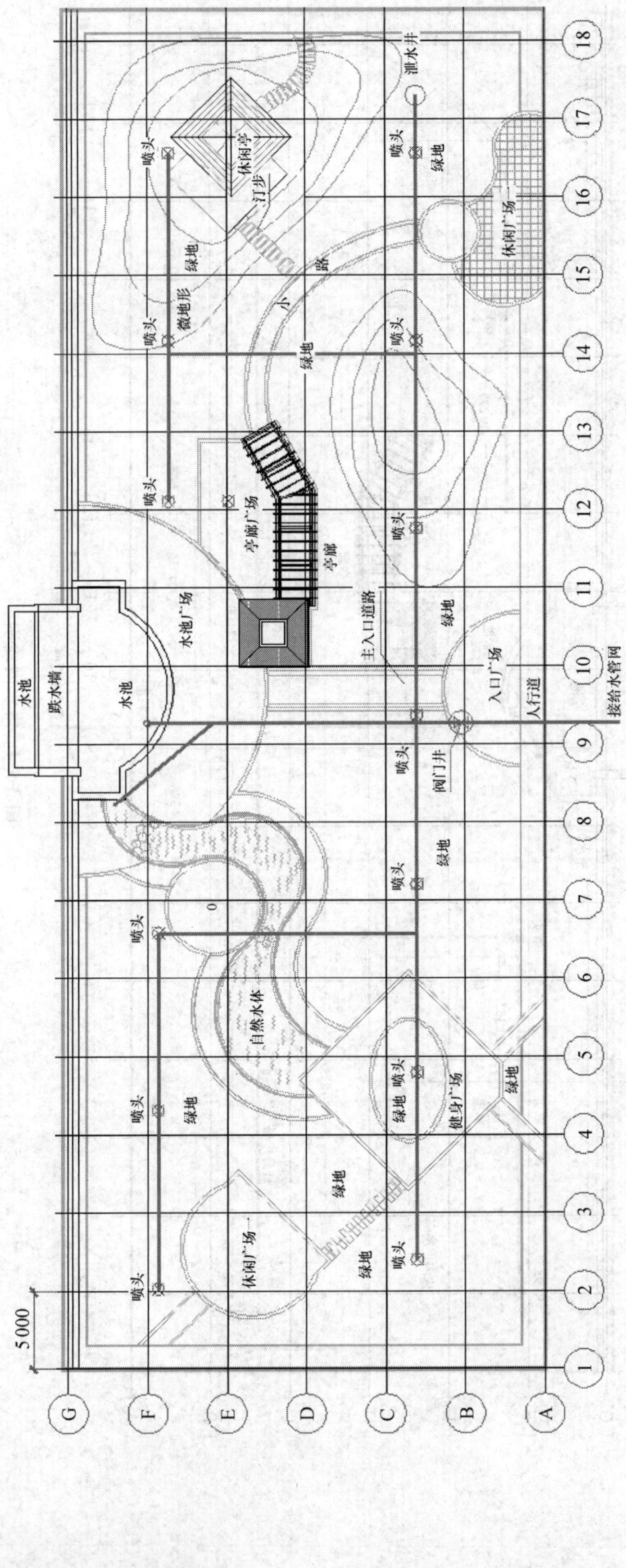
水池
跌水墙
水池
水池广场
亭廊广场
亭廊
主入口道路
休闲亭
汀步
微地形
小路
绿地
喷头
泄水井
休闲广场
入口广场
人行道
接给水管网
阀门井
自然水体
健身广场
0
5000
A
B
C
D
E
F
G
1
2
3
4
5
6
7
8
9
10
11
12
13
14
15
16
17
18

图 3-9-3 喷头绘制

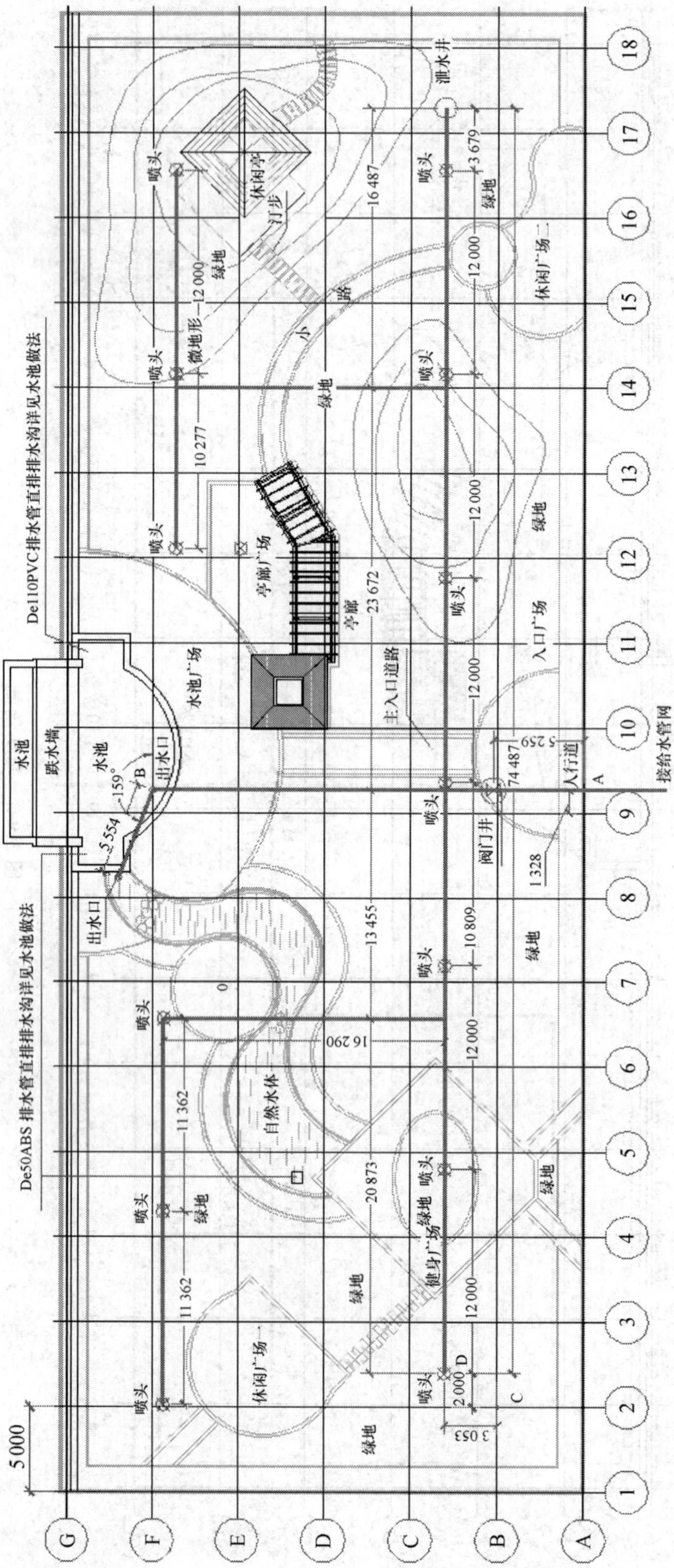
De110PVC排水管直排排水沟详见水池做法
De50ABS 排水管直排排水沟详见水池做法
水池
跌水墙
出水口
泄水井
休闲亭
汀步
微地形
亭廊广场
水池广场
主入口道路
入口广场
人行道
阀门井
接给水管网
自然水体
休闲广场
健身广场
绿地
喷头
小路
亭廊

图 3-9-4　排水网绘制

1.7 绘制阀门井安装示意图

根据图 3-9-5 所示，利用多段线（“设备”层线宽为 150）、圆命令（“标注”层）、复制命令（复制阀门井符号，并放大），画出阀门井安装示意图，同时对设备的型号及材料标注说明。

1.8 绘制管沟剖图

根据图 3-9-6 所示，将“设备”层置为当前，绘制管沟剖面图样；将“铺装”层置为当前，绘制图案填充，图案分别为“AR-SAND”（比例为 10）、“EARTH”（比例为 80、角度为 45°）；将“标注”层置为当前，进行如图 3-9-6 所示的尺寸标注。

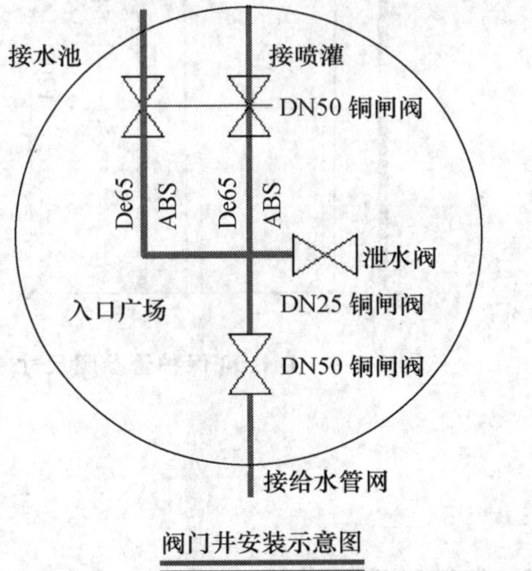

图 3-9-5 阀门井安装示意图

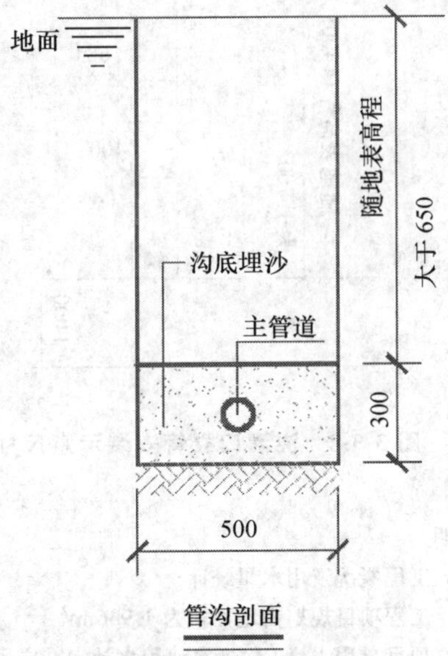

图 3-9-6 管沟剖面

1.9 绘制浇灌口立管安装示意图

根据图 3-9-8 所示的尺寸（示意性的，不是真实尺寸），绘制如图 3-9-7 所示的安装示意图，绘图步骤为：

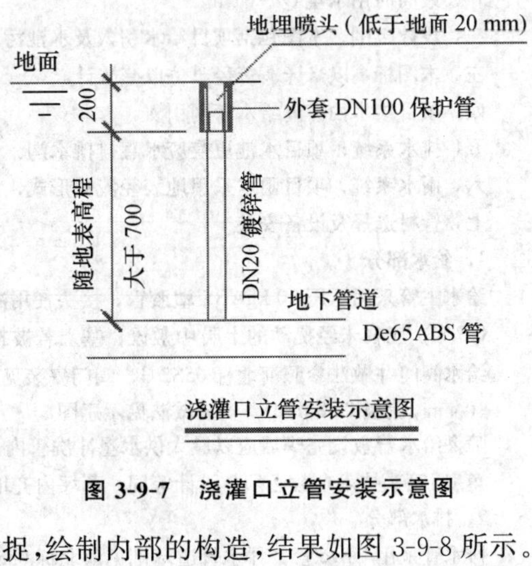

图 3-9-7 浇灌口立管安装示意图

绘制 De65ABS 管（表示管子的材料为 ABS 塑料，公称外径为 65）：将“设备”层置为当前，利用直线或多段线绘制适当长度的、直径为 1 000 的管子。

绘制 DN20 镀锌管：绘制长为 3 576（4 400＋1 200－24），宽为 400 的矩形。

绘制 DN100 保护管（尺寸参照图 3-9-9）：绘制长为 1 200，宽为 648 的矩形；用构造线做一系列的水平与竖直的辅助线，利用多段线，结合对象捕捉，绘制内部的构造，结果如图 3-9-8 所示。

标注：尺寸标注与文字标注，将“标注”层置为当前，将“景观制图 20”标注样式置为当前，进行如图 3-9-7 所示的标注。

1.10 书写设计说明

将“标注”层置为当前，将“标注”文字置为当前，书写文字如图 3-9-10 所示。

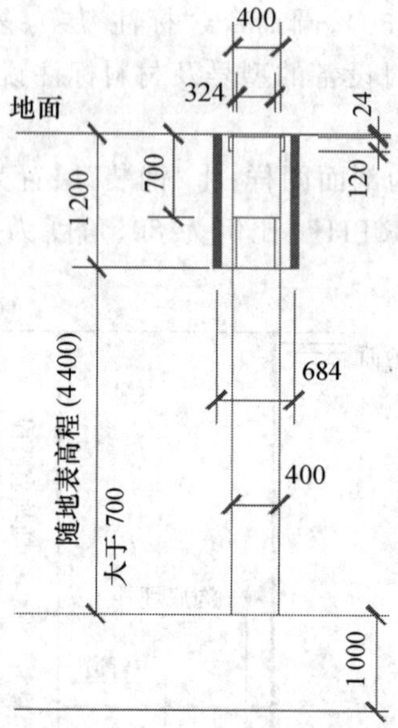

图 3-9-8 浇灌口立管安装示意尺寸

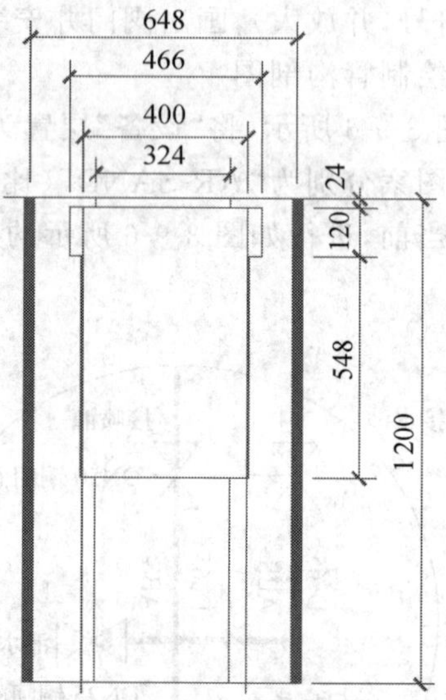

图 3-9-9 DN100 保护管参照尺寸

说明

一、工程概况及用水量统计：

工程项目规划占地面积为 1 936 m²。

项目总用水量（包括水池用水补水、广场地面及道路喷洒、绿化用水等）。

最高日用水量 Qd=40T/d

最高时用水量 Qh=6T/h

二、设计范围：本图包括项目给水引入及水池污水排出等，园林绿化喷灌设计。

三、本图标高以米计，管径单位以毫米计。

四、项目给水由矿内给水管网引入。

五、排水系统：项目水池更换废水直排排水沟。

六、雨水系统：项目雨水采用地表径流的形式，汇入矿内宿舍区雨水管网。

七、管材选择及设备安装

1．给水部分

给水主管采用承压 10 kgABS 塑胶管，接头使用冷胶溶接，立管采用镀锌管，丝接。给水管道覆土不小于 0.8 米，应在未经扰动的土层中敷设，基土若被扰动，应以 3∶7 灰土垫实。

给水阀门井做法参照河北标 05S2-3；阀门安装见示意图；喷灌采用地埋喷头，型号为 MPS1 (1.5 kg/cm，射程 10.4 m，流量 0.38 m/h)，安装做法见示意图。

喷灌给水管敷设完毕后应以最大供水量冲洗管内，再安装喷头，以防喷头堵塞，并将可控角喷头调至合适角度。喷头技术参数必须与设计等同。草坪内齐地面喷头加套管保护。

2．排水部分

排水管采用 Upvc 管，排水管道基础见河北标 05S7-11。

图 3-9-10 设计说明

至此，给排水施工图绘制完毕，结果见附图18。

2. 绘制园林景观供电照明施工图

本例工程较简单，供电照明施工图由“供电照明平面图”及“供电系统图”组成。

2.1 绘制供电照明平面图

2.1.1 复制图纸及图符、指北针、修改标题栏文字

利用多重复制(CO)操作，复制“宿舍西侧游园景观设计总平面”的图纸、图符及标题栏文字。

鼠标左键双击图号处的“T2”，将其更改为“D-01”；双击标题栏中的“景观设计总平面图”，修改成“游园供电照明平面图”，完成图纸及图符的绘制。

2.1.2 复制总平面图

将图层“乔木”、“灌木”、“地被”、“铺装”、“辅助线”层关掉，复制关掉图层后的总平面到“游园供电照明设计平面图”中，同时，删除“小品”中除了“照明灯光”以外的其他小品，结果如图3-9-11所示。

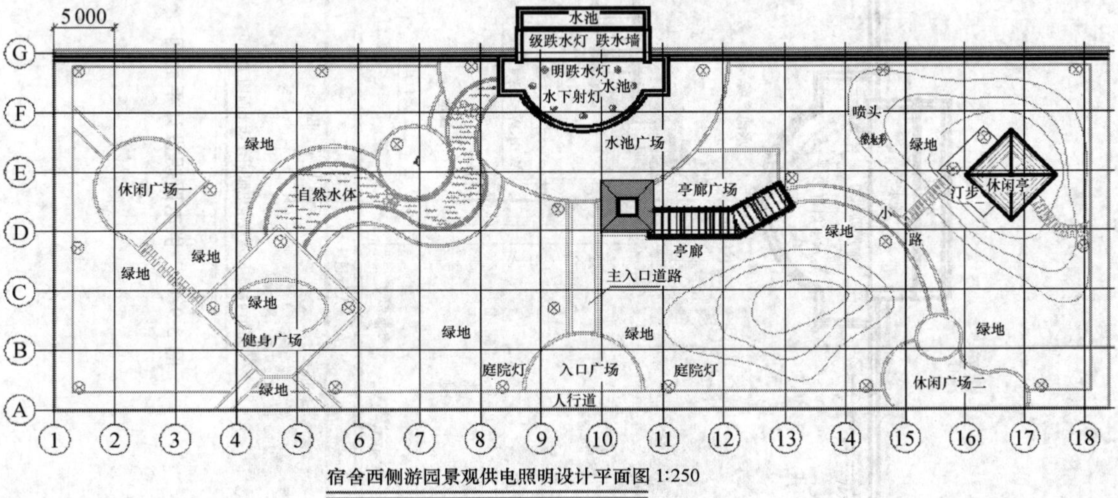

图 3-9-11 复制的部分总平

2.1.3 复制水池瀑布中水泵泵池

水泵的泵池在水体施工图中已经绘制，此处可以利用多重复制直接复制即可，具体如图3-8-13所示。

2.1.4 绘制供电管网

绘制接线井示意图：将“设备”层置为当前，在水池广场上绘制半径为750的圆作为接线井，如图3-9-12所示。

绘制景观配电箱示意图：“设备”层为当前层，在园界边缘绘制1 500×500的矩形，并将其一半用图案“SOLID”填充，如图3-9-12所示。

绘制电缆：“设备”层为当前层，利用多段线连接各照明灯具及动力设备，配电箱至接线井、接线井至泵池段线宽为100，其他线宽为50，结果如图3-9-12所示。

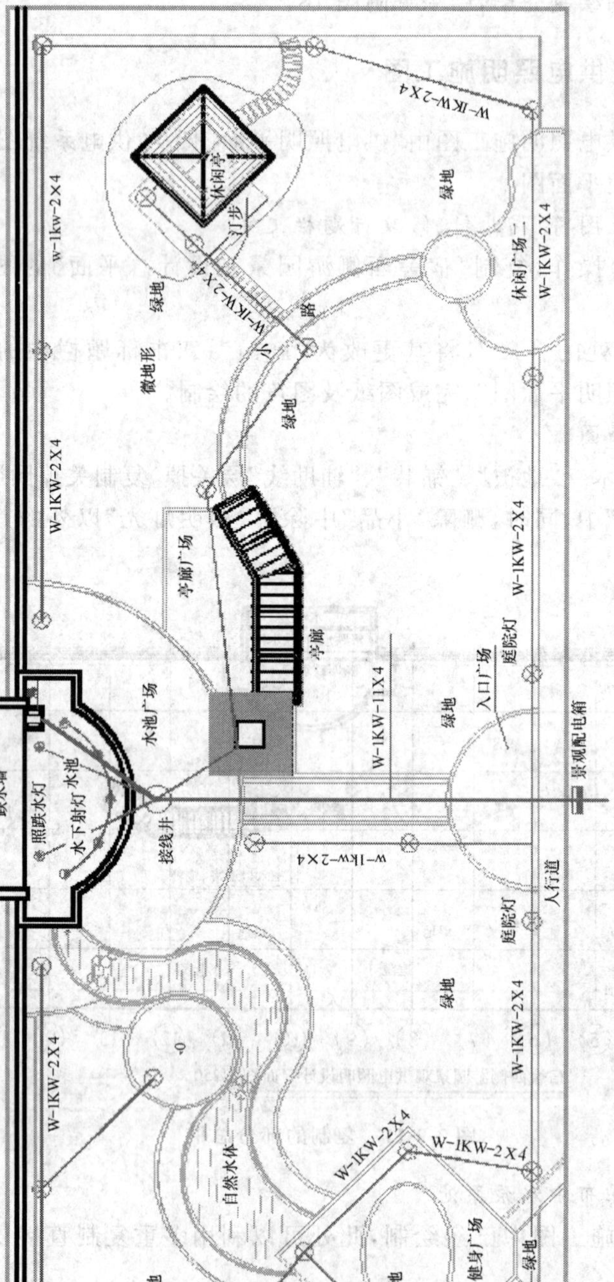

宿舍西侧游园景观供电照明设计平面图 1:250

图 3-9-12　供电照明设计平面图

标注电缆的规格型号：将“标注”层置为当前，“标注”文字样式置为当前，标注电缆线型号，分别为 W-1kW-11×4、W-1kW-2×4，结果如图 3-9-12 所示。

2.1.5 绘制供电设备图例说明

利用表格命令或者直线命令，在“网格”层绘制网格，在“文字”层输入说明文字，并复制图样中的图例，填写相应的文字说明，结果如图 3-9-13 所示。

至此，供电照明设计平面图绘制完毕，结果如附图 19 所示。

图例说明：

图例	名称	适用光源	数量	备注
	庭院灯	节能光源 (1×100 W)	21	H 3.0 m
	照跌水灯	50 W/220 W	2	高压气体放电灯
	水下射灯	150 W/220 W	5	
	照明供电线	380 W/220 W	1	长度以现场实测为准
	景观配电箱	室外防水型	数量	安装于 0.2 m 水泥基座上

注：灯具位置及数量以灯位图为准。

图 3-9-13 绘制供电设备图例说明

2.2 绘制供电系统图

供电系统图需要表示所有景观的用电设备及其功率，以及供电系统的总开关、各个分开关、线路保护器等。

2.2.1 绘制供电系统图的图纸、图符、修改图名

复制“景观照明设计平面图”的图纸、图符，修改图名。

2.2.2 绘制供电系统图的示意图

按照图 3-9-14 所示，绘制供电系统图的示意图。

2.2.3 书写供电系统图的设计说明

书写总的设计说明，如图 3-9-15 所示。

书写配电箱说明，如图 3-9-16 所示。

至此，配电系统图绘制完毕，结果如附图 20 所示。

至此，“××宿舍西侧游园景观设计图”全套图绘制完毕。

★巩固技能训练

(1)设计与绘制“河北隆尧奎山锦官城景观绿化施工图”中的给排水平面图。

(2)设计与绘制“河北隆尧奎山锦官城景观绿化施工图”中的供电照明平面图。

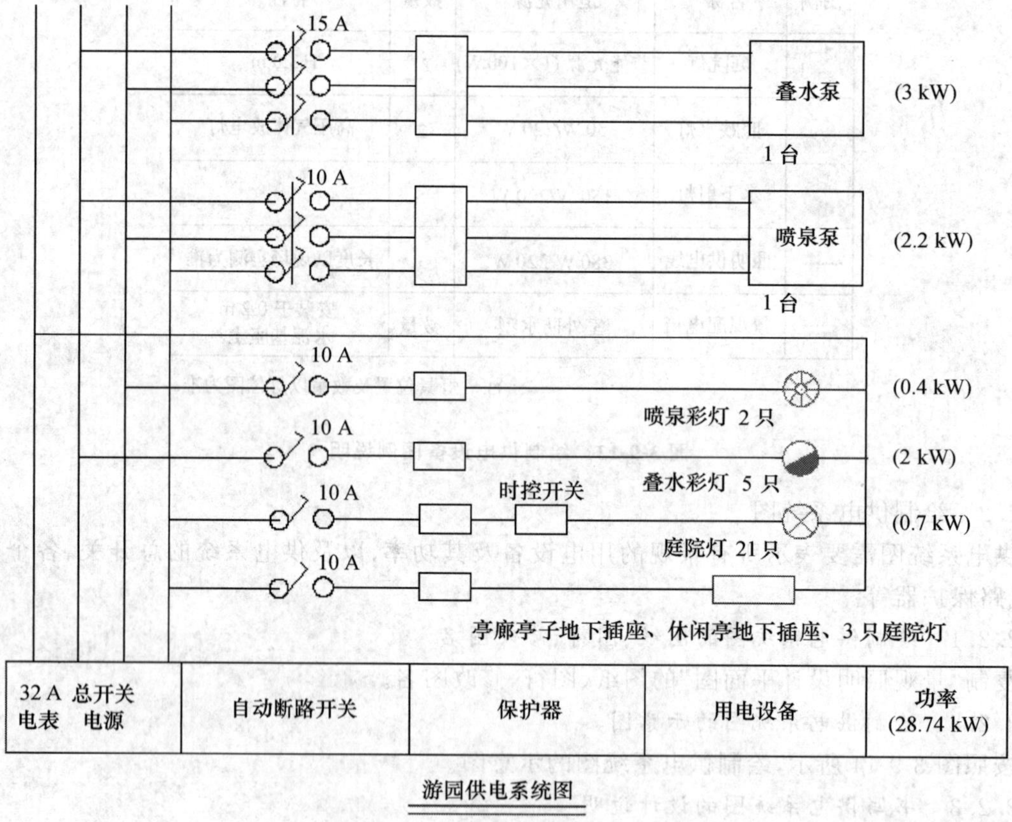

图 3-9-14 游园供电系统示意图

说明：

1. 设计范围：景观照明、跌水及喷泉动力用电。

2. 设计依据：甲方所提设计要求；国家相关规程、规范；其他专业提供的技术要求及资料。

3. 电源：由矿内变电箱提供电源。

1) 配电采用 3 相 5 线及单相 3 线制，电缆选用 YJYH 耐寒型铜芯电缆。

2) 电缆直埋敷设埋地 0.9 m；过路及广场穿内外防腐的钢管管径 100 mm。电缆接头盒下面垫混凝土基础板，其长度伸出接头盒两侧 0.6 m。

3) 水池内灯具动力供电用的电缆预埋至池壁外侧的电缆井，池内灯具同电缆的敷设及管口密封等由厂家配合完成。

4) 施工做法参照图集 94D164(35 kV 以下电缆敷设)；电缆敷设与其他专业管线平行或交叉敷设时，间距应符合 GB 50217-94《电力工程电缆设计规范》之要求。

5. 灯具造型及安装：

1) 灯具安装具体位置由电气施工员与绿化施工人员密切配合后，方可施工。

2) 灯具安装大样由供货商提供安装基础图及安装大样图，并负责指导安装。

3) 所有灯具安装器专业人员与供货单位共同确定灯具结构后，方可施工；水下灯具和电缆均采用防水型。

4) 每个庭院灯均安装融断器一只，加以保护。

5) 所有灯具外壳及管线等均应与 PE 线牢固连接。

6) 所有接头进行防潮处理后加热缩套管密封封装，户外灯不低于 IP55 级。

6. 电气安全及电力系统保护方式：

1) 本工程采用 TN-S 接地系统。接地电阻不大于 4 欧姆。

2) 所有金属管线、用电设备、金属外壳、穿线钢管、电缆金属外壳、金属支架等正常工作不带电的金属均应与接地系统焊接。

3) 本工程严格按照国标 97SD567 做导电线连接。

7. 控制方式：

室外灯具均采用手动控制方式。

8. 其他：

水泵控制柜由厂家自配，本设计只负责配电，并由厂家配合安装。照明箱具体位置可根据现场实际情况作适当调整；本说明未述及之处，按国家有关规程规范执行。

图 3-9-15　总的设计说明

配电箱说明：

1. 箱体用不锈钢板制作，采用开启式门，所有元件均装于防护板下。

2. 箱门与箱体之间用泡沫橡胶封闭，箱门装配专用密封锁。

3. 电缆或钢管的引出线口采用密封接头，箱体的密封等级为 IP65。

图 3-9-16　配电箱说明

项目 4 园林景观图纸打印与输出

任务 1 园林景观图纸的打印及 Pdf 格式的输出

学习领域

1. 园林景观设计图纸比例。
2. Pdf 文件格式。
3. 图纸要素。
4. 绘图仪。

工作领域

1. 设置绘图仪。
2. 进行打印设置。
3. 使用虚拟打印机。

行动领域

1. 图纸的输出打印。
2. Pdf 格式输出打印。

★任务知识讲解

使用 AutoCAD 完成整套工程图的绘制之后，通常要按照规定比例通过打印机打印成白图或者硫酸图并进行蓝图的晒制，用于该项工程的施工，或者通过打印管理器生成一份电子图纸，用于其他的设计任务。

AutoCAD 为满足工程施工的需要提供了模型空间、图纸空间（布局空间），用户在模型空间绘图，在布局中组织图纸的输出。

★任务操作

1. 园林图纸的模型空间打印

AutoCAD 打开后默认的黑色空间即为其模型空间，CAD 的主要操作均在模型空间内完成，施工图在打印输出时，需要在图纸上完成所有要素，如图框、签字栏、比例、指北针等所有内容。下面我们就以已完成的总图为例来讲述园林图纸的模型空间打印。

打开已经绘制完成的总平面图。输入命令 Ctrl＋P 或菜单【文件】/【打印】或单击标准工具栏上的按钮，命令执行后弹出如图 4-1-1 所示“打印”对话框。

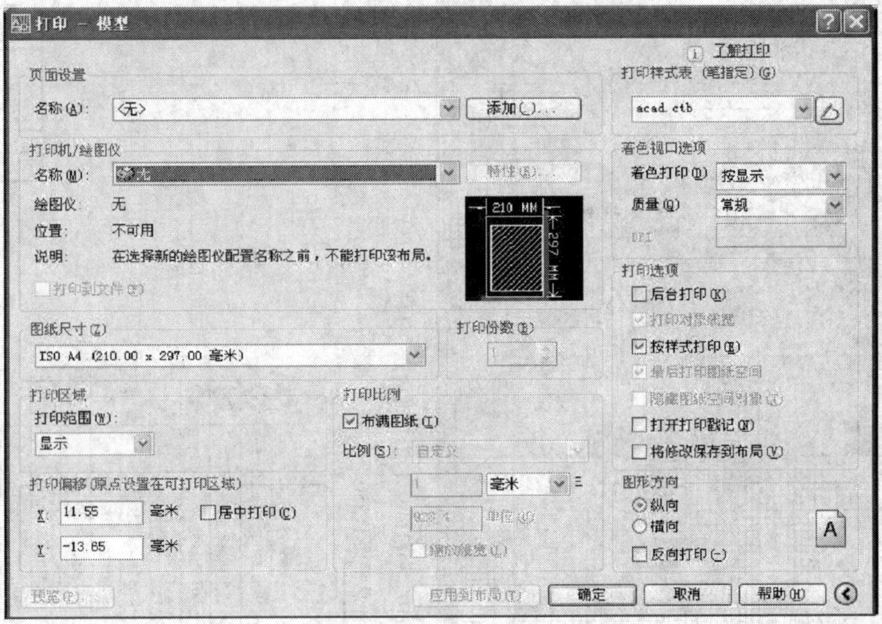

图 4-1-1 打印对话框

在该打印框内容中选择如下参数：

打印机/绘图仪选择所需打印机

图纸尺寸选择所需尺寸，本图中为 A3 图纸[ISOA3(420.00×297.00 毫米)]

打印范围选择窗口，并进行框选

居中打印

比例选择图纸所定比例

右上角打印样式表选择彩色或者黑色或者自行定义样式

打印份数根据所需进行选择

以上参数设置完成后点击预览，即可得到预览打印效果，如图 4-1-2 所示。

预览无误后，点击右键，点击【打印】即可输出。

2. Pdf 格式的输出

Pdf(portable document format，意思是便携式文件格式)，是由 Adobe Systems 在 1993 年用于文件交换所发展出的文件格式。它的优点在于跨平台、能保留文件原有格式(Layout)、开放标准，能免版税(Royalty-free)，自由开发 Pdf 相容软件。

AutoCAD 能够轻松实现向 Pdf 格式的输出，下面我们以总图为例，来向大家演示 AutoCAD 向 Pdf 格式的输出打印过程：

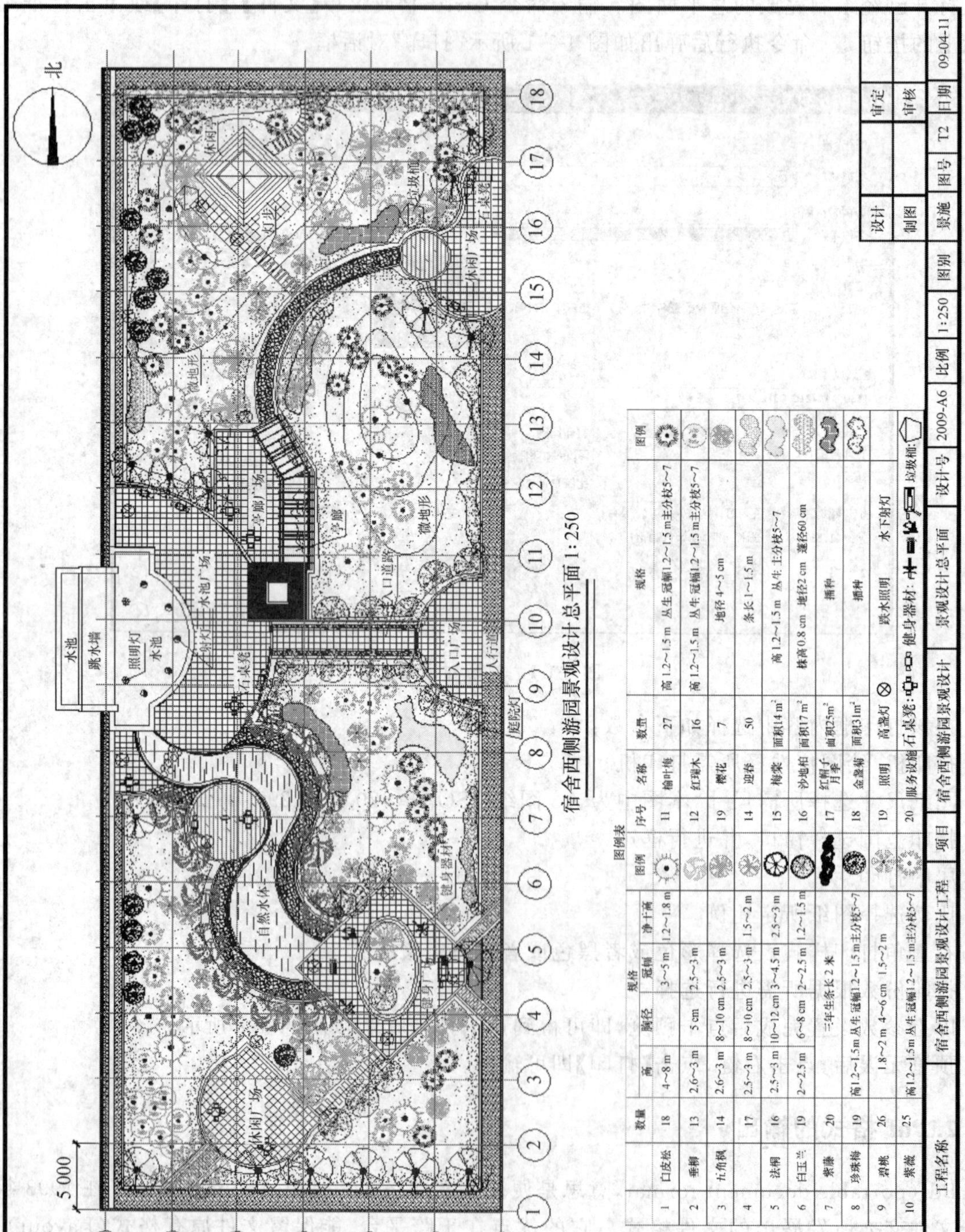

图 4-1-2 图纸打印预览效果

(1)打开已经绘制完成的总平面图。

(2)输入命令 Ctrl＋P 或菜单【文件】/【打印】或单击标准工具栏上的按钮，打开图 4-1-1 对话框。

(3)“打印机/绘图仪”选择项中选择如图 4-1-3 所示名称。

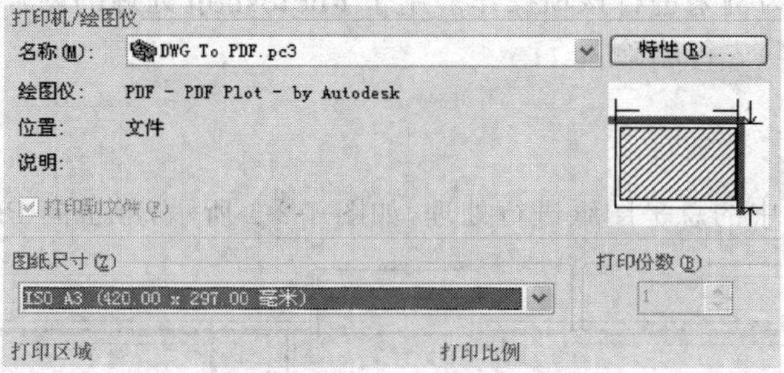

图 4-1-3 输出 Pdf 选项

(4)图纸尺寸选择合适尺寸。

(5)其余选项与正常打印均保持一致。

(6)预览无误后进行打印，即可得到 Pdf 文件，预览效果与图 4-1-2 效果相同。

★巩固技能训练

将项目 3 各任务图纸进行输出打印及 Pdf 格式的转换。

任务 2 园林景观图纸向 Photoshop 中输出的方法

学习领域

1. 园林景观设计图纸比例。
2. 图纸要素。
3. Photoshop。

工作领域

1. 设置虚拟打印机。
2. 进行打印设置。

行动领域

1. 转化为 EPS 格式。
2. 将 CAD 文件成功输出到 Photoshop。

★任务知识讲解

AutoCAD 作为一个矢量软件，发挥着其异常卓越的特点，为设计工作者提供了一个较好的平台。同时它还提供了若干条渠道，将其图像转换为位图。在这里我们主要介绍其中一种向 Photoshop 软件输出的方法。

AutoCAD 向 Photoshop 输出时，要使用 EPS 格式过度，即先将. dwg 格式的文件通过打印管理器输出为 EPS 格式，该格式可以用 Photoshop 打开，即实现了 CAD 图纸向 Photoshop 软件中的输出。

我们以总平面图为例来进行该项操作。用于 Photoshop 处理的图片需要先将多余的部分(如图框、文字、填充等)先行删除。

★任务操作

打开项目 3，将其中的总平面图纸进行处理，如图 4-2-1 所示，准备向 Photoshop 输出。

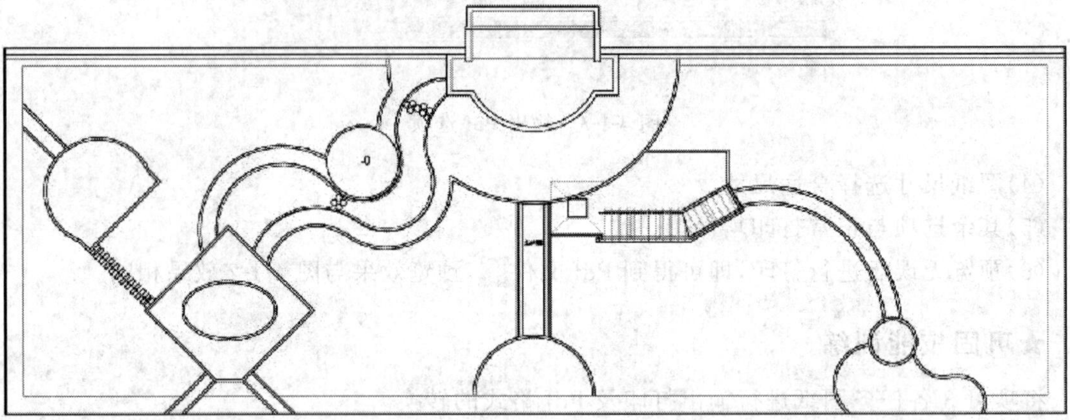

图 4-2-1　输出前图纸准备

1. 虚拟绘图仪的添加

添加绘图仪的过程如下：

(1)输入命令 op，调出选项中的打印与发布项。

(2)点击 [添加或配置绘图仪(P)...] 添加虚拟绘图仪(图 4-2-2)。

(3)点击 [添加绘图仪向导]，连续点击“下一步”至图 4-2-3 所示界面，选择“Postscript Level 2”。

(4)连续点击“下一步”至完成。

至此，添加虚拟绘图仪的工作即完成了，在没有做还原的计算机中，仅需添加一次绘图仪即可，以后的打印工作中，不需要再次添加此绘图仪。

2. EPS 格式文件打印

Postscript Level 2 虚拟绘图仪添加完成后，即可进行 EPS 格式文件的打印工作，具体过程：

(1)输入命令 Ctrl＋P 或菜单【文件】/【打印】，或单击标准工具栏上的按钮，打开图 4-2-4 打印对话框。

部分同学图框仅显示大部分，可点击右下角 ⊙ 符号，即可获得完整界面。

(2)“打印机/绘图仪”下区域中，点击名称后下拉菜单，找到“Postscript Level 2”选项，

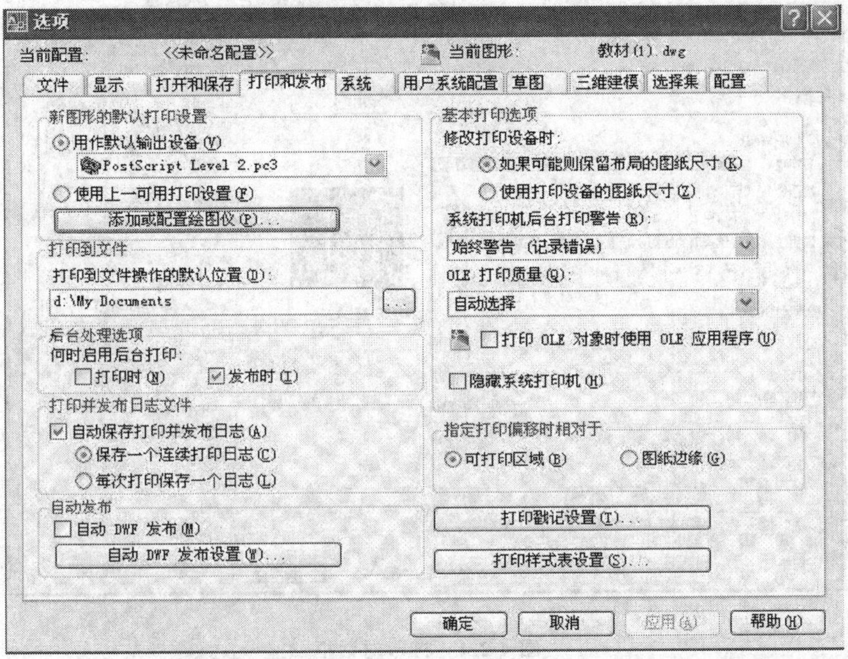

图 4-2-2 添加或配置绘图仪

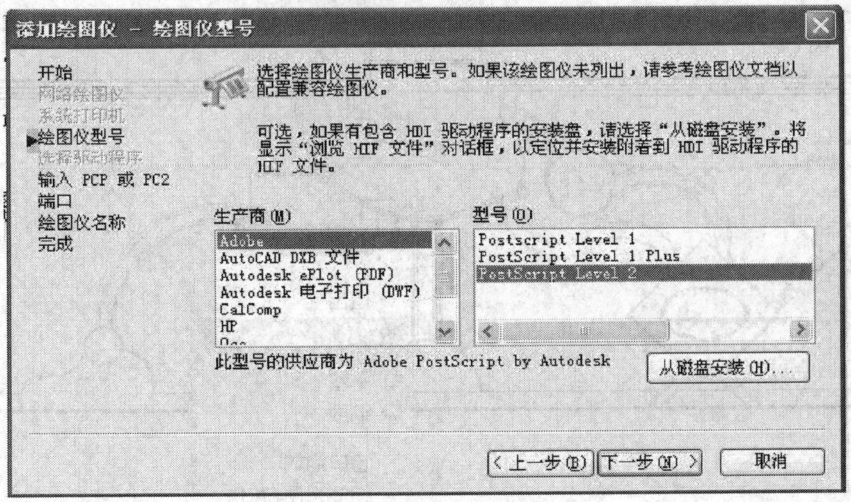

图 4-2-3 添加 Postscript Level 2 绘图仪

即 

。

(3)注意以下参数的选择：

打印到文件选项一定要选择

居中打印一般建议选择

打印范围选项中，点击下来菜单，选择窗口，然后自行框选打印范围

选择布满图纸(如有比例需要的话按比例输入)

图 4-2-4　打印对话框

依据图纸特点选择横向或者纵向

(4)框选完成后点击预览，得到预览打印效果，如图 4-2-5 所示。

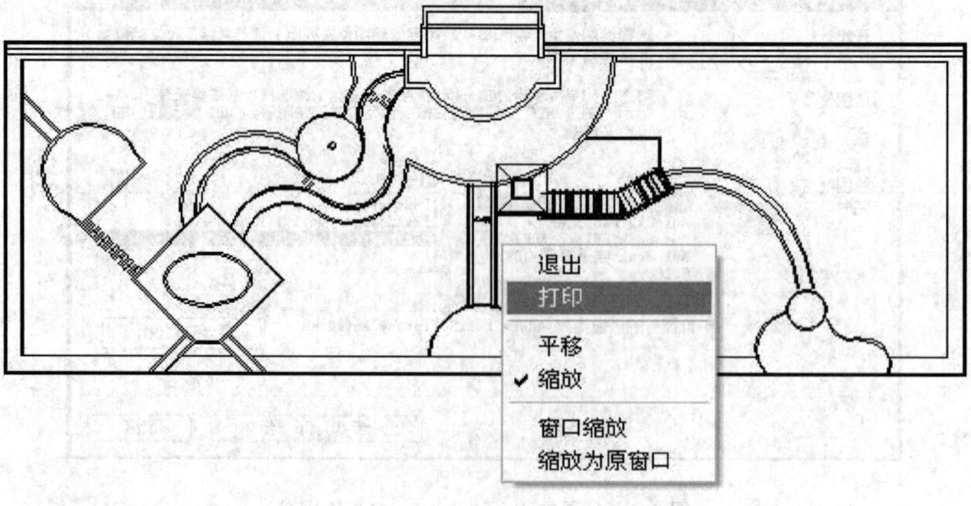

图 4-2-5　预览打印效果

(5)预览无误后，点击右键获得预览中所示对话栏，点击打印即可输出得到 EPS 格式文件。

(6)使用 Photoshop 即可打开该文件，如图 4-2-6 所示，以后的工作中即可在 Photoshop 文件中进行操作，后面部分请大家参阅本系列丛书中 Photoshop 教材。

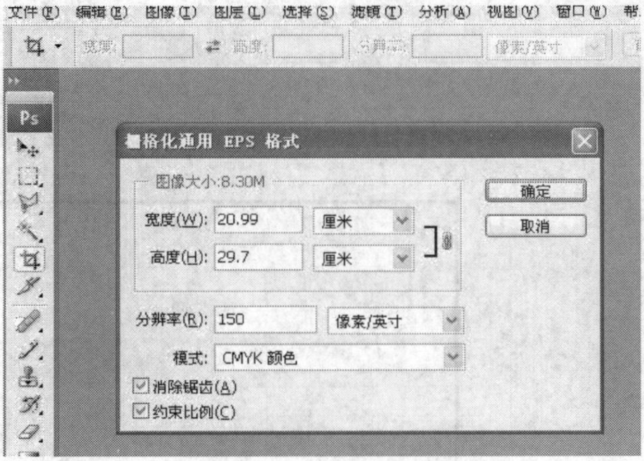

图 4-2-6　成功导入 Photoshop

★巩固技能训练

将项目“河北隆尧奎山锦官城景观绿化施工图”中的总平面图进行整理，并输出到 Photoshop，注意分辨率的选择。

附　　录

附录 1　××宿舍西侧游园景观设计施工图

xx宿舍西侧游园景观设计

施工图

项目编号：2009—A6

单位法定代表人：

项目负责人：

石家庄市xx园林景观绿化工程有限公司

2009.04.26

附图 1　图纸封面

图纸目录

建设单位			
工程名称	宿舍西侧游园景观设计工程		
子项名称	宿舍西侧游园景观设计施工图	工程编号	2009-A6
图别图号	图名	图幅	备注
	图纸目录 1:100	A3	
T1	设计说明 1:100	A3	
T2	景观设计总平面 1:250	A3	
T3	分区图 1:250	A3	
T4	索引图 1:250	A3	
T5	竖向设计图 1:250	A3	
ZZ	植物设计平面图 1:250	A3	
JS-1.1	亭廊施工图 1:50	A3	
JS-1.2	亭廊施工图 1:50	A3	
P-01	景观设计铺装总平面 1:250	A3	
P-02	铺装大样图	A3	
P-03	铺装大样图	A3	
S-01	自然水池施工图 1:100	A3	
S-02	水池瀑布景观施工图 1:100	A3	
S-03	景观设计给排水施工图 1:250	A3	
D-01	游园供电照明平面图 1:250	A3	
D-02	游园供电系统图 1:250	A3	

设计		审定	
制图		审核	

工程名称	宿舍西侧游园影观设计工程	项目	宿舍西侧游园景观设计	图纸目录	设计号	2009-A6	比例	1:100	图纸	景施	图号		日期	09-04-11

附图 2 图纸目录

景观设计总说明

说明

工程项目规划占地面积为 1 936 m²。西侧靠山，土壤较贫瘠，现状平坦。

一、设计依据：

1. 甲方提供的蓝图纸。
2. 由甲方通过的乙方景观设计方案。
3. 国家现行有关设计、施工，验收规范。

二、设计范围：

本工程包括规划范围内的场地铺装，绿化植物，小品，喷泉水池，园区道路，照明供电，给排水等设计。

三、设计要求：

设计中采用相对坐标。 设计中标高单位采用 m，尺寸采用 mm。工程中使用的硬质铺装材料均应满足国家相关规范的要求，应先提供样板，经甲方同意后方可定货施工。

施工中植物栽种应满足设计的品种要求和植物的种植特性，植物定货应以熟货为主以保证植物的成活率。

施工中若发现问题或业主提出修改，须与我院共同研究决定，并应符合国家有关规范的要求。

四、主要技术经济指标：

景观用地面积：约 2 000 m²。

五、设计总体构思及设计原则

(一). 总体构思：

强调以视觉景观空间效应以及休闲娱乐为主体，力求游园环境形成统一的风貌，并使之具有一定的创新和特色。

(二). 设计原则

1. 功能原则：满足使用功能及观赏功能
2. 景观原则：场地的构图，小品及植物的组合都应以视觉景观为主线。视觉、尺度、色彩、质感、韵律等景观设计要素是其内部设计内容的衡量标准。

(三). 硬质铺装与绿化设计：

1. 硬质铺装：

场地内硬质铺装以花岗石、木铺装、青石等为主，同时，在材料的运用上讲究多种材料的混用，如石材与草皮等，以便达到较好的视觉效果和景观效应，并注重选择耐久抗污的饰面。

2. 绿化设计：

绿化植物是本设计的重心。设计中注意大尺度的控制与小比例的变化相结合，尽量满足视觉第一印象的要求，在植物的色调与图案变化上都应该把握总体环境关系。

(四). 照明设计及给排水：

1. 照明：

灯光照明采用庭院灯作为普通照明，点线面结合的方式，重点部位处采用定点投射照明，作为景观的中心亮点。形成灯光的辅助景观。在光源的选择上，应以显色性好的光源为主。并设控制柜统一管理。

2. 给排水：

设计中的排水主要为雨水和水池排污。本设计场地以 0.5% 坡向排水沟处排水。给水提供植物的浇灌水。

六、采用标准图集：

国家建筑标准设计图集 03J012-3

七、材料构造做法及技术处理措施：

铺装见详细设计

现场土方处理

1. 机械土方造型约 40 cm
2. 人工细施土方造型约 15 cm
3. 人工种植土约 15 cm

									设计			审定			
									制图			审核			
工程名称	宿舍西侧游园景观设计工程	项目	宿舍西侧游园景观设计	设计说明	设计号	2009-A6	比例	1:100	图纸	景施	图号	T1	日期	09-04-11	

附图 3 设计说明

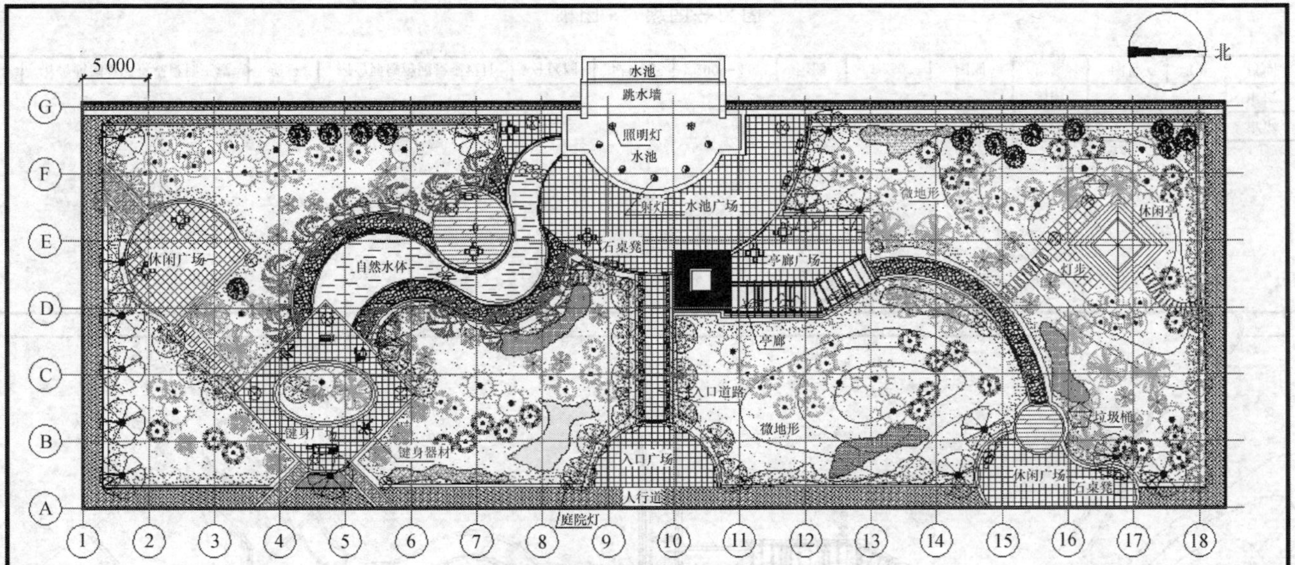

宿舍西侧游园景观设计总平面 1:250

图例表

		数量	规格				图例	序号	名称	数量	规格	图例
			高	胸径	冠幅	净干高						
1	白皮松	18	4~8 m		3~5 m	1.2~1.8 m		11	榆叶梅	27	高 1.2~1.5 m 从生 冠幅1.2~1.5 m主分枝5~7	
2	垂柳	13	2.6~3 m	5 cm	2.5~3 m			12	红瑞木	16	高 1.2~1.5 m 从生 冠幅1.2~1.5 m主分枝5~7	
3	五角枫	14	2.6~3 m	8~10 cm	2.5~3 m			19	樱花	7	地径 4~5 cm	
4		17	2.5~3 m	8~10 cm	2.5~3 m	1.5~2 m		14	迎春	50	条长 1~1.5 m	
5	法桐	16	2.5~3 m	10~12 cm	3~4.5 m	2.5~3 m		15	梅棠	面积14 m²	高 1.2~1.5 m 从生 主分枝5~7	
6	白玉兰	19	2~2.5 m	6~8 cm	2~2.5 m	1.2~1.5 m		16	沙地柏	面积17 m²	株高0.8 cm 地径2 cm 蓬径60 cm	
7	紫藤	20	三年生条长 2 米					17	红帽子月季	面积25m²	播种	
8	珍珠梅	19	高1.2~1.5m 从生 冠幅1.2~1.5 m主分枝5~7					18	金盏菊	面积31m²	播种	
9	碧桃	26	1.8~2 m 4~6 cm 1.5~2 m					19	照明	高盏灯 ⊗	跌水照明　水下射灯	
10	紫薇	25	高1.2~1.5m 从生 冠幅1.2~1.5 m主分枝5~7					20	服务设施	石桌凳:	健身器材:　垃圾桶:	

										设计			审定	
										制图			审核	
工程名称	宿舍西侧游园景观设计工程	项目	宿舍西侧游园景观设计	景观设计总平面	设计号	2009-A6	比例	1:250	图别	景施	图号	T2	日期	09-04-11

附图 4　游园景观设计总平面

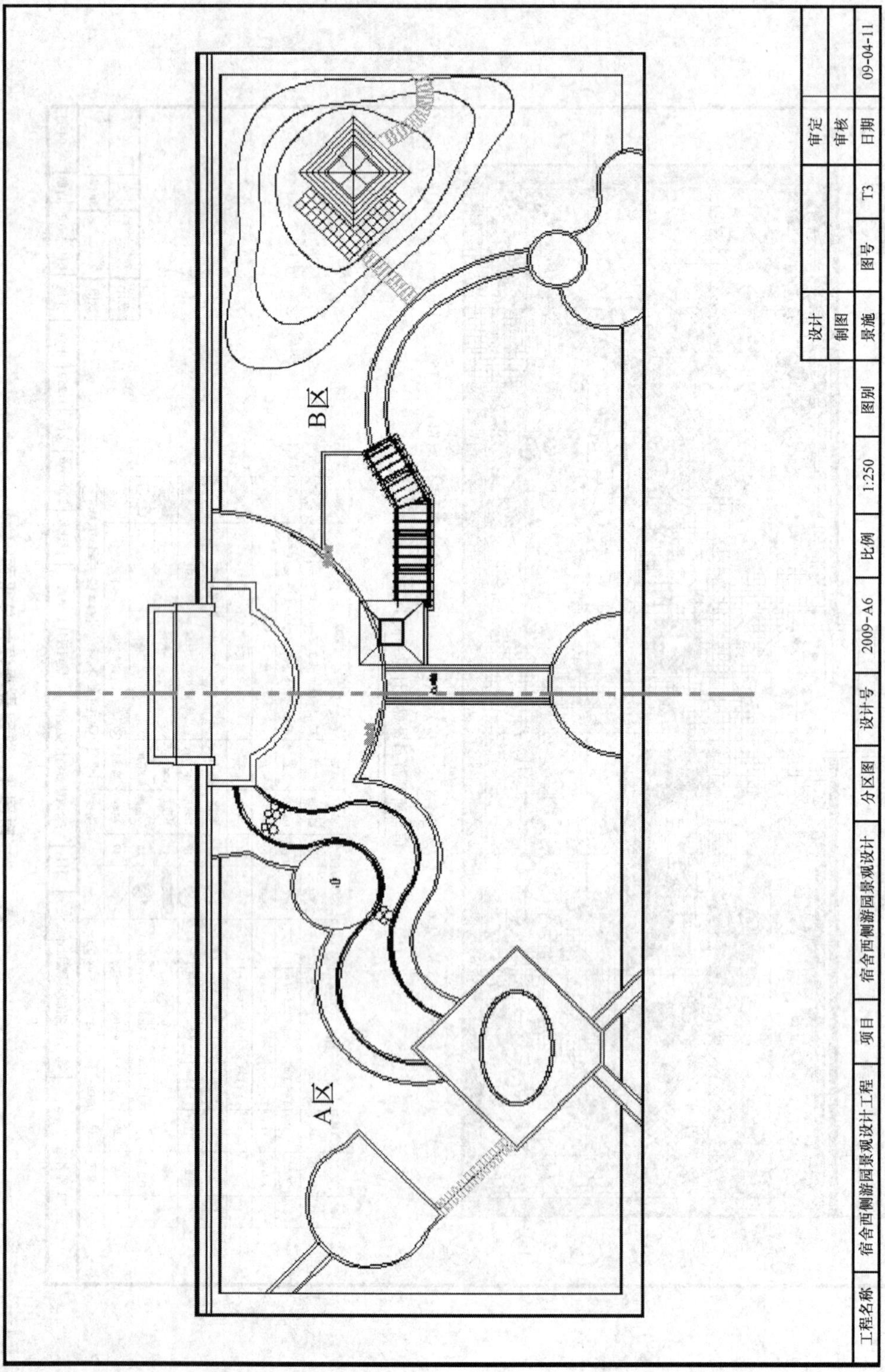
B区
A区
工程名称
宿舍西侧游园景观设计工程
项目
宿舍西侧游园景观设计
分区图
设计号
2009-A6
比例
1:250
图别
景施
图号
T3
日期
09-04-11
设计
制图
审定
审核

附图 5 游园分区图

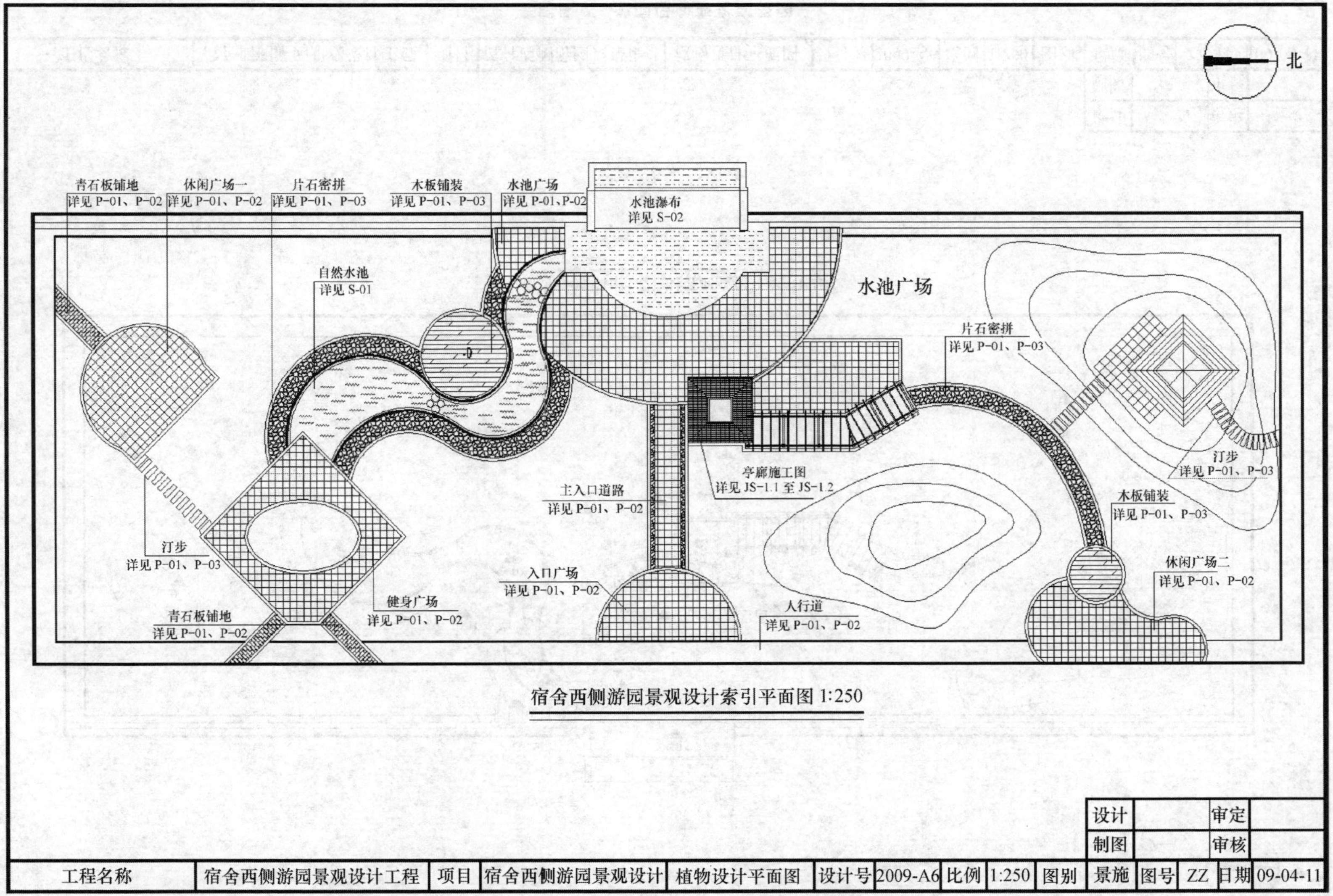
北
青石板铺地
详见 P-01、P-02
休闲广场一
详见 P-01、P-02
片石密拼
详见 P-01、P-03
木板铺装
详见 P-01、P-03
水池广场
详见 P-01、P-02
水池瀑布
详见 S-02
水池广场
自然水池
详见 S-01
片石密拼
详见 P-01、P-03
汀步
详见 P-01、P-03
亭廊施工图
详见 JS-1.1 至 JS-1.2
主入口道路
详见 P-01、P-02
木板铺装
详见 P-01、P-03
汀步
详见 P-01、P-03
入口广场
详见 P-01、P-02
休闲广场二
详见 P-01、P-02
健身广场
详见 P-01、P-02
青石板铺地
详见 P-01、P-02
人行道
详见 P-01、P-02
宿舍西侧游园景观设计索引平面图 1:250
设计
审定
制图
审核
工程名称
宿舍西侧游园景观设计工程
项目
宿舍西侧游园景观设计
植物设计平面图
设计号
2009-A6
比例
1:250
图别
景施
图号
ZZ
日期
09-04-11

附图 6 游园索引图

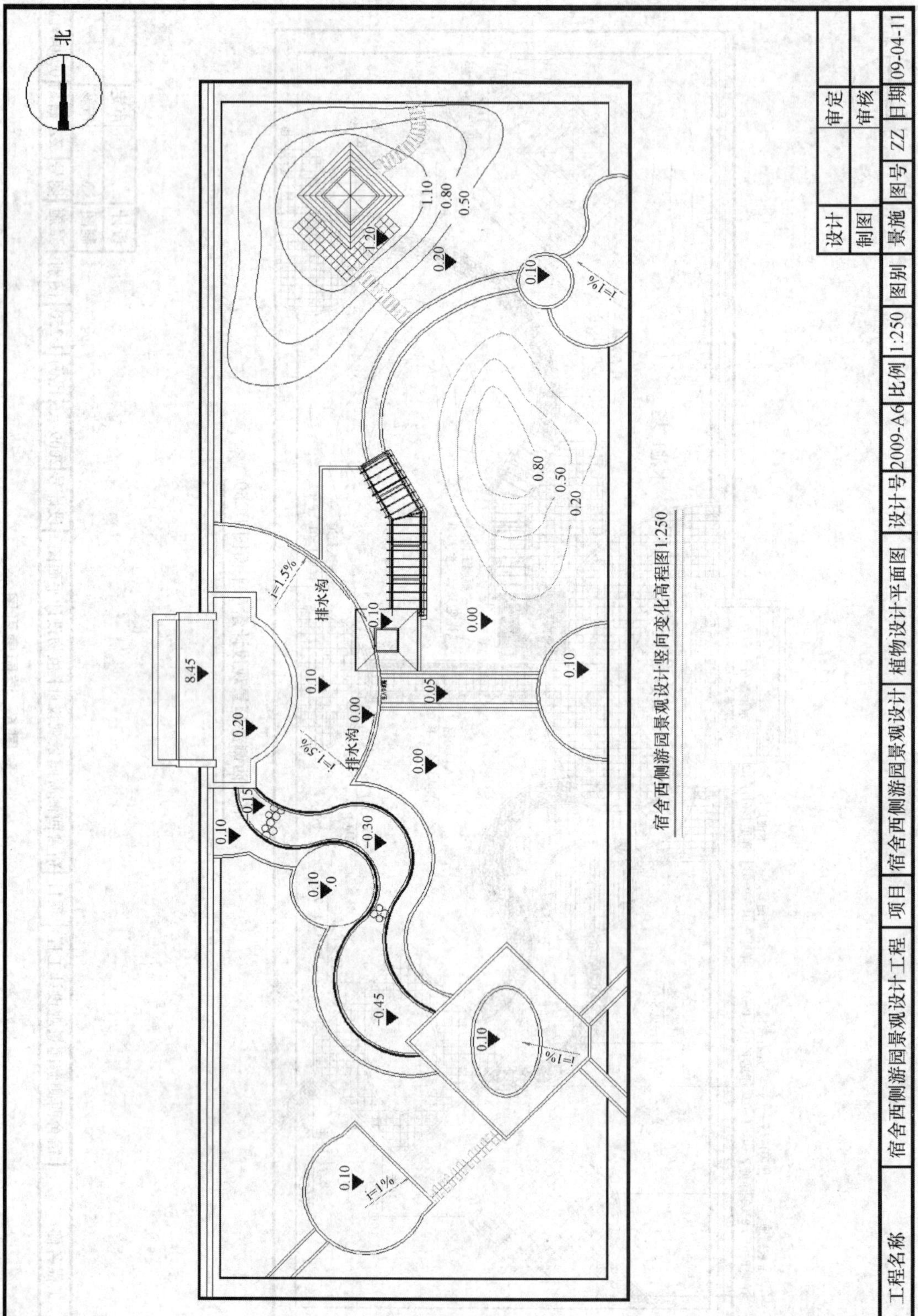

附图 7 游园竖向变化高程图

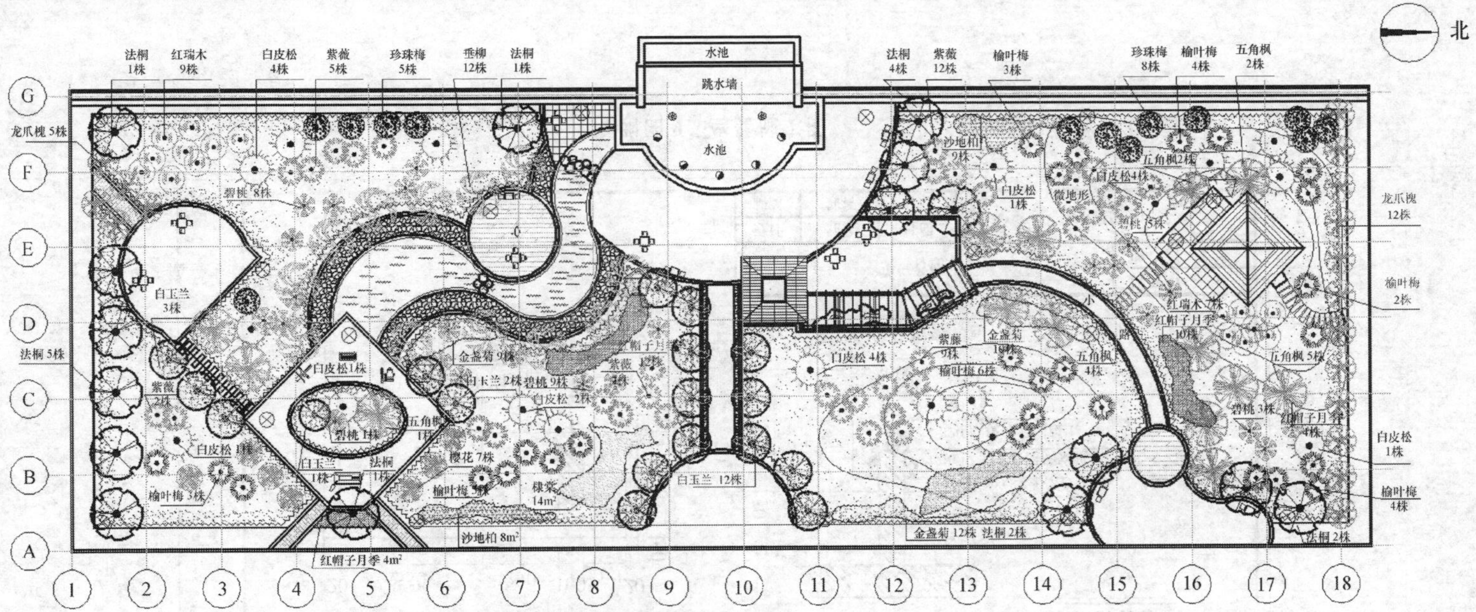

宿舍西侧游园植物种植设计平面图 1:250

苗木统计表

		数量	规格				图例	序号	名称	数量	规格	图例
			高	地径	冠幅	净干高						
1	白皮松	18	4～6 m		3～5 m	1.2～1.8 m		10	紫薇	35	高 1.2～1.5 m 丛生 冠幅1.2～1.5 m主分枝5～7	
2	垂柳	12	2.5～3 m	5 cm	2.5～3 m			11	榆叶梅	27	高 1.2～1.5 m 丛生 冠幅1.2～1.5 m主分枝5～7	
3	五角枫	14	2.5～3 m	8～10 cm	2.5～3 m			12	红瑞木	16	高 1.2～1.5 m 丛生 冠幅1.2～1.5 m主分枝5～7	
4	龙爪槐	17	2.5～3 m	8～10 cm	2.5～3 m	1.5～2 m		13	樱花	7	地径 4～5 cm	
5	法桐	16	2.5～3 m	10～12 cm	3～4.5 m	2.5～3 m		14	迎春	50	条长 1～1.5 m	
6	白玉兰	18	2～2.5 m	6～8 cm	2～2.5 m	1.2～1.5 m		15	棣棠	面积14 m²	高 1.5～1.7 m 丛生 主分枝5～7	
7	紫藤	20	三年生条长 2 米					16	沙地柏	面积17 m²	株高 0.8 cm 地径2 cm 蓬径60 cm	
8	珍珠梅	13	高1.2～1.5m 丛生 冠幅1.2～1.5 m主分枝5～7					17	红帽子月季	面积25m²	播种	
9	碧桃	26	1.8～2 m 4～6 cm 1.5～2 m					18	金盏菊	面积31m²	播种	

设计		审定	
制图		审核	

工程名称	宿舍西侧游园景观设计工程	项目	宿舍西侧游园景观设计	植物设计平面图	设计号	2009-A6	比例	1:250	图别	景施	图号	ZZ	日期	09-04-11

附图 8　游园种植设计平面图

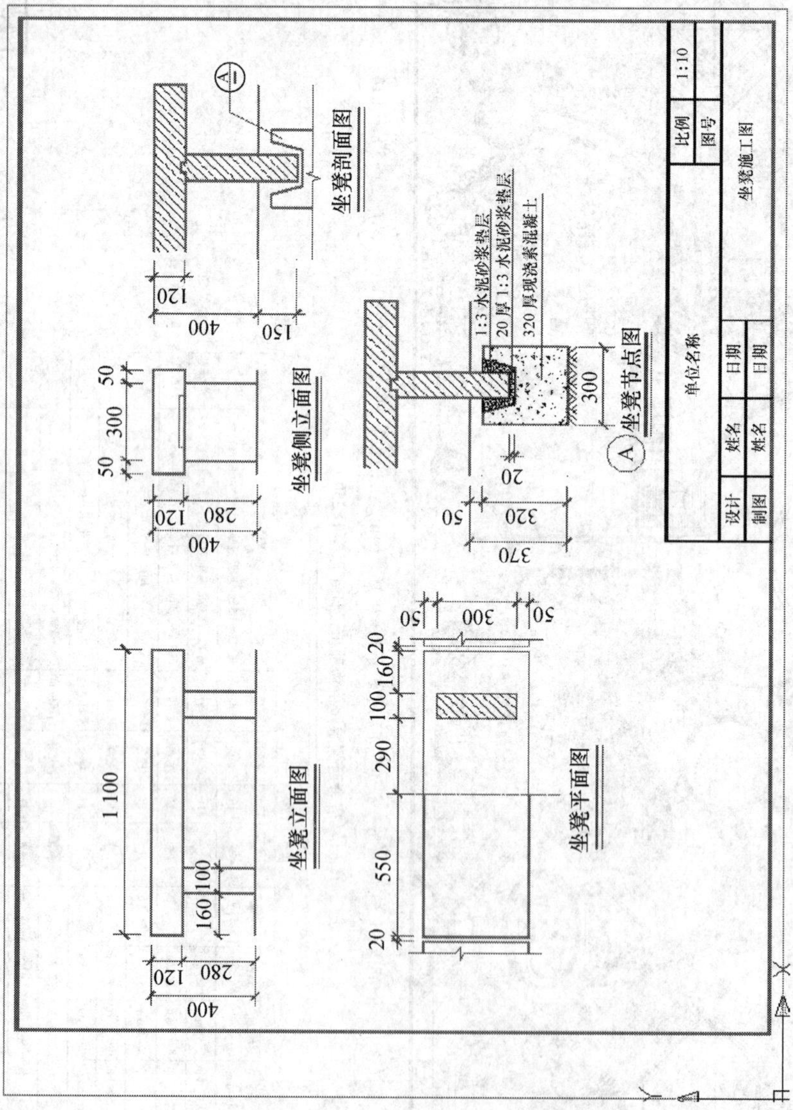

坐凳立面图
坐凳平面图
坐凳侧立面图
坐凳剖面图
A 坐凳节点图
1:3 水泥砂浆垫层
20 厚 1:3 水泥砂浆垫层
320 厚现浇素混凝土
比例 1:10
图号
坐凳施工图
单位名称
设计 姓名 日期
制图 姓名 日期

附图 9 坐凳施工图

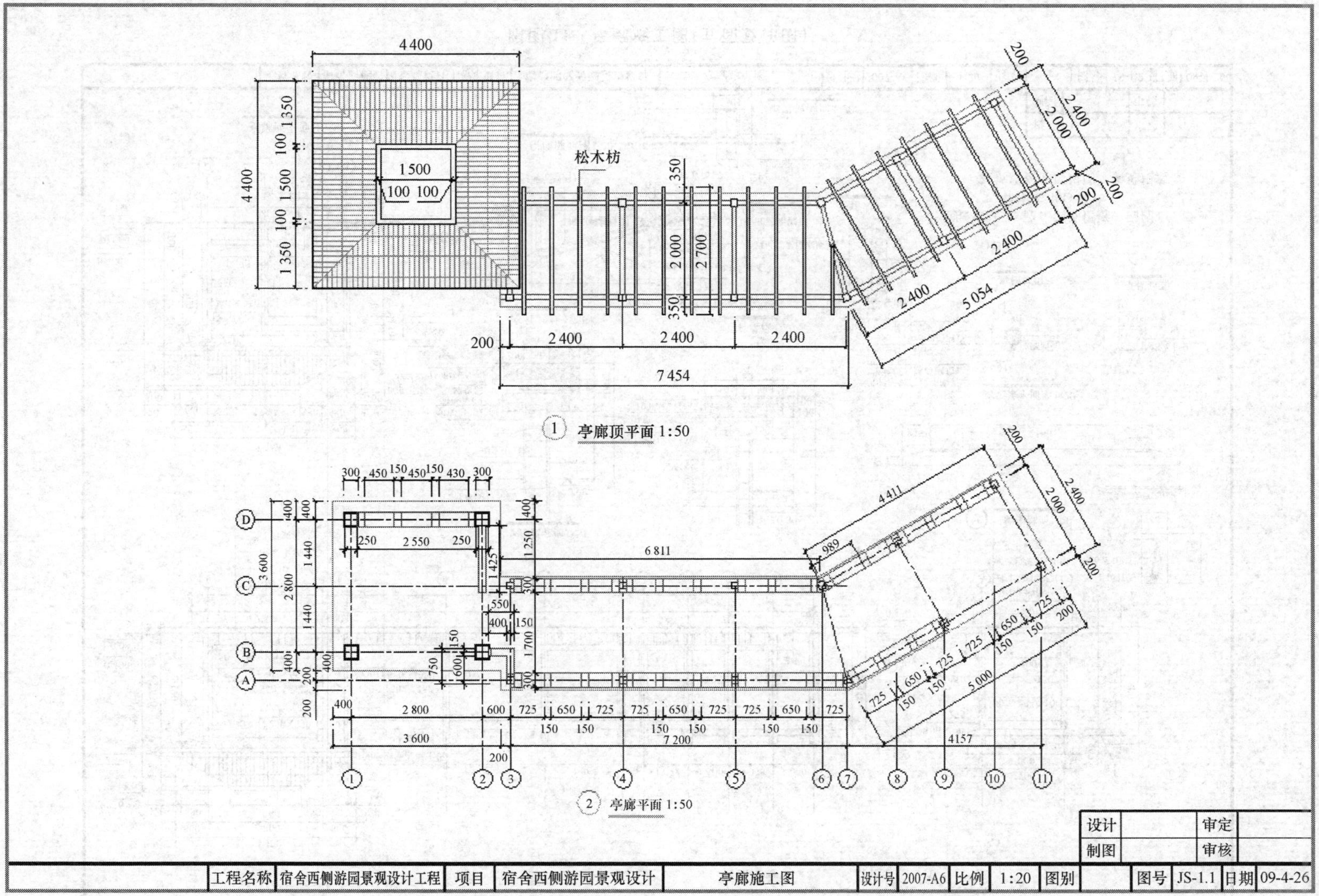

附图 10　亭廊施工图(平面)

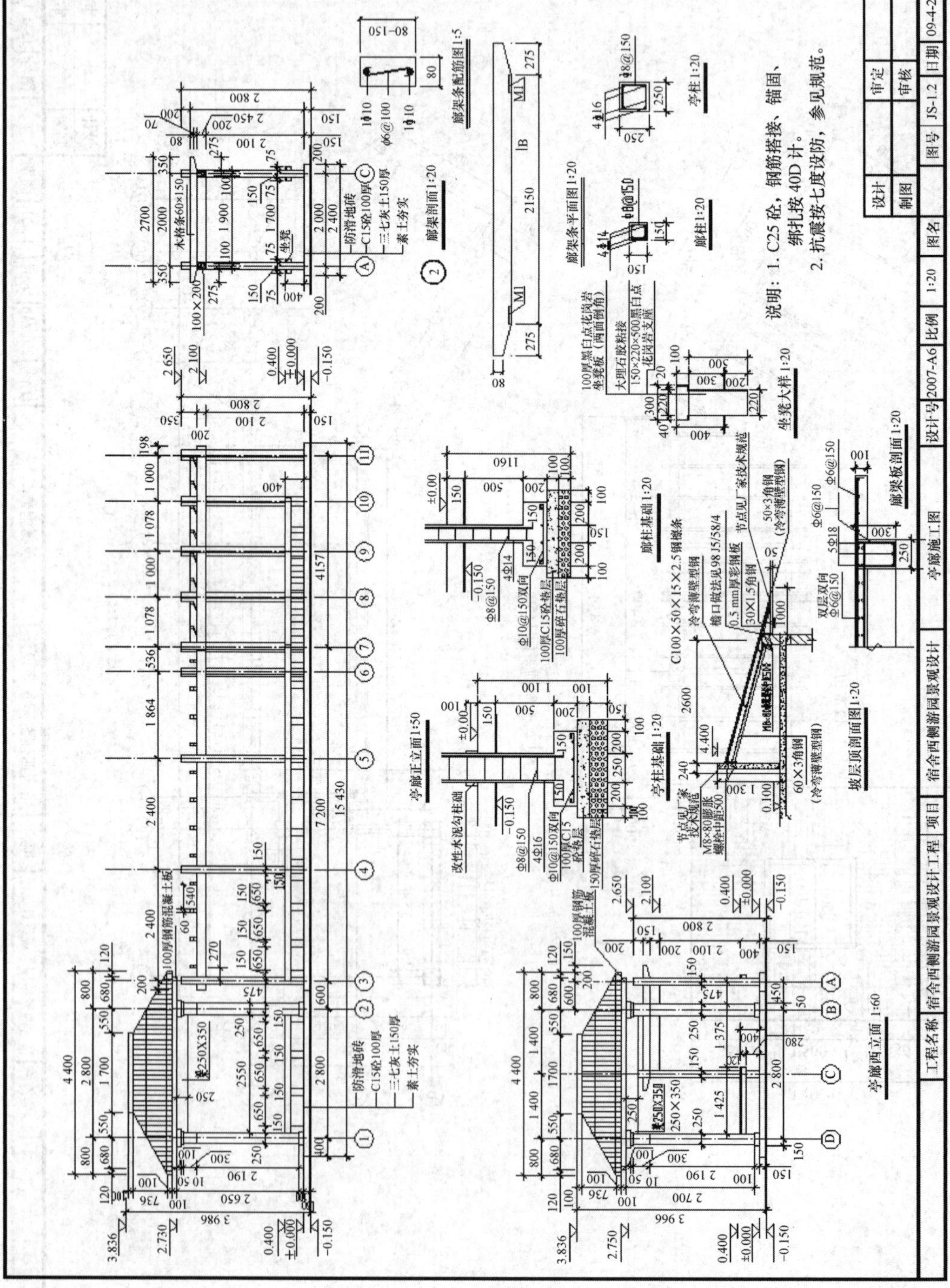

附图 11 亭廊施工图（立面及详图）

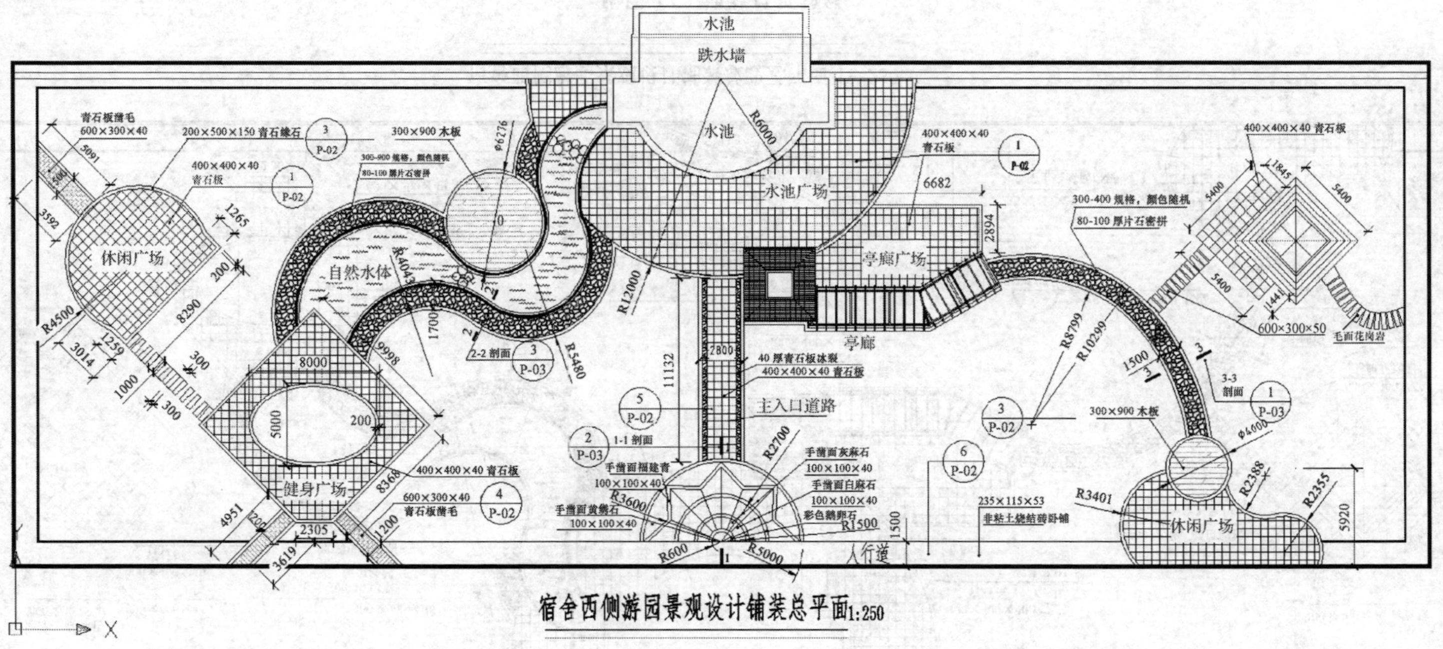

工程名称	宿舍西侧游园景观设计工程	项目	宿舍西侧游园景观设计	植物设计平面图	设计号	2009-A6	比例	1:250	图别	景施	图号	P-01	日期	09-04-11

设计		审定	
制图		审核	

附图 12 铺装总平面

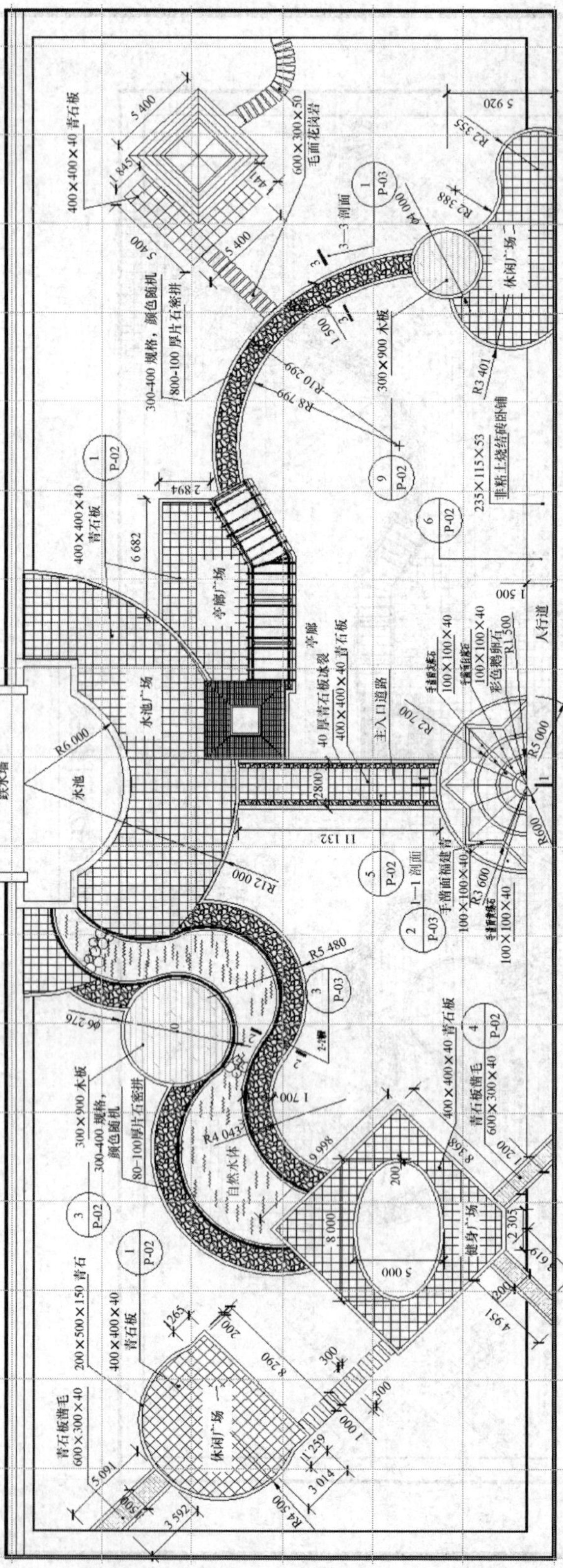

宿舍西侧游园景观设计铺装放线总平面 1：250

附图 13 铺装总平放线

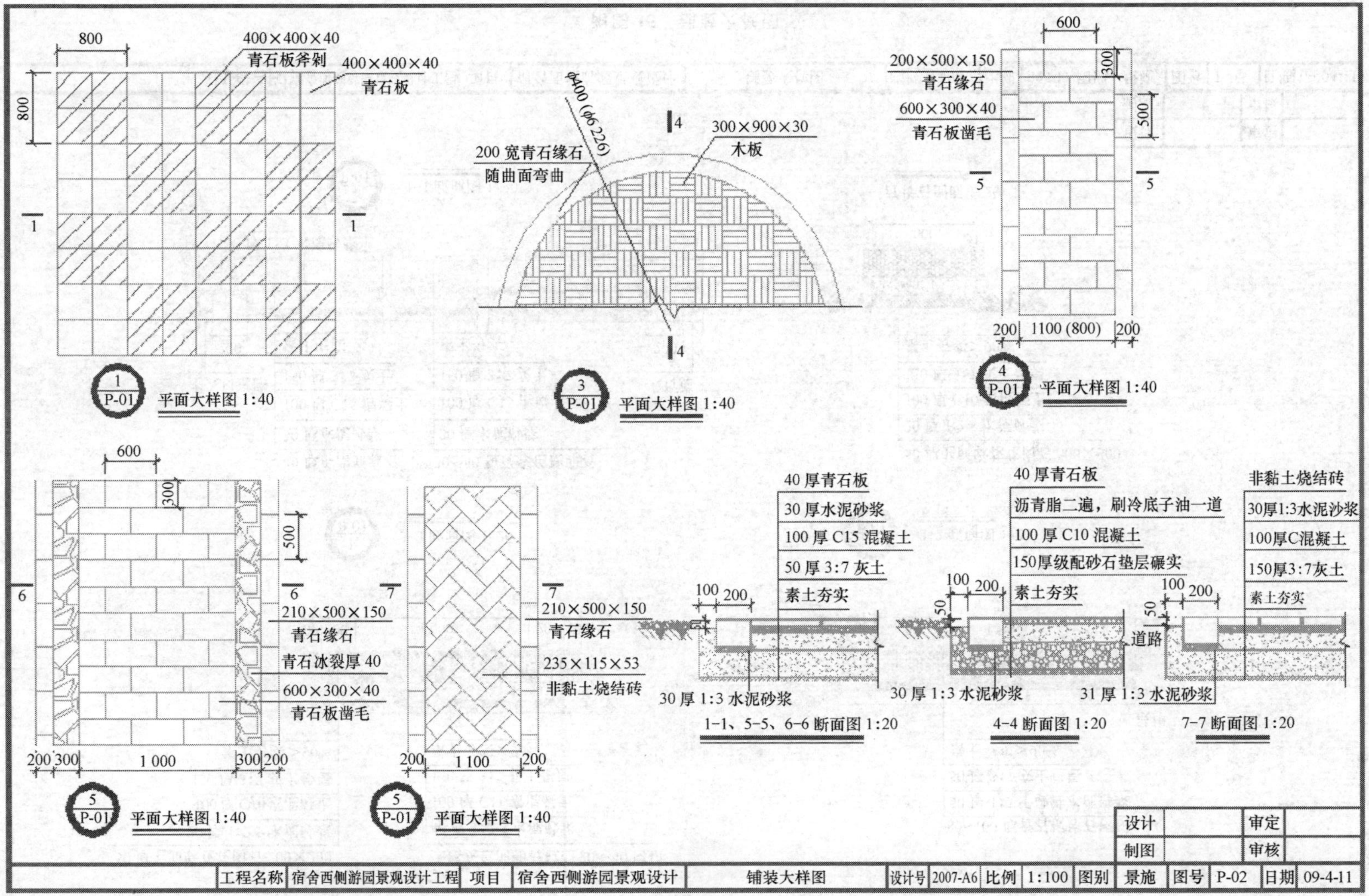
800
400×400×40
青石板斧剁
400×400×40
青石板
1
1
1/P-01 平面大样图 1:40
φ400 (φ6 226)
200 宽青石缘石
随曲面弯曲
4
300×900×30
木板
4
3/P-01 平面大样图 1:40
600
200×500×150
青石缘石
300
600×300×40
青石板凿毛
500
5
5
200 1100 (800) 200
4/P-01 平面大样图 1:40
600
300
500
6
6
210×500×150
青石缘石
青石冰裂厚 40
600×300×40
青石板凿毛
200 300 1 000 300 200
5/P-01 平面大样图 1:40
7
7
210×500×150
青石缘石
235×115×53
非黏土烧结砖
200 1 100 200
5/P-01 平面大样图 1:40
40 厚青石板
30 厚水泥砂浆
100 厚 C15 混凝土
50 厚 3:7 灰土
素土夯实
100 200
30 厚 1:3 水泥砂浆
1-1、5-5、6-6 断面图 1:20
40 厚青石板
沥青脂二遍，刷冷底子油一道
100 厚 C10 混凝土
150厚级配砂石垫层碾实
素土夯实
100 200
50
30 厚 1:3 水泥砂浆
4-4 断面图 1:20
非黏土烧结砖
30厚1:3水泥沙浆
100厚C混凝土
150厚3:7灰土
素土夯实
100 200
50
道路
31 厚 1:3 水泥砂浆
7-7 断面图 1:20
设计
审定
制图
审核
工程名称 宿舍西侧游园景观设计工程 项目 宿舍西侧游园景观设计 铺装大样图 设计号 2007-A6 比例 1:100 图别 景施 图号 P-02 日期 09-4-11

附图 14 铺装大样图

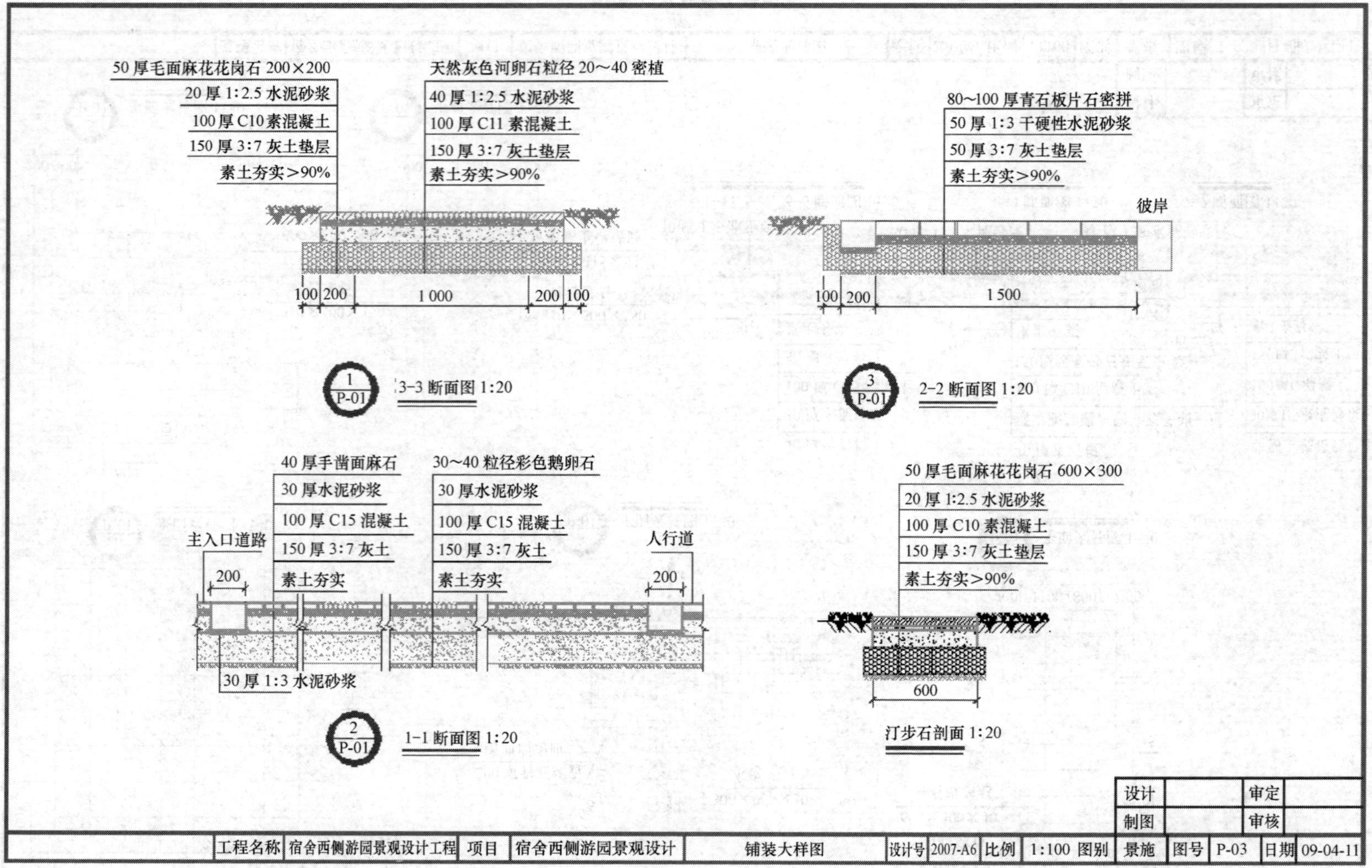
50 厚毛面麻花花岗石 200×200
20 厚 1:2.5 水泥砂浆
100 厚 C10 素混凝土
150 厚 3:7 灰土垫层
素土夯实>90%
天然灰色河卵石粒径 20～40 密植
40 厚 1:2.5 水泥砂浆
100 厚 C11 素混凝土
150 厚 3:7 灰土垫层
素土夯实>90%
100 200 1 000 200 100
1 P-01
3-3 断面图 1:20
80～100 厚青石板片石密拼
50 厚 1:3 干硬性水泥砂浆
50 厚 3:7 灰土垫层
素土夯实>90%
彼岸
100 200 1 500
3 P-01
2-2 断面图 1:20
40 厚手凿面麻石
30 厚水泥砂浆
100 厚 C15 混凝土
150 厚 3:7 灰土
素土夯实
30～40 粒径彩色鹅卵石
30 厚水泥砂浆
100 厚 C15 混凝土
150 厚 3:7 灰土
素土夯实
主入口道路
人行道
200
200
30 厚 1:3 水泥砂浆
2 P-01
1-1 断面图 1:20
50 厚毛面麻花花岗石 600×300
20 厚 1:2.5 水泥砂浆
100 厚 C10 素混凝土
150 厚 3:7 灰土垫层
素土夯实>90%
600
汀步石剖面 1:20
设计
审定
制图
审核
工程名称
宿舍西侧游园景观设计工程
项目
宿舍西侧游园景观设计
铺装大样图
设计号
2007-A6
比例
1:100
图别
景施
图号
P-03
日期
09-04-11

附图 15　铺装大样图

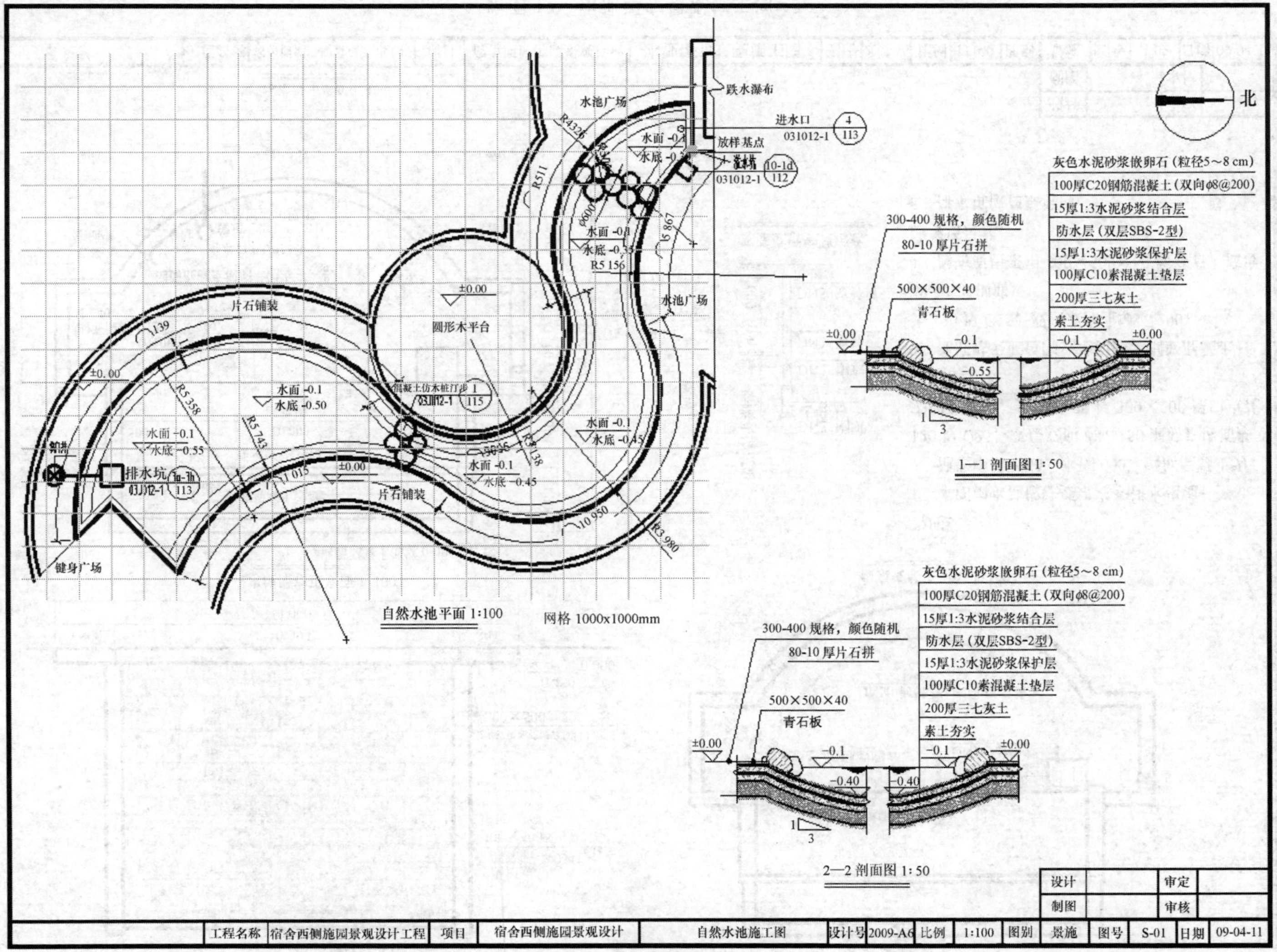

北
跌水瀑布
进水口
031012-1
放样基点
水池广场
片石铺装
圆形木平台
健身广场
排水坑
水面 -0.1
水底 -0.50
水底 -0.55
水底 -0.45
±0.00
R5 358
R5 743
R5 156
R3 980
R511
自然水池平面 1:100
网格 1000x1000mm
灰色水泥砂浆嵌卵石（粒径5～8 cm）
100厚C20钢筋混凝土（双向ϕ8@200）
15厚1:3水泥砂浆结合层
防水层（双层SBS-2型）
15厚1:3水泥砂浆保护层
100厚C10素混凝土垫层
200厚三七灰土
素土夯实
300-400 规格，颜色随机
80-10 厚片石拼
500×500×40
青石板
-0.1
-0.55
-0.40
1—1 剖面图 1:50
2—2 剖面图 1:50
设计
制图
审定
审核
工程名称
宿舍西侧施园景观设计工程
项目
宿舍西侧施园景观设计
自然水池施工图
设计号
2009-A6
比例
1:100
图别
景施
图号
S-01
日期
09-04-11

附图 16 自然水池施图

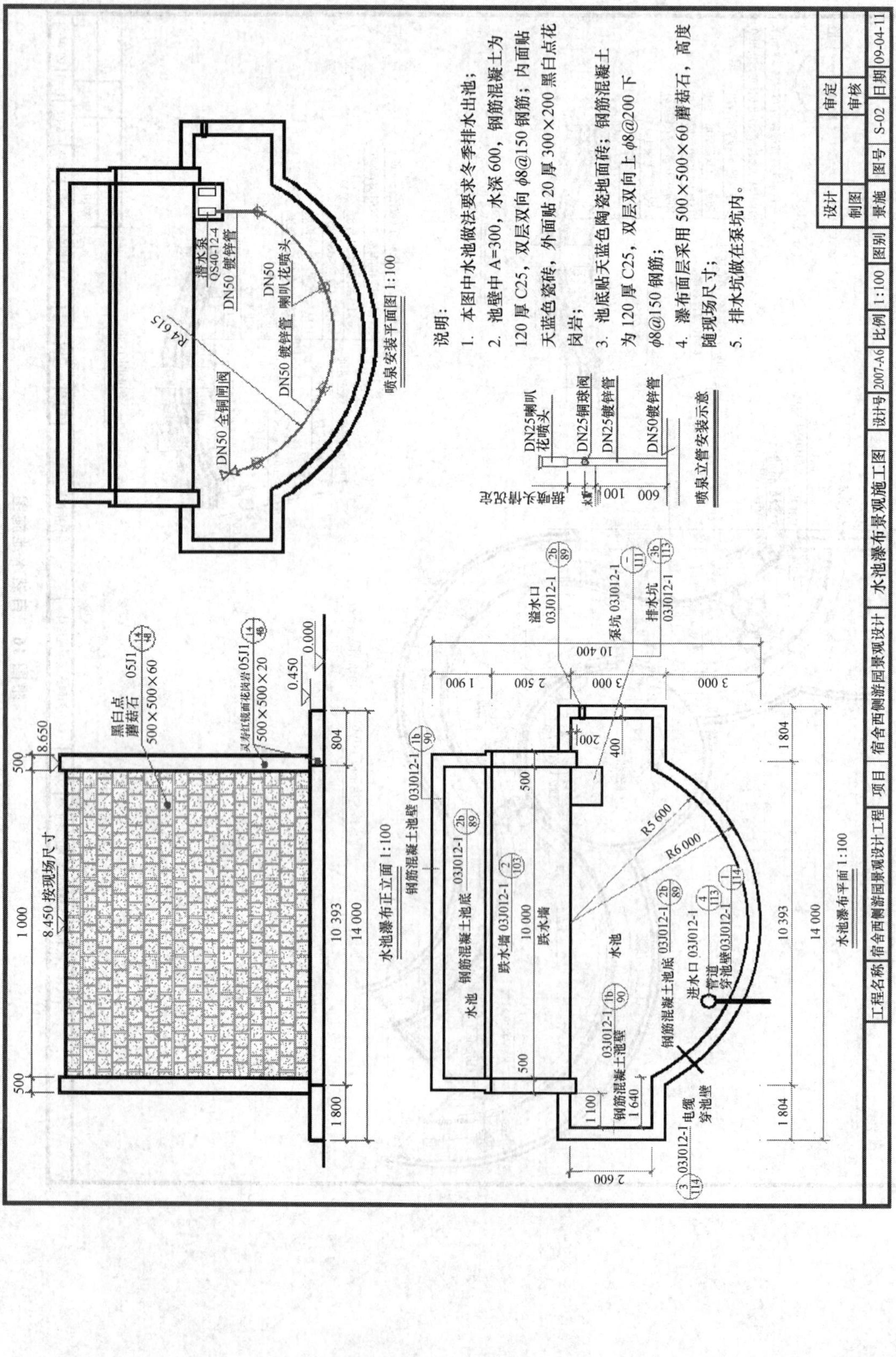

附图 17 水池瀑布景观施工图

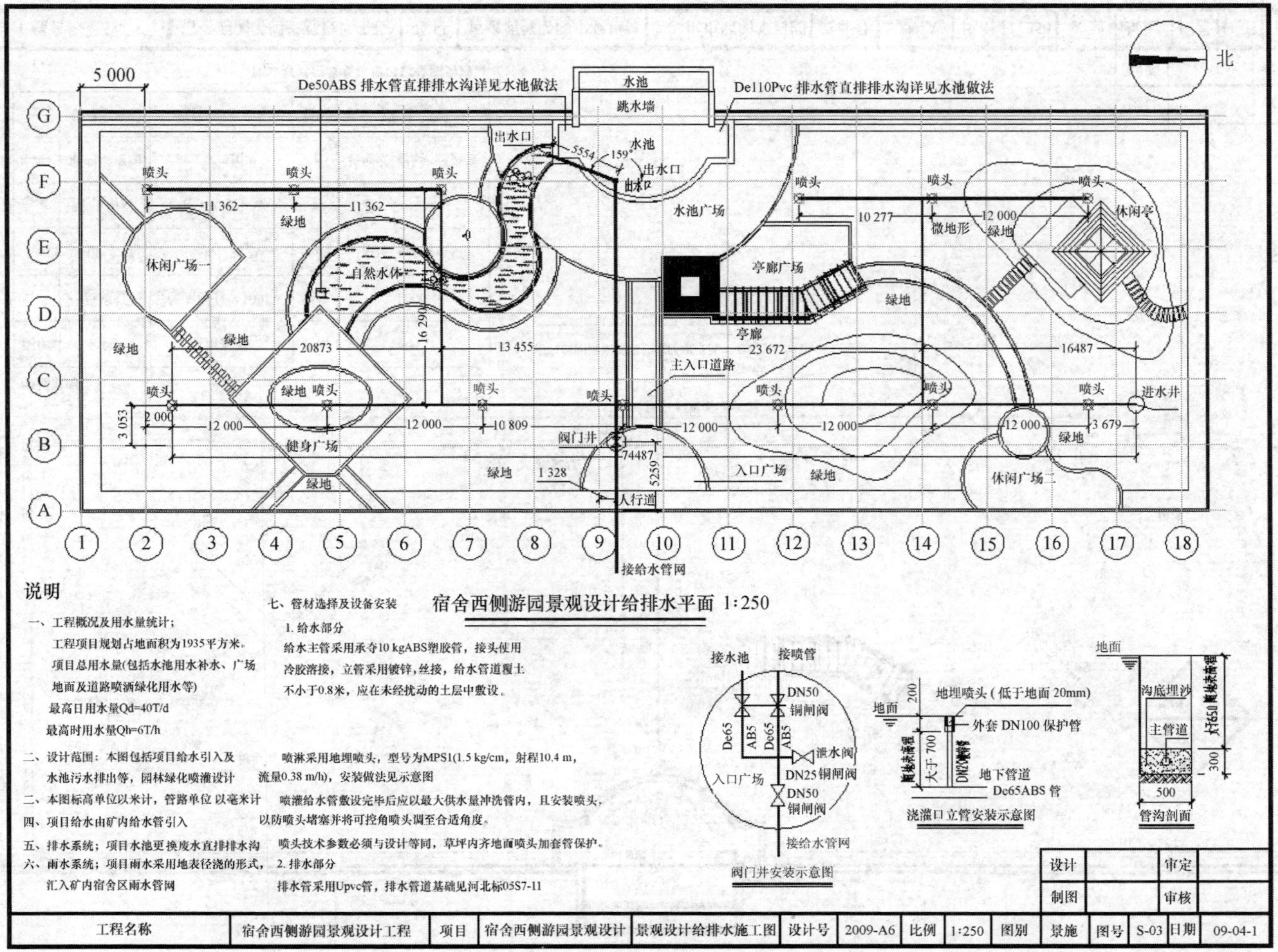

附图 18　游园给排水施工图

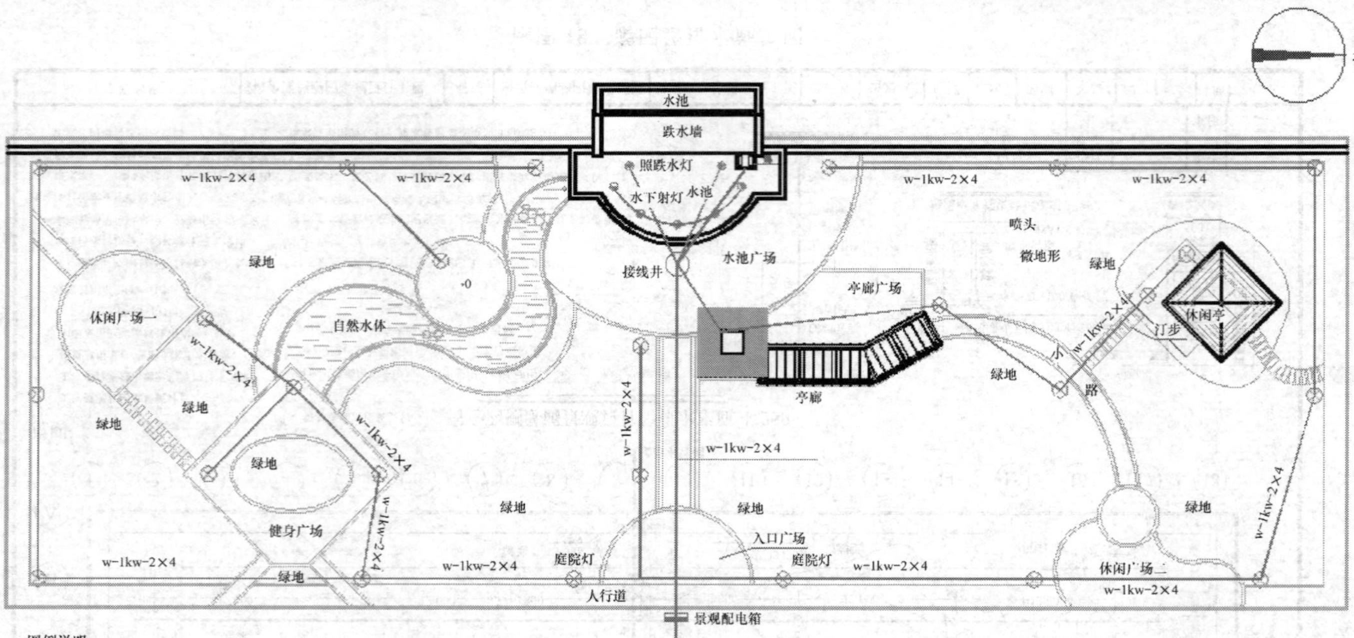

宿舍西侧游园景观供电照明设计平面图 1:250

图例说明：

图例	名称	适用光源	数量	备注
⊗	庭院灯	节能光源（1×100 W）	25	H3.0 m
⊛	照跌水灯	50 W/220 W	2	高压气体放电灯
◐	水下射灯	150 W/220 W	5	
—	照明供电线	380 W/220 W	1	长度以现场实测为准
▭	景观配电箱	室外防水型	数量	安装于 0.2 m 水泥基座上

注：灯具位置及数量以灯位图为准。

设计		审定	
制图		审核	

工程名称	宿舍西侧游园景观设计工程	项目	宿舍西侧游园景观设计	游园供电照明平面图	设计号	2009-A6	比例	1:250	图别	景施	图号	D-01	日期	09-04-11	

附图 19　游园供电照明施工图

说明

1. 设计范围：景观照明、跌水及喷泉动力用电。

2. 设计依据：甲方所提设计要求；国家相关规程、规范；其它专业提供的技术要求及资料

3. 电源：由矿内变电箱提供电源。

1). 配电采用3相5线及单相3线制，电缆选用YJYH耐寒型铜芯电缆。

2). 电缆直埋敷设埋地0.9 m；过路及广场穿内外防腐的钢管管径100 mm。电缆接头盒下面垫泥凝土基础板，其长度伸出接头盒两侧0.6 m。

3). 水池内灯具动力供电用的电缆预埋至池壁外侧的电缆井，池内灯具间电缆的敷设及管口密封等由厂家配合完成。

4). 施工做法参照图集94D16D《35 kv以下电缆敷设》；电缆敷设与其他专业管线平行或交叉敷设时，间距应符合GB50217-94《电力工程电缆设计规范》之要求。

5. 灯具选型及安装：

1). 灯具安装具体位置由电气施工员与绿化施工人员密切配合后，方可施工。

2). 灯具安装大样由供货商提供安装基础图及安装大样图，并负责指导安装。

3). 所有灯具安装由专业人员与供货单位共同确定灯具结构后，方可施工；水下灯具和电缆均采用防水型。

4). 每个庭院灯均安装融断器一只，加以保护。

5). 所有灯具外壳及管线等均应与PE线牢固联接。

6). 所有接头进行防潮处理后加热缩套管密封封装，户外灯不低于IP55级。

6. 电气安全及电力系统保护方式；

1). 本工程采用TN-S接地系统，接地电阻不大于4欧姆。

2). 所有金属管线、用电设备、金属外壳、穿线钢管、电缆金属外壳、金属支架等正常工作不带电的金属均应与接地系统焊接。

3). 本工程严格按照国标97SD567做导电线连接。

7. 控制方式：

室外灯具均采用手动控制方式。

8 其它：

水泵控制柜由厂家自配，本设计只负责配电，并由厂家配合安装，照明箱具体位置可根据现场实际情况作适当调整；本说明未述及之处，按国家有规程规范执行。

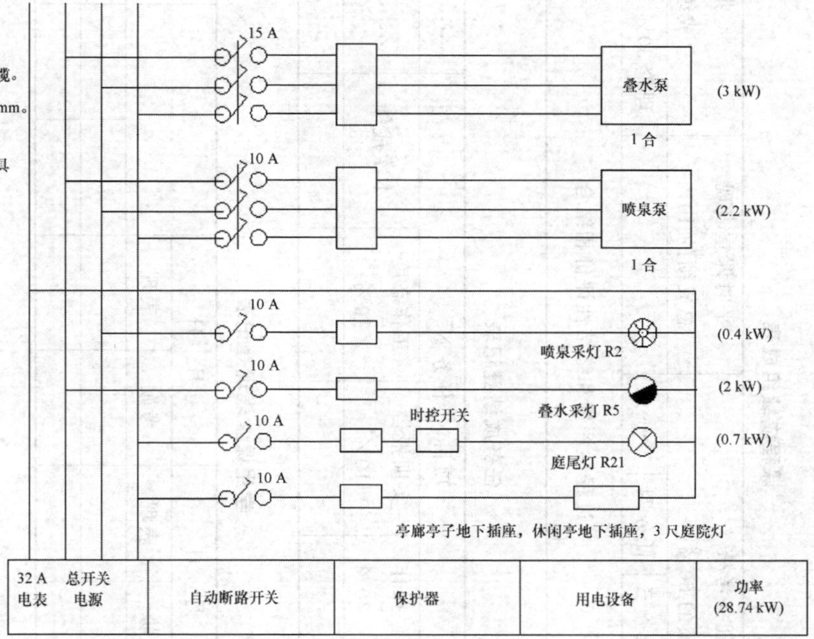

游园供电系统图

配电箱说明：

1. 箱体用不锈钢板制作，采用开启式门，所有元件均装于防护板下。

2. 箱体门与箱体之间用泡沫橡胶封闭，箱门装配专用密封锁

3. 电缆或钢管的引出线口采用封接头，箱体的封州官 为IP65。

设计		审定	
制图		审核	

宿舍西侧游景观设计工程	项目	宿舍西侧游景观设计	游园供电系统图	设计号	2009-A6	比例	1:250	图别	景施	图号	D-02	日期	09-04-11

附图 20　游园供电系统图

附录 2 课程考核评价表

课程成绩组成表

<table>
<tr><td rowspan="2">课程成绩</td><td colspan="5">平时任务考核
总成绩的 60%</td><td>平时课堂表现
总成绩的 10%</td><td colspan="2">期末
总成绩的 30%</td></tr>
<tr><td>任务一</td><td>任务二</td><td>任务三</td><td>任务四</td><td>……</td><td></td><td>理论 30%</td><td>技能 70%</td></tr>
<tr><td>评价方式</td><td colspan="8">过程性评价和终结性评价相结合</td></tr>
</table>

任务成绩登记表

<table>
<tr><td>学号</td><td>姓名</td><td>性别</td><td colspan="5">项目×:任务 N</td><td>……</td><td rowspan="2">本学期任务操作成绩</td></tr>
<tr><td></td><td></td><td></td><td>预习
10%</td><td>操作
70%</td><td>实训报告
10%</td><td>工作态度
10%</td><td>本次成绩</td><td>……</td></tr>
<tr><td></td><td></td><td></td><td></td><td></td><td></td><td></td><td></td><td></td><td></td></tr>
</table>

学生课堂表现登记表

<table>
<tr><td rowspan="2">学号</td><td rowspan="2">姓名</td><td rowspan="2">性别</td><td colspan="2">月　日</td><td colspan="2">月　日</td><td colspan="2" rowspan="2">……</td><td rowspan="2">课堂表现成绩</td></tr>
<tr><td>考勤</td><td>表现</td><td>考勤</td><td>表现</td></tr>
<tr><td></td><td></td><td></td><td></td><td></td><td></td><td></td><td></td><td></td><td></td></tr>
<tr><td></td><td></td><td></td><td></td><td></td><td></td><td></td><td></td><td></td><td></td></tr>
</table>

参 考 文 献

[1] 常会宁.园林计算机辅助设计.北京:高等教育出版社,2010.
[2] 宋玉,等.计算机辅助园林景观设计.北京:机械工业出版社,2007.
[3] 张华,等.园林 AutoCAD 教程.北京:中国农业出版社,2002.
[4] 邢黎峰.园林计算机辅助设计.北京:中国农业出版社,2008.
[5] 周代红.园林景观施工图设计.北京:中国林业出版社,2010.
[6] 国家建筑标准设计图集 04J012-3.